Hofbauer/Hohenleitner
Erfolgreiche Marketing-Kommunikation

Erfolgreiche Marketing-Kommunikation

Wertsteigerung durch Prozessmanagement

von

Prof. Dr. Günter Hofbauer
und
Christina Hohenleitner

Verlag Franz Vahlen München

ISBN 3 8006 3239 X

2005 Verlag Franz Vahlen GmbH
Wilhelmstr. 9, 80801 München
Satz: Fotosatz Otto Gutfreund GmbH, Darmstadt
Druck und Bindung: Druckerei Thomas Müntzer, Bad Langensalza
Umschlag: simmel-artwork

Gedruckt auf säurefreiem, alterungsbeständigem Papier
(hergestellt aus chlorfrei gebleichtem Zellstoff)

Vorwort

Die erfolgreiche Marketing-Kommunikation ist eine permanente Herausforderung im sich ständig verschärfenden Wettbewerb. Damit Unternehmen auch im Kommunikationswettbewerb bestehen können, müssen sie weit mehr als nur Werbung betreiben. Die Marketing-Kommunikation muss als gezielte Investition in die Wertschöpfungskette eines Unternehmens betrachtet werden.

Ein neu entwickeltes Referenzmodell soll ein besseres Verständnis für die Zusammenhänge schaffen und zudem den Gedanken der Zielführung im Wertschöpfungsprozess herausstellen. Dieses Referenzmodell ist prozessorientiert aufgebaut und wird als in sich geschlossener Kommunikations-Managementprozess vorgestellt. Im Vordergrund stehen dabei sowohl Kundennähe als auch Effizienz.

Die Integration der Erfolgsfaktoren verschiedener Disziplinen und Dimensionen wird besonders hervorgehoben. Besonders bedeutend ist zudem, dass die Integrationsmöglichkeiten der verschiedenen Erfolgsfaktoren konkret aufgezeigt werden und auch die notwendige, aber oft vernachlässigte Integration der Disziplinen Marketing, Kommunikation (Customer Relationship Communication) und Vertrieb (Customer Relationship Sales) aufgezeigt wird.

Dieses Buch ist als durchgängige Lektüre über alle Aufgaben der Marketing-Kommunikation zu verwenden und eignet sich sowohl für die Ausbildung an Hochschulen und Akademien, als auch für die Praxis in Agenturen und Beratungsunternehmen. Entscheider, Praktiker und Dozenten finden im Teil B die Grundlagen, die in allen Phasen der Kommunikation Relevanz besitzen. Im Teil C wird der Communication-Cycle übersichtlich und operativ leicht nachvollziehbar dargestellt.

Unser Dank gilt all den Menschen, die uns bei der Realisierung dieses Buches in vielfältiger Weise unterstützt haben. Besonderer Dank gebührt Frau Cornelia Fuchs für wertvolle Vorarbeiten im Bereich der aufmerksamkeitsstarken Bildkommunikation und Herrn Hermann Schenk vom Verlag Vahlen für die professionelle und stets angenehme Zusammenarbeit.

Ingolstadt, im Juli 2005   Günter Hofbauer
                                                  Christina Hohenleitner

Inhaltsverzeichnis

Abkürzungsverzeichnis

AGF	Arbeitsgemeinschaft Fernsehforschung
AIDA	Attention – Interest – Desire – Action
B-to-B/B-2-B	Business-to-Business
B-to-C/B-2-C	Business-to-Consumer
BuBaW	Bestellung unter Bezugnahme auf Werbung
CB	Corporate Behaviour
CC	Corporate Communication(s)
CD	Corporate Design
CEDAR	Controlled Exposure Day After Recall
CI	Corporate Identity
CLB	City Light Board
CLP	City Light Poster
CpR	Cost per Rating
CRC	Customer Relationship Communication
CRS	Customer Relationship Sales
DAR	Day After Recall
GewO	Gewerbeordnung
GfK	Gesellschaft für Konsumforschung
GRP	Gross Rating Point
IHK	Industrie- und Handelskammer
IMK	Integrierte Marketing-Kommunikation
IMU	Interactive Marketing Units
IVW	Informationsgemeinschaft zur Feststellung der Verbreitung von Werbeträgern
KEP	Kaufentscheidungsprozess
LpA	Leser pro Ausgabe
LpN	Leser pro Nummer
LpS	Leser pro Seite
LpWS	Leser pro Werbung führende Seite
MA	Media Analyse
mm	Millimeter
Netapps	Net Ad Produced Purchases
OTH	Opportunity to Hear
OTS	Opportunity to See
POS	Point of Sale
PR	Public Relations
RHB	Rohstoffe, Hilfsstoffe, Betriebsstoffe
ROIC	Return on Invested Capital
RStV	Rundfunkstaatsvertrag
S/W	schwarz/weiß

SDR . . . . Same Day Recall
SIRV . . . . simple, interesting, relevant, visual
S-O-R . . . . Stimulus-Organismus-Response
STAS . . . . Short Term Advertising Strength
SWOT . . . . Strengths-Weaknesses-Opportunities-Threats
TKP . . . . Tausend Kontakt Preis
TP . . . . Tausenderpreis
UCP . . . . Unique Communication Proposition
UrhR . . . . Urheberrecht
USP . . . . Unique Selling Proposition
UWG . . . . Gesetz gegen unlauteren Wettbewerb
ZAW . . . . Zentralverband der deutschen Werbewirtschaft e.V.
4c . . . . vierfarbig

φ_i . . . . Mediagewicht; i = Index für das jeweilige Medium
ψ_l . . . . Personengewicht; l = Index des Segments
δ_{ilm} . . . . Mehrfachkontaktgewicht; m = Index für die Kontaktanzahl
N_{ilm} . . . . Personenzahl aus dem Segment l, die m-mal von Medium i erreicht wurden

Abbildungsverzeichnis

Tabellenverzeichnis

A. Einleitung

Marketing wird von den meisten Menschen mit Werbung gleichgesetzt. Dieser Blick beleuchtet aber nur einen ganz kleinen Teil des Aufgabenspektrums. Selbst wenn Werbung schon immer in Form von bunten Bildern versucht hat, Menschen zum Kauf und Konsum der angepriesenen Produkte zu verleiten, reicht diese begrenzte Sichtweise nicht aus. Das Problem dabei ist, dass nur durch bunte Bilder allein der Unternehmenserfolg nicht erreicht werden kann. Der Kunde ist mündig geworden und wird sich seiner Königsrolle wieder stärker bewusst. Der Kunde bleibt aber weiterhin für viele Unternehmen das unbekannte Wesen. Viele Flops und Unternehmenszusammenbrüche beweisen dies.

Typische Kritikpunkte sind, dass durch das Marketing zu hohe Preise für den Kunden entstehen und dass das Marketing dafür verantwortlich ist, dass Verbraucher durch Werbung irregeführt und zum Kauf überredet werden, dass durch die Werbung falsche Wünsche beim Verbraucher geweckt werden, der Kunde manipuliert und zudem Materialismus generiert wird. Aus diesem Grund ist das Marketing in Verruf geraten und hat ernsthafte Schwierigkeiten, die notwendige Glaubwürdigkeit und Management Attention auf sich zu ziehen. Dabei erfüllt das Marketing doch die wichtigste Funktion im Unternehmen: Die konsequente Orientierung am Kunden! Denn nur vom Verkauf lebt das Unternehmen. Die Kommunikation mit dem Kunden und die Information über die Angebote sind Voraussetzung dafür. Aus diesem Grund steht nicht in Frage, ob kommuniziert werden soll, sondern vielmehr das Wie.

In guten Zeiten ist das Marketing der Star in der Organisation. Es werden viele Werbeformen generiert und Spaßprogramme finanziert. Der grundsätzliche Fehler ist in vielen Fällen, dass meist nur viel Hoffnung produziert wird. Hoffnung auf ein späteres Geschäft. Der nachhaltige Nutzen für den Kunden wird in dieser Situation zu selten hinterfragt. In Zeiten der wirtschaftlichen Rezession, sinkender und vagabundierender Kaufkraft und des Überlebenskampfes der Unternehmen im Wettbewerb ist vielfach zu beobachten, dass es die Marketingabteilung ist, welche die größten Budgetstreichungen hinnehmen muss. Dies trifft dann die so lebenswichtige Schnittstelle zum Kunden und die Marketingbudgets werden bis zur Bedeutungslosigkeit reduziert. Diese Funktionen werden deshalb als erste gestrichen, weil die Wirkung in der Zukunft ja scheinbar nur aus Hoffnung besteht, die Kostenwirkung aber Fakt ist. Somit kommt ein Unternehmen in einen Sog, der regelmäßig vergangenheits- und kostenorientiert statt zukunfts- und chancenorientiert handeln lässt.

Anstatt auf den Spaß sollte man sich mehr auf den Wert konzentrieren. Durch die konsequent zielorientierte Marketing-Kommunikation soll die

Schaffung von Werten sowohl für die Kunden als auch für Unternehmen und deren Wertschöpfungspartner im Vordergrund stehen. Aus diesem Grund muss für wertorientiert geführte Unternehmen die Beobachtung und Analyse des Unternehmenserfolges an oberster Stelle stehen. Die Komponenten, die zum Erfolg führen, bilden dabei naturgemäß den Schwerpunkt. In den ganzheitlichen Ansatz der wertorientierten Unternehmensführung werden explizit alle betrieblichen Funktionen und Prozesse mit einbezogen und auf die aktuellen und potenziellen Kundenwünsche ausgerichtet. Die Kernaufgabe besteht dann in der effizienten Koordination zu einem widerspruchsfreien Ganzen.

Viel zu viel Aufwand wird in die Entwicklung von Werbemaßnahmen, Anzeigen, Spots, Events und anderen Spielarten gesteckt, ohne zu wissen, welcher Wert für das Unternehmen generiert wird. Wenn man sich umsieht, wie Unternehmen versuchen, die Aufmerksamkeit auf sich zu ziehen, dann muss man sich fragen, ob sich da wirklich jemand ernsthaft Gedanken gemacht hat, welche Reaktion dadurch ausgelöst und welcher Wert dabei geschaffen werden soll.

Die Marketing-Kommunikation umfasst mit der Wertorientierung viel mehr als nur Werbung oder Reklame. Marketing-Kommunikation ist ein übergeordneter Instrumentalbereich des Marketing, der sowohl sach- als auch zweckorientiert ist. Hier werden die verschiedenen Kommunikationselemente inhaltlich, formal, organisatorisch und zeitlich aufeinander abgestimmt und in einem integrierten Prozessmanagement auf die definierten Ziele ausgerichtet. Die Marketing-Kommunikation erfüllt dabei Informations-, Beeinflussungs- und Bestätigungsfunktionen, die sowohl auf einzelne Personen im Kaufentscheidungsprozess, aber auch auf die Gesellschaft als Ganzes und die Wettbewerber gerichtet sein können.

Die verhaltenswissenschaftliche Komponente spielt bei der Marketing-Kommunikation eine gewichtige Rolle. Bedürfnisse, Motive und Verhaltensmuster müssen sorgfältig analysiert werden, bevor Kommunikationskonzepte entwickelt und in die Welt gesetzt werden. Denn das menschliche Verhalten ist nicht immer rational nachzuvollziehen und geschieht vor allem nicht sozial isoliert. Dies zu erkennen ist der erste wichtige Schritt in die Richtung der Kundenorientierung. Daher bewegt man sich bei der Betrachtung absatzpolitischer Entscheidungsprozesse ganz stark in psychologischen, sozialpsychologischen und soziologischen Disziplinen. Die betriebswirtschaftlichen Funktionen dienen unterstützend der rationalen Entscheidungsfindung und der Wertorientierung. So wird ermöglicht, den richtigen unternehmerischen Weg zu finden und auch auf dem Weg des Erfolges zu bleiben.

Qualitativ gute Produkte können heutzutage nahezu alle Unternehmen herstellen. Gute Produkte aber auch gut, d. h. erfolgreich im betriebswirtschaftlichen Sinne, im Markt einführen können nur ganz wenige. Diesen wenigen Unternehmen aber gelingt es auf scheinbar magische Art und Weise eine Epidemie hervorzurufen, durch die es gelingt, die potenziellen Käufer mit dem so zu bezeichnenden Kaufvirus anzustecken. Von grundsätzlicher Bedeutung ist es, die relevanten Ursache-Wirkungs-Zusammenhänge zu identifizieren und für die Wertebilanz zwischen Unternehmen und Kunde nutzbar zu machen. Erfolgreiche Marketing-Kommunikation, die Lösung von Kundenproblemen und die Konzentration auf den Kundennutzen kann beliebig schwierig sein, ist aber bei konsequenter Marktorientierung realisierbar.

So muss Marketing-Kommunikation die richtigen Zielpersonen mit der richtigen Botschaft ansprechen und dabei erstens die Prozesse, die bei den Empfängern ablaufen, kennen und zweitens die eigenen Prozesse konsequent an den Zielen ausrichten, um erfolgreich zu sein.

In diesem Buch werden alle diese Punkte systematisch im Zusammenhang dargestellt und in einem neu entwickelten Integrierten Marketing-Kommunikations-Managementprozess berücksichtigt. Diese Vorgehensweise orientiert sich sowohl an Kundennähe als auch an Effizienz.

B. Grundlagen der Marketing-Kommunikation

1. Stellung und Bedeutung der Marketing-Kommunikation

1.1 Das Performance- und Relationship Management

Die Wertschaffung im Marketing stellt eine zentrale Erfolgsgröße unternehmerischen Handelns dar und ist das Ergebnis eines erfolgreichen Zusammenspiels des Performance Managements und Relationship Managements.

Das Performance Management gestaltet das Angebot in Form eines Produktes oder einer Dienstleistung derart, dass für den Kunden ein maximaler Präferenzwert geschaffen wird. Mit Hilfe von Kommunikations-, Distributions- und Vertriebsstrategien soll im Rahmen des Relationship Managements im Anschluss an die Produkterstellung die Leistung möglichst schnell und überzeugend an potenzielle Kunden vermittelt werden und der Kunde vom Nutzen des Angebotes überzeugt werden.

Die Marketing-Kommunikation stellt eine Art Bindungsglied zwischen dem Unternehmen und seinen Kunden dar und trägt dazu bei, dass durch eine erfolgreiche Interaktion zwischen diesen Partnern sowohl ein Unternehmenswert als auch ein Kundenwert generiert wird.

Der Zusammenhang der Bestimmungsgrößen für den Erfolg wird in Abbildung 1 dargestellt.

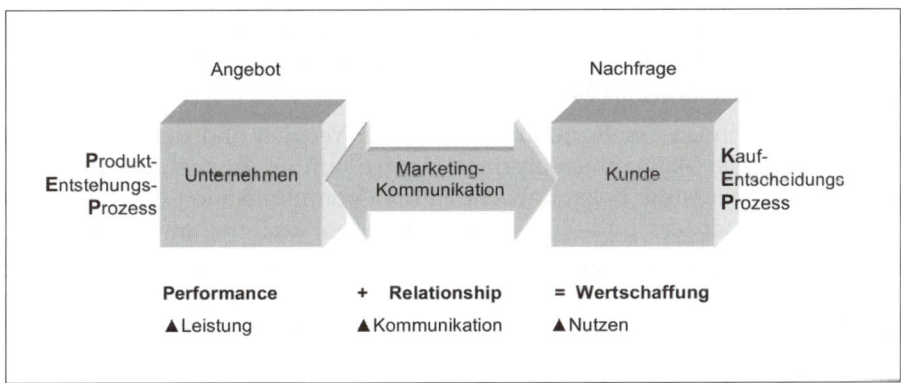

Abbildung 1: Bestimmungsgrößen für den Erfolg

Zu Beginn des umfassenden Produktlebenszyklus schafft das Performance Management, welches sich mit der eigentlichen Leistungserstellung befasst, die Basis für den späteren Erfolg eines Produktes. Mit speziellen Maßnah-

men und Strategien wird der Leistungsumfang mit Grund- und Zusatznutzen gestaltet. Ziel des Performance Managements ist es, die Bedürfnisse der
Kunden in Lösungen umzusetzen und die Leistung derart zu gestalten, dass
der Präferenzwert als Ausmaß des erwarteten Nutzens eines Produktes
möglichst hoch ist. Die wesentlichen Zielgrößen bei der Leistungserstellung
bilden das Preis-Leistungs-Verhältnis und die Qualität der Leistung. Ein
weiterer Erfolgsfaktor ist die anschließende Positionierung in attraktiven
Zielsegmenten. Je besser ein Produkt an den Bedürfnissen der Kunden
orientiert ist und je gezielter es auf dem Markt positioniert wird, desto größer ist der damit verbundene Erfolg.

Da für den Erfolg eines Produktes nicht nur die objektiven Eigenschaften,
sondern auch die subjektiv perzipierte Wahrnehmung des Produktes entscheidend ist, müssen im Rahmen der Produktgestaltung die Wünsche der
Abnehmer bezüglich der Nutzenerwartung berücksichtigt und umgesetzt
werden. Produktpolitische Gestaltungsbereiche bieten dabei die Möglichkeit
zur Leistungsindividualisierung und Differenzierung von Produkten.

Sobald die Leistungsparameter feststehen und maßgeschneiderte Leistungen
für die jeweiligen Kundensegmente durch das Performance Management generiert wurden, gewinnt das Relationship Management im weiteren Verlauf
zunehmend an Bedeutung. Die Aufgabe des Relationship Managements ist
es, die Adoption und Verbreitung eines Produktes entsprechend zu fördern,
das Angebot auf dem Markt verfügbar zu machen, Beziehungen mit den
relevanten Zielgruppen anzubahnen und zu gestalten, das Angebot bekannt
zu machen und ein positives Image aufzubauen.

Dieser Prozess beginnt bei der Marktforschung und erstreckt sich über die
Kommunikation und den gesamten Vertriebsprozess bis hin zur After-Sales-
Betreuung. Dabei muss auf die speziellen Wünsche, Bedürfnisse und Anfor-
derungen der Kunden eingegangen werden und Kundenbindung erzeugt
werden. Die Optimierung der Kundenzufriedenheit, die Erzeugung von
Kundenbegeisterung, der Aufbau freundschaftlicher Beziehungen und das
Schaffen von Vertrauen stellen dabei nur einige der wesentlichen Aufgaben-
bereiche des Relationship Managements dar.

Sowohl im Rahmen der Kommunikation, dem Vertrieb und der Distribution
können spezielle Maßnahmen ergriffen werden, um im Rahmen des Relationship Managements die Bekanntmachung und Kommunikation des Produktes
erfolgreich zu fördern und eine intensive Kundenbeziehung aufzubauen.

Die effektive und optimale Gestaltung des Performance und Relationship
Managements, sowie die Wahl geeigneter Marketingstrategien und passen-
der Strategieoptionen bilden das Fundament für den Unternehmenserfolg.

1.2 Die Bedeutung der Kommunikation im Marketing Mix

Innerhalb des Relationship Managements kommt der Kommunikation neben
der Distribution und dem Vertrieb eine besondere Bedeutung bei der Verbrei-

tung und Bekanntmachung der Produkte zu. Die Kommunikation versucht in ihren verschiedenen Ausgestaltungen Informationen über ein Produkt zu übermitteln und Beziehungen zu gestalten, um dadurch Bekanntheit und Image zu generieren sowie Meinungen, Einstellungen, Erwartungen und Verhaltensweisen bestimmter Adressaten zu schaffen bzw. zu festigen.

Während die Leistungserstellung im Rahmen des Performance Managements die Basis für den Erfolg schafft, der Preis durch das Produkt meist vorgegeben wird und die Distribution variabel gestaltet werden kann, ist die Kommunikation nicht unmittelbar ein zwingendes Element des Marketing Mix. Aufgrund der Veränderung der Faktoren im Kommunikationsumfeld kommt der Kommunikation dennoch eine große Bedeutung zu. Die Aufgabe der Kommunikation liegt darin, den Nutzen eines Angebotes zu argumentieren, kaufrelevante Informationen an den Verwender und Käufer heranzutragen und Beziehungen zwischen Kunde und Anbieter zu gestalten, um somit Einstellungsänderungen herbeizuführen und den Kunden zum Kauf des Produktes hinzuführen.

In der Literatur wird die Vertriebspolitik oft als Teil der Kommunikationspolitik angesehen. Da sich der Vertrieb jedoch auf den Verkauf und die Verteilung der Produkte konzentriert, ist diese These nicht vertretbar. Die Kommunikationspolitik grenzt sich aufgrund ihrer Aufgaben und Ziele deutlich vom Vertrieb ab, weshalb beide Bereiche als eigenständig betrachtet werden müssen (vgl. Winkelmann 2003, S. 16 f.).

Da eine Differenzierung des Angebotes über objektive Produkteigenschaften aufgrund der Homogenität des Angebotes und des hohen Fertigungs- und Qualitätsstandards von ausgereiften Erzeugnissen nur noch bedingt möglich und zielführend ist, kommt der Kommunikation und der damit verbundenen emotionalen Positionierung des Angebotes ein immer bedeutenderer Stellenwert zu. Ein ständig wachsendes Anspruchsniveau seitens der Kunden sowie das Bedürfnis nach individuellen Leistungen tragen außerdem dazu bei, dass der Kommunikation innerhalb des Marketing Mix ein stetig wachsender Stellenwert zukommt und unverzichtbar für den Unternehmenserfolg wird.

Mit Hilfe der Kommunikation versuchen Unternehmen das eigene Angebot von dem der Konkurrenz zu differenzieren. Unter Verwendung spezifischer Kommunikationsinstrumente wird versucht, eine absichtliche, aber zwangfreie Meinungsbeeinflussung bei den Kunden herbeizuführen und somit Personen zu Einstellungs- und Verhaltensänderungen sowie zum finalen Kaufverhalten zu veranlassen.

Die zunehmende Informationsüberlastung und die damit verbundene Abwehrhaltung seitens der Kunden gegenüber der klassischen Kommunikation sowie die mit der Kommunikation verbundenen ständig steigenden Kosten zwingen Unternehmen ihre kommunikationspolitischen Maßnahmen zu überdenken und neu zu gestalten. Obwohl in den vergangenen Jahren die Kommunikationsaufwendungen ständig angestiegen sind und immer mehr kommuniziert wurde, konnten jedoch nur in seltenen Fällen größere Erfolge realisiert werden. Die Ursachen dafür sind vielfältig. Meist jedoch sind sich

Unternehmen gar nicht bewusst, welche Maßnahmen zielführend sind, und verschwenden so ziellos sachliche, personelle und finanzielle Ressourcen. Daher kommt dem effizient und zielgerichtet gestalteten Planungsprozess der Marketing-Kommunikation immer größere Bedeutung zu.

1.3 Die Entwicklungsphasen der Kommunikation

Die Kommunikation an sich besteht in ihrer Funktion des Austausches von Informationen seit Menschen miteinander interagieren. Innerhalb des Marketings haben sich bezüglich der Stellung und Ausgestaltung der Kommunikation in den letzten Jahrzehnten erhebliche Veränderungen vollzogen, welche sich auf die Ausgestaltung der Elemente und den Planungsprozess enorm ausgewirkt haben. Aus diesem Grund sollen an dieser Stelle kurz die wichtigsten Entwicklungsphasen der Kommunikation mit ihren wichtigsten Merkmalen angeführt werden (vgl. Tabelle 1; Bruhn 2002, S. 202 f.; Bruhn 1997, S. 71 f.).

In der Phase der unsystematischen Kommunikation (50er Jahre) nimmt die Kommunikationspolitik eine untergeordnete Rolle wahr. Bei Vorherrschen eines Verkäufermarktes dominiert die Produktionsorientierung der Unternehmen. Ein langsamer Aufbau von Marken lässt sich bereits erkennen.

In der anschließenden Phase der Produktkommunikation (60er Jahre) dominiert die Verkaufsorientierung und ein Aufbau von Kommunikationsinstrumenten wie z. B. der Mediakommunikation und Verkaufsförderung kann erkannt werden. Die Kommunikation wird in dieser Phase als Unterstützung zum Vertrieb eingesetzt, um den Abverkauf der Produkte zu steigern. Zudem werden erste Verkaufsorganisationen aufgebaut.

Kennzeichnend für die Phase der Zielgruppenkommunikation in den 70er Jahren ist die differenzierte Marktbearbeitung und Ansprache von Kunden sowie die Vermittlung eines spezifischen Kundennutzens. Außerdem wird das Prinzip der Kundenorientierung konsequent verfolgt und ein zielgruppenspezifischer Einsatz der Instrumente zur Vermittlung des Kundennutzens konnte beobachtet werden.

In der Phase der Wettbewerbskommunikation (80er Jahre) wird mit Hilfe der Kommunikation versucht, homogene Produktleistungen vom Wettbewerb zu differenzieren und abzugrenzen. Die Vermittlung einer USP und eines kompetitiven Vorteils stehen dabei im Vordergrund.

Seit Beginn der 90er Jahre dominiert die Phase des Kommunikationswettbewerbs. Seither wird Kommunikation als Erfolgsfaktor im Wettbewerb angesehen. Unternehmen sind aufgefordert, die Vielzahl an Kommunikationsinstrumenten aufeinander abzustimmen, um ein geschlossenes Erscheinungsbild des Unternehmens zu erreichen. Die Erzielung strategischer Wettbewerbsvorteile wird durch verschiedene Kommunikationsmaßnahmen zu erreichen versucht. Die USP wird von der Unique Communication Proposition (UCP) abgelöst. Die Kommunikation verfolgt seither das Ziel, bei der Zielgruppe ein glaubwürdiges und widerspruchsfreies Bild des Unternehmens, der Produkte und Marken zu vermitteln.

relative
Bedeutung der
Kommunikation

Zeit

	Phase der unsystematischen Kommunikation (50er Jahre)	Phase der Produkt-Kommunikation (60er Jahre)	Phase der Zielgruppen-Kommunikation (70er Jahre)	Phase der Wettbewerbs-Kommunikation (80er Jahre)	Phase des Kommunikationswettbewerbs und der gesamthaften Kommunikation (90er Jahre)
Zentrale Aufgabe der Kommunikationspolitik	Information, Erinnerung an „alte" Marken	Kommunikative Unterstützung des Verkaufs	Vermittlung eines Kundennutzens	Profilierung gegenüber Wettbewerbsmarken	Vermittlung eines konsistenten Bildes des Unternehmens
Relevante Zielgruppen	Relativ undifferenziert; auf die Endverbraucher gerichtet	Handelskommunikation gewinnt an Bedeutung	Verbraucher- und handelsbezogene Kommunikation	Erweiterung der Zielgruppen um die Öffentlichkeit	Abstimmung der externen und internen Kommunikation
Bedeutung der Kommunikation im Marketing Mix	Geringe Bedeutung	Ergänzung zur Produkt- und Vertriebspolitik	Gleichberechtigte Bedeutung gegenüber anderen Mixelementen	Kommunikation wird wichtiger als der Preis (Kommunikationsmix)	Zentrale Bedeutung für die Durchsetzung im Markt
Zentrales Kommunikationsobjekt	Einzelne Produkte/Marken	Produkte und Produktlinien	Verschiedene Markenstrategien	Produkt und das Unternehmen als Ganzes	Produkt und das Unternehmen hinter dem Produkt
Schwerpunkte im Einsatz von Kommunikationsinstrumenten	Klassische Kommunikation	Mediawerbung, Verkaufsförderung, persönliche Kommunikation	Mediawerbung, Verkaufsförderung, persönliche Kommunikation, Messen und Ausstellungen	Imagewerbung, Public Relations, Sponsoring, Direktmarketing	Institutionelle Kommunikation, Event-Marketing, Telemarketing, Dialogkommunikation
Verhalten der Rezipienten	Kaum Verhaltensbeeinflussung, eher Wecken von Neugierde	Nutzung der Kommunikation als zuverlässige Produktinformation	Beginnendes Misstrauen gegenüber Werbeversprechen	Sinkende Glaubwürdigkeit der Kommunikation und Reaktanz (Zapping)	Informationsüberlastung, Ablehnung der klassischen Kommunikation
Bedeutung der Kommunikationsmedien	Zeitungen, Plakate	Zeitungen, Rundfunk	Fernsehen, Printmedien, Rundfunk	Fernsehen, Printmedien, Rundfunk	Suche nach alternativen Medien
Kosten der Kommunikation	Relativ unbedeutend im Marketing Mix	Investitionen in die Vertriebskommunikation	Investitionen in den Aufbau von Marken	Steigende Kosten für vielfältigen Einsatz von Kommunikationsinstrumenten	Überproportionale Steigerung der Kommunikationskosten
Rolle der Agenturen	Geringe Bedeutung von Agenturen, direkter Kontakt zu Medienunternehmen	Etablierung von Werbeagenturen	Überwiegend Full-Service-Agenturen	Beginn der Herausbildung von Spezialagenturen (PR-, VKF-, Sponsoringagenturen)	Zurück zu Full-Service-Agenturen, Agenturnetzen
Organisation der Kommunikation im Unternehmen	Keine kommunikationsspezifischen Organisationseinheiten	Einrichtung von Stabsabteilungen	Kommunikation als Aufgabe der Linie, häufig nach Produktgruppen getrennt	Spezialabteilungen für einzelne Kommunikationsinstrumente	Despezialisierung in der Organisation, Einsatz von Kommunikationsmanagern
Hauptprobleme im kommunikativen Auftritt	Keine kommunikative Profilierung	Zu undifferenzierte Kommunikation, die ihre Wirkung auf fragmentierten Märkten nicht mehr erreichen kann	Verstärktes Aufkommen von Wettbewerbern mit homogenem Angebot	Zu starke Differenzierung in der Kommunikation; somit inkonsistente u. uneinheitliche Wahrnehmung durch die Rezipienten	Innerbetriebliche Widerstände (personell, organisatorisch, konzeptionell) gegen die Unterordnung

Tabelle 1: Entwicklungsphasen der Kommunikation

1.4 Veränderungen im Kommunikationsumfeld

Im Laufe der letzten Jahre haben sich innerhalb des Kommunikations- und Medienumfeldes zahlreiche Veränderungen vollzogen, welche sich auf die Anforderungen an eine erfolgreiche Kommunikation auswirken. Dabei konnten angebotsorientierte Strukturveränderungen beobachtet werden, wie die Zunahme der Kommunikationseinnahmen in Deutschland, ein zunehmendes Medienangebot, eine „Atomisierung der Werbung" (Bruhn 1997, S. 76) und die Zunahme der Anzahl von Werbetreibenden und beworbenen Marken (im Zeitraum 1990–1995 vollzog sich ein Wachstum der beworbenen Marken um 34 %; Bruhn 1997, S. 77). Des Weiteren ist die Anzahl der kommunizierenden Unternehmen erheblich gestiegen.

Diese angebotsorientierten Strukturveränderungen haben auf Seite der Kommunikationsempfänger Veränderungen der nachfrageorientierten Tendenzen bewirkt. Der Anstieg an Impulsen hat bei den Rezipienten zu einer Überlastung mit Informationen geführt. Die anhaltende Informationsflut trägt bei nahezu gleich gebliebenem Medienkonsum dazu bei, dass die begrenzte Aufnahme- und Verarbeitungskapazität in einer „Werbemüdigkeit" der Kunden resultiert. Aufgrund des Überangebots an Informationen und der damit verbundenen reduzierten Konzentrationsfähigkeit seitens der Empfänger reagieren diese immer mehr mit einer Abwehrhaltung gegenüber den Kommunikationsmaßnahmen (vgl. Zapping) und versuchen durch gezieltes Ausweichen gegenüber kommunikativen Botschaften, ihre Verweigerungshaltung auszudrücken. Unternehmen werden durch die langjährige „Werbeerfahrung" der Kunden, das Vorhandensein mehrerer und besserer Produktinformationen, schneller zu beschaffende Informationen und die kritischere Haltung der Kunden gezwungen, ihre kommunikationspolitischen Maßnahmen zu überdenken und zu verbessern.

Aufgrund dieser Veränderungen bemühen sich Unternehmen verstärkt, neuartige Ansprachemöglichkeiten der Zielgruppen und neue Wege der Kommunikation zu finden, um dadurch die oberflächliche Mediennutzung und Informationsverarbeitung wieder umzukehren. Der Planung des Kommunikationsprozesses kommt ebenso wie dem zielgerichteten und effizienten Einsatz der Instrumente innerhalb der Marketing-Kommunikation immer größere Bedeutung zu. Zudem wird die Schaffung einer Unique Communication Proposition (UCP) im Sinne eines strategischen Kommunikationsvorteils immer bedeutender.

Des Weiteren hat die Homogenisierung von Produkten dazu beigetragen, dass Unternehmen versuchen, sich über eine eigenständige und andersartige Kommunikation vom Wettbewerb zu differenzieren. Der interaktive Dialog mit dem Kunden sowie die emotionale Kommunikation über Erlebniswelten stellen neuartige, Erfolg versprechende Formen der Kommunikation dar. Kommunikation wird immer aktueller und individueller ausgerichtet und versucht, Sympathie, Vertrauen und Kundennähe zu vermitteln, um vom Kunden akzeptiert zu werden und ins Bewusstsein einzudringen. Die Veränderungen machen die Marketing-Kommunikation zu einer besonderen Herausforderung für die Unternehmen.

Eine weitere Veränderung im kommunikativen Umfeld stellen grundlegende Veränderungen auf den Märkten dar. Aufgrund des Wandels vom Verkäufer- zum Käufermarkt Mitte der 60er Jahre ist das Angebot größer als die Nachfrage. Somit ist den Rezipienten die Freiheit gegeben, selbst zu wählen, welches Produkt bzw. welche Marke sie kaufen. Als Folge müssen anbietende Unternehmen ihre Produkte und Leistungen verstärkt an den Bedürfnissen der Käufer ausrichten und sich konsequent am Markt und den Kunden orientieren, um erfolgreich und dauerhaft im Wettbewerb bestehen zu können (Marketingkonzept). Die Kundenzufriedenheit wird damit zunehmend zur Erfolgsgröße im Kommunikationsprozess und die Kommunikation ist „nicht mehr nur unterstützendes Verkaufsinstrument und damit lediglich eine Begleiterscheinung der Produktpolitik, sondern ein eigenständiges und professionell einzusetzendes Instrument moderner Unternehmensführung" (Bruhn 1997, S. 73).

1.5 Formen und Kategorien der Kommunikation

Innerhalb der Kommunikation können verschiedene Formen unterschieden werden. In der Literatur wird meist eine Unterscheidung zwischen der persönlichen und unpersönlichen Kommunikation, der einseitigen und mehrstufigen Kommunikation, der Massen- und Individualkommunikation sowie der sach- und zweckorientierten Kommunikation vorgenommen.

Eine Form der persönlichen Kommunikation liegt vor, wenn Kommunikationssender und Empfänger in unmittelbarem Kontakt zueinander stehen. Das soziale und nähere Umfeld (z. B. Familie) können bei der persönlichen Kommunikation eine große Beeinflussung auf den Rezipienten ausüben. Eine besondere Rolle spielt die persönliche Kommunikation beim Erwerb eines hochpreisigen, risikobehafteten, selten gekauften Objektes, da in dieser Situation ein größerer Informationsbedarf besteht. Auch wenn das Produkt in bedeutendem Ausmaß mit dem sozialen Status verbunden ist, empfiehlt sich besonders die persönliche Kommunikation. Sobald Sender und Rezipient raum-zeitlich voneinander getrennt sind und statt eines persönlichen Kontaktes die Übertragung der Botschaft mittels eines Mediums erfolgt, spricht man von unpersönlicher Kommunikation (z. B. Mediakommunikation).

Des Weiteren kann zwischen einseitiger/originärer und zweiseitiger Kommunikation unterschieden werden. Wenn nur ein Kommunikator am Geschehen beteiligt ist und zudem keine Rückkopplungsmöglichkeit besteht, spricht man von einseitiger Kommunikation (z. B. Mediakommunikation). Bei der einstufigen Kommunikation erhält der Empfänger die Botschaft unmittelbar vom Empfänger. Falls die Kommunikation jedoch Dialog orientiert ist und eine Rückkopplungsmöglichkeit in Form der Interaktion besteht, handelt es sich um eine zweiseitige Form der Kommunikation. Als mehrstufige Kommunikation wird das Zusammenwirken von ein- und zweistufiger Kommunikation bezeichnet. Hierbei können durch Meinungsführer verstärkende oder abschwächende Wirkungseffekte der Kommunikation erzielt werden.

Eine weitere Form der Kommunikation stellt die Massenkommunikation dar. Kennzeichnend für diese Art der Kommunikation ist, dass zahlreiche Personen angesprochen werden können, meist eine räumliche und/oder zeitliche Distanz zwischen Kommunikator und Empfänger vorliegt und technische Übertragungsmittel eingesetzt werden. Es besteht dabei überwiegend eine einseitige, unpersönliche Beziehung zwischen Sender und Empfänger. Wegen mangelndem Feedback sind die Reaktionen der Empfänger nicht unmittelbar transparent. Die Massenkommunikation tritt meist in Form von Fernseh- oder Rundfunkwerbung, Plakatwerbung oder Anzeigen in Printmedien auf. Die Informationsübertragung kann dabei sehr schnell erfolgen, da Massenmedien meist große Reichweiten erzielen. Massenkommunikation wird bevorzugt eingesetzt, wenn eine große Zahl an Adressaten erreicht werden soll.

Ein Nachteil der Massenkommunikation ist, dass Botschaften fehlinterpretiert werden können, da die Möglichkeit der Diskussion nicht besteht. Auch wird dieser Art der Kommunikation keine so große Glaubwürdigkeit beigemessen wie der persönlichen Kommunikation.

Im Gegensatz zur Massenkommunikation werden bei der Individualkommunikation persönlich Informationen übermittelt. Dabei werden meist keine Übertragungsmittel eingesetzt, da eine räumliche und/oder zeitliche Einheit zwischen den Kommunikationspartnern besteht. Diese Art der Kommunikation ist überwiegend Dialog orientiert ausgelegt und meist an präsente Personen gerichtet. Aus diesem Grund ist die Individualkommunikation auch wirksamer als die Massenkommunikation, jedoch auch kosten- und zeitaufwändiger. Durch die individuelle Kommunikation bei Messeauftritten und in der Verkaufsförderung kann im persönlichen Kontakt die Überzeugungskraft verstärkt werden und auf den jeweiligen Kunden bezüglich der Interessen und Bedürfnisse gezielt eingegangen werden. Der individuellen Ansprache der Kunden kommt aufgrund der Veränderungen im Kommunikationsumfeld immer mehr Bedeutung zu.

Von sachorientierter Kommunikation spricht man, sobald Informationskomponenten im Vordergrund stehen und die Kommunikationsinhalte wertfrei und neutral vermittelt werden. Bei der zweckorientierten Kommunikation hingegen sollen die Adressaten durch die Informationsvermittlung gleichzeitig bezüglich ihrer Meinung oder Handlung bewusst oder unbewusst beeinflusst werden. Dies geschieht meist durch die Art der Gestaltung.

Neben den verschiedenen Kommunikationsformen können auch verschiedene Kategorien der Kommunikation unterschieden werden (Pepels 2000, S. 627). Bezüglich des Kommunikationsanlasses kann zwischen der Einführungskommunikation, der Kommunikation zur Erhaltung der Marktpräsenz, sowie der Kommunikation im Rahmen eines Relaunches oder zur Ablösung eines Angebots unterschieden werden. Nach dem Kommunikationsobjekt kann zwischen der Produktkommunikation für Konsumgüter, der Produktkommunikation für Investitionsgüter, der Dienstleistungskommunikation und der Kommunikation für öffentliche und ideelle Güter unterschieden werden. Des Weiteren kann nach dem Kommunikationstreibenden die Alleinkommunikation, welche entweder namentlich oder anonym erfolgt, oder die Kollektivkommunikation in Form der Gemeinschaftskommunikation, Sammelkommunikation, Gruppenkommunikation oder Verbundkommunikation charakterisiert werden.

Bezüglich des Kommunikationsabsenders unterscheidet sich die Herstellerkommunikation von der Handelskommunikation. Nach dem Empfänger kann die Publikumskommunikation, welche sich an Haushalte, private Abnehmer und natürliche Personen richtet, sowie die Fachkommunikation, welche sich an Absatzmittler und Absatzhelfer richtet, angeführt werden. Nach dem Inhalt kann zwischen der Eigenkommunikation und der Fremdkommunikation und nach dem angesprochenen Wahrnehmungssinn zwischen visuell/optischer, akustisch/auditiver, olfaktorischer, gustativer und haptischer Kommunikation unterschieden werden. Von physischer Kommunikation spricht man, wenn non-verbal, mittels materieller Gegenstände oder Körpersprache (z. B. Schaufensterauslage) kommuniziert wird. Ist die Botschaft jedoch durch Zeichen verschlüsselt, handelt es sich um die Kommunikation mittels Wort-, Schrift-, Bild- und/oder Tonzeichen (Bruhn 1997, S. 11 ff.).

2. Kommunikationsmodell und Kundenverhalten

2.1 Die Phasen der Marketing-Kommunikation

Die Kernaufgabe des Relationship Managements besteht in der Aufnahme und Gestaltung von Beziehungen zwischen einem Unternehmen und seiner Umwelt. Die „Aufgabe der Kommunikation ist die Übermittlung von Botschaften zwischen Sender und Empfänger mit dem Ziel, den Empfänger in einer vom Sender gewünschten Weise zu beeinflussen" (Lötters 1993, S. 4). Die Kommunikation als Interaktion zwischen Empfänger und Sender kann als Modell vereinfachend (vgl. Abbildung 2) dargestellt werden (Kotler/Bliemel 2001, S. 884). Dabei wird versucht, die Realität vereinfacht abzubilden und die Beziehung zwischen den Elementen zu erklären (systemorientierter Ansatz).

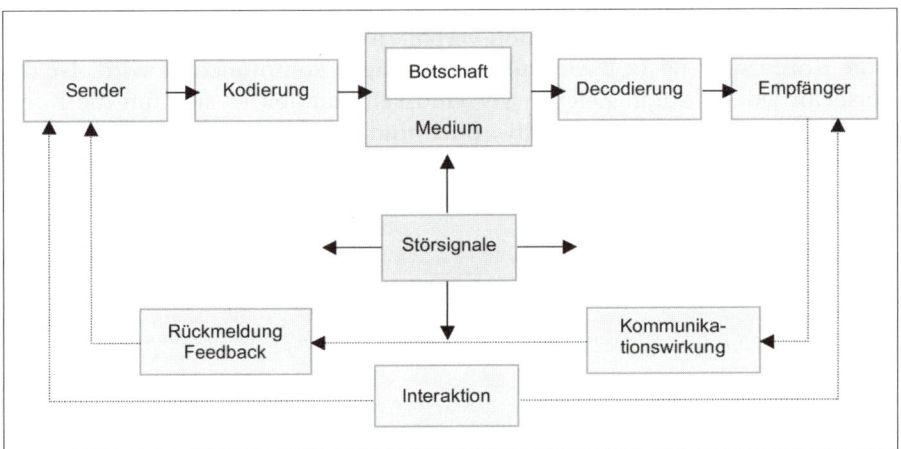

Abbildung 2: Das Kommunikationsmodell

Die Grundstruktur dieses Kommunikationsmodells mit seinen Elementen kann auf Lasswell zurückgeführt werden (Lasswell 1967, S. 178):

„Wer sagt was, zu wem, auf welchem Kanal, mit welcher Wirkung?"

Durch Ergänzung (in Anlehnung an Meffert 1986, S.446) kann das Kommunikationsmodell mit seinen Elementen erweitert werden und ein Aufschluss über die Ausgestaltung des Kommunikationssystems gewonnen werden.

- Wer (Kommunizierendes Unternehmen, Kommunikationsabsender),
- sagt was (Kommunikationsbotschaft),
- unter welchen Bedingungen (Situative Gegebenheiten, Umfeld),
- über welche Kanäle (Medium, Kommunikationsträger),

- zu wem (Zielpersonen, Kommunikationsempfänger),
- in welchem Gebiet (Einzugsgebiet),
- mit welchen Kosten (Kommunikationsaufwand),
- mit welchen Konsequenzen (Kommunikationserfolg)?

Der Kommunikationssender, die Botschaft und der Empfänger bilden die erforderlichen „Basiselemente" des Kommunikationssystems, welche die zwingenden Voraussetzungen für das Zustandekommen der Kommunikation darstellen.

Der Kommunikationssender, welcher in der Regel eine juristische oder natürliche Person darstellt, verfolgt das Ziel, Informationen an eine von ihm bestimmte Zielgruppe heranzutragen. Diese Information wird als Kommunikationsbotschaft in Wort, Bild, Text, Zeichen und/oder Musik umgewandelt und verschlüsselt (codiert) und in eine dem Medium angepasste Form umgewandelt.

Die Übertragung der Kommunikationsbotschaft erfolgt dann entweder persönlich, indem der Sender direkt mit dem Rezipienten kommuniziert, oder unpersönlich, falls der Kommunikator sich nicht direkt an den Empfänger richten kann. Bei der unpersönlichen Kommunikation wird die Botschaft mittels eines Mediums (Kommunikationsträger) zum Adressaten übertragen, welcher die Information empfängt.

Im Anschluss daran entschlüsselt (decodiert), verarbeitet und speichert der Rezipient idealerweise die übermittelte Botschaft. Als Rückkopplungseinheit kann die darauf folgende Übermittlung der Reaktion des Rezipienten als Feedback an den Sender angesehen werden.

Der gesamte Kommunikationsprozess kann dabei in die vier Phasen Kodierung, Transmission, Rezeption und Kommunikationswirkung unterteilt werden (siehe Abbildung 3 und Abbildung 4 (Quelle: Nieschlag 2002, S. 990)).

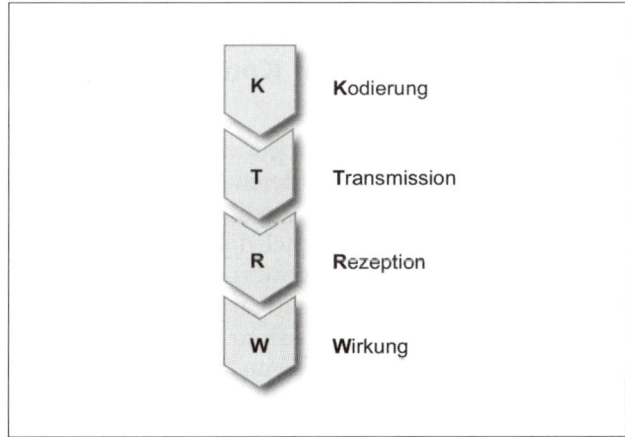

Abbildung 3: Überblick über die vier Phasen der Kommunikation

Phase	Stufe im Kommunikationsprozess		Einfluss-faktoren der Wirkung	Nachrichten-strom
Kodierung	Festlegung der Ziele	Gedankliche Formulierung der Absicht des Kommunikators	Kommunikator	
Kodierung	Kodierung der Botschaft	Übertragung der Absicht in Worte, Bilder, Tonzeichen		
Transmission	Medienauswahl	Auswahl und Einsatz der Träger zur Übertragung des Kommunikations-mittels an die Empfänger		
Transmission	Mediendiffusion	Verbreitung der Kommunikations-medien im Bereich der Zielgruppe		Filter 1 Mediennutzung
Transmission	Medienkontakt	Auswahl und Nutzung der Medien durch den Empfänger	Kommunika-tionsmedien	
Transmission	Exposition des Kommunikations-mittels	Konfrontation der Empfänger mit der Botschaft		Filter 2 Wahrnehmung
Rezeption	Perzeption der Botschaft	Bemerken und Wahrnehmen der kodierten Botschaft	Kommuni-kations-mittel	
Rezeption	Apperzeption der Botschaft	Verstehen/ Dekodieren und Verarbeiten der Botschaft		Filter 3 Intention Selektion
Wirkung	Speicherung der Botschaft	Behalten des Kommunikationsmittels		
Wirkung	Veränderung oder Stabilisierung der Präferenzen	Übernahme der Intention des Kommunikators und Abgleich mit vorhandenen Präferenzen	Exogene Faktoren	
Wirkung	Veränderung oder Stabilisierung des Verhaltens	Beeinflussung des Verhaltens im Sin-ne der Intention des Kommunikators (Kommunikationserfolg)		Filter 4 Vergessen

Abbildung 4: Die Phasen der Kommunikation

2.2 Störungen und Probleme im Kommunikationsprozess

In der Regel läuft die Kommunikation jedoch meist nicht so unbeeinflusst und ungestört ab, sondern wird des Öfteren von Störquellen begleitet, welche sich als ungeplante Einflüsse mit störender oder verzerrender Wirkung äußern können. Dabei kann zum Beispiel die Funktionsfähigkeit der Kommunikationsträger oder der Botschaft gestört oder behindert sein. Auch besteht die Möglichkeit, dass Informationen gar nicht bei den Zielpersonen ankommen, weil die Zielgruppe das Medium nicht nutzt. Eine verfehlende Wirkung erzielt die Kommunikation, wenn der Sender Informationen verfälscht wiedergibt oder sie gänzlich vorenthält, wenn das gewählte Kommunikationsmittel Transfermängel aufweist, das heißt, nicht geeignet für die Botschaftsübermittlung ist, oder der Empfänger nicht oder nur unzureichend mit der Botschaft in Verbindung tritt (Pepels 2000, S. 619). Eine falsche oder unzureichende Interpretation der Botschaft verfehlt die gewünschte Wirkung ebenso wie wenn der Empfänger die Botschaft nicht speichert oder sie vergisst.

Zudem können Streuverluste, Verluste durch Filter (selektive Wahrnehmung, Verzerrung, Erinnerung), Verluste durch Vergessen und Verluste durch Kommunikations-Gaps die Wirkung der Kommunikation beeinflussen.

Die Unterschiede zwischen erwarteter und wahrgenommener Leistung und die damit verbundenen Kommunikationsprobleme werden im Gap-Modell verdeutlicht (vgl. Abbildung 5; Quelle: Kleinaltenkamp/Plinke 1999, S. 52).

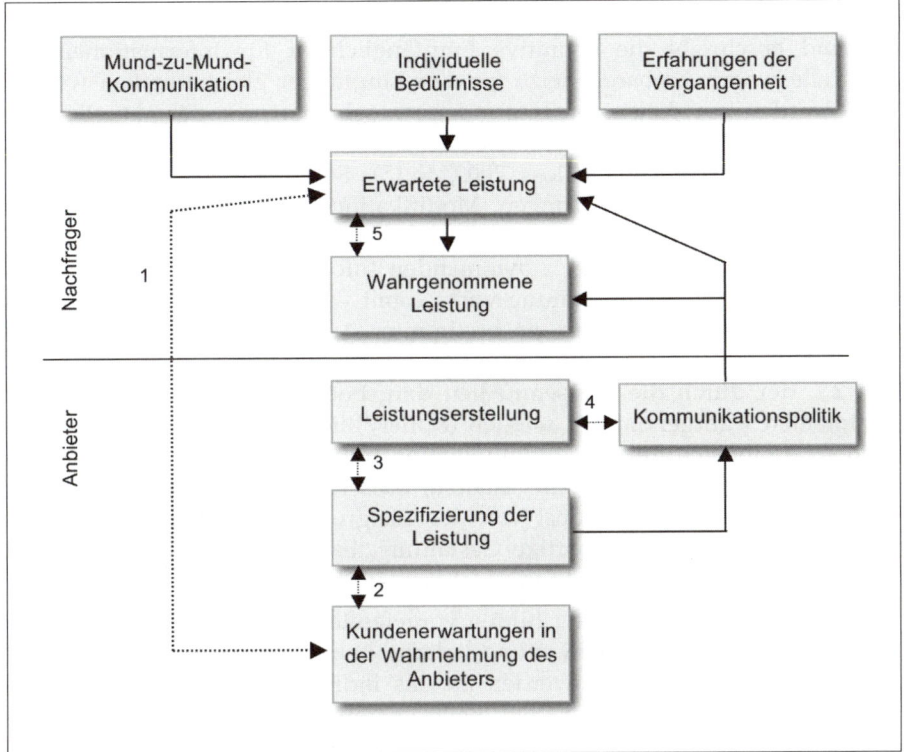

Abbildung 5: Gap-Modell der Kommunikation

Dabei können 5 Arten von „Gaps" unterschieden werden:

Gap 1: Die Erwartungen des Nachfragers werden falsch wahrgenommen

Gap 2: Die wahrgenommenen Erwartungen werden nicht richtig spezifiziert

Gap 3: Fehler bei der Umsetzung der Spezifikation in ein konkretes Leistungsergebnis

Gap 4: Die Leistung wird falsch präsentiert, da evtl. Dinge versprochen werden, die bei der Leistungserstellung nicht gehalten werden können

Gap 5: Zusammenwirken der Gaps 1–4: Der Nachfrager nimmt ein Leistungsergebnis wahr, das nicht seinen Erwartungen entspricht und somit zu Unzufriedenheit führt.

Diese Kommunikations-Gaps müssen mit Hilfe geeigneter Maßnahmen vermieden werden, um die Wirkung der Kommunikation nicht zu beeinträchtigen.

Eine weitere Störung der Kommunikationswirkung kann durch Filter ausgelöst werden. Dabei wird zwischen selektiver Wahrnehmung, Verzerrung und Erinnerung unterschieden.

Die selektive Beachtung/Wahrnehmung trägt dazu bei, dass durch den Selektionsmechanismus des Menschen aus der Vielzahl an Informationen der vorherrschenden Informationsflut nur wenige relevante Informationen herausgefiltert werden. Die selektive Wahrnehmung ist psychologisch begründet und beschreibt die kognitive Empfänglichkeit für Informationen. Da nicht alle wahrnehmbaren Reize für den Empfänger gleichermaßen wichtig sind, werden nur diejenigen Informationen selektiert, die der aktuellen Bedürfnislage, den eigenen Interessen und den Persönlichkeitsmerkmalen des Empfängers entsprechen (Kloss 2003, S. 13). Somit werden Informationen unter Verzerrungen, Ergänzungen, Modifikationen oder Unterdrückung bestimmter Aspekte wahrgenommen (Pepels 2000, S. 182), um dadurch einen persönlichen Schutz vor der zunehmenden Informationsüberlastung zu bilden. Die selektive Wahrnehmung wirkt somit wie eine Art Wahrnehmungsfilter, wodurch als Folge nur ein bestimmter Anteil der täglich einströmenden Botschaften wahrgenommen wird. Untersuchungen zeigen, dass lediglich 2 % der durch die Massenmedien dargebotenen Informationsreize von Rezipienten wahrgenommen werden (Kotler/Bliemel 2001, S. 345). Als Konsequenz ergibt sich für das kommunikationstreibende Unternehmen die Forderung, Botschaften derart zu gestalten, dass sie sich von denen der Konkurrenz abheben, da sie sonst von der Zielgruppe unbeachtet oder unbemerkt bleiben. Eine andersartige Gestaltung, Farbe oder Größe kann dabei eine bedeutend höhere Beachtungswahrscheinlichkeit erzeugen.

Bei der selektiven Verzerrung führen vorgefasste Einstellungen der Empfänger zu einer bestimmten Erwartungshaltung bezüglich des Botschaftsinhalts. Eingehende Informationen werden an das individuelle Denkschema angepasst und durch persönliche Deutungen verzerrt und derart ausgelegt, dass sie Voreingenommenheiten unterstützen. Die Empfänger werden als Folge nur das hören und sehen, was zu ihren Überzeugungen passt (Kotler/Bliemel 2001, S. 886).

Die selektive Erinnerung führt dazu, dass Informationen, welche die persönlichen Einstellungen stützen, mit größerer Wahrscheinlichkeit gespeichert und erinnert werden.

2.3 Stufenmodelle der Kommunikationswirkung

Ein Ziel der Marketing-Kommunikation ist die Erzeugung gewünschter Verhaltens- und Reaktionswirkungen bei den Zielpersonen. Um die Kommunikation zielgerecht und effektiv einsetzen zu können, ist es wichtig zu analysieren, welche Wirkungsprozesse durch Kommunikationsmaßnahmen hervorgerufen werden (Busch 1997, S. 316). Zur Erklärung der Wirkung müssen dabei Vereinfachungen im Rahmen von Modellen getroffen werden. Modelle stellen vereinfachte Abbildungen der Wirklichkeit dar, aufgrund derer versucht wird, die Realität zu erklären.

Bezüglich der Kommunikationswirkung können verschiedene Wirkungsstufen unterschieden werden. Um den Zusammenhang der Wirkungsstufen besser verstehen zu können, soll in Abbildung 6 der psychologische Bezugsrahmen der Kommunikationswirkung dargestellt werden (Becker 1998, S. 573).

Der Kontakt einer Person mit einem Kommunikationsmittel führt in einem ersten Schritt zur Wirkung der Kommunikationsbotschaft im Unterbewusstsein.

Auf der Wahrnehmungsstufe folgt im nächsten Schritt dann die bewusste Aufmerksamkeit, wodurch meist auch eine Gefühlswirkung ausgelöst wird. Die Wahrnehmung wird durch bereits vorhandene Gedächtnisinhalte beeinflusst, indem zum Beispiel bereits gespeicherte Reize schneller wahrgenommen werden. „Die Wahrnehmung als Perzeption geht mit physiologischen Erregungen einher, deren Intensität messbar ist" (Busch 1997, S. 318). Die Aufmerksamkeit ist eine vorübergehende Erhöhung der Aktivierung und führt zur Sensibilisierung der Person gegenüber bestimmten Reizen. Dabei wird Aufmerksamkeit durch physische (Signalfarben), kognitive (Widersprüche, bewusste Verstöße gegen Gestaltungsgesetze) und emotionale Reize (Kindchenschema) erzeugt. Die Gefühlswirkung führt anschließend zur Aufnahme der thematischen Informationen.

Diese Schritte bilden die Voraussetzung für die Verarbeitung der Informationen, welche die Speicherung der Botschaftsinhalte einerseits und das Verständnis der Botschaft andererseits beinhaltet. Die Gedächtnisleistung ist dabei umso stärker, je intensiver die Wahrnehmung erfolgt ist. Das Verständnis der Kommunikationsbotschaft bildet die Basis für die Akzeptanz und Identifikation mit dem übermittelten Inhalt und stellt andererseits eine Voraussetzung für die Speicherung der Botschaftsinhalte (Wissen und Erinnerung) dar. Die Akzeptanz und Identifikation bewirken in einem nächsten Schritt die Konfliktaktualisierung und Motivsteuerung, welche zusammen einen Verwendungswunsch hervorrufen. Des Weiteren kann durch die Akzeptanz der Botschaft eine Einstellungsbildung oder auch Einstellungsänderung hervorgerufen werden, welche wiederum zusammen mit den gespeicherten Inhalten, eine Imagebildung begünstigt und zur Markenpräferenz führt.

Die Markenpräferenz initiiert zusammen mit dem Verwendungswunsch das Verhalten der Person. Dieses wird durch eine Vielzahl an Persönlichkeits- und Umweltfaktoren gleichermaßen beeinflusst und kann sich zum Beispiel in Form eines Kaufentscheidungsprozesses konkretisieren. Dabei kann das Verhalten äußerlich wahrnehmbar sein, verbal geäußert werden oder auf einer gedanklichen Ebene stattfinden.

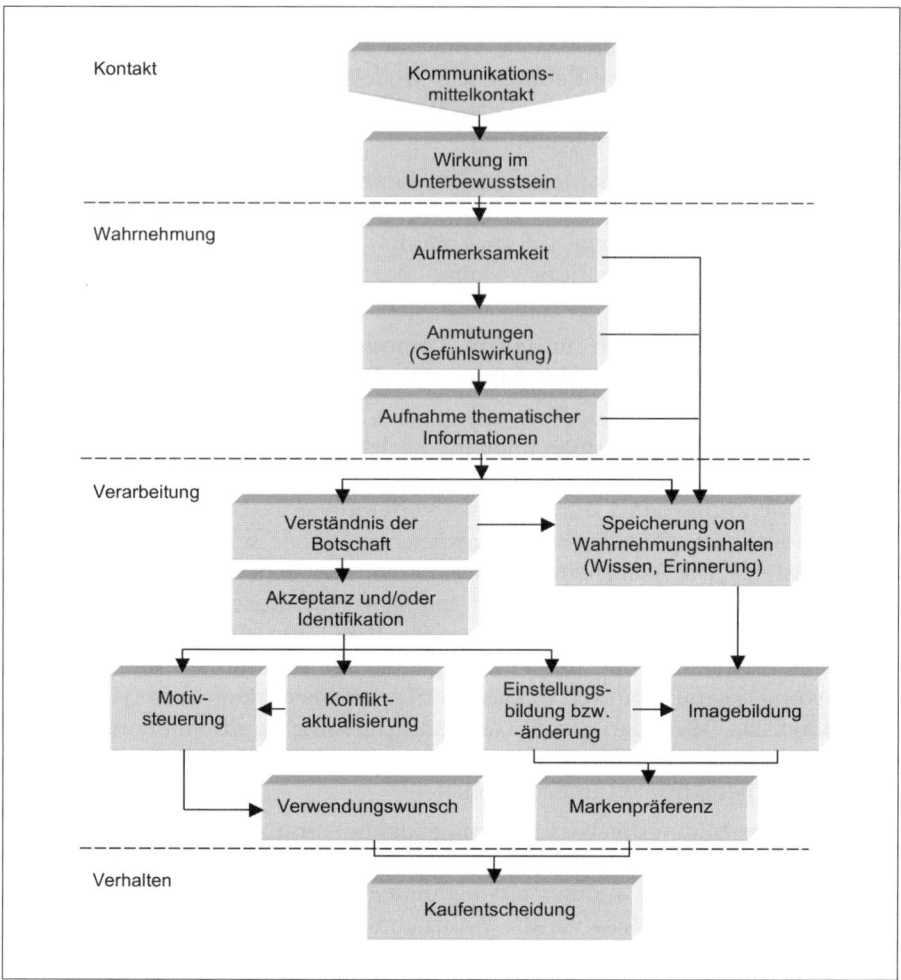

Abbildung 6: Der psychologische Bezugsrahmen der Kommunikationswirkung

Die unterschiedlichen Wirkungsvorgänge werden meist in momentane Reaktionen, dauerhafte Gedächtnisreaktionen und finale Verhaltensreaktionen aufgespalten und untergliedert und gehen auf Steffenhagen (1984) zurück.

Alle Reaktionen einer Person, welche sich unmittelbar bei und im Anschluss an eine Reizdarbietung ergeben und sowohl unbewusste als auch bewusste Reaktionen im Kurzzeitgedächtnis hervorrufen, werden als momentane Reaktionen bezeichnet. Diese Wirkungen werden meist in der Wahrnehmungsphase beobachtet. Dauerhafte Gedächtnisreaktionen spielen sich in der Verarbeitungsphase ab und rufen meist Veränderungen im Langzeitgedächtnis hervor (z. B. Veränderung von Einstellungen, Kenntnissen). Alle beabsichtigten und beobachtbaren Verhaltensweisen werden als finale Wirkungen bezeichnet. Sowohl momentane Wirkungen als auch dauerhafte Gedächtniswirkungen und finale Verhaltensreaktionen können bei der Wirkungskontrolle der Marketing-Kommunikation als Kriterien zur Beurteilung des Erfolges herangezogen werden.

Auf Grundlage dieser Erkenntnisse der Wirkungsprozesse wurden verschiedene Stufenmodelle der Kommunikationswirkung erarbeitet, wobei die Wirkung je nach Modell unterschiedlich stark untergliedert wird. Das wohl bekannteste Modell stellt das AIDA-Modell dar, welches 1898 von Lewis entwickelt wurde. Im AIDA-Modell wird die Kommunikationswirkung in vier Stufen untergliedert. Die erste Phase beinhaltet die Bekanntmachung und Weckung/Erzeugung von Aufmerksamkeit bei den Rezipienten (Attention). Daran schließt sich das Wecken von Interesse und Bedürfnissen (Interest) und der Wunsch nach Befriedigung dieser (Desire) an. In der letzten Phase findet die finale Verhaltensreaktion statt (Action).

Neben dem AIDA-Modell können viele weitere Stufenmodelle der Kommunikationswirkung mit den einzelnen Phasen angeführt werden, von denen einige in Tabelle 2 aufgeführt sind (vgl. Lasogga 1998, S. 37).

Stufe	Behrens	Colley	Meyer	Seyffert	Lavidge/Steiner
1	Berührung	Bewusstsein	Bekanntmachung	Sinneswirkung	Bewusstsein
2	Beeindruckung	Einsicht	Information	Aufmerksamkeitswirkung	Wissen
3	Erinnerung	Überzeugung	Hinstimmung	Vorstellungswirkung	Zuneigung
4	Weckung von Interesse	–	–	Gefühlswirkung	Bevorzugung
5	–	–	–	Gedächtniswirkung	Überzeugung
6	Aktion	Handlung	Handlungsanstoß	Willenswirkung	Kauf

Tabelle 2: Stufenmodelle der Kommunikationswirkung

Die einzelnen Wirkungsprozesse können sowohl auf der kognitiven Ebene (rationale Erkenntnisebene), der affektiven Ebene (Gefühlsebene) und der konativen Ebene (Verhaltensebene) beobachtet werden. Wirkungen, welche sich auf der kognitiven Ebene abspielen, sind die Wahrnehmung und sensorische Aufnahme der Botschaft und die damit verbundene kognitive Änderung. Zur affektiven Ebene kann das Interesse sowie der Kaufwunsch zugeordnet werden sowie Änderungen der Einstellung und der Absicht. Auf der konativen Ebene spielen sich finale Verhaltensänderungen, wie zum Beispiel der Kauf, ab.

Mit Hilfe der Kommunikation ist es möglich auf jede einzelne Wirkungsstufe Einfluss zu nehmen und somit die jeweilige Reaktion zu steuern und zu beeinflussen. Je nach beabsichtigter Reaktionswirkung muss die Kommunikation dabei andersartig gestaltet sein.

2.4 Modellierung des Reaktionsverhaltens

Um eine erfolgreiche Kommunikation zu gewährleisten und die gewünschten Reaktionen (Wirkungen) bei den Empfängern zu erzeugen, ist es für den Kommunizierenden von großer Bedeutung, Informationen bezüglich des Reaktionsverhaltens der Rezipienten auf Kommunikationsmaßnahmen zu erforschen. Die Konsumentenforschung beschäftigt sich unter anderem mit der Frage, wie Stimuli (exogen/endogen) aus der Umwelt auf bestimmte Personen wirken und welche Reaktionen damit verbunden sind.

Als Ausgangsmodell zur Erforschung des Kundenverhaltens und der Kommunikationswirkung können verhaltenswissenschaftliche Ansätze herangezogen werden, denen so genannte Reiz-Reaktionsschemata zur Erklärung des Verhaltens zugrunde gelegt werden. Im Stimulus-Organismus-Response-Modell (S-O-R-Modell), welches die Ursache-Wirkungs-Beziehungen betrachtet, wird zur Erklärung des Kundenverhaltens explizit auf intervenierende Variablen (nicht direkt beobachtbare psychische Aktivitäten) aus dem Inneren des menschlichen Organismus zurückgegriffen. Demnach dringen exogene Stimuli (Umfeldstimuli, Marketingstimuli) in die „Black Box" (Reaktionsorganismus) des Kunden ein und lösen im Zusammenhang mit endogenen Faktoren (z.B. demographische Merkmale der Person) eine Reaktion aus. Stimuli führen bei diesem Erklärungsmodell nicht direkt zu einer Reaktion, sondern man nimmt an, dass über theoretische Konstrukte wie Motive, Einstellungen, Lernen, welche im Organismus des Menschen verankert sind, Reaktionen hervorgerufen werden. Die Reaktion ist demnach ein Zusammenwirken der Stimuli-Organismus-Faktoren. Weiter wird angenommen, dass Prädispositionen (Einstellungen, Persönlichkeitsmerkmale) dafür verantwortlich sind, wie eine Person auf einen Reiz reagiert.

Das Zusammenwirken der Faktoren des S-O-R-Modells wird in Abbildung 7 graphisch dargestellt (Kotler/Bliemel 2001, S. 324).

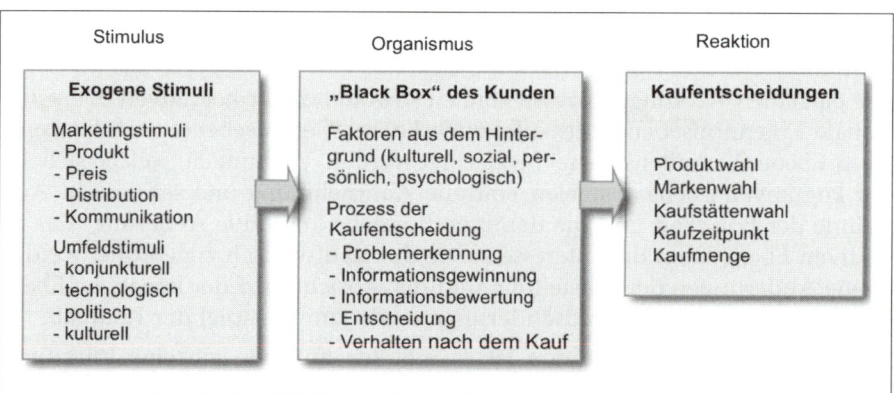

Abbildung 7: Das S-O-R-Modell

2.5 Einflussfaktoren auf das Kundenverhalten

Zur Erklärung der Prozesse, welche sich innerhalb des Reaktionsorganismus einer Person abspielen und das Verhalten und die Reaktionen der Rezipienten beeinflussen, können verschiedene Faktoren herangezogen werden (vgl. Abbildung 8).

Das Verhalten eines Individuums wird sowohl von extraindividuellen als auch von intraindividuellen Determinanten bestimmt. Während extraindividuelle Faktoren von außen beobachtet werden können, ist es im Rahmen intraindividueller Faktoren nur möglich, diese zu rekonstruieren. Verschiedene Strukturmodelle versuchen dabei die Vorgänge innerhalb der „Black Box" zu erhellen und abzubilden und stochastische Modelle prognostizieren unter Zuhilfenahme von Zufallsmechanismen und unter Berücksichtigung der endogenen und exogenen Faktoren das Kundenverhalten (Berndt 1996, S. 43). Eine nähere Beschreibung der verschiedenen Strukturmodelle des Kundenverhaltens finden sich u.a. bei Berndt 1996, S. 57 ff.

Im Rahmen der extraindividuellen Faktoren können kulturelle (Kulturkreis, Subkultur, soziale Schicht), soziale (Bezugsgruppen, Familie, Rolle, Status) und persönliche (Alter, Beruf, Lebensstil, Persönlichkeit) Einflussvariablen sowie Umfeldfaktoren das Verhalten von Personen beeinflussen. Im Rahmen der psychologischen, nicht beobachtbaren Variablen können aktivierende, kognitive und persönliche Determinanten unterschieden werden (Kotler/ Bliemel 2001, S. 325 ff.).

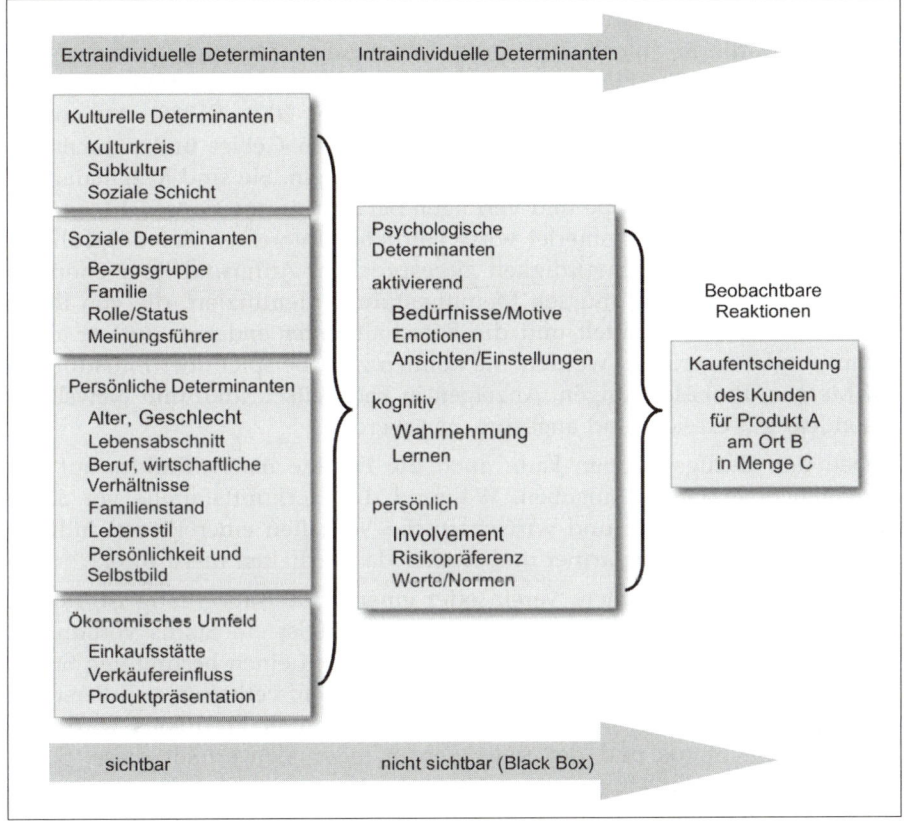

Abbildung 8: Einflussfaktoren auf das Kundenverhalten
(vgl. Winkelmann 2004, S. 14; Kotler/Bliemel 2001, S. 325 ff.)

Kulturelle Faktoren

Menschliches Verhalten ist nicht wie bei Tieren hauptsächlich von Instinkten geleitet, sondern erlernt. Der jeweilige Kulturkreis ist verantwortlich für das Aneignen fundamentaler Werte, Vorstellungen, Präferenzen und Verhaltensweisen durch den Prozess der Sozialisierung. Eine Unterteilung des Kulturkreises in soziale Schichten zeigt, dass sich Menschen einer Schicht bezüglich ihrer Verhaltensweisen und Einstellungen sehr ähneln. Innerhalb einer sozialen Schicht können sowohl gleiche Marken- und Produktpräferenzen sowie eine ähnliche Bevorzugung bestimmter Medien beobachtet werden.

Soziale Faktoren

Bezugsgruppen können im Rahmen sozialer Faktoren einen direkten (unmittelbar persönlichen) oder indirekten Einfluss auf die Einstellungen und Verhaltensweisen eines Menschen und damit auf das Verhalten ausüben. Eine besondere Art der Bezugsgruppe stellen Meinungsführer dar, welche eine verstärkende oder auch abschwächende Wirkung auf die Einstellungen und das Verhalten von Individuen ausüben können. „Ein Meinungsführer ist eine Person, die im informellen, produktbezogenen Meinungsaustausch anderen Personen Ratschläge oder Informationen über bestimmte Produkte und Produktkategorien anbietet" (Kotler/Bliemel 2001, S. 330). Meinungsführer sind meist Experten auf einem bestimmten Gebiet und nehmen im Kommunikationsprozess eine Art Relaisfunktion ein. Sie sind Mitglieder der jeweiligen sozialen Gruppe und verfolgen bei der Informationssuche und Informationsvermittlung keinerlei wirtschaftliches Interesse. Meinungsführern wird meist große Glaubwürdigkeit zugesprochen. Aufgrund ihrer enormen Beeinflussungswirkung müssen Meinungsführer identifiziert, die von ihnen genutzten Medien ermittelt und die Botschaft unter anderem auf sie abgestimmt und ausgerichtet werden. Sie können zum Beispiel über Einladungen auf Messen, Probesendungen, Anzeigen in Fachzeitschriften und Newsletter besonders gut erreicht und angesprochen werden.

Neben den Bezugsgruppen kann auch die Familie einen Einfluss auf das Verhalten einer Person ausüben. Während die Herkunftsfamilie vor allem das religiöse, politische und wirtschaftliche Verhalten einer Person indirekt prägt, beeinflussen Ehepartner und Kinder das Verhalten meist direkt.

Jeder Mensch, der in einem Verein oder einer Organisation tätig ist, nimmt dort eine Rolle ein. Mit der jeweiligen Aktivität ist ein Status verbunden, der das Ansehen in der Gesellschaft bestimmt. Um einen bestimmten Status bzw. eine Rolle aufrechtzuerhalten oder zu schaffen, verhalten sich Personen dementsprechend. Durch die Wahl eines bestimmten Produktes wird eine Person ihrem Status und der Rolle gerecht oder sie verfehlt diese. Somit kann eine Abhängigkeit zwischen diesen Faktoren und dem Kundenverhalten gesehen werden.

Persönliche Faktoren

Neben den kulturellen und sozialen Faktoren prägen persönliche Merkmale wie Beruf, Alter, Lebensabschnitt, wirtschaftliche Situation, Lebensstil und Selbstbild das Verhalten einer Person. In Abhängigkeit des Alters werden zum Beispiel verschiedene Produkte präferiert, benutzt und gekauft. Auch der Beruf und das damit verbundene Einkommen prägen die Interessen, Einstellungen, Motive und damit das Verhalten von Personen.

Umfeldfaktoren

Faktoren aus dem Umfeld wie die Art und Ausgestaltung der Einkaufsstätte, der Einfluss durch Verkäufer oder die Art der Produktpräsentation können außerdem einen Einfluss auf das Kundenverhalten ausüben und müssen bei der Planung der Kommunikationsprozesse betrachtet und beachtet werden.

Psychologische Faktoren

Bei den psychologischen Faktoren, welche das Verhalten eines Menschen beeinflussen können, kann zwischen aktivierenden (Bedürfnisse/Motive, Emotionen, Ansichten/Einstellungen), kognitiven (Wahrnehmung, Lernen) Determinanten und Persönlichkeitsdeterminanten (Involvement, Risikopräferenz, Werte/Normen) unterschieden werden.

Die aktivierenden Determinanten Bedürfnisse, Motive, Emotionen, Ansichten und Einstellungen „beschreiben innere Erregungszustände, die den Organismus in einen Zustand der Aufmerksamkeitsbereitschaft und Leistungsfähigkeit versetzen" (Pepels 2000, S. 163). Jeder Mensch verspürt Bedürfnisse, die entweder biogen (aus physiologischen Spannungszuständen entstehend, wie z.B. Hunger) oder psychogen sind (z.B. Wunsch nach Anerkennung). Wenn ein Bedürfnis als so dringend empfunden wird (hinreichender Intensitätsgrad), dass die Person dadurch zur Handlung bewegt wird, entsteht ein Motiv. Motive drücken die Bereitschaft zum Handeln aus und werden durch Situationsfaktoren angeregt. Motive stellen überdauernde Persönlichkeitsmerkmale dar, die losgelöst von der konkreten Lebenssituation existieren und durch äußere Anreize aktiviert werden. Maslow stellte die Theorie auf, dass Menschen von physiologischen Bedürfnissen (z.B. Hunger), Sicherheitsbedürfnissen (z.B. Geborgenheit), sozialen Bedürfnissen (z.B. Liebe), Bedürfnissen nach Wertschätzung (z.B. Anerkennung) und Bedürfnissen nach Selbstverwirklichung (z.B. Entfaltung der Persönlichkeit) beeinflusst und geleitet werden. Die Befriedigung dieser Bedürfnisse stellt die Motivation des Handels dar. Entsprechend dieser Theorie wurde abgeleitet, dass Menschen bei Kaufentscheidungen dazu neigen, Prioritäten bezüglich der Produktwahl zu setzen, um ihre Bedürfnisse optimal zu befriedigen.

Emotionen beinhalten Gefühle und Empfindungen, welche innerlich empfunden werden und nach außen hin in einer gewissen Ausdrucksform geäußert werden. Ebenso wie Triebe sind Emotionen die grundlegenden menschlichen Antriebskräfte. Emotionen beinhalten vier Komponenten: die allgemeine Aktivierung, die Richtung (positiv/negativ), die Emotionsqualität und den Grad der Bewusstmachung (Berndt 1996, S. 45). Emotionen treiben das menschliche Denken und Handeln an und können zudem die Informationsaufnahme begünstigen und Entscheidungs- und Problemlösungsprozesse auslösen (Berndt 1996, S. 46). Somit wirken sich Emotionen indirekt auf das menschliche Verhalten aus.

Die Einstellung über ein Produkt kann sowohl auf Erfahrungen, Wissen, Meinungen beruhen und auch emotional besetzt sein. Da sich das Image eines Produktes aus den Ansichten der Kunden zusammensetzt, sind Marketer daran interessiert, die Ansichten der Zielgruppe zu erforschen und zu analysieren. Einstellungen führen dazu, dass bestimmte Objekte präferiert oder abgelehnt werden und stellen die innere Bereitschaft zu einer Reaktion dar. Die Einstellung stellt ein einigermaßen überdauerndes Merkmal dar, mit dessen Hilfe erklärt werden kann, warum sich eine Person gegenüber gleichartigen Objekten stets in ungefähr der gleichen Art verhält und beinhaltet die innere subjektive Vorstellung und Bewertung einer Person von diesem Objekt, welche in den persönlichen Motiven begründet ist. Obwohl Einstellungen relativ stabil sind und nur schwer zu verändern sind, können sie – wie auch die Meinung – durch Kommunikation bestärkt werden. Einstellungen beinhalten eine affektive, kognitive und konative Komponente.

Viele Menschen werden durch die Meinung anderer stark in der Bildung ihrer individuellen Ansichten und Einstellung und damit in ihrem Verhalten beeinflusst. Dieser Aspekt spielt vor allem bei der persönlichen Kommunikation eine Rolle und kommt regelmäßig in der Vergleichs- und Auswahlphase neuer Produkte besonders stark zur Geltung. Wie stark sich dieser persönliche Einfluss dabei bei den einzelnen Personen auswirkt, hängt von der Persönlichkeitsstruktur ab.

Kognitive Determinanten

Wahrnehmung ist der „Prozess, durch den ein Individuum eingehende Informationen auswählt, ordnet und interpretiert" (Kotler/Bliemel 2001, S. 345). Die Wahrnehmung von Informationen ist dabei kein augenblicklicher Vorgang, sondern ein Prozess, bei dem nach und nach mehr und mehr Elemente intensiver wahrgenommen werden. Die Art des Wahrnehmungsprozesses von Informationen ist bei jedem Individuum anders ausgeprägt und dafür verantwortlich, wie Kommunikationsimpulse aufgenommen und anschließend verarbeitet werden. Das damit verbundene „Lernen ist die Änderung des Verhaltens eines Individuums aufgrund von Erfahrungen" und Informationen (Kotler/Bliemel 2001, S. 346). Menschen eignen sich in Lernprozessen Ansichten und Einstellungen an, welche sich wiederum in ihrem Verhalten äußern können.

Persönlichkeitsdeterminanten

Neben den demographischen Persönlichkeitsmerkmalen, die nach außen hin beobachtbar sind, können des Weiteren Persönlichkeitsdeterminanten wie das Involvement, die Risikopräferenz sowie Werte und Normen Einfluss auf das Verhalten von Personen ausüben. Während Werte die Grundüberzeugung einer Person widerspiegeln und sich in produktbezogene Werte (Produkteigenschaften) und bereichsspezifische Werte (beziehen sich auf Lebens- und Gesellschaftsbereiche) untergliedern lassen, bedingt das Involvement den Grad des Interesses und des Engagements, indem sich Personen für bestimmte Sachverhalte interessieren und einsetzen. Das Involvement drückt zudem die persönliche Verbundenheit einer Person mit einem Thema aus (Hofsäss 2003, S. 263). Das Situationsinvolvement bedingt dabei, dass gleiche äußere Reize und Stimuli bei unterschiedlichen Menschen zu unterschiedlichen Zeiten mitunter ganz unterschiedliche Wirkungen hervorrufen können (Hofsäss 2003, S. 264). Je nachdem, ob eine Person allein oder in Gesellschaft ist, ob ein akutes Bedürfnis verspürt wird oder nicht und ob die Person gelangweilt (Low-Involvement) oder hochmotiviert (High-Involvement) ist, wird die Reaktion und das Verhalten ein anderes sein. Sowohl individuelle, personenspezifische (Motive, Einstellungen) und situationsspezifische Faktoren (Einkaufs-, Verwendungssituation) sowie die Kommunikationsbotschaft haben Auswirkungen auf die Ausformung des Involvements. Grundsätzlich kann zwischen dem High-Involvement und dem Low-Involvement unterschieden werden.

Während bei einem Verhalten mit High-Involvement die besondere Wichtigkeit des Sachverhaltes ausgedrückt wird, beinhaltet das Low-Involvement nur eine geringe Beteiligung der Person. Ist eine Person bereit, sich zu engagieren, also sich emotional und kognitiv mit der Entscheidung auseinander zu setzen, so spricht man von einem hohen Involvement. Je stärker das Involvement einer Person ausgeprägt ist, desto ausgeprägter ist auch die Vorstellung über den mit dem Objekt verbundenen Nutzen. Charakteristische Elemente des High- und Low-Involvements werden in Tabelle 3 veranschaulicht (Nieschlag 2002, S. 1013).

	High-Involvement	Low-Involvement
Informationssuche	Aktiv und umfangreich	Passiv und eher begrenzt
Kognitive Verarbeitung	Aktives und kritisches Verarbeiten	„Es über sich ergehen lassen"
	Hohe Verarbeitungstiefe	Geringe Verarbeitungstiefe
	Wenig akzeptable Alternativen	Viele akzeptable Alternativen
	Viele Merkmale beachtend	Wenige Merkmale beachtend
	Optimierungsziel	Anspruchsniveauziel
	Hohe Gedächtnisleistung	Geringe Gedächtnisleistung
Einstellung	Stark verankerte, stabile Einstellung	Weniger stabile Einstellung
Markentreue	Markentreue üblich	Routinekäufe ohne Treue
Sozialer Einfluss anderer Personen	Orientierung am Verhalten anderer Personen, starker Einfluss von Bezugsgruppen	Geringer Einfluss anderer Personen

Tabelle 3: Charakteristika bei High- und Low-Involvement

Ein weiterer psychologischer Faktor, welcher sich auf das Verhalten von Personen auswirkt, ist das subjektiv wahrgenommene soziale und finanzielle Risiko.

2.6 Erkenntnisse aus der Gehirnforschung

Um genau zu verstehen, was die Kunden bei Kaufentscheidungen antreibt, ist es erforderlich, dass man sich detailliert mit den Motiv- und Emotionsstrukturen der Menschen auseinander setzt. Ein solides Grundverständnis dieser Zusammenhänge stellt eine unabdingbare Voraussetzung dar, um wirkungsvolle Marketing-Kommunikation gestalten zu können. Denn kommunikative Botschaften können bei den Rezipienten verschiedene Assoziationen und Vorstellungen hervorrufen und Reaktionen auslösen.

In Brain Script stellt Häusel (2004) einen Erklärungsansatz vor, welcher die Verhaltens- und Emotionsmuster der Menschen an aktuellen Erkenntnissen von Psychologie, Neurobiologie, Neurochemie etc. spiegelt. Die Zusammenfassung der Erkenntnisse aus diesen verschiedenen Forschungsrichtungen gibt einen Überblick über den aktuellen Stand der Motiv- und Emotionsforschung.

Motive und Emotionen stellen zwei verschiedene Komplexe dar, welche einander bedingen, indem sie gemeinsam das menschliche Verhalten steuern. Während in der Psychologie die Motive Gegenstand der Betrachtung sind, befasst sich die Gehirnforschung vorrangig mit Emotionen. Die gegenseitige Bedingung ist darin begründet, dass durch Emotionen bestimmte Ziele erreicht werden sollen, die Ziele aber immer Bestandteile der Motive sind (Häusel 2004, S. 28). Motive wiederum sind mit Gefühlen verknüpft, die wahrnehmbar und auch messbar sind.

Die Motivwelt

Einen ersten Überblick über die Wirkungskräfte im Kopf der Kunden gibt uns Abbildung 9 (Quelle: Häusel 2004, S. 40). Von zentraler Bedeutung sind die das Leben bestimmenden Vitalbedürfnisse wie Atmung, Nahrung und Schlaf, welche unveränderlich sind.

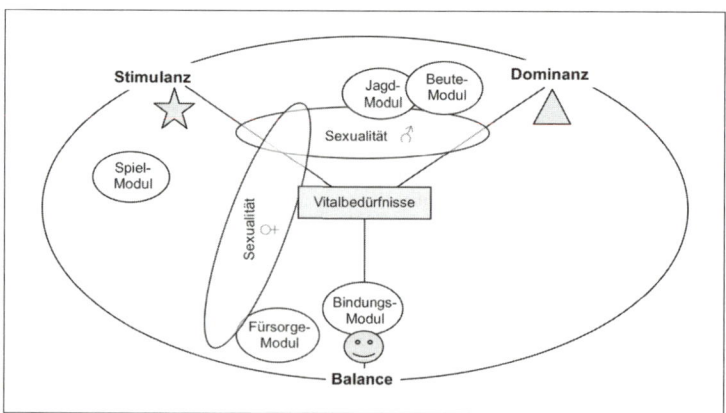

Abbildung 9: Das System der Kaufmotive

Weitaus interessanter sind die drei großen Motiv- und Emotionssysteme Stimulanz, Dominanz und Balance, welche interessante Ansatzpunkte für die Marketing-Kommunikation liefern (Häusel 2004, S. 40). Diese sind miteinander verknüpft und bestimmen je nach Impuls und Vorrangigkeit die menschlichen Verhaltensweisen.

Überwiegt das Balancesystem, neigt der Mensch eher dazu, ein bewährtes Produkt zu kaufen. Das Stimulanzsystem fördert Neugierde und somit das Ausprobieren von Innovationen. Durch das Dominanzsystem wird der eigene Nutzen in den Vordergrund gestellt. Durch die verschiedenen Richtungen, in die diese Systeme wirken, sind innere Widersprüche vorprogrammiert. Dominanz und Stimulanz sind die aktivierenden, optimistischen Faktoren, sie treiben dazu an, etwas Neues auszuprobieren, Geld auszugeben und dabei auch Kaufrisiken einzugehen. Dem Balancesystem kommt eine eher hemmende, pessimistische Rolle zu. Dabei stehen rationale Aspekte im Vordergrund und Risiken und Geldverschwendung sollen vermieden werden. Aber auch Unterformen, als Kombinationsmodule zwischen diesen Dimensionen sind möglich und können durch Zusammenhänge im Gehirn abgebildet werden.

Durch eine innere Logik werden diese verschiedenen Kräfte verarbeitet und führen dann entweder zu einer unsichtbaren Reaktion (z. B. Einstellungsänderung) oder zu einer sichtbaren Reaktion (z. B. Kauf einer bestimmten Marke).

Das Balancesystem

Das Balancesystem lässt den Menschen nach Ruhe und Sicherheit streben. Alles was die Harmonie stört, soll vermieden werden, damit ein energiesparender Gleichgewichtszustand erreicht werden kann (Häusel 2004, S. 31). Die Maxime lautet: „Vermeide jede Gefahr, jede Veränderung und strebe nach Sicherheit und innerem und äußerem Gleichgewicht!" Die Argumente zur Erfüllung dieser Maxime liegen in Sicherheit, Gesundheit und Geborgenheit. Anwendung findet diese Dimension z. B. bei Medikamenten, Versicherungen und Kinderprodukten bezüglich Qualität, Zuverlässigkeit, Haltbarkeit und Garantien.

Eng mit dem Balancesystem verbunden ist das Bindungs-Modul, da der Wunsch nach Bindung und damit nach Sicherheit dem Balancesystem entspringt. Die Bindung zum Partner, zur Familie, zur sozialen Gruppe oder zum Unternehmen steht hier im Vordergrund. Durch dieses Kaufmotiv lassen sich Clubreisen, Vereinskleidung, Kundenveranstaltungen und After-Sales Betreuung erklären, aber auch wirksam gestalten und kommunikativ umsetzen.

Eine weitere Unterform des Balancesystems ist das Fürsorge-Modul. Hier geht es darum, anderen etwas Gutes zu tun. Durch dieses Motiv kann erhebliche Kaufkraft für Geschenkartikel, Kindernahrung und auch Haustiere aktiviert werden.

Das Stimulanzsystem

Das Stimulanzsystem treibt den Menschen zur Suche nach Abwechslung und nach neuen Dingen. Alles, was Spaß macht und Freude bringt, wird durch diese Dimension gefördert. Die Maxime lautet: „Vermeide Langeweile, entdecke Neues und sei anders als die Anderen!" Die Argumente liegen hier in neuen Trends, Neugier, Spaß und Erlebnis. Zu finden sind diese Argumente im Tourismus, in der Freizeitindustrie, in der Erlebnis-Gastronomie, im Event-Marketing, bei Innovationsveranstaltungen sowie bei allen Produkten, welche die Individualität herausstellen. Eine Unterform des Stimulanzsystems ist das Spiel-Modul. Nicht nur bei Kindern, sondern auch bei Erwachsenen ist mit der Verbesserung der eigenen Fertigkeiten ein schnelles Lernen aus Erfahrung mit einem Lustgefühl verbunden. Dieses Modul steht im starken Zusammenhang mit Spielwaren, Gewinnspielen, Spielautomaten und Lotto.

Das Dominanzsystem

Das Dominanzsystem motiviert den Menschen zum Machtausbau, zu Status und Autonomie. Alles was die eigene Machtposition und Überlegenheitsgefühl stärkt, wird hier gefördert. Die Maxime dabei lautet: „Sei aktiv und setze dich durch, sei besser als andere, verdränge die Konkurrenz und erhalte deine Autonomie!" Durch das Dominanzsystem strebt der Mensch mit außergewöhnlichen Leistungen an die Spitze. Durch das begleitende Kaufmotiv soll dies auch demonstriert werden. Dazu gehören z.B. teuere Uhren, Autos, Designermode, aber auch VIP-Status, VIP-Events sowie Mitgliedschaften in elitären Clubs.

Eine Unterform des Dominanzsystems ist das Jagd-Modul, welches in spielerischer und aggressiver Ausprägung auftreten kann. Nicht nur Jagd- und Angelsportgeräte werden hier angesprochen, vielmehr liegt hier auch der Antrieb zum Schnäppchenjäger.

Das Beute-Modul stellt eine weitere Unterform dar, welches mit dem Spiel-Modul des Stimulanzsystems in Verbindung steht. Als Kaufmotiv tritt das Raufmodul über das Interesse an Wettkampfsportarten wie Boxen, Tennis und Fußball auf.

Sex sells

Die Sexualität bestimmt neben dem Dominanz-, Stimulanz- und Balancesystem maßgeblich das menschliche Motivationssystem und ist fest in die Steuerung der Verhaltensweisen integriert. Durch das Dominanzsystem werden Konkurrenten verdrängt, die sich für den selben Partner interessieren. Durch das Stimulanzsystem soll Aufmerksamkeit gewidmet und Spaß am Sex vermittelt werden. Das Balancesystem schließlich soll die Paarbindung stabilisieren. Bei der kommunikativen Umsetzung jedoch gilt es, eine wesentliche Erkenntnis zu berücksichtigen, denn es gibt erhebliche Unterschiede zwischen dem Sexualempfinden und Sexualverhalten zwischen Männern und Frauen (Häusel 2004, S. 38). Diese Unterschiede bestehen sowohl bei den Gehirnstrukturen, als auch in der unterschiedlichen Konzentration der Botenstoffe und Hormone. Sexualität wird vor allem in der aufmerksamkeitsstarken Bildkommunikation oft herangezogen und macht sich in vielfältiger Art und Weise als Kaufmotiv bemerkbar. Auffallend oft findet dieses Motiv Verwendung in den Branchen Mode, Automobil, Schmuck, Kosmetik sowie Getränke und Spirituosen.

Landkarte der Werte

Damit das Gesamtverständnis für das Kundenverhalten hergestellt werden kann, müssen die Kombinationen der drei Dimensionen betrachtet werden (vgl. Abbildung 10; Quelle: Häusel 2004, S. 44). Die Kombination aus Dominanz und Stimulanz kann als Abenteuer/Thrill und die Kombination aus Balance und Dominanz als Disziplin/Kontrolle bezeichnet werden. Zwischen Balance und Stimulanz lässt sich Fantasie/Genuss einordnen (Häusel 2004, S. 42).

Über diese Darstellung von Motiven und Emotionen kann man zusätzlich noch eine Schicht legen, die das Wertesystem von Rezipienten und Kunden widerspiegelt. Werte dienen dabei als Standards, die zur Messung bzw. zum Vergleich von eigenem und fremdem Verhalten herangezogen werden. Beispiele für Werte sind z.B. Ehrlichkeit, Kreativität und Humor. Das verbindende Element sind wieder die Emotionen, die in den jeweiligen Werten stecken.

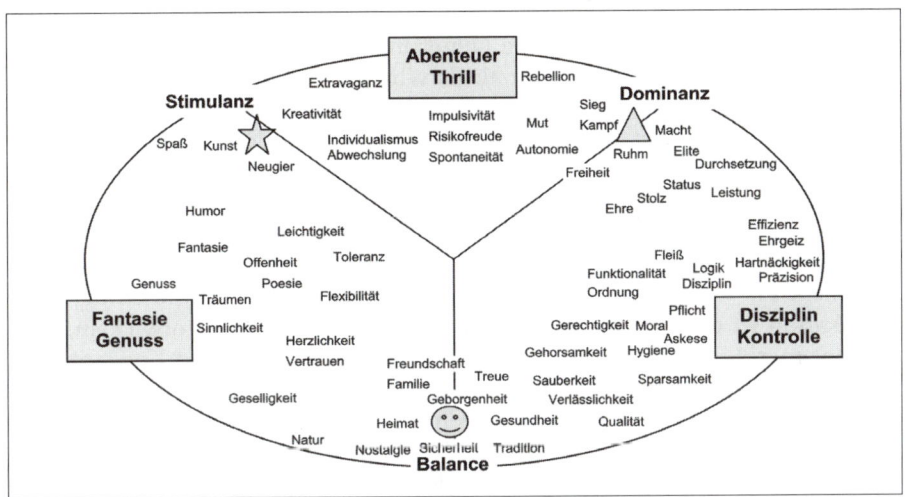

Abbildung 10: Einordnung des Wertesystems

Abbildung 10 zeigt die Einordnung der Werte in das Motiv- und Emotionssystem. Durch eine Orientierung an dieser Grundstruktur erhält man ein hilfreiches Instrument, um die Rezipienten mit der richtigen Sprache anzusprechen. Diese, von Häusel als „Limbic Map" bezeichnete Darstellung von Motiven, soll mit den Werten die gezielte Auswahl der kommunikativen Argumentation bei der Ansprache der Rezipienten ermöglichen. Darüber hinaus lassen sich hieraus wichtige Ansatzpunkte für die Definition und Identifikation der Zielgruppen gewinnen.

3. Die Verbreitungswirkung der Marketing-Kommunikation

Ziel der Marketing-Kommunikation ist die Verbreitung von Informationen zur Bekanntmachung spezieller Sachverhalte und zur Steuerung des Verhaltens in einer für den Kommunikator förderlichen Art und Weise. Das Diffusionsmanagement beschäftigt sich genau mit diesen Wirkprinzipien (Hofbauer 1992) und geht der Frage nach, wie schnell die Verbreitung, Bekanntmachung, Durchsetzung, Akzeptanz und Übernahme von ideellen oder materiellen Objekten in einem sozialen System über verschiedene Kommunikationswege verläuft.

Bei Diffusionserscheinungen wird im Allgemeinen die Verbreitung von Innovationen betrachtet. Darunter können sowohl substanzielle Innovationen wie konkrete Produkte, aber auch ideelle Themen wie Kommunikationsinhalte verstanden werden. Beide Formen sind für Unternehmen wichtig, da beide einander bedingen. Die kommunikative Diffusion ist der Objektdiffusion dabei regelmäßig vorgelagert, womit der Markt sozusagen vorbereitet wird.

Je schneller und nachhaltiger eine Neuerung am Markt kommuniziert wird, desto größer ist das Erfolgpotenzial. Es wird jedoch immer schwieriger sich am Markt mit neuen, viel versprechenden Produkten zu behaupten. Aus diesem Grund kommt auch der Organisation und dem Management der dem Diffusionsprozess vorgeschalteten Abläufe immense Bedeutung für den späteren Erfolg zu. Denn viel zu sehr ist das Agieren am Markt durch Aktionismus gekennzeichnet. Folglich wird durch die Bewältigung des Augenblickes viel zu kurzsichtig gehandelt. Es werden die Symptome bearbeitet und nicht die wirklichen Ursachen analysiert. Auch bei der Marketing-Kommunikation ist es wichtig, den Willen und die Fähigkeit zu entwickeln, konsequent markt- und wertorientiert zu handeln. Strategien und Konzeptionen haben dabei eine Leitfunktion. Sie zeigen auf, wo ein Unternehmen steht, was es erreichen kann und mit welchen Instrumenten dies erfolgen soll. Die Kommunikationsprozesse haben bei der Leistungsvermittlung eine besonders erfolgskritische Funktion, denn die Diffusionsprozesse verlaufen nicht automatisch. Somit ist es wichtig, diese Prozesse genau zu analysieren und professionell zu managen.

3.1 Die Verbreitung im Zeitablauf

Wie schnell eine Neuerung angenommen wird, ist von Fall zu Fall unterschiedlich. Es können Jahre vergehen, oder aber auch nur einige Monate, bis sich Personen zur Veränderung der Einstellung oder zum Kauf eines bestimmten Produktes entscheiden. Dabei spricht man von Adoption.

Die jeweilige zeitliche Entwicklung wird in der Diffusionskurve abgebildet (Abbildung 11). Bei dieser Darstellung wird der kumulierte Anteil der Adoptoren im Zeitverlauf abgetragen, woraus eine S-förmige Verteilungsfunktion hervorgeht. Aus Vereinfachungsgründen wird dabei meist auf die Normalverteilung zurückgegriffen.

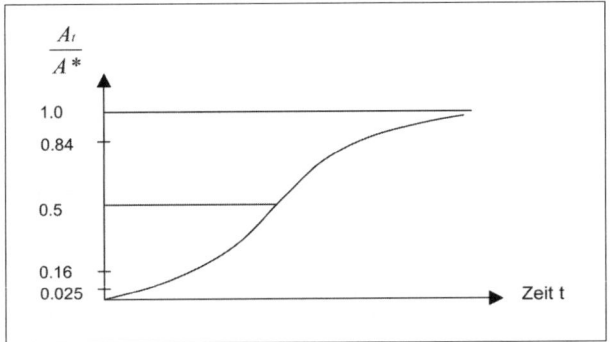

Abbildung 11: Idealtypische Darstellung einer Diffusionskurve

Da auf den Diffusionsprozess eine Vielzahl an endogenen und exogenen Einflussfaktoren einwirken, kann sich die Form und Lage der Diffusionskurve verändern. Das Diffusionspotenzial wächst mit der Anzahl der Personen, die Kenntnis über ein bestimmtes Produkt erlangen und die prinzipiell als Käufer in Frage kommen. Die Anzahl der Adoptoren gibt Auskunft über diejenigen Personen, bei denen die gewünschte Reaktion bereits eingetreten ist.

Diese positiven Ergebnisse der individuellen Entscheidungsprozesse sind in der Diffusionskurve enthalten. Sie erfasst die kumulierte Zahl der Adoptoren innerhalb eines Systems bis zum jeweiligen Betrachtungszeitpunkt t. Daraus wird die zeitliche Entwicklung des Adoptorenbestandes ersichtlich. Je mehr Mitglieder im sozialen System die gewünschte Reaktion gezeigt haben, umso weiter ist die Diffusion vorangeschritten.

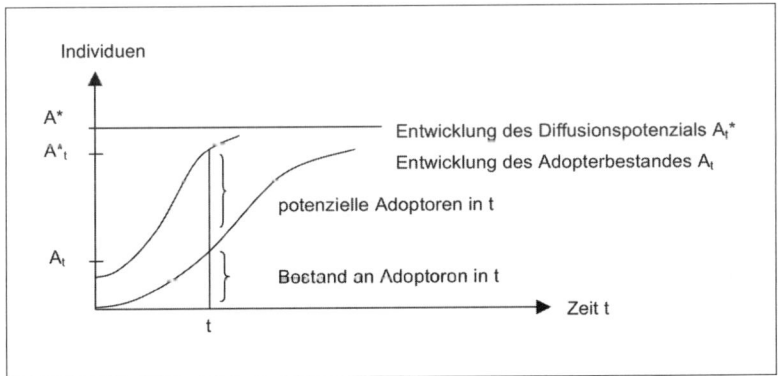

Abbildung 12: Zusammensetzung des Diffusionspotenzials

In Abbildung 12 wird das langfristige bzw. maximale Diffusionspotenzial (A*), die zeitliche Entwicklung des Diffusionspotenzials (A^*_t) und die zeitliche Entwicklung des Adoptorenbestandes (A_t) graphisch verdeutlicht. Je länger der Diffusionsprozess dauert, desto mehr wird das Potenzial ausgeschöpft (Hofbauer 2004a).

Alle für ein bestimmtes Thema in Frage kommenden Personen des relevanten Marktes bilden zunächst den Gesamtmarkt, der das maximale Diffusionspotenzial (A*) darstellt. Es wird angenommen, dass diese Personen einen Bedarf haben und dem Kauf grundsätzlich nichts entgegensteht. Nicht notwendigerweise müssen alle gleichzeitig mit der Markteinführung Kenntnis erlangen. Alle Personen beginnen zunächst im Status „Nichtwisser" (Y_0). Wenn die „Nichtwisser" nun im Laufe der Zeit von diesem Thema erfahren, dann werden sie zu „Wissern" (Y_1) und damit zu potenziellen Adoptoren, bei denen dann jeweils noch der Entscheidungsprozess durchlaufen wird. Den nächsten Status stellt bei einer positiven Reaktion die Adoption (Y_2) dar. Somit durchläuft das Individuum die Phasen vom Nichtwisser zum Wisser und vom Wisser zum Adopter, später eventuell noch zum Wiederkäufer (vgl. Abbildung 13).

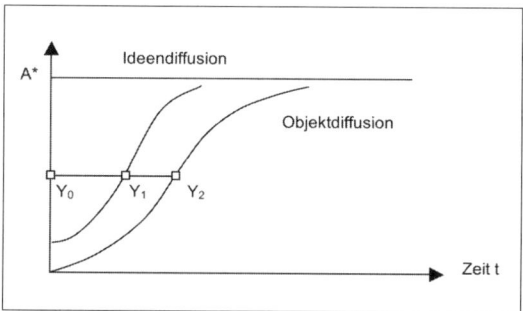

Abbildung 13: Zustandsänderungen im Zeitablauf

Diesen Sachverhalt kann man auch in Form von Zeitspannen ausdrücken. Dabei handelt es sich um die Zeitdauern, die sich von einem bestimmten Startzeitpunkt bis zum Eintreten von bestimmten Ereignissen erstrecken. Für diesen Fall kann man die Zeit von der Markteinführung bis zur Kenntnisnahme über das Vorhandensein einer Neuerung ($Y_0 \rightarrow Y_1$) und von da ab bis zum Kauf ($Y_1 \rightarrow Y_2$) untersuchen.

Da nicht alle Personen sofort mit der Markteinführung eines Produktes auch Kenntnis darüber erlangen, kommt der Marketing-Kommunikation die Aufgabe zu, diese Information möglichst schnell an alle Interessenten zu übermitteln. Die vorbereitende Aufgabe besteht darin, möglichst trennscharf diejenigen Personen zu identifizieren und anzusprechen, die später auch tatsächlich die gewünschte Reaktion zeigen. Durch die gezielte Ansprache können Streuverluste vermieden werden.

Aus der Analyse des Zielmarktes müssen bestimmte Einflussvariablen ermittelt werden, welche die erforderliche Zeitdauer der Informationsaufnahme beeinflussen können. Diese Einflussvariablen können das Informationsaufnahmeverhalten und damit die Zeit zwischen den interessierenden Ereignissen entsprechend verlängern oder verkürzen.

3.2 Der Kaufentscheidungsprozess

In den meisten Fällen kann als gewünschte Reaktion die Kaufhandlung als beabsichtigte Wirkung im Rahmen der Marketing-Kommunikation angesehen werden. Bevor der Kunde jedoch das gewünschte Verhalten in Form des Kaufvollzuges zeigt, durchläuft er einen Kaufentscheidungsprozess (KEP), der sich weiter in den Informationsprozess und den Entscheidungsprozess unterteilen lässt (vgl. Abbildung 14; Hofbauer 2004a).

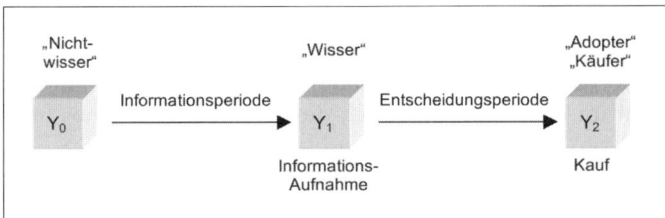

Abbildung 14: Der Kaufentscheidungsprozess

Die Informationsperiode

Der Informationsprozess umfasst die Phasen Problemerkennung und Informationssuche, bzw. Informationsaufnahme. Dies ist die Zeitdauer zwischen der Markteinführung einer Neuerung und dem Zeitpunkt der ersten Kenntnisnahme durch die jeweilige Person. Logischerweise kann der Entscheidungsprozess eines Individuums erst dann einsetzen, wenn das Produkt bekannt und verfügbar ist.

In der Phase der Problemerkennung stellt die Person ein konkretes Bedürfnis fest. Dieses resultiert aus der Diskrepanz zwischen dem aktuellen Zustand der Person und einem gewünschten Zustand. Dabei spielen nicht nur innere Mangelgefühle eine Rolle, vielmehr kann das Verhalten auch von externen Reizen, wie etwa Impulsen durch die Marketing-Kommunikation, ausgelöst werden.

In der anschließenden Informationsphase begibt sich die Person gezielt auf Suche nach Informationen oder ist für spezielle Botschaften zugänglich. Die Art der verwendeten Informationsquellen (persönliche, kommerzielle, öffentliche Quellen, Erfahrungsquellen) hängt von mehreren Faktoren wie zum Beispiel der Produktkategorie oder persönlichen Faktoren ab. Die Informationsperiode wird durch die Informationsaufnahme beendet. Aus verhaltenswissenschaftlichen Überlegungen heraus ist unmittelbar einsichtig, dass für dieses Verhalten verschiedene Einflussfaktoren ausschlaggebend sein können.

Die Entscheidungsperiode

Unter dem Entscheidungsprozess versteht man den intraindividuellen Informationsverarbeitungsprozess, den ein Individuum von der ersten Kenntnisnahme bis zur Entscheidung durchläuft. Dieser Prozess ist dem Kauf direkt vorgelagert und dauert für verschiedene Personen unterschiedlich lange. Aufgrund dieser Zeitdauer bis zur Adoption entstehen Diffusionserscheinungen erst.

Zwischen dem Zeitpunkt der Kenntnisnahme eines neuen Produktes und dem Kauf vergeht einige Zeit, die in Abhängigkeit von verschiedenen Einflussvariablen unterschiedlich lange dauert. In dieser Zeit durchläuft der Kunde einen individuellen Entscheidungsprozess, in dem er zwischen einem Kauf und Nichtkauf abwägt und sich dann entscheidet. Diese Dauer ist durch die Informationsverarbeitungskapazität des Entscheiders gekennzeichnet und wird durch den Entscheider selbst und seine Einstellungen determiniert. Die Risikoaversion wird im Laufe der Zeit abnehmen, da anzunehmen ist, dass der Entscheider Risiko reduzierende Informationen im Zeitverlauf aufnehmen wird. Zudem nimmt im Laufe der Zeit auch der Neuheitsgrad einer Innovation ab.

Aber auch die Attraktivität eines Produktes spielt eine entscheidende Rolle. Je höher der erwartete Nutzen und damit der Wert, den das Produkt generiert, für den Entscheider ist, desto eher wird das Individuum zum Kauf bewogen. Während des Entscheidungsprozesses wägt die entscheidende Person die Alternativen anhand der damit verbundenen Risiken und Nutzendimensionen ab und fällt dann die Entscheidung.

Die Länge der Entscheidungsperiode wird im Wesentlichen vom Entscheider selbst, seiner Risikoeinstellung und der Suche nach risikoreduzierender Information bestimmt. Der Entscheidungsprozess an sich erfolgt dabei nicht in einem Schritt, sondern wird phasenweise durchlaufen. Mit dem Stufenmodell kann erklärt werden, warum die einzelnen Individuen verschieden lange brauchen, um von der ersten Erkenntnis zur Übernahme zu gelangen.

Je nach Bedeutung der Auswirkungen der Entscheidungen und in Abhängigkeit individueller Eigenschaften werden die einzelnen Phasen mehr oder weniger intensiv durchlaufen. Die Aufgabe der Marketing-Kommunikation liegt hierbei darin, den Entscheider in jeder dieser Phasen gezielt mit Informationen zu versorgen und ihn über den gesamten Prozess zu begleiten, ohne aufdringlich zu sein.

Abbildung 15 stellt das Grundschema des Entscheidungsprozesses (Hofbauer 2004a) dar.

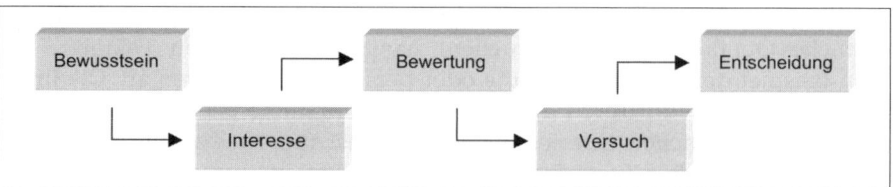

Abbildung 15: Grundschema des Entscheidungsprozesses

In der Phase „Bewusstsein" wird zum ersten Mal Kenntnis über die Existenz eines bestimmten Produktes erlangt. In der Phase des Interesses denkt der potenzielle Übernehmer bereits über die Möglichkeit eines Erwerbs und Gebrauchs nach und wünscht sich aus diesem Grund weitere Informationen. In der anschließenden Bewertungsphase werden die verschiedenen Alternativen auf rationale Weise anhand von Produkteigenschaften und Nutzenvorteilen bewertet, beurteilt und miteinander verglichen sowie Vor- und Nachteile abgewogen und weitergehende Detailinformationen verarbeitet. Da von Kunden immer die Erreichung des größten Nutzenvorteils angestrebt wird, wird diejenige Alternative präferiert, welche die subjektiv empfundenen Bedürfnisse am besten zu befriedigen vermag. Bei der Beurteilung der Angebote spielt die persönliche Erfahrung sowie die selektive Beobachtung, Verzerrung und Erinnerung eine entscheidende Rolle. Während der Versuchsphase wird das Produkt schließlich ausprobiert oder zumindest Referenzen von Nutzern eingeholt. Im Anschluss daran erfolgt die konkrete Auswahl eines Produktes im Rahmen der Kaufentscheidung. Während dieser Phase können Einstellungen anderer Personen sowie situative unvorhergesehene Faktoren die Kaufentscheidung und Auswahl beeinflussen. Als Folge des Entscheidungsprozesses wird in der anschließenden Realisierungsphase die Kaufhandlung vollzogen.

Diese Stufen werden von den Individuen in Abhängigkeit von der Art des Gegenstandes, der Art der Marketing-Kommunikation, persönlichen Merkmalen und weiterer absatzpolitischen Maßnahmen schneller oder langsamer sowie extensiver oder weniger extensiv durchlaufen (Kaas 1973, S. 16).

Aufgrund der Unterschiede bei Individuen bezüglich individueller Charaktereigenschaften und Verhaltensmuster erlangen auch nicht alle Personen gleichzeitig Kenntnis über eine Neuerung. Der gesamte Prozess dauert somit bei den jeweiligen Individuen unterschiedlich lange. Personen, die bezüglich der Kenntnisnahme und Entscheidung ähnliches Verhalten zeigen, können in Adopterkategorien zusammengefasst werden. So kann festgestellt werden, dass Personen, die risikofreudig und jung sind und ein hohes Einkommen haben, regelmäßig Neuerungen schneller annehmen.
Rogers (1995) stellt dazu fest:
„Thus, the first individuals to adopt a new idea (the innovators) do so not only because they become aware of the innovation somewhat sooner than their peers, but also because they require fewer months or years to move from knowledge to decision. Innovators perhaps gain part of their innovative position (relative to later adopters) by learning about innovations at an earlier time, but the present data also suggest that innovators are the first to adopt because they require a shorter innovation-decision period."

Aus diesen Erkenntnissen lassen sich für die Marketing-Kommunikation wichtige Schlüsse ziehen. Zum einen gibt es innerhalb der Zielgruppen unterscheidbare Verhaltensmuster bezüglich Informationsaufnahme und -verarbeitung. Zum anderen muss auf diese Unterschiede bezüglich Art und Informationsgehalt der Information und deren zeitlicher Abfolge eingegangen werden. Insbesondere die Zeitdauer des Kaufentscheidungsprozesses wird von sozioökonomischen, soziodemographischen, psychographischen und sonstigen individualspezifischen Variablen bestimmt.

Während des gesamten Kaufentscheidungsprozesses kann der Rezipient mit Hilfe der Marketing-Kommunikation gezielt in seiner Meinungsbildung und Entscheidungsfindung unterstützt werden. So können kommunikative Maßnahmen dazu beitragen, dass die Bereitschaft zur Auseinandersetzung mit dem Angebot geschaffen wird. Durch Reizsignale kann Aufmerksamkeit und Interesse bezüglich eines Produktes geweckt werden. Zudem wird Information vermittelt und dadurch das Produkt bekannt gemacht. In einem weiteren Schritt kann Akzeptanz (inhaltliche Vertrautheit der Zielgruppe mit den Eigenschaften des Angebotes) geschaffen und die Bildung von Präferenzen begünstigt werden, indem Meinungen und Einstellungen mit Hilfe kommunikationspolitischer Maßnahmen begünstigt und beeinflusst werden. Außerdem kann die Kaufabsicht durch kommunikative Maßnahmen ausgelöst werden und schließlich der Kaufvollzug initiiert werden.

Um die gewünschten Wirkungen jedoch mit Hilfe der Kommunikation auch auslösen zu können, müssen die einzelnen Stufen des Kaufentscheidungsprozesses und die damit verbundenen Reaktions- und Wirkungsprozesse, welche sich im Inneren der Person abspielen, sowie die Möglichkeiten der Einflussnahme bekannt sein (vgl. B 2.3–2.5).

Abbildung 16 stellt die Einflussbereiche der Kommunikation im Rahmen des KEP graphisch und zusammenfassend dar.

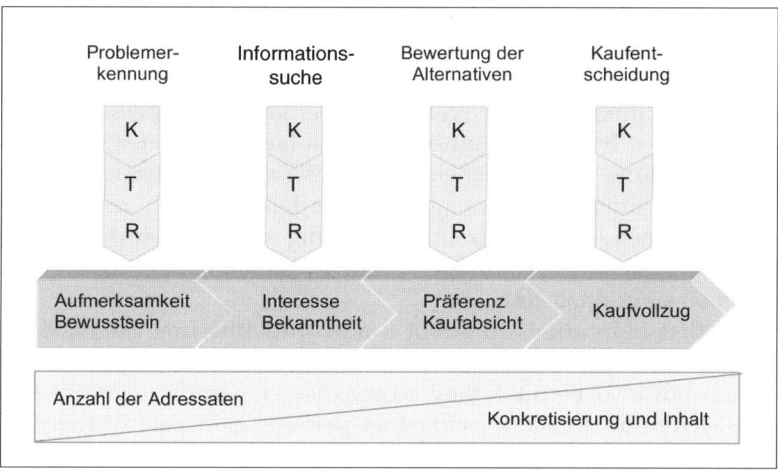

Abbildung 16: Der Einfluss der Kommunikation im KEP

Die Kommunikation nimmt jedoch nicht nur während der Phasen des Kaufentscheidungsprozesses eine bedeutende Rolle ein, sondern auch im Anschluss an den Kaufentscheidungsprozess. In der so genannten Nachkaufphase vergleicht der Kunde seine Erwartungen an das Produkt mit seiner tatsächlichen Erfahrung. Stimmen die Erwartungen mit den persönlichen Erfahrungen überein, ist der Kunde mit dem Produkt zufrieden. Wird das

Produkt den Erwartungen jedoch nicht gerecht, ist er enttäuscht. Zufriedenheit und Unzufriedenheit bestimmen das weitere Verhalten einer Person nach dem Kauf, welches entweder in einem Wiederholungskauf oder einem Umtausch enden kann. Wenn die mit dem Kauf bzw. Produkt verbundene Enttäuschung allzu groß ist, kann es sein, dass anderen Personen vom Kauf abgeraten wird. Negative Erfahrung mit dem Produkt werden weiterkommuniziert und kognitive Dissonanzen können auftreten.

Kognitive Dissonanzen werden dadurch begründet, dass Individuen stets danach streben, durch den Abbau von Mangelzuständen zu einem psychischen Gleichgewicht zu gelangen. Wenn sich jedoch Einstellungen untereinander, Komponenten einer Einstellung oder Handlung und Einstellung in einem disharmonischen Verhältnis befinden, entstehen Dissonanzen. Um wieder zu einem Gleichgewicht zu gelangen, muss die Einstellung oder die Einstellungskomponente verändert werden. Dissonanzträchtige Situationen treten vor allem in der Nachkaufphase auf, wenn Vorteile nicht gekaufter Produkte ins Verhältnis zu den Nachteilen gekaufter Produkte gesetzt werden oder unerfüllte Erwartungen festgestellt werden. Besonders ausgeprägt sind Dissonanzen auch, wenn die Kaufentscheidung kurz zurückliegt oder von großer Bedeutung ist. Zur Vermeidung und Reduzierung solcher kognitiver Dissonanzen sowie zur Bestätigung der richtigen Produktwahl ist der Einsatz kommunikationspolitischer Aktivitäten besonders wichtig.

Da die Kaufentscheidung ebenso wie der eigentliche Kaufprozess in der Regel meist nicht nur von einer Person bestimmt wird, sondern durch mehrere Personen beeinflusst wird, ist es wichtig, die am Kaufprozess beteiligten Personen zu identifizieren.

Dabei muss analysiert werden, wie viele Personen am Kauf beteiligt sind, wie sich diese Personen vor, während und nach dem Kauf verhalten und welche Rollen sie einnehmen. Außerdem ist es von Bedeutung zu analysieren, welche Person die Kaufentscheidung trifft, welche Person den Kaufakt durchführt und welche Personen schließlich das Produkt verwenden und benutzen.

Im B-to-B-Marketing werden Kaufentscheidungen kollektiv vom Beschaffungsteam, dem Buying Center, getroffen. Die Personen des Buying Center verfolgen gemeinsame Ziele und tragen die aus den Entscheidungen resultierenden Risiken gemeinsam. Der Initiator, der Anwender, der Einflussnehmer, der Entscheidungsträger, die Genehmigungsinstanz, der Informationsselektierer und der Einkäufer nehmen jeweils unterschiedliche Rollen ein und unterscheiden sich aufgrund ihrer Eigenschaften, ihrer Einstellung, ihrem Verhalten, ihrer Stellung, ihrer Aufgabe und ihres Einflusses.

Der Analyse dieser unterschiedlichen Käuferrollen und Einflussrollen kommt im Rahmen der Planung der Marketing-Kommunikation große Bedeutung zu, weil die Kommunikation an die am Kaufentscheidungsprozess beteiligten Personen ausgerichtet werden muss und dementsprechend gestaltet werden sollte, um auch erfolgreich zu sein.

Im Rahmen der Partialisierung des Kaufverhaltens (Kotler/Bliemel 2001, S. 350) können folgende Rollen unterschieden werden. Der Initiator ist die

Person, welche vorschlägt, ein bestimmtes Produkt zu erwerben oder eine bestimmte Dienstleistung in Anspruch zu nehmen. Der Einflussnehmer bringt Ansichten oder Ratschläge, welche für die endgültige Kaufentscheidung von Gewicht sind, mit in die Diskussion ein. Der Entscheidungsträger entscheidet endgültig darüber, ob, was, wie und wo gekauft wird, und zwar entweder im Ganzen oder bezüglich einzelner Aspekte. Der Käufer führt den eigentlichen Kaufakt tatsächlich durch und der Benutzer/Verwender stellt die Person (oder Gruppe) dar, welcher das Produkt schließlich verwendet (Hofbauer/Bauer 2004, S. 100).

Neben den verschiedenen Käuferrollen müssen außerdem die verschiedenen Arten des Kaufverhaltens im Rahmen der Kommunikationsplanung beachtet werden, da sie wichtig für die Zielgruppenbestimmung sind. Dabei werden je nach Art des Produktes, der Kaufsituation, dem Neuartigkeitscharakter des Produktes und dem Grad der Beschäftigung mit der Kaufsituation verschiedene Muster des Kaufverhaltens von Personen unterschieden. Je nachdem, ob es sich um eine Art des komplexen, dissonanzmindernden, habituellen, abwechslungssuchenden, impulsiven, limitierten oder extensiven Kaufverhaltens handelt, müssen verschiedene kommunikative Strategien entwickelt werden.

Ebenso müssen in Abhängigkeit davon, ob es sich um einen Erstkauf oder Wiederholungskauf handelt, die Art der Kommunikation und Ansprache der Zielpersonen verändert werden, da sich die Kaufsituationen grundlegend voneinander unterscheiden. Während beim Erstkauf eine komplexe und neuartige Situation, die mit einer neuartigen Entscheidung verbunden ist, vorherrscht, werden beim Wiederholungskauf zwar oft neue Alternativen mit einbezogen und veränderte Entscheidungsparameter betrachtet (modifizierter Wiederholungskauf), meist stehen jedoch die Kaufkriterien schon fest.

Somit ergeben sich je nach Kaufsituation, Art des Entscheidungsprozesses und Käuferrollen verschiedene Situationsbedingungen für die Marketing-Kommunikation, die bei der Planung beachtet werden müssen, um die gewünschten Ziele erreichen zu können.

3.3 Kategorien von Rezipienten

Wenn man die Entwicklung der Adoption im zeitlichen Verlauf betrachtet, so kann man erkennen, dass verschiedene Individuen unterschiedlich lange brauchen, bis sie eine Neuerung annehmen. Idealtypischerweise stellt man den Zuwachs an Adoptoren graphisch mit der Normalverteilung (Glockenform) um den Mittelwert ($\overline{\chi}$) der Adoptionszeiten aller Adoptoren dar. Die einzelnen Übernehmertypen können dabei, je nachdem wie früh im Zeitverlauf sie die Innovation annehmen, aufgrund von sozioökonomischen, sozialdemographischen, psychosoziologischen und vor allem verhaltensrelevanten Merkmalen charakterisiert werden. Die Adoptionskandidaten unterscheiden sich also bezüglich ihrer Entscheidungsfreudigkeit. Das Ergebnis einer entsprechenden Reaktion wird sich direkt wieder auf den Entscheider auswirken. Deshalb werden die Adoptionskandidaten versuchen, vorab die Auswirkungen einer möglichen Adoption abzuschätzen. Die Bewertung erfolgt dabei anhand der individuellen Risiko-Nutzen-Funktion. Dabei muss logischerweise der Nutzen der Innovation umso höher sein, je neuartiger und risikohaltiger diese für den Entscheider ist. Die Marketing-Kommunikation muss dabei die richtigen Argumente in glaubwürdiger Form liefern.

Nach der von Rogers eingeführten Typologie können die Adoptoren, wie in Abbildung 17 dargestellt, zeitlich eingeordnet werden (Rogers 1995, S. 262 f.).

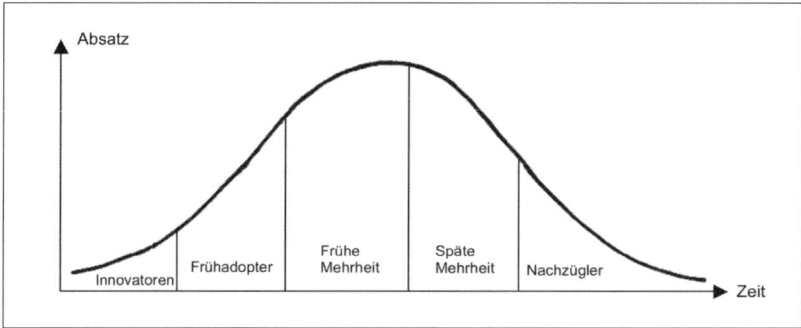

Abbildung 17: Idealtypische Adopterkategorien

Innovatoren sind unternehmenslustige Personen, die gerne ein Risiko eingehen. Oft werden sie auch Neophile, Konsumpioniere oder Fashion Leaders genannt. Frühadopter sind oft Meinungsführer und übernehmen neue Ideen frühzeitig, aber noch vorsichtig. Die frühe Mehrheit wartet eine gewisse Zeit ab und folgt dann dem offensichtlichen Trend. Die späte Mehrheit nimmt eine Neuerung erst dann an, wenn andere Personen sie bereits ausprobiert haben. Nachzügler handeln traditionsgelenkt und übernehmen die Innovation nur, weil sie im Umfeld bereits in gewissem Maß traditionell erscheint. Sie sind im Allgemeinen kaum vom Kauf früher zu überzeugen.

Obwohl diese Darstellung sehr schematisch ist und die Abgrenzungen fließend sind, so veranschaulicht diese Darstellung sehr gut, dass zu Beginn nur wenige Personen bereit sind, ein gewisses Risiko mit einem frühen Kauf einzugehen. Erst im weiteren Zeitverlauf steigt der Zuwachs an Adoptoren an, bis schließlich ein Höhepunkt erreicht ist. Zum Ende des Prozesses nimmt die Zahl an Adoptoren wieder ab, da ein gewisses Sättigungsniveau erreicht wird. Damit ist der Diffusionsprozess beendet.

Die entscheidenden Träger der Diffusion innerhalb der Adopterkategorien sind die Innovatoren und frühen Imitatoren. Diese müssen im Rahmen der Marketing-Kommunikation identifiziert und gezielt angesprochen werden, da sie Schlüsselpositionen im Diffusionsgeschehen verkörpern.

Für die Analyse, Erklärung und Prognose des Diffusionsverlaufs sind jedoch nicht nur diejenigen Personen von Bedeutung, die eine Innovation positiv aufnehmen, sondern auch jene, welche die Neuerung ablehnen (Hofbauer 1992, S. 44 u. 84). Aufgrund der Kenntnis über deren Eigenschaften und Begründungen für eine Ablehnung können wertvolle Hinweise für die Marketing-Kommunikation und für die gezielte Steuerung des Diffusionsverlaufes gewonnen werden. Aufgabe der Marketing-Kommunikation sollte daher auch die Identifikation der Ablehner sein. Durch die Analyse der Ursachen einer Ablehnung, können gezielte Gegenmaßnahmen in der Kommunikation ergriffen werden.

3.4 Der Einfluss der persönlichen Kommunikation

Bei der Entscheidung zum Kauf eines neuen Produktes spielt die Kommunikation eine große Rolle. Die Verbreitung einer Innovation in einem sozialen System kann nur dann stattfinden, wenn das Objekt von einer genügend großen Anzahl an Personen – bewusst oder unbewusst – zur Kenntnis genommen und akzeptiert wird. Der Marketing-Kommunikation kommt hier die erfolgskritische Funktion der spezifischen Informationsversorgung zu. Darüber hinaus kann durch die Marketing-Kommunikation ein intensiver Kommunikationsaustausch in der entsprechenden Zielgruppe in Gang gesetzt werden. Dieser Kommunikationsaustausch ist ein wichtiges, konstituierendes Element einer sozialen Gruppe, deren Erwartungen der Einzelne sein Konsumverhalten anpasst. Menschen tauschen untereinander ihre Ansichten und Empfehlungen bezüglich Produkten aus. Diese interpersonelle Kommunikation spielt bei der Kaufentscheidung eine wesentliche Rolle, da viele Menschen durch die Meinung anderer stark in der Bildung der individuellen Meinung, Einstellung, ihrer Motive und damit in ihrem Kaufverhalten beeinflusst werden können. Vor allem in der Vergleichs- und Auswahlphase neuer Produkte kommt dieser Einfluss besonders stark zur Geltung. Wie stark sich der persönliche Einfluss dabei bei den unterschiedlichen Personen auswirkt, hängt von der Persönlichkeitsstruktur ab. Erwiesen ist, dass vor allem bei Risiko behafteten Kaufsituationen und bei der Adoption des späten Teils der Mehrheit dieser Einfluss stärker ausgeprägt ist (Kotler/Bliemel 2001, S. 566). Die Adoption kann also durch die interpersonelle Kommunikation gehemmt oder aber erheblich vorangetrieben werden.

Diesem Sachverhalt muss im Rahmen der Marketing-Kommunikation insofern Rechnung getragen werden. Die entsprechenden Informationen müssen für alle Beteiligten gezielt zur Verfügung gestellt werden.

3.5 Determinanten der Kommunikationswirkung

Die Auswirkungen der verschiedenen Arten der Kommunikation auf die Adoptionswahrscheinlichkeit sind von verschiedenen Determinanten abhängig.

Die individuelle Kommunikation wird meist durch anonyme Botschaften der Massenkommunikation angestoßen. Einstellungsänderungen können durch die Massenkommunikation allein selten herbeigeführt werden. Dazu bedarf es persönlicher Kommunikation, die sich direkt auf den Diffusionsprozess auswirkt. Dies ist dadurch zu begründen, dass der persönlichen Kommunikation regelmäßig mehr Vertrauen und Glaubwürdigkeit entgegengebracht wird. Zudem können eventuelle Fehlinterpretationen durch die Möglichkeit der Diskussion weitgehend ausgeschlossen werden, was bei den Massenmedien nicht möglich ist.

Die Umgebung der Informationsaufnahme hat ebenfalls einen Einfluss auf die Wirkung der Kommunikation. Wird zum Beispiel eine Unterhaltung über ein Produkt am Point-of-Sale geführt, stellt sich aufgrund der größeren Sensibilisierung eine schnellere Wirkung ein (Kaas 1973, S. 63). Ebenso haben Faktoren, welche die Prädisposition des Individuums bestimmen, wie zum Beispiel die Einstellung zum betreffenden Produkt und zum Kommunikationspartner oder Erfahrungen mit Substitutionsgütern, einen Einfluss auf die Kommunikationswirkung (Kaas 1973, S. 64).

Auch die selektive Wahrnehmung spielt eine entscheidende Rolle. Bewusst oder unbewusst werden Informationen wahrgenommen, verzerrt oder unstimmige Informationen verdrängt oder unterdrückt. Die selektive Wahrnehmung ist psychologisch begründet und beschreibt die kognitive Empfänglichkeit für Informationen. Aufgrund von Interessen, Bedürfnissen oder bestehender Einstellungen werden Informationen oft unter Verzerrungen, Ergänzungen, Modifikationen oder Unterdrückung bestimmter Aspekte wahrgenommen (Pepels 2000, S. 182).

Die Kommunikationswirkung wird außerdem durch die Häufigkeit, Intensität und den Inhalt der Kommunikation beeinflusst. Je öfter und intensiver man sich mit einem Produkt und seinen Vor- und Nachteilen auseinander setzt, desto vertrauter wird man mit der Neuerung und desto schneller kann sie angenommen werden. Persönliche Erfahrungen und Hinweise auf positive Produkttests verstärken dabei die Kommunikationswirkung.

3.6 Struktur der Kommunikationsbeziehungen

Für die Ausbreitung von Informationen in einem sozialen System ist die Kommunikation der bedeutendste Faktor. Die Kommunikation bildet sozusagen den „Motor" des Prozesses. Über verschiedene Kommunikations- und Interaktionskanäle treten die Mitglieder eines sozialen Systems miteinander in Verbindung und tauschen Informationen aus. Innerhalb des Systems können verschiedene Wege der Informationsverbreitung beobachtet werden. Im einfachsten Fall treten bei der einstufigen Massenkommunikation die Anbieter eines Produktes mit den Nachfragern in Verbindung. Anschließend werden diese Botschaften meist innerhalb des Systems durch persönliche Kommunikation weitergegeben. Das Entscheidungsverhalten wird durch die Informationen aus den Kommunikationsnetzen und das Informationsverhalten beeinflusst. Ob die Informationen von ihrer Quelle bis zu den letzten Rezipienten über eine oder mehrere Stufen übertragen werden, ist dabei offen.

Die Struktur des Kommunikationsflusses wird in Abhängigkeit von der Struktur der Zielgruppe und ihrem Umfeld bestimmt.

Innerhalb der mehrstufigen Kommunikation treten verschiedene Schlüsselfiguren im Kommunikationsnetz auf, die durch ihr besonderes Kommunikationsverhalten einen entscheidenden Einfluss auf den Verbreitungsprozess ausüben (Kaas 1973, S. 38 ff.). Hierbei sind vor allem die Innovatoren, Meinungsführer und Diffusionsagenten zu erwähnen. Diese Schlüsselpersonen nehmen eine Relaisfunktion in der zwischenmenschlichen Beziehung ein, wodurch eine Art der interpersonellen Kommunikation eintritt. Wie stark sich dieses „Word-of-Mouth-Advertising" (Arndt 1967) auswirkt, hängt davon ab, wie intensiv die Beziehungen der kommunizierenden Personen sind, welche Stellung die Personen im sozialen Gefüge einnehmen und wie groß der Erfahrungsfundus der Schlüsselpersonen und der Übernahmedruck ist. Je enger die Beziehung ist (z.B. Familie, Freunde), desto eher wird ein Individuum durch die persönliche Kommunikation in ihrer Meinungsbildung beeinflusst.

Diese Form der Kommunikation auf Basis zwischenmenschlicher Beziehungen trifft mit der Wirkung der steuerbaren Marketing-Kommunikation zusammen. Somit kann eine Gesamtwirkung erzielt werden, die höher ist als die Summe der Einzelwirkungen.

Je weiter fortgeschritten die Ausbreitung einer Innovation ist, desto mehr nehmen die verfügbaren Informationen und der Erfahrungsfundus zu. Dadurch wird die Adoptionsbereitschaft erhöht. Je mehr die Innovation zum Standard im sozialen System erklärt wird, desto größer wird der Übernahmedruck und desto stärker der indirekte Einfluss der Adoptoren auf ihre Mitmenschen. Somit ist ersichtlich, dass die Mund-zu-Mund-Kommunikation die Kaufentscheidungen der Individuen erheblich beeinflusst. Der Inhalt oder die Intensität aber kann von außen wenig gesteuert werden, da die Kommunikationswege oft nicht gezielt verfolgt werden können. Ein Unternehmen kann jedoch über die Identifikation der Relaispersonen und die gezielte Ausrichtung der Kommunikation auf diese Personen eine Beschleunigungswirkung erreichen.

Die beim Kommunikationsprozess wirksamen Beziehungen zwischen den Anbietern (A) eines Produktes, den Diffusionsagenten (D), den Innovatoren (I), den Meinungsführern (M) und den Kunden (K) stellt Abbildung 18 dar (vgl. Kaas 1973).

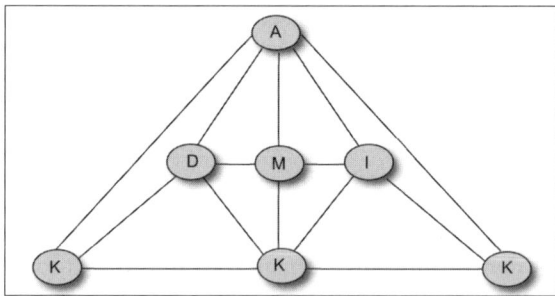

Abbildung 18: Kommunikationsbeziehungen

Erläuterung der Kommunikationsbeziehungen:
A-K und A-I: Einstufige Massenkommunikation
A-D-K, A-M-K und A-I-K: Zweistufige Kommunikation
A-D, A-M: Persönliche Kommunikation und Massenkommunikation
D-K, I-K, M-K, M-D, M-I und K-K: Persönliche Kommunikation

Bei der Konzeption der Marketing-Kommunikation ist es wichtig, eine Vorstellung über dieses Gesamtsystem zu entwickeln, um die spezifischen Einflussfaktoren identifizieren zu können, welche die gewünschten diffusionsrelevanten Wirkungen erzielen. Ziel der Marketing-Kommunikation ist es, effiziente Kommunikationsstationen in ihrer Relaisfunktion gezielt für die eigene Kommunikation zu nutzen, ebenso wie Schlüsselfiguren, durch welche adoptionsfördernde Verhaltensweisen erzeugt bzw. verstärkt werden können, zu identifizieren und zu nutzen.

3.7 Ansteckung durch Kommunikation

Bei der Meinungsbildung und -festigung ist der individuelle Kommunikationsprozess das entscheidende Medium. Die Ausbreitung eines Produktes in der potenziellen Käuferschaft kann als ein „Ansteckungsprozess" betrachtet werden. Personen, die Träger einer neuen Erkenntnis sind, geben ihre Informationen an Personen weiter, die möglicherweise noch gar keine Erfahrungen bezüglich des Objektes besitzen. Diese Informationen sind regelmäßig subjektiv gefärbt, gewichtet und akzentuiert und mit eigenen Erfahrungen versehen. Bei dieser Art der Kommunikation sind nicht nur soziale, sozioökonomische und psychologische Verhaltensmerkmale der am Kommunikationsprozess beteiligten Individuen zu berücksichtigen, sondern auch deren soziale Interaktion.

Die Rolle der Kommunikationsmedien liegt in der Initialinformation und punktuellen Unterstützung bei der subjektiven Meinungsbildung. Die Ausgestaltung der Kommunikationspolitik kann dabei sehr vielfältig und unterschiedlich sein. Sie kann persönlich oder unpersönlich, ein- oder mehrstufig erfolgen. Es ist festzulegen, welche Medien und Kommunikationsmittel eingesetzt werden. Wichtig ist, dass die Zielgruppe effektiv angesprochen wird, wodurch eine beschleunigende Wirkung auf den Adoptionsverlauf ausgelöst werden kann. Dies geschieht dann, wenn die Personen möglichst schnell informiert werden und die Informationen für sie so überzeugend wirken, dass sie die gewünschte Reaktion zeigen. Besonders durch die Massenkommunikation in Form von Fernseh- oder Rundfunkwerbung, Plakatwerbung oder Anzeigen in Magazinen kann eine schnelle Informationsübertragung stattfinden, da diese Medien große Reichweiten abdecken. Durch die individuelle Kommunikation bei Messeauftritten und in der Verkaufsförderung kann im persönlichen Kontakt die Überzeugungskraft verstärkt werden. Damit kann auf den jeweiligen Nachfrager bezüglich der Interessen und Bedürfnisse gezielter eingegangen werden. Je überzeugender die Kommunikation auf die einzelne Person dabei wirkt, desto erfolgreicher und schneller verläuft die Diffusion.

Ziel der Marketing-Kommunikation ist es, möglichst schnell, möglichst viele Zielpersonen, die später auch das gewünschte Verhalten zeigen, mit der richtigen Botschaft zu versorgen. Dies könnte man mit der Ansteckung mit einem „Kaufvirus" vergleichen.

Die Botschaft soll sich möglichst schnell und wirkungsvoll verbreiten. Die Marketing-Kommunikation setzt diesen Prozess in Gang, der sich dann selbst weiter verbreitet. Diese Dynamik muss für die erfolgreiche Marketing-Kommunikation genutzt werden. Vergleichbar mit Fällen von ansteckenden Krankheiten ist auch im Bereich der Kommunikation wichtig, die determinierenden Größen für die Ausbreitung zu erkennen. Im Fall der Kommunikation können diese dann gezielt gefördert werden.

Die Gesetzmäßigkeiten der Ausbreitung sind dabei jeweils dieselben, jedoch ist die Blickrichtung eine andere. Im Fall von Epidemien geht es darum, die Ausbreitung zu verhindern. Die infizierten Personen müssen isoliert und das Virus bekämpft werden, damit die Ausbreitung möglichst schon im Keim erstickt wird. Im Fall von Innovationen, Produkten und Dienstleistungen dagegen steht gerade die Förderung der Ausbreitung im Mittelpunkt des Interesses. Die dahinter stehende Idee ist relativ einfach zu verstehen und nachzuvollziehen, denn je höher die Ansteckungsgefahr, desto stärker die Verbreitung und damit auch das damit verbundene Erfolgspotenzial.

Eine der frühesten kommunikativen Ausbreitung der Neuzeit geht auf die Zeichnung des Künstlers Kaulbach zurück. Dieser sollte anlässlich des siebten Bundesschießens, welches im ausgehenden 19. Jahrhundert in München stattfand, ein Wirtshausschild entwerfen. Weil er etwas Neuartiges schaffen wollte, erinnerte sich Kaulbach an eine Zeichnung, die er von der Kellnerin Coletta Moeritz im Jahre 1878 anfertigte. Coletta war für damalige Verhältnisse sehr freizügig mit Dekolletee und nahezu unbedeckten Knien tanzend auf einem Bierfass dargestellt. Der Gesichtsausdruck war so freudestrahlend und fröhlich, dass er anstecken musste. Und so kam es dann auch, dass die Ausbreitung der Bekanntheit von Coletta ihren Lauf nahm. Kein Mann der damaligen Zeit konnte dieser erotischen Darstellung widerstehen. Coletta wurde unter dem Begriff Schützenliesl eine Berühmtheit ihrer Zeit. So wurde aus der netten und natürlich hübschen Kellnerin Coletta das erste Cover-Girl der Neuzeit. Der Begriff Schützenliesl ist bis heute bekannt geblieben. Die Idealvorstellungen von Cover-Girls allerdings haben sich im Laufe der letzten 125 Jahre sehr stark verändert.

Die Verbreitung einer Botschaft findet in der Neugierde und dem Begehren ihren Nährboden. Notwendige Voraussetzung für die Ansteckung ist die Übertragung, die durch einen direkten oder indirekten Kontakt entsteht. Hier spielt die Kommunikation und die bildliche Darstellung eine wichtige und tragende Rolle. Die Kommunikation ermöglicht, dass Personen untereinander in Kontakt treten können. Der direkte Kontakt kann entweder körperlicher oder auch kommunikativer Art sein. Der indirekte Kontakt findet dabei über Medien statt.

Solche Vorgänge geschehen jeden Tag, ohne dass diese großartig hinterfragt würden. Innovationen, Ideen, Botschaften und Meinungen verbreiten sich wie ansteckende Krankheiten. Dabei handelt es sich aber nicht um naturgesetzliche Verläufe. Vielmehr werden diese Verlaufsmuster von verschiedenen

Einflüssen bestimmt. Bei Kenntnis dieser Zusammenhänge können diese Verläufe dann auch gezielt gesteuert werden.

Wir denken, dass wir weit weg von Ansteckungsprozessen leben und handeln. Genau diese Ansteckungsprozesse aber tragen dazu bei, dass Botschaften verbreitet werden. Bei dem Begriff Ansteckung sollten wir uns allerdings von dem negativ belegten Prozess der Ansteckung mit Krankheiten wie Grippe, Masern bis hin zu AIDS und SARS lösen.

Wenn man bedenkt, wie sich Modetrends, Gerüchte und neue Produkte ausbreiten, dann bekommt der Begriff Ansteckung eine völlig neue Dimension. Gemeint ist hier v. a. die Kommunikation. Bei der Kommunikation werden Informationen und Meinungen weitergegeben. Dies kann indirekt durch Massenmedien oder direkt von Mund-zu-Mund geschehen.

Bei der Ausbreitung und Verbreitung einer Botschaft stellt der Kommunikationsprozess das entscheidende Medium dar. Die Ausbreitung eines Produktes in der potenziellen Käuferschaft kann als ein „Ansteckungsprozess" betrachtet werden. Subjekte, die Träger einer neuen Erkenntnis sind, stecken gewissermaßen mit ihren Informationen Personen an, die noch keinerlei Wissen bezüglich der Neuerung haben. Diese Informationsübertragung kann dabei auf vielfältige Art und Weise geschehen. Sie kann einstufig mit Hilfe der Massenkommunikation oder mehrstufig z. B. über Meinungsführer erfolgen. Die Kombinationsmöglichkeiten bezüglich Kommunikationsmedium, -mittel und Botschaft scheinen unbegrenzt. Dabei kommt es aber nicht darauf an, die Botschaft möglichst schön zu verpacken, wie manche Agenturen dies gerne tun. Vielmehr kommt es darauf an, dass ein zielgruppenadäquates Transportmittel eingesetzt wird und die Botschaft dann auch beim ausgewählten Empfänger ankommt. Dies ist jedoch nicht immer der Fall und viele der gesendeten Botschaften gehen im täglichen Bombardement der Kommunikation unter. Um dies zu vermeiden, sind soziale, sozioökonomische und psychologische Verhaltensmerkmale der am Kommunikationsprozess beteiligten Individuen besonders zu berücksichtigen. Die soziale Interaktion auf der einen Seite und die Rolle der Kommunikationsmedien auf der anderen Seite dürfen nicht im Widerspruch stehen.

Die Dynamik der sozialen Interaktion bezieht sich auf soziale Systeme. Nach Parsons und Shils (1951) versteht man darunter: „a system of interaction of a plurality of actors in which the action is oriented by rules which are complexes of complementary expectations concerning roles and sanctions."

Es ist daher notwendig, die Rezipienten, von denen eine bestimmte Reaktion erwartet wird, immer in Bezug auf ihr übergeordnetes System zu betrachten (Kaas 1973, S. 3), da die Entscheidungen von Subjekten nur erklärbar sind, wenn die Individuen im Kontext ihrer sozialen Einheit betrachtet werden. Das soziale System prägt die Einstellungen, Meinungen und das Verhalten eines Individuums und ist somit für die Kommunikationsforschung ein wichtiges Element. Der Marktsegmentierung kommt hier eine besonders große Bedeutung zu, denn dadurch sollen verhaltensbedingt möglichst homogene Segmente gebildet werden, die sich von den anderen deutlich unterscheiden.

4. Segmentierung der Zielmärkte

Die Segmentierung des Gesamtmarktes in übersichtliche Teilsegmente ermöglicht die Reduzierung von Streuverlusten und erlaubt die gezielte Ansprache der Rezipienten. Die zielgruppenorientierte Marktbearbeitung stellt somit eine Grundvoraussetzung für eine erfolgreiche Marketing-Kommunikation dar. Mit einer Segmentierung des Zielmarktes soll die Erstellung und die Kommunikation eines maßgeschneiderten Angebotes für alle relevanten Nachfragergruppen gezielt bewerkstelligt werden und dadurch eine enge Beziehung zwischen Anbieter und Nachfrager, gleichsam ein kleines „psychisches Monopol", geschaffen werden. Voraussetzung dafür ist das Erkennen der Unterschiedlichkeit der Nachfrager und deren Beschreibung bzw. Erklärung durch die Marketingforschung. In der Marketing-Kommunikation werden diese Erkenntnisse gezielt für die Ansprache der einzelnen Teilsegmente genutzt (Hofbauer 2003).

Durch gezielte Marketing-Kommunikation soll das mit dem Kauf verbundene Risiko reduziert, das Vertrauen gestärkt und die Käufertreue erhöht werden. Zielgruppenspezifische Marketing-Kommunikation trägt auch dazu bei, sich der Konkurrenzintensität im Massenmarkt zu entziehen. Somit soll die Erreichung und langfristige Sicherung einer wettbewerbsfähigen Marktposition angestrebt werden.

4.1 Grundüberlegungen und Zielsetzung

Bei der Marktsegmentierung wird davon ausgegangen, dass jeder Gesamtmarkt in Segmente aufgeteilt werden kann, welche sich durch ihre Bedarfsvorstellungen, Nachfragecharakteristika, Verhaltensreaktionen und Kaufhandlungen unterscheiden und deshalb auch unterschiedlich auf bestimmte Kommunikationsmaßnahmen reagieren. Allgemein wird bei der Marktsegmentierung ein Markt in möglichst homogene Untergruppen von Abnehmern unterteilt. Dabei kann jede dieser Gruppen als Zielgruppe bzw. Zielmarkt angesehen werden, so dass es lohnend sein kann, eine Marktbearbeitung mit einem jeweils spezifischen Marketing Mix vorzunehmen. Voraussetzung dafür ist, die Wünsche und Probleme der Zielgruppe zu kennen und deren Präferenz- und Perzeptionsmuster zu identifizieren.

Bei der undifferenzierten Marktbearbeitung versucht man mit einem durchschnittlichen Produkt die durchschnittlichen Wünsche und Bedarfsvorstellungen des Gesamtmarktes zu befriedigen. Die Rezipienten werden undifferenziert angesprochen.

Die zielgruppenspezifische Marktbearbeitung hingegen geht auf die Bedürfnis- und Verhaltensstrukturen der Zielgruppen individuell ein, wodurch die

Absatz- und Gewinnchancen besser ausgeschöpft werden können. Die Individualisierung des Angebotes beinhaltet auch die gezielte kommunikative Ansprache. Den Marktsegmenten sollen gezielt spezifische Vorteile des eigenen Leistungsangebotes vermittelt werden. Die Marketing-Kommunikation stellt ein wesentliches Instrument dar, um sich vom Wettbewerb abzuheben.

Bei der Marktbearbeitung können grundsätzlich verschiedene Möglichkeiten unterschieden werden (vgl. Tabelle 4). Die Festlegung des Differenzierungsgrades der Marktbearbeitung ist dabei abhängig von der Attraktivität der jeweiligen Segmente und den spezifischen Kosten der Bearbeitung der jeweiligen Segmente.

Grad der Marktabdeckung	Grad der Differenzierung: undifferenziert	Grad der Differenzierung: differenziert
vollständig	undifferenzierte Marktbearbeitung	differenzierte Bearbeitung des Gesamtmarktes
teilweise	konzentrierte Marktbearbeitung (Spezialisierung)	selektiv differenzierte Bearbeitung ausgewählter Segmente

Tabelle 4: Die Möglichkeiten der Marktbearbeitung

Vor- und Nachteile der Marktsegmentierung

Ein wesentlicher Vorteil ist, dass die für eine erfolgreiche Marktsegmentierung erforderlichen Marktbeobachtungen die Markttransparenz für den Anbieter erhöhen. Auf Basis dieser Erkenntnisse können gezielte Kommunikationsstrategien entwickelt werden. Durch die für die Bildung und Auswahl von Zielgruppen notwendigen intensiven Marktanalysen ist der Anbieter vergleichsweise eher in der Lage, segmentspezifische Kommunikations- und Absatzmöglichkeiten aufzudecken und zu vergleichen. Zudem kann die Aufteilung des Marketing-Budgets bei Kenntnis der unterschiedlichen Kundenreaktionen auf bestimmte Marketing-Mix-Komponenten effizienter vorgenommen werden. Die Marktsegmentierung ermöglicht außerdem eine präzisere Formulierung von Marketing-Zielen und präzisere Kontrollmöglichkeiten der Zielerreichung. Ein weiterer Vorteil besteht darin, dass mittels eines segmentorientiert gestalteten Marketing-Mix es leichter möglich ist, Abnehmerpräferenzen abzubilden, die Nachfrage zu lenken und Kunden dauerhaft an das Unternehmen zu binden.

Mit einer Marktsegmentierung können jedoch auch negative Aspekte verbunden sein. Mit zunehmender Marktaufgliederung nimmt zum Beispiel die Zahl der in den einzelnen Marktsegmenten erfassten Nachfrager regelmäßig ab. Können aufgrund von Budgetrestriktionen nur bestimmte Segmente bearbeitet werden, wächst damit die Abhängigkeit vom Nachfrageverhalten dieser Teilmärkte. Außerdem ist die Marktsegmentierung auch regelmäßig mit einer Erhöhung einzelner Kostenpositionen verbunden, wie z. B. der Marktforschung und der Marketing-Kommunikation im Hinblick auf die Kosten der differenzierten Mediengestaltung und Belegung.

Hauptaufgaben der Marktsegmentierung

Zu den Hauptaufgaben der Marktsegmentierung gehören die Identifikation und Abgrenzung von Marktsegmenten, die Auswahl von Marktsegmenten und die Auswahl adäquater Bearbeitungsstrategien, sowie die zielgruppenspezifische Gestaltung des Marketing Mix.

Im Rahmen der Identifikation und Abgrenzung von Marktsegmenten sind folgende Aspekte von Bedeutung. Jede Marktsegmentierung geht von der Vorstellung aus, dass der jeweilige Gesamtmarkt in Gruppen von Nachfragern aufgeteilt werden kann, die sich hinsichtlich ihrer Bedarfsvorstellungen, ihrer Nachfragecharakteristika und/oder ihrer Kaufhandlungen unterscheiden und entsprechend unterschiedlich auf den Einsatz bestimmter absatzpolitischer Maßnahmen reagieren. Die einem bestimmten Marktsegment zugeordneten Nachfrager sollen sich dabei hinsichtlich der verwendeten Segmentierungskriterien möglichst ähnlich sein und sich von anderen Marktsegmenten möglichst deutlich unterscheiden. Bei einer Marktsegmentierung sollte grundsätzlich berücksichtigt werden, dass nicht nur aktuelle, sondern auch potenzielle Käufer bestimmter Produkte einbezogen werden müssen, dass Käufer und Verwender oft nicht identisch sind und die Verwender das Kaufverhalten ihrer Kaufagenten beeinflussen (Mütter als Kaufagenten für die Familienmitglieder; Beschaffungsstellen für Büromaterial in Unternehmen) und dass Käufer von Personen oder Institutionen beeinflusst werden, die nicht die Verwender sind. Zielsegmente können daher sowohl aus Käufern, aus Verwendern sowie aus kaufbeeinflussenden Personen und Institutionen bestehen.

Bei der Auswahl von Marktsegmenten ist zu beachten, dass Zielmärkte grundsätzlich so zu bilden sind, dass sie als separate Einheit bearbeitet werden können. Es ist auch stets zu prüfen, ob das in einem Marktsegment erfasste Nachfragepotenzial ökonomisch tragfähig ist. Eine Bearbeitung kann regelmäßig nur dann als sinnvoll angesehen werden, wenn die mit dem zielgerichteten Marketing Mix verbundenen zusätzlichen Kosten durch den Erwartungswert der zusätzlichen Erlöse überschritten werden, so dass bei differenzierter Bearbeitung des Absatzmarktes ein Gewinnanstieg erwartet werden kann.

4.2 Anforderungen an Segmentierungskriterien

Die Segmentierung eines Marktes sollte auf jeden Fall folgende Anforderungen erfüllen, damit der Segmentierungsansatz auch zielführend ist.

Die Marktsegmentierung sollte zukunftsorientiert sein, damit die geplanten absatzpolitischen Aktionen zu den prognostizierten Entwicklungen passen und die Prioritäten entsprechend gesetzt werden. Außerdem sollte der Ansatz quantifizierbar sein, damit die Segmente bezüglich Größe, Potenzial, Entwicklung, Wettbewerbsstruktur und Rentabilität abgeschätzt werden können. Unter dem Kriterium Trennschärfe versteht man, dass die Zielgruppen innerhalb eines Marktsegments hinsichtlich der Segmentierungsvariablen möglichst ähnlich (Homogenität) sein sollten und sich nach außen von den anderen Segmenten entsprechend deutlich unterscheiden sollten (Heterogenität). Genaue Kenntnisse der Verhaltensstruktur und statistischer Methoden sind die Voraussetzung dazu. Die Überschaubarkeit des Segmentierungsansatzes fordert eine Reduzierung der Komplexität. Aus diesem Grund ist es wichtig, bereits am Beginn des Segmentierungsprozesses die relevanten Schlüsselkriterien festzulegen, anhand derer die Segmente eindeutig identifiziert werden können. Unter der Praktikabilität ist zu verstehen, dass der Aufwand für die Segmentierung vertretbar und die Segmentierung in der Praxis auch durchführbar ist. Ein Segment muss daher eindeutig identifizierbar und für spezifische Marketing-Maßnahmen erreichbar sein.

Im Zusammenhang mit der Identifikation, Abgrenzung und Zugänglichkeit sind an Segmentierungskriterien zudem die in Tabelle 5 angeführten Anforderungen zu stellen (Meyer/Davidson 2001, S. 365).

Eine Segmentierung beispielsweise nach geographischen Merkmalen besitzt Vorteile bezüglich der letzten drei Kriterien, ist jedoch hinsichtlich der Verhaltensbeeinflussung als sehr problematisch zu beurteilen. Daher werden geographische Kriterien häufig nur als übergreifende, relativ grobe Hilfsindikatoren für eine Vielzahl anderer Merkmale von Märkten Verwendung finden. Dies gilt im übrigen auch für die Beurteilung soziodemographischer Merkmale. Merkmale wie Alter, Familienstand, Familiengröße, Einkommen etc. finden aus dem Grund besonders Verwendung, da diese Merkmale leicht zu erheben sind. Ein weiterer Grund liegt nicht zuletzt an der Notwendigkeit, Segmente, die zunächst nach Maßgabe von Persönlichkeits- oder Kaufverhaltensmerkmalen gebildet werden, so zu beschreiben, dass die Effektivitätsbedingung erfüllt ist. So ist beispielsweise die Information, dass ein umfangreiches Segment von Biertrinkern aus „extrovertierten, geselligen Mitläufern" besteht, vor allem dann gut umsetzbar, wenn zudem bekannt ist, dass es sich um Altbier-Trinker handelt, die vor allem in nordwestdeutschen Großstädten wohnen, ein überdurchschnittlich hohes Nettoeinkommen haben und vorwiegend zwischen 18 und 34 Jahre alt sind.

Besondere Nachteile bei der Verwendung psychographischer Merkmale (Merkmale der Persönlichkeitsstruktur) bei der Marktsegmentierung sind, dass das mögliche Ausmaß ihres Einflusses auf das Kaufverhalten jeweils produktspezifisch oder gar markenspezifisch ermittelt werden muss. Dazu kommen Probleme bei der Abgrenzung von psychologischen Käufertypen und die aufwändige Erhebungsmethodik. Die Folgerungen für die Umsetzung und die Gestaltung des Marketing Mix sind meist nicht eindeutig.

Ähnliche Probleme wie bei der psychographischen Segmentierung entstehen auch bei der Segmentierung nach Merkmalen der Kaufverhaltensreaktion auf absatzpolitische Anstrengungen der Anbieter. Diese Merkmale besitzen jedoch den Vorteil, dass entsprechende Segment-Informationen vergleichsweise leicht in Gestaltungshinweise für das Marketing-Instrumentarium umsetzbar sind.

Anforderungen an Segmentierungskriterien	
Relevanz bzgl. des Kaufverhaltens (Indikationsleistung)	Besteht bzgl. des interessierenden Produktes ein ursächlicher oder hoher korrelativer Zusammenhang zwischen den Ausprägungen des Segmentierungskriteriums und den Bedarfsvorstellungen bzw. den Kaufhandlungen? • Indikationsstärke und -stabilität • Qualitative Erklärungskraft
Aussagefähigkeit und Erreichbarkeit (Effektivität)	Ist der Zusammenhang mit dem Kaufverhalten auch längerfristig gültig? Lassen sich deutlich voneinander unterscheidbare, möglichst überschneidungsfreie Segmente bilden, die für absatzpolitische Maßnahmen eindeutig erreichbar sind? • Adressierbarkeit (Zugänglichkeit, Erreichbarkeit) • Differenzierbarkeit (Erklärbarkeit, Beeinflussbarkeit) • Zeitliche Stabilität • Kontrollierbarkeit (Identifizierbarkeit, Zurechenbarkeit)
Messbarkeit (Operationalität)	Können die Segmentierungsmerkmale direkt erhoben oder zumindest mittels Indikatoren einer validen und zuverlässigen Messung zugänglich gemacht werden? • Zugänglichkeit (direkte oder indirekte Messung) • Messniveau der Kriterien • Kosten der Messung • Schnelligkeit und Häufigkeit der Messung • Verfügbarkeit durch Primär- oder Sekundärquellen
Wirtschaftlichkeit (Effizienz)	Ist die Wirtschaftlichkeit dadurch sichergestellt, dass die Informationen über die Merkmalsausprägungen der Segmente für eine gezielte Gestaltung der absatzpolitischen Instrumente unmittelbar genutzt werden können? • Wirkungszusammenhänge • Segmentierungskosten vs. -erträge • Segmentbesetzung (Marktanteile) • Segmentwachstum (Markt- und Absatzpotenzial) • Segmentgröße (Markt- und Absatzvolumen)

Tabelle 5: Anforderungen an die Segmentierungskriterien

Segmentierungen nach Maßgabe von Merkmalen des produkt- bzw. markenspezifischen Kauf- und Verwendungsverhaltens, also nach dem Ausmaß der Markentreue, der Kaufhäufigkeit, des Kaufvolumens etc., werden in der Praxis häufig vorgenommen. Problematisch an dieser Vorgehensweise ist vor allem, dass sie – isoliert angewendet – nicht aufdecken kann, warum beispielsweise ein Konsument Intensivverwender mit geringer Markentreue ist. Es bedarf daher meist ergänzender Analysen solcher Segmente, um Fehlinterpretationen ihrer Verhaltensmerkmale zu vermeiden. So kann z. B. Markentreue dadurch begründet sein, dass besondere Präferenzen oder keine Substitutionsmöglichkeiten, oder aber auch bestimmte derivative Nachfragebeziehungen gegeben sind.

Eine Segmentierungsart, die auf produktspezifischen Merkmalen des Kaufentscheidungsverhaltens der Nachfrager aufbaut, wird in der Literatur als Nutzensegmentierung oder Segmentierung nach erwarteten Produktvorteilen bezeichnet. Als Kriterien für die Zuordnung von Nachfragern zu bestimmten Marktsegmenten werden dabei zum einen das Ausmaß der Ähnlichkeit ihrer Beurteilung vorgegebener Objekte hinsichtlich der für sie urteilsrelevanten Merkmale (Homogenität der Objektwahrnehmung) und zum anderen das Ausmaß der Ähnlichkeit ihrer Beurteilungen hinsichtlich der Wichtigkeit der urteilsrelevanten Merkmale (Homogenität der Merkmalsgewichtungen) verwendet.

Dieser Ansatz ist vor allem im Hinblick auf die Messbarkeit und Trennschärfe problematisch. So können die Segmentierungsmerkmale nur indirekt durch Befragungen ermittelt werden, da das Entscheidungsverhalten einer direkten Beobachtung nicht zugänglich ist. Die Ergebnisse besitzen nur hinsichtlich der jeweils vorgegebenen Beurteilungsobjekte und der vorgegebenen Beurteilungsmerkmale Gültigkeit. Zudem muss angenommen werden, dass sich das analysierte Urteilsverhalten bei Veränderungen der Angebotsstruktur vergleichsweise schnell verändern kann. Dem Vorteil, aufgrund der Bindung der Segmentierungskriterien an bestimmte Beurteilungsobjekte, wie z. B. bestimmte Automarken, sehr präzise Verhaltensinformationen zu erlangen, steht somit als Nachteil die zeitlich und inhaltlich eingeschränkte Gültigkeit der Segmentierung gegenüber.

Bei Studien zur Marktsegmentierung kommen in der Praxis regelmäßig mehrere Segmentierungsvariablen in Kombination zur Anwendung. Da es jedoch für Unternehmen schwierig ist, die Informationen zur Bestimmung der Zielgruppe zu beschaffen und dies finanziell auch mit einem großen Aufwand verbunden ist, haben einige große Verlagsgruppen Studien erstellt, die sich mit dem segmentspezifischen Konsumverhalten beschäftigen (Nieschlag 2002, S. 1064 ff.). Mit Hilfe solcher Studien und ergänzender Marktforschungen versucht man, die Streugenauigkeit kommunikativer Aktivitäten zu optimieren und den Erfolg zu erhöhen.

Zielgruppen lassen sich grundsätzlich in zwei verschiedene Gruppen unterscheiden: die Finalzielgruppen und die subfinalen Zielgruppen. Finale Zielgruppen sind all diejenigen, die bezogen auf das Produkt, die letzten Nutzer oder Verwender sind. Subfinale Zielgruppen hingegen beeinflussen die finalen Zielgruppen und ihren Absatz oder agieren als Zwischenanbieter. Zu ihnen zählen „Testimonials", Meinungsbildner und Groß- bzw. Einzelhändler.

4.3 Der Segmentierungsprozess

Das Ziel der Marktsegmentierung ist die Identifikation und spezifische Bearbeitung lukrativer Segmente. Der Segmentierungsprozess (vgl. Tabelle 6) vollzieht sich dabei in den folgenden Prozessschritten (Meyer/Davidson 2001, S. 367).

In der Phase der Identifikation wird unter Zugrundelegung der Markt- oder Kundendefinition der zu segmentierende Gesamtmarkt festgelegt und abgegrenzt. Die Abgrenzung sollte dabei grundsätzlich aus Sicht des Kunden vorgenommen werden. In der sich anschließenden Grobsegmentierung wird der Markt mittels der wichtigsten Variablen in drei bis vier Hauptsegmente eingeteilt. Die Grobsegmentierung lässt sich in der Regel auf Basis von Vorstudien erstellen. Das fördert die Transparenz und zeigt auf, welche Informationen noch gebraucht werden. Bei der Feinsegmentierung werden die Grobsegmente nochmals aufgeteilt und mittels mehrerer Variablen detaillierter unterteilt. Die Bewertung der Segmentattraktivität bezieht sich auf die aus der vorherigen Stufe gewonnenen Segmente. Die Priorisierung der Segmente erfolgt auf Basis von definierten Kriterien. Hierbei können eine Portfolioanalyse oder der Marketing Alignment Process (MAP) helfen. Nach der Bewertung der Attraktivität der Segmente muss der Differenzierungsgrad der Marktbearbeitung festgelegt werden. Das Unternehmen muss sich dabei entscheiden, welche Segmente mit welchen Marketing-Maßnahmen bearbeitet werden sollen.

Der Segmentierungsprozess	
Schritt 1: Identifikation der zu segmentierenden Bereiche	• Welche Markt- und Kundendefinition wird zugrunde gelegt? • Welche Indikatoren und Begründungen gibt es dafür?
Schritt 2: Grobsegmentierung	• Strukturierung der Hauptsegmente auf Basis vorliegender Marktforschungsergebnisse und Kenntnisse. • Überlegung, welche Untersuchungen noch durchgeführt werden müssen, um Wissenslücken abzudecken. • Kontinuierliche Verbesserung der Einteilung, wenn bessere Informationen vorliegen.
Schritt 3: Feinsegmentierung	• Entwicklung von Segmenttypen durch Verwendung von verschiedenen Segmentierungskriterien und speziellen Methoden.
Schritt 4: Bewertung der Segmentattraktivität	• Festlegung von Kriterien zur Bewertung von Markt, Kunden und Absatzwegen. • Festlegung von Prioritäten und Strategien für die Segmente. • Entwicklung eines Maßnahmenplans.
Schritt 5: Differenzierungsgrad der Marktbearbeitung	• Festlegung des Grades der Differenzierung. • Festlegung des Grades der Marktabdeckung. • Bewertung spezifischer Marktbearbeitungspläne.
Schritt 6: Laufende Überprüfung	• Überprüfung der aktuellen Segmentierung • Erarbeitung von Handlungsoptionen f. strukturelle Änderungen

Tabelle 6: Der Segmentierungsprozess

Da die Segmentierung keine einmalige Angelegenheit ist, muss die aktuelle Segmentierung ständig überprüft und an die veränderten Rahmenbedingungen angepasst werden. Je mehr Informationen über das Nachfrageverhalten der Zielgruppen vorliegen, desto wirkungsvoller kann man die Zielgruppen ansprechen.

Bei der Entscheidung, ob die Marktbearbeitung selektiv oder differenziert vorgenommen werden soll, sind folgende Einflussgrößen zu berücksichtigen:

• Segmentgröße bezogen auf das produktbezogene potenzielle Kaufvolumen
• Gegenwärtiges Befriedigungsniveau der Nachfrage hinsichtlich Angebotslücken oder Überangebot und Wettbewerbsintensität
• Marketingstrategien der Wettbewerber
• Variationsmöglichkeiten der Produkteigenschaften und Angebotspalette
• Finanzielle Ressourcen des Unternehmens
• Grenzerträge der verschiedenen Handlungsmöglichkeiten
• Phase der Marktperiode des Produktes; undifferenzierte oder selektive Bearbeitung während der Einführungsphase und Tendenz zu differenzierter Bearbeitung bei Annäherung an die Reifephase.

Die optimale Allokation des Marketing-Budgets bei der zielgruppenorientierten Gestaltung des Marketing Mix stellt ohne Zweifel hohe Anforderungen an die Methodenkompetenz und die Kreativität der Verantwortlichen. Je mehr Informationen über das Nachfrageverhalten in den Segmenten vorliegen, desto eher ist es möglich, das Optimum zu erreichen.

Die Individualisierung der Nachfrage nimmt in vielen Märkten stetig zu. Alte Massenmärkte teilen sich in immer kleinere Marktsegmente auf. Erfolgreiche Unternehmen begreifen dies als Chance, die individuellen Wünsche der Kunden zu erfüllen. Die zielgruppengenaue Ansprache ist eine Grundvoraussetzung dafür.

Die Bildung spezifischer Segmente ist sowohl ein wissenschaftlicher als auch ein kreativer Prozess und eine der wichtigsten und auch interessantesten Aufgaben im Marketing. Besonders im Rahmen der Marketing-Kommunikation – und dort besonders in der Phase der Zielgruppenbestimmung – kommt dem Segmentierungsansatz große Bedeutung zu. Durch eine zielgerichtete Differenzierung gelingt es, die Kommunikation wirkungsvoll auf die Zielgruppe abzustimmen. Aus diesem Grund müssen die Gesetze der zielgruppenspezifischen Marktbearbeitung beachtet werden, damit die eigene Strategie auf eine solide Basis gestellt werden kann.

4.4 Zielgruppenbildung

Grundüberlegung bei der Bildung von Zielgruppen ist die Prognostizierbarkeit des Verhaltens oder Reaktionsmuster auf bestimmte Stimuli. Psychologische Variablen haben dabei eine bessere Indikatorfunktion für das beobachtete Verhalten als z. B. soziodemographische. Durch die Beschreibung der Zielgruppen mit psychologischen Faktoren allein lässt sich allerdings nicht immer bewerkstelligen, dass auch alle relevanten Einflussvariablen einbezogen sind. Ausschlaggebend ist aber auch, dass die Zielgruppenmitglieder wieder aufgefunden werden können. Die Bildung der Zielgruppen muss somit durch Auswahl und Kombination relevanter Segmentierungsvariablen erfolgen.

Zielgruppen, die in Bezug auf nur eine Variable gebildet werden, nennt man monofaktorielle Zielgruppen. Die ereignisbezogene Zielgruppenbildung ist eine Unterform davon. Zur Zielgruppe gehören alle Besucher der jeweiligen Veranstaltung. Meist werden Zielgruppen auf Basis einer Kombination mehrerer relevanter Segmentierungsvariablen gebildet. Die einfachen und leicht zu erhebenden Segmentierungsvariablen haben den Nachteil, dass sie wenig verhaltensrelevant sind. Aus diesem Grund kommen Ansätze, die starken Bezug zu Lebensstilen und Persönlichkeitsmustern haben, verstärkt zur Anwendung. Aufgrund der zunehmenden Individualisierung werden Szene-Zielgruppen an Bedeutung gewinnen.

Generell gilt, dass mit zunehmender Anzahl der zur Zielgruppenbildung herangezogenen Variablen die Anzahl der Zielgruppenmitglieder sinkt. Parallel dazu steigt aber die Wahrscheinlichkeit, dass die verbleibenden Zielgruppenmitglieder ein gleichartiges Verhalten zeigen werden. Durch eine Charakterisierung mit dem Bündel an Variablen lassen sich bestimmte Verallgemeinerungen ableiten, die dann für die Umsetzung wieder aufgefunden werden können. Durch Spiegelung an der empirischen Realität lassen sich eine Reihe von Typologien herausbilden.

4.4.1 Life-Styles

Bei dem Life-Style-Konzept handelt es sich um eine weitere Art der Typologisierung von Personen, welche auf Grundlage mehrerer Merkmale beschrieben und zu ähnlichen Typen zusammengefasst werden. Der Vorteil der Life-Style-Typologisierung liegt in der Zusammenführung sozio-demographischer und psychologischer Kriterien. Es findet daher keine isolierte Betrachtung statt, sondern eine Identifikation in sich geschlossener Segmente, die an den Lebensstilen und Lebensgewohnheiten orientiert sind. Dabei werden Gruppen mit nahezu identischen Einstellungs- und Verhaltensmustern gebildet. Auf dieser Basis können sie zielgruppenkonform angesprochen werden können.

Die drei grundlegenden Konstrukte zur Erfassung der Life-Style-Segmente sind Aktivitäten, Interessen und Meinungen (vgl. Tabelle 7; Becker 2001, S. 257).

Aktivitäten		Freizeit		Person allein		Allgemeines Verhalten
Interessen	*gegenüber*	Arbeit	*einer*		*in Bezug auf*	
Meinungen		Konsum		Person zusammen mit anderen		Spezifische Produktklasse

Tabelle 7: Bezugsrahmen zur Erfassung des „Life-Styles"

Dabei werden zunächst Fragen allgemeiner Art (persönliche Selbsteinschätzung, Einstellungen zu verschiedenen Lebensbereichen, Verhalten im sozialen Umfeld) erhoben, bevor im zweiten Schritt Kauf- und Verwendungsgewohnheiten (Produktarten, Markenverhalten, Mediaverhalten) erfasst werden (Becker 2001, S. 257).

Im Rahmen der Burnett-Untersuchung wurde eine standardisierte mündliche Befragung von Personen durchgeführt, die sich hinsichtlich der Lebensstilbereiche Freizeit und soziales Leben, Interessen, Stilpräferenzen, Konsum, Outfit, Grundorientierung, Arbeit, Familie und Politik selbst einstufen sollten. Die gewonnenen Daten brachten die Erkenntnis über zwölf untereinander homogene, zueinander jedoch heterogene Life-Style-Typen hervor (vgl. Tabelle 8; Becker 2001, S. 260).

Life-Style-Typologien drücken Lebensformen und Auffassungen aus, die ständig gewissen Veränderungen und Trends ausgesetzt sind. Aus diesem Grund sind diese Life-Styles genau auf die kommunikative Eignung zu überprüfen, denn die zeitliche Stabilität ist naturgemäß eingeschränkt.

Traditionelle Lebensstile	37 %
Erika – Die aufgeschlossene Häusliche	10 %
Erwin – Der Bodenständige	13 %
Wilhelmine – Die bescheidene Pflichtbewusste	14 %
Gehobene Lebensstile	20 %
Frank und Franziska – Die Arrivierten	7 %
Claus und Claudia – Die neue Familie	7 %
Stefan und Stefanie – Die jungen Individualisten	6 %
Moderne Lebensstile	22 %
Michael und Michaela – Die Aufstiegsorientierten	7 %
Ingo und Inge – Die Geltungsbedürftigen	7 %
Martin und Martina – Die trendbewussten Mitmacher	8 %
Jugendlicher Lebensstil	21 %
Monika – Die Angepasste	7 %
Eddi – Der Coole	7 %
Tim und Tina – Die fun-orientierten Jugendlichen	7 %

Tabelle 8: Life-Style-Typen nach Life-Style Research

4.4.2 Euro-Styles

Aufgrund der national unterschiedlichen Mentalitäten der Europäer, wurde eine Ausweitung des Life-Style-Konzepts geschaffen. Das Euro-Style-Konzept geht von der Annahme aus, dass sich die individuellen Lebensmuster in Europa noch stärker voneinander unterscheiden. Produktpositionierungen im europäischen Raum erfordern Zielgruppen, die auch länderübergreifend ähnliche Verhaltensmuster aufweisen. Die Vorgehensweise zur Ermittlung der Euro-Style-Typen ist vergleichbar mit der Life-Style-Analyse. Die Euro-Style-Typen (vgl. Abb. 19) sind anhand den Dimensionen Güterorientierung/Wertorientierung sowie Bewegung/Beharrung wie folgt positioniert (Hünerberg 1994, S. 393 ff.).

Die Euro-Style-Segmente sind in weitere Teilzielgruppen zu differenzieren, da ansonsten ihre Eigenschaften zu grob gefasst wären und eine zielgenaue Ausrichtung der Marketingstrategie nur ungenügend durchführbar wäre. Die hauptsächlichen Eigenschaften können wie folgt beschrieben werden (in Anlehnung an Becker 2001, S. 262):

Der Euro-Dandy ist der vergnügungssüchtige Angebertyp, der stets auf der schönen Seite des Lebens seinen Platz hat. Mit dem Euro-Rocky assoziiert man einen jungen wilden Außenseiter, dem nichts im Wege steht. Der Euro-Squadra ist ein sehr aktiver Typ, bei dem Freizeit und Freundeskreis an oberster Stelle stehen. Der Euro-Business ist der Karrieremacher, der stets bemüht ist, neue Wege zu beschreiten, um auf der Karriereleiter eine Stufe nach oben zu steigen. Der Euro-Protest stellt sich allein gegen das ganze System. Der Euro-Scout ist ein Wohltäter, der immer bereit ist, anderen zu helfen. Der Typ Euro-Pioneer definiert sich selbst als Idealist, der bereit ist die Welt zu verändern. Der Euro-Vigilante ist misstrauisch, frustriert, vorsichtig und in seiner Einstellung sehr konservativ. Der Euro-Romantic wird als Träumertyp gesehen, der harmoniebedürftig ist und seine Kraft aus Heim und Familie schöpft. Der Euro-Prudent ist vorsichtig und resigniert. Sicherheit ist sein oberstes Gebot. Der Euro-Defense ist das Heimchen, ein defensiver Typ. Besitz und Eigentum sind ihm wichtig. Der Euro-Moralist ist der gutbürgerliche, religiös veranlagte Typ, der seine Entscheidungen immer auf der Grundlage seiner Prinzipien fällt. Der Euro-Gentry ist der Noble, dem Gesetz, Ordnung und Tradition wichtig sind. Der Euro-Citizen ist sehr verantwortungsvoll und hilfsbereit. Er ist der typische Gemeinschaftsmensch, der sich um das Wohl der anderen sorgt. Der Euro-Strict ist der Vergessene, der beharrlich auf seine Werte setzt.

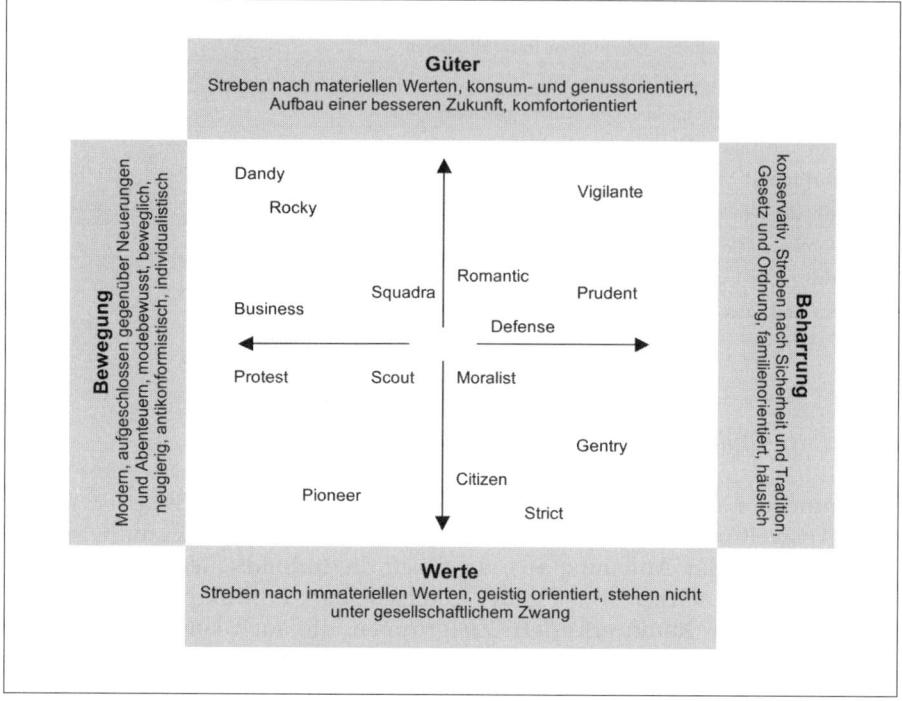

Abbildung 19: Euro-Style-Typen

Dabei kann angenommen werden, dass bestimmte Euro-Style-Typen durch ihre grundlegende Orientierung einheitliche Verhaltensmuster zeigen. Da der Bewegungsaspekt der Euro-Styles mit hoher Risikobereitschaft korreliert, ist anzunehmen, dass die Innovatoren, die frühen Adoptoren und die frühe Mehrheit tendenziell auf der linken Seite der Euro-Style-Typen zu finden sind. Beharrung auf Tradition und Sicherheit lassen vermuten, dass die späte Mehrheit und die Nachzügler auf der rechten Seite zu lokalisieren sind.

4.4.3 Sinus-Milieus

Das Konzept der Sinus-Milieus® der Sinus Sociovision GmbH ist ein weiterer, in gewissen Aspekten ergänzender Ansatz, der die Verbraucher im Konsumgüterbereich anhand ihrer sozialen Lage und ihrer Grundorientierung abbildet. Die soziale Lage und die Grundorientierung sind Faktoren, die aus der Verdichtung von Variablen hervorgehen. Der Faktor soziale Lage spiegelt vorwiegend Bildung, Beruf und Alter wider, während der Faktor Grundorientierung die Lebensstile und Lebenswelten der Verbraucher widerspiegelt. Die Sinus-Milieus® gruppieren diejenigen Menschen, die sich in ihrer Lebensauffassung (Wertorientierungen) und Lebensweise (Alltagshandeln) ähneln (Becker 2001, S. 263). Grundlage hierfür ist eine sorgfältige Analyse, in die zuerst die grundlegenden Wertorientierungen und dann die Alltagseinstellungen – zu Arbeit, Familie, Freizeit und Konsum – eingehen.

Die Wertetypen können in Indifferente, Pluralisten, Lebenserotiker, Leistungsorientierte, Familienorientierte und Hüter der Moral untergliedert werden (Becker 2001, S. 263).

Die Sinus-Milieus® erfassen die Tiefenstrukturen sozialer Differenzierung, die sich durch den gesellschaftlichen Wandel stetig verändern und „Modell-Updates" verlangen (Sinus Sociovision, 2004). Sinus-Milieus® integrieren demnach den kulturellen Wertewandel des sozialen Systems, welcher in den bisher erläuterten Marktsegmentierungsmethoden unberücksichtigt blieb.

Die regelmäßig auf Basis kontinuierlicher soziokultureller Forschung aktualisierte Milieu-Landschaft (vgl. Abbildung 20; Quelle: Sinus Sociovision, 2004), zeigt die Anordnung der Sinus-Milieus® über die Dimensionen soziale Lage und Grundorientierung.

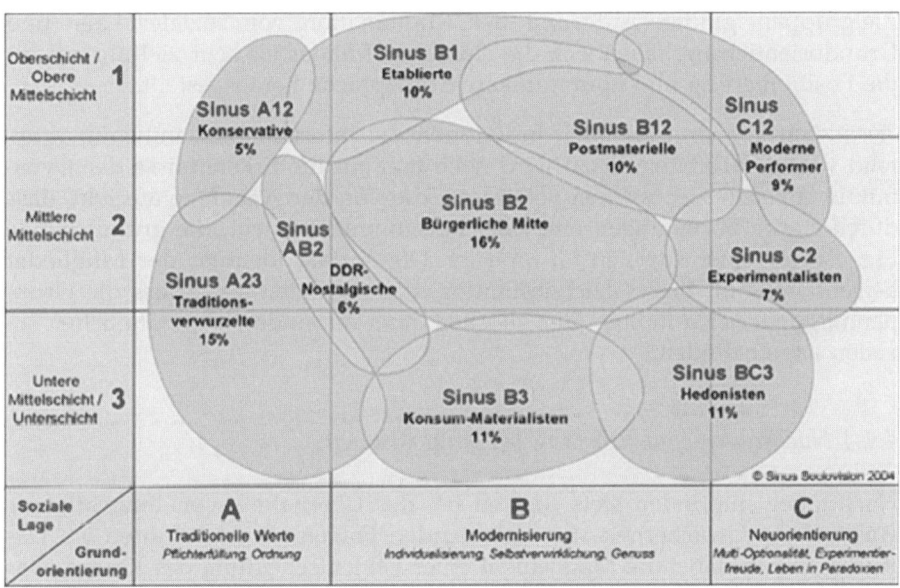

Abbildung 20: Verteilung der Sinus-Milieus® in Deutschland

Regelmäßig werden Kurzbeschreibungen der Sinus-Milieus® veröffentlicht, in denen die einzelnen Charaktere präzise dargestellt werden. Nachfolgend werden beispielhaft die wesentlichen Merkmale des Milieus „die Etablierten" erläutert.

Die Etablierten (10%) bilden die gebildete, gutsituierte und selbstbewusste Elite mit großen Exklusivitätsansprüchen. Sie grenzen sich bewusst anhand ihrer entsprechenden Kennerschaft von anderen ab und legen großen Wert auf ihren beruflichen und materiellen Erfolg. Die Orientierung erfolgt an klaren Karrierestrategien, mit entsprechend leistungsorientiertem Verhalten, Zielstrebigkeit und Statusbewusstsein. Sie fühlen sich daher der gesellschaftlichen Oberschicht zugehörig und pflegen einen exklusiven Lebensstil, der sich unter anderem durch Qualitäts- und Markenbewusstsein bestimmt. Sie gehören zu den sehr aktiven Menschen, die einen status-homogenen Freundes- und Bekanntenkreis pflegen. Luxus sowie ein sicheres Gespür für das Besondere lässt sie stets „edel" konsumieren. Kunst, Kultur und individuelle Reisen gehören zum Lebensgenuss der Etablierten. Bedeutsam für diese Gruppe sind Geschehnisse in Politik, Wirtschaft sowie die Aufgeschlossenheit gegenüber technischem Fortschritt. In der sozialen Lage sind die Etablierten üblicherweise in der mittleren Altersgruppe ab 30 Jahren angesiedelt, meist verheiratet in Drei- und Mehr-Personenhaushalten lebend. Sie zeichnet ein überdurchschnittlich hohes Bildungsniveau und höchste Einkommensklassen aus. Unter den Etablierten finden sich viele leitende Angestellte, höhere Beamte, Selbständige, Unternehmer und Freiberufler.

Die Kurzbeschreibungen der Sinus-Milieus® dienen vorwiegend als Basis für die adäquate Ausrichtung der Marketingaktivitäten in Bezug auf ihre Zielgruppeneignung. Aufgrund der Kombination von sozialer Lage und Grundorientierung haben sich die einzelnen Milieus als sehr zielführend für die Positionierung und kommunikative Ansprache herausgestellt.

Zusätzlich können aber auch Individuen die Informationen milieuübergreifend weiter verbreiten. Dazu wird noch mal auf die Erkenntnisse der Dynamik in sozialen Netzwerken verwiesen, die von der Annahme ausgeht, dass durch starke Beziehungen eine Gleichgesinnung entsteht, die grundlegende Eigenschaft einer sozialen Gruppe ist. Die soziale Identität der Mitglieder bezieht sich auf diese Gleichgesinnung, die vermuten lässt, dass die Gruppenmitglieder sich in etwa der gleichen, oder zumindest einer ähnlichen sozialen Lage befinden.

4.4.4 Nachfragersegmentierung bei Innovationen

Nachfrager empfinden stets Risiken bei der Übernahme von Innovationen, was auf die Unsicherheit von eintretenden Folgen zurückzuführen ist. Das Risiko betrifft dabei die Möglichkeit einer Fehlentscheidung des Kaufes, was für den Nachfrager zukünftig mit negativen Folgen behaftet wäre. Dieses Risiko wird nach individueller Lage und Einschätzung unterschiedlich eingestuft. Die individuellen Kaufziele, die in direktem Zusammenhang mit dem Produktnutzen stehen, entsprechen kumuliert der Wichtigkeit des Objektes für den Nachfrager. Die Abwägung des Risikos erfolgt anhand der individuellen Bewertung nach den beiden Dimensionen „Unsicherheit" und „Wichtigkeit". Ein Risiko wird demnach als gering eingestuft, wenn die Unsicherheit der Anschaffung niedrig und die Wichtigkeit der Anschaffung hoch ist. Die Aufgabe der Marketing-Kommunikation liegt darin, die entsprechenden Informationen und Argumente glaubhaft zu vermitteln.

Die Einstufung individueller Risiken erfolgt über die Dimensionen Leistung und Kosten. Auf der einen Seite besteht das Leistungsrisiko, welches den gegenwärtigen Produktnutzen mit einem in Zukunft verfügbaren Produktnutzen vergleicht. Auf der anderen Seite wird das Kostenrisiko ermittelt, welches alle auf Grund der mit dem Kauf entstehenden Kosten mit den Kosten eines Zukunftsproduktes vergleicht. Kosten- und Leistungsrisiko werden vor dem Kauf über die Dimensionen Unsicherheit und Wichtigkeit jeweils abgebildet. Ist der Nachfrager sich in hohem Maße unsicher über die preisliche Entwicklung der Innovation und stuft er die Wichtigkeit des Objektes als gering ein, so ist das Kostenrisiko hoch ausgeprägt. Die individuelle Risikobewertung lässt vier verschiedene Möglichkeiten zu, nach denen die Nachfrager segmentiert werden können (vgl. Abbildung 21; Weiber/ Pohl 1994, S. 8).

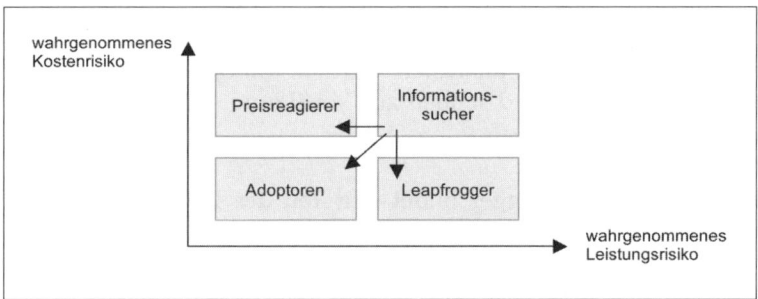

Abbildung 21: Nachfragersegmente bei der Adoption neuer Technologien

Das Ziel einer möglichst schnellen Verbreitung kann nur über eine geringe Risikoeinstufung erfolgen. Erst wenn beide Risikodimensionen, Kosten- und Leistungsrisiko, gering eingestuft werden, erfolgt der Kauf. Anbieter von Innovationen müssen die Marketing-Kommunikation nutzen, um die wahrgenommenen Risiken zu reduzieren. Die vier Typen von Nachfragern der risikoperzipierten Segmentierung in der Phase des Kaufentscheidungsprozesses können wie folgt charakterisiert werden (Weiber/Pohl 1994, S. 3 ff.):

(1) Adoptoren

Die aus Sicht der Marketing-Kommunikation am einfachsten zu bearbeitende Zielgruppe ist diejenige, für die sowohl das Leistungsrisiko als auch das Kostenrisiko in der Wahrnehmung gering ist. Die Mitglieder dieser Zielgruppe werden als Erste die Innovation erwerben wollen. Im Rahmen der Diffusion haben sie eine weitere Bedeutung, da sie durch ihre Adoption bereits objektspezifische Erfahrungen sammeln konnten, die sie potenziellen Adoptoren vermitteln können. Über die Marketing-Kommunikation muss daher auch die spezifische Ansprache der Adoptoren in der After-Sales-Phase erfolgen. Der Kundenzufriedenheit kommt in diesem Zusammenhang eine besondere Bedeutung zu (Hofbauer/Hellwig 2005, 31 ff.).

(2) Preisreagierer

Die Preisreagierer verbinden mit dem Leistungsangebot keine Risiken, sehen jedoch ein Preisrisiko. Das Preisrisiko wird als hoch eingeschätzt, da der hohe Kaufpreis im Zeitablauf fallen wird. Dabei erfasst das Preisrisiko auch die mit dem Kauf einhergehenden Kosten, wie beispielsweise Entsorgungskosten für Altgeräte oder Kompatibilitätskosten, die im Wege der Anpassung zur installierten Basis entstehen können. Preisreagierer unterbrechen ihren Kaufentscheidungsprozess in Anbetracht des zu hohen Preises und setzen ihn zum Zeitpunkt der Preissenkung über die Bewertungsphase wieder fort.

(3) Informationssucher

Werden Kosten- und Leistungsrisiko als hoch eingestuft, befinden sich die Nachfrager in einem Stadium weiterer Informationssuche, um die Risiken senken zu können. Dabei kann es je nach Informationszufluss und individueller Umstände zur Veränderung der Risikokomponenten kommen. Die Informationssucher sind darauf bedacht, so viele Informationen wie möglich zu sammeln, um ihre Bewertung entsprechend zu fundieren. Dieser Informationsbedarf sollte daher analysiert werden, um die benötigten Informationen in adäquater Weise und schnell zur Verfügung stellen zu können.

(4) Leapfrogger

Das Segment der Leapfrogger bildet den Teil des Potenzials, der aufgrund eines sehr hohen wahrgenommenen Leistungsrisikos die Kaufentscheidung aufschiebt. Leapfrogger sind prinzipiell dazu bereit, eine neue Technologie zu einem gegebenen Preis zu adoptieren, verschieben aber ihren Kauf, um auf eine in naher Zukunft auf den Markt kommende, verbesserte Alternative zu warten. Die Aufschiebung der Kaufentscheidung erfolgt bis zum Zeitpunkt der Markteinführung der Zukunftstechnologie.

Die Diffusion von Innovationen verlangsamt umso mehr, je mehr Personen des Gesamtmarktes sich in abwartender Haltung befinden. Die Marketing-Kommunikation hat durch Produktvorankündigungen die Möglichkeit, potenzielle Kunden vom Kauf eines Wettbewerbsproduktes abzuhalten und die Interessen auf das eigene Produkt in naher Zukunft zu lenken.

4.4.5 Die Szene als Marktsegment

Die bisher vorgestellten Vorgehensweisen beruhen auf den Annahmen, dass die identifizierten Kundentypen im Zeitablauf ein stabiles Reaktionsverhalten aufweisen und dieses auch über die verwendeten Segmentierungsvariablen verlässlich charakterisiert werden kann. Das klassische Paradigma, dass einmal identifizierte Idealkunden immer wieder zur selben Marke greifen, scheint aber mit zunehmender Individualisierung nicht mehr zu greifen. Denn die Life-Style-Typologien können die sich immer weiter aufspaltenden Individualisierungstendenzen nicht mehr adäquat abbilden. Das Verhalten eines hybriden Kunden kann nicht durch aggregierte Typologien abgebildet werden. Die Kunden bilden individuelle Profile: Heute Schnäppchenjäger, morgen Luxusverwender.

Die Individuen schließen sich von Fall zu Fall bestimmten Szenen an und bilden somit Potenziale, die aufgrund einer bestimmten Ausprägung identifiziert werden können. Die Identifikation dieser Potenziale kann zum Beispiel über ein Zusammengehörigkeitsgefühl erfolgen. In der Soziologie werden diese Gemeinschaften als kognitive Gruppen bezeichnet. Über ein bestimmtes Thema entwickeln sie ein starkes Zusammengehörigkeitsgefühl und grenzen sich darüber von anderen Gruppen ab. Dadurch wird eine eigene Art von Selbstbewusstsein entwickelt. Wenn die klassischen Zielgruppen durch zunehmende Individualisierung zerfallen, erhöhen sich dadurch die Streuverluste. Um diese Verluste zu vermeiden, ist es erforderlich, das für das jeweilige Kommunikationsziel konstituierende Thema zu identifizieren und für die Kommunikation zu nutzen. Durch das Verständnis der Szene und die Nutzung der Szene bildenden Themen und Erlebniswelten ist ein Erfolg versprechender Zugang zur Szene erst möglich.

Die Gesellschaft kann in unzählig viele Szenen fragmentiert werden, die weit von sachfremden Segmentierungsvariablen wie Alter, Geschlecht und Einkommen liegen. Szenen sind Gruppen von Menschen mit ähnlichen Denk- und Handlungsmustern, Gefühlen und Einstellungen.

Beispielhafte Szenen sind LAN-Gamer, Skater, aber auch Polka-Jünger. Letztere fanden sich in den USA und nun auch in Deutschland zu einer Szene zusammen. In zahlreichen Veranstaltungen und Clubs wird Polka zelebriert. Diese Mitglieder lassen sich über diese Szene identifizieren, obwohl sie unterschiedliche Charaktere und sonstige Variablen aufweisen. Es gibt jüngere und ältere, wohlhabende und ärmere, höher situierte und Menschen aus niedrigeren sozialen Schichten. Anhand ihrer Gefühlslage und Vorliebe verschmelzen sie zu einer möglichen Zielgruppe.

Eine Marktsegmentierung über Szenen vorzunehmen ist insofern schwierig, da das Wesen der Szene durch die übereinstimmende Geisteshaltung der Mitglieder bestimmt wird und somit schwer erfassbar ist. Szenen sind dabei nicht jede beliebige Freizeitbeschäftigung, sondern beziehen sich auf ein konkretes Thema, das in ihrer Orientierungsauffassung gleich gesinnte Menschen zusammenführt und auch zusammenhält. Szenen hängen stark mit dem Verlust traditioneller Bezugssysteme zusammen, die nicht mehr ausreichende Anziehungskraft erzeugen und daher Platz für eine Angehörigkeit zu Szenen schaffen (Kreutz 2004). Die Mitglieder in Szenen teilen dasselbe Thema, verkörpern ähnliche Werte und orientieren sich an gemeinsamen Zielen. Die Aufgabe der Marketing-Kommunikation liegt hier darin, in der Vorbereitung die verbindenden Themen zu identifizieren, damit die Botschaft zielgruppenadäquat gestaltet werden kann. Denn wenn der kommunikative Zusammenhalt der Szene nicht in der erwarteten Form besteht, werden sich hohe Streuverluste einstellen. Gerade Zielgruppen mit einem stark ausgeprägten Selbstbewusstsein wollen auch ernst genommen werden.

Dies läst sich durch eine kommunikative Ansprache über dieses Selbstbewusstsein und das korrespondierende Wertesystem erreichen. Diese Ansprache muss dann so gestaltet sein, dass sie von der jeweiligen Szene auch als
solche erkannt werden wird.

Die Ausrichtung der Kommunikation auf diese gemeinsame geistige Orientierung wird für marktorientierte Unternehmen zunehmend an Bedeutung
gewinnen. Die Geisteshaltung der Individuen ändert sich durch die kulturelle Evolution dahin gehend, dass es immer mehr Szenen gibt. Vor allem,
wenn man bedenkt, dass Szenen eng mit dem Verlust traditioneller Bezugssysteme zusammenhängen. Familie, Kirche oder Arbeitsplatz können nicht
mehr ausreichend Geborgenheit bieten und Anziehungskraft erzeugen und
bewirken einen Zusammenschluss in Szenen (Kreutz 2004). Die Szenebil-
dung ist dabei nicht an Altersgruppen oder geographische Grenzen gebunden. Im Zuge der Individualisierung vervielfältigen sich die speziellen Interessen und werden für traditionelle Segmentierungsvariablen immer weniger
erfassbar.

Das Verständnis für die Szene ist ausschlaggebend, um diese auch glaubwürdig über die Marketing-Kommunikation zu erreichen. Die Identifikation
von Szenen sowie das Begreifen ihrer geistigen Orientierung sind Basis einer
adäquaten Kommunikationsstrategie.

5. Aufmerksamkeitsstarke Marketing-Kommunikation

Zu den Aufgaben des Marketing gehört mehr, als nur ein gutes Produkt zu entwickeln, diesem einen attraktiven Preis zu geben und es dann auf dem Markt anzubieten. Unternehmen müssen ihren Kunden ihr Leistungsangebot zudem mit Hilfe der Kommunikation erfolgreich vermitteln.

5.1 Trends und Erfordernisse

Die Kommunikation ist eines der kompliziertesten Vorhaben. Richtig zu kommunizieren kann im Geschäftlichen wie auch im Privaten Konflikte vermeiden. Anders herum können jedoch durch eine falsche Kommunikation Probleme auch erst entstehen und zudem selbst einfache Botschaften mehrdeutig interpretiert werden (Pepels 1997, S. 5). Je nachdem, wie eine Botschaft ankommt, erfolgt darauf eine Reaktion, die entweder der ursprünglichen Absicht entspricht oder falsch ausgelegt wird. In letzterem Fall entsteht ein Konflikt. In der Marketing-Kommunikation bedeuten solche Konflikte nichts anderes als Geldverschwendung. Nach dem Motto „der Wurm muss dem Fisch schmecken – nicht dem Angler" müssen im Vordergrund jeder Kommunikation die Bedürfnisse der Adressaten stehen und nicht die des Absenders. Dies ist regelmäßig schwieriger als es klingt, da die Interessen von Absender und Adressat oft signifikant voneinander abweichen. Während der Absender den Adressaten zum Beispiel davon überzeugen möchte, sein Produkt anstelle des Konkurrenzproduktes zu kaufen, sind die Adressaten meist mehr am Nutzen eines Produktes interessiert. Wenn es gelingt, mit Hilfe der Kommunikation einen Nutzen anzubieten, welchen die potenziellen Kunden attraktiv finden, kann Erfolg erreicht werden (Pepels 1997, S. 6).

Informationsüberlastung

Das Informationsangebot steigt von Jahr zu Jahr, so dass dieses die Nachfrage heute um ein Vielfaches übersteigt. Die Kommunikationsempfänger werden mit Bildern, Tönen und Texten regelrecht überflutet. Kommunikation, egal ob in Form von Print, Funk oder TV, ist omnipräsent und eine Vielzahl an Informationen und Angeboten strömen auf den Kunden ein, so dass die Menschen auf allen Wahrnehmungskanälen täglich einer Vielzahl von Kommunikationsreizen ausgesetzt sind. Im Gegensatz zu der jährlichen Informationszunahme nimmt der Konsum jedoch nur geringfügig zu. Dies kann dadurch begründet werden, dass die Aufnahmefähigkeit und Aufnahmebereitschaft der Menschen begrenzt ist und sich niemand dieser Vielzahl von Botschaften aussetzen und dabei alle Botschaften ungefiltert aufnehmen oder sogar behalten kann. Forschungen ergaben, dass von den gesamten, in den Medien angebotenen Informationen, lediglich 2% beachtet werden. Dies bedeutet, dass Kunden nur noch die Reize an sich heranlassen, die sie interessieren, sie innerlich bewegen und sie faszinieren. Das Wahrnehmungsverhalten ist also von zunehmender Flüchtigkeit und Selektion gekennzeichnet.

Da zukünftig mit einem weiter ansteigenden Informationsangebot zu rechnen ist und die Lücke zwischen Informationsangebot und -nachfrage sicherlich noch größer werden wird, ist es für eine erfolgreiche Marketing-Kommunikation wichtig, sich den neuen Herausforderungen zu stellen und etwas gegen diese Informationsignoranz seitens der Kunden zu unternehmen. Dabei bahnen sich die Kommunikatoren immer mehr den Weg über visuelle Reize im Rahmen der Bildkommunikation.

Marktsättigung

Auch aus Wirtschaftlichkeitsgesichtspunkten ist zu hinterfragen, ob Aufwendungen für Marketing-Kommunikationsmaßnahmen in Milliardenhöhe gerechtfertigt sind oder das Budget nicht besser in andere Bereiche fließen sollte. Allein 2004 beliefen sich die Kommunikationsausgaben in Deutschland auf ca. 30 Mrd. € (Zentralverband der deutschen Werbewirtschaft 2004, S. 9). Bei weltweit gesättigten Märkten stellt sich die Frage, weshalb weiterhin so viel in die „Werbung" investiert wird, da das Marktpotenzial in diesen Märkten doch bereits ausgeschöpft ist. Im Vergleich zu wachsenden Märkten hat dies eine verstärkte Konkurrenz und einen erbitterten Verdrängungswettbewerb zur Folge. Die Produkte auf solchen gesättigten Märkten sind meist ausgereift und weisen kaum noch innovative Eigenschaften auf. Auch qualitativ gleichen sich diese Produkte meist sehr, wodurch die Produkte und Angebote austauschbar geworden sind. Für Unternehmen wird es also immer schwieriger, sich auf objektive Produkt- und Leistungsvorteile zu berufen, da die Kunden wissen, dass sie sich weitestgehend auf eine gute Qualität verlassen können. Diese Tatsachen haben natürlich gravierende Auswirkungen auf die Bedeutung der Produktinformation und das Interesse an den angebotenen Informationen. Viele Unternehmen stellen aus diesem Grund statt sachlicher Informationen über Qualität oder Gebrauchswert den Erlebniswert der Produkte in den Vordergrund. Rationale Appelle an die Kunden gleichen sich zu sehr und haben ihre Wirkung verloren. Statt „Pseudovorteile" hervorzuheben, entwickeln Firmen auf Basis von Positionierungsstrategien Erlebnisprofile für ihre Produkte. Erfolgreiche Kommunikation denkt also in Zielgruppen und segmentiert den Markt nach spezifischen Kriterien (Näheres zur Positionierung und Festlegung der Zielgruppen in Kapitel C.3).

Eine mit der Segmentierung verbundene Auffächerung des Angebots ist jedoch nicht immer ratsam. Zwar kann man mit einer Angebotsausdehnung eventuell Segmente ansprechen, die vorher unerreicht geblieben sind, für die Konsumenten jedoch wird das Angebot immer unübersichtlicher und für den Kommunikator erhöht sich der Kommunikationsaufwand, um auf die vielfältigen Angebote hinzuweisen, um ein Vielfaches (Esch 2000, S. 22).

Die Marketing-Kommunikation beschäftigt sich aber nicht nur mit Informations- und Marktbedingungen, sondern orientiert sich auch an gesellschaftlichen Bedingungen.

Gesellschaftliche Bedingungen

Besonders zu beachten ist die Haltung der Bevölkerung zur Marketing-Kommunikation, da die Bevölkerung insbesondere der Werbung kritisch gegenübersteht. Eng mit der kritischen Haltung der Bevölkerung ist deren Wertvorstellung verbunden. Wertorientierungen sind in einer Kultur vorherrschende Überzeugungen und Normen, die das Verhalten einer Person bestimmen. Die Marktkommunikation muss hierzu bestimmte Trends in der Werthaltung beachten, wie z.B. die Erlebnis- und Genussorientierung, das Gesundheits- und Umweltbewusstsein, die Freizeit- und Spaßorientierung und Individualisierung.

Vor allem der aktuelle Trend der Erlebnis- und Genussorientierung schlägt sich auch in der Kommunikation nieder. Die Rezipienten möchten das Leben jetzt und heute genießen, sei es nun beim Kauf von Kleidung, Speisen etc. Gerade bei den jüngeren Generationen ist die Erlebnisorientierung besonders ausgeprägt und diese Verhaltensweise äußert sich in den verschiedensten Marktsegmenten. In den letzten Jahren wurden hauptsächlich Produkte nachgefragt, die dem eigenen Status des Konsumenten nutzen, also innen-orientierter Motivation entspringen. Demzufolge ist es für die Marketing-Kommunikation essentiell, die Werte der Rezipienten zu kennen und, dem momentanen Trend entsprechend, die Produkte und Dienstleistungen in die emotionale Erfahrungs- und Erlebniswelt des Empfängers einzupassen (Esch 2000, S. 26 ff).

Die Beachtung dieser Trends bedeutet für Unternehmen, dass sie ihre bisherigen Kommunikationsaktivitäten überdenken und in Zukunft an die neuen Herausforderungen anpassen.

5.2 Imagery – Die Relevanz von Bildern

Betrachtet man die Entwicklung der Marketing-Kommunikation von 1960 bis heute, so kann man feststellen, dass immer weniger Text und immer mehr Bilder verwendet werden. Selbst schwierige Themen werden den Kunden mit Bildern nahe gebracht, da man festgestellt hat, dass man sich mit einer Kommunikationsstrategie, welche durch visuelle Reize geprägt ist, eher den Zugang zu den Köpfen der Rezipienten bahnen kann als mit einer Kommunikation, welche mit bloßen Textinformationen bestückt ist. Allerdings müssen dabei Bilder, die sich im Alltag behaupten wollen, spektakulär sein oder sich durch Wiederholung, das heißt große Verbreitung, bei den Rezipienten einprägen. Für diese Entwicklung ist die grundlegende Veränderung der gesellschaftlichen Kommunikationsbedingungen verantwortlich.

Ein wesentlicher Vorreiter der Bildkommunikation in der Printkommunikation ist das Medium Fernsehen, welches auch heute noch den größten Teil des täglichen Medienkonsums einnimmt. Im Zeitalter des Information Overload bevorzugen immer mehr Menschen das „Sehen" statt dem „Lesen", der Trend geht zum „Infotainment", d. h. Informationen und Unterhaltung werden miteinander vermischt. Das Fernsehen ist aber nicht alleiniger Auslöser der Bildkommunikation. Durch die Informationsflut der Medien werden die Menschen mit Informationen überschüttet, welche sie meist gar nicht alle wahrnehmen können. Unternehmen sind dadurch gezwungen, die Aufmerksamkeit der Rezipienten zu erregen und die Kommunikation besonders auffällig zu gestalten. Bilder sind hierfür hervorragend geeignet. Sie können gleichzeitig Informationen und Emotionen vermitteln.

5.2.1 Bilder in der Marketing-Kommunikation

In der Umgangsprache sagt man häufig: „Ein Bild sagt mehr als tausend Worte." Dieser Aussage kommt auch in Verbindung mit der Kommunikation zwischen Kunde und Unternehmen eine besondere Bedeutung zu, da Bilder meist eine zentrale und besondere Rolle in der Kommunikation einnehmen. Bilder nehmen die Aufmerksamkeit der Empfänger bevorzugt in Anspruch und werden fast immer vor dem Text betrachtet. Belastet durch den Information Overload bevorzugen Personen daher in der Wahrnehmung Bilder, da diese eine schnellere und gedanklich bequemere Informationsaufnahme ermöglichen als es bei Textinformationen möglich ist. Folglich wurde die Kommunikation immer bildbetonter und rein sachlich vermittelte Informationen sind in den Hintergrund getreten. Die Kommunikation hat sich den veränderten Bedingungen angepasst.

Bilder sind sehr hilfreich dabei, dass eine Botschaft im „Kommunikationsdschungel" auffällt und auch nachhaltig gespeichert wird. Ein weiterer Vorteil von Bildern ist die sprachliche Unabhängigkeit. Bilder sind nicht an sprachliche Grenzen gebunden und können deshalb auch international eingesetzt werden. Kampagnen, die ästhetischen Genuss bieten und die Gefühle anregen, haben zudem eher eine Chance beachtet zu werden. Aus diesen Gründen nehmen Bilder heute in der Kommunikation eine zentrale Rolle ein.

Die Aufnahme der Kommunikation ist ein Wahrnehmungsprozess, in dem sich der Rezipient mit dem Inhalt der Botschaft auseinander setzt. Dabei kann die Wahrnehmung definiert werden als der „Vorgang und das Ergebnis der Aufnahme und Verarbeitung von Reizen. Das Ergebnis ist in der Regel eine Kombination aus externen Reizen, Erwartungen oder Erfahrungen und wird von den physiologischen Möglichkeiten des Wahrnehmungsapparates mitbestimmt" (Moser 2002, S. 117). Dieser komplexe Vorgang der Wahrnehmung kann dabei von vielen Faktoren beeinflusst werden, unter anderem von den Erwartungen und Erfahrungen der Menschen.

Reize werden nie völlig erwartungs- und vorurteilslos aus der externen Umwelt aufgenommen. Vielmehr gehen die Rezipienten von bestimmten Hypothesen aus, wie ein wahrzunehmendes Objekt beschaffen sein sollte. Aber auch Bedürfnisse, konkrete Wertehaltungen, die Meinung oder die Betrachtungsperspektive beeinflussen die Wahrnehmung eines Menschen.

Um besser zu verstehen, warum gerade Bilder so geeignet sind Botschaften zu transportieren, ist es wichtig die Geschichte des Menschen zu betrachten. Am Anfang des menschlichen Fühlens und Denkens war das Bild und nicht die Sprache. Schon die Menschen in der Steinzeit haben ihre Erlebnisse auf Felswände gezeichnet. Zu Zeiten der Reformation und Aufklärung trat die Sprache und Schrift plötzlich in den Vordergrund. Erst in den letzten zwei Jahrzehnten wurde die Wichtigkeit von Bildern in Form von Bildkommunikation wiedererkannt und wurde zum Gegenstand der Forschung.

Wissenschaftliche Erkenntnisse aus dem Bereich der Bildkommunikation stammen dabei vor allem aus der Verhaltensbiologie (insbesondere der Hemisphären-Forschung), der Psychologie (insbesondere der Imagery-Forschung) und der Zeichentheorie (insbesondere der Bildsemiotik) (Kroeber-Riel 1993, S. 20 f.).

5.2.2 Hemisphären-Forschung

Für die Verarbeitung und Speicherung von Bildern gelten eigene Regeln, die sich von denen für die Sprachverarbeitung unterscheiden und letztendlich für die Bildüberlegenheit verantwortlich sind. Die Verarbeitung und Speicherung von Informationen erfolgt dabei nicht einfach, sondern grundsätzlich doppelt. Diese Erkenntnis geht auf die Hemisphären-Forschung zurück. Danach lässt sich das menschliche Gehirn in zwei optisch identische, jedoch funktional verschiedene Bereiche (Hemisphären) teilen (Lasogga 1998, S. 261). Bei der Erforschung der einzelnen Funktionen dieser Hemisphären wurden folgende Funktionsschwerpunkte festgestellt (vgl. Abbildung 22; Quelle: Lasogga 1998, S. 263).

Die rechte Gehirnhälfte (emotionale Hemisphäre) ist für das analoge und visuelle Denken, die Bildverarbeitung, die Emotionsverarbeitung, die Körpersprache und ganzheitliche Erfahrungen sowie bildliches und ganzheitliches Denken, also die weniger bewussten Vorgänge zuständig, während die linke Gehirnhälfte (kognitive Hemisphäre) für das digitale und logische Denken, sprachliche und analytische Aufgaben, Organisation und Planung maßgebend ist. Wenn man spricht oder Rechenaufgaben löst, wird die linke Hälfte mehr durchblutet, wenn man musiziert oder Bilder betrachtet, wird die rechte Hälfte beansprucht (Kroeber-Riel 1993, S. 22).

Veranlagung, Geschlecht, aber auch Lernen führen dazu, dass die Ausprägung der rechts- bzw. linkshemisphärischen Fähigkeiten bei den meisten Menschen unterschiedlich ist.

Da in der rechten Hemisphäre Emotionen entstehen und verarbeitet werden und dort auch Bilder verarbeitet werden, kann auch von einer engen Beziehung zwischen Emotionen und Bildern ausgegangen werden. Hervorzuheben ist zudem die Tatsache, dass Aktivitäten, die von der rechten Gehirnhälfte ausgehen, meist weniger bewusst sind, die Aktionen daher auch nur schwer zu kontrollieren sind und man meist keinen Einfluss auf die Wirkung, die Bilder auslösen, hat.

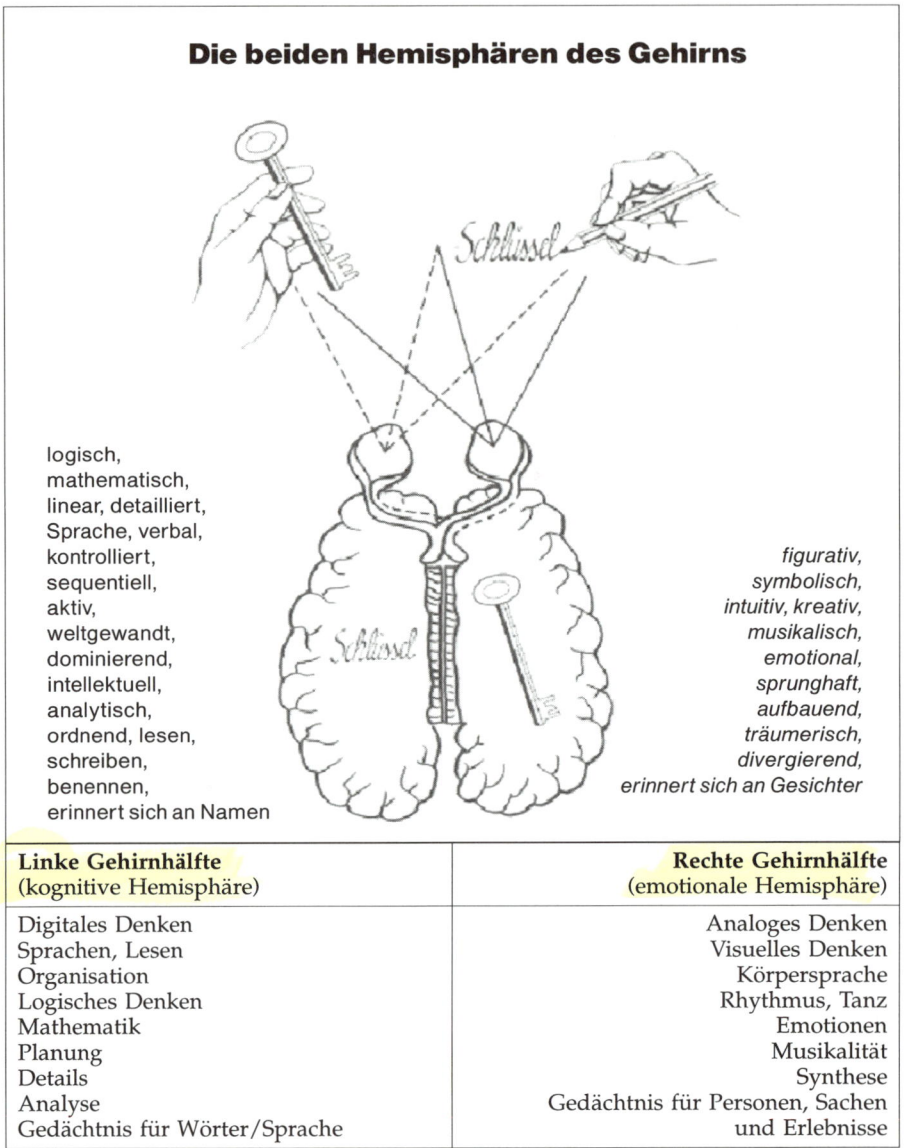

Die beiden Hemisphären des Gehirns

logisch,
mathematisch,
linear, detailliert,
Sprache, verbal,
kontrolliert,
sequentiell,
aktiv,
weltgewandt,
dominierend,
intellektuell,
analytisch,
ordnend, lesen,
schreiben,
benennen,
erinnert sich an Namen

figurativ,
symbolisch,
intuitiv, kreativ,
musikalisch,
emotional,
sprunghaft,
aufbauend,
träumerisch,
divergierend,
erinnert sich an Gesichter

Linke Gehirnhälfte (kognitive Hemisphäre)	Rechte Gehirnhälfte (emotionale Hemisphäre)
Digitales Denken	Analoges Denken
Sprachen, Lesen	Visuelles Denken
Organisation	Körpersprache
Logisches Denken	Rhythmus, Tanz
Mathematik	Emotionen
Planung	Musikalität
Details	Synthese
Analyse	Gedächtnis für Personen, Sachen
Gedächtnis für Wörter/Sprache	und Erlebnisse

Abbildung 22: Die verschiedenen Eigenschaften der beiden Hemisphären

Die beiden Gehirnhälften dürfen natürlich nicht als getrennt betrachtet werden, da beide Hälften in einer wechselseitigen Beziehung zueinander stehen und stark miteinander verknüpft sind. Hierdurch entstehen komplexe psychische Vorgänge, die entweder einen kognitiven oder einen emotionalen Schwerpunkt besitzen.

Dieser Sachverhalt ist für die Gestaltung der Kommunikation äußerst bedeutend. Um eine besser Aufnahme seitens des Empfängers sicherzustellen, muss eine Hemisphäre verstärkt angesprochen werden, da eine stark informative und gleichzeitig emotionale Kommunikation den Betrachter überstrapazieren würde und die Kommunikation ihr Ziel verfehlen würde.

Zwei unabhängig durchgeführte Studien haben sich diese Erkenntnisse der Neurochirurgie zunutze gemacht, um auf Basis medizinischen Wissens die Wirkung verschiedener Mediengattungen im Gehirn zu untersuchen. Bei mehreren Probanden wurden die Augenbewegungen und Gehirnströme beim Lesen von Zeitschriften und beim Fernsehen gemessen. Ergebnis war, dass das Fernsehen die rechte Gehirnhälfte und damit das Gefühl anspricht, gedruckte Medien hingegen meist durch die linke Gehirnhälfte verarbeitet werden. Fernsehen kann also nur schwer logisch aufgebaute Argumentationsketten übermitteln, während Printmedien sowohl logische als auch emotionale Elemente vermitteln können. Bei der Fernsehwerbung wird das gesehene Bild als Merkvorgang gespeichert, jedoch ohne die verbale Argumentation des Spots. Diese wird an einem anderen Ort gespeichert und kann bei Erinnerung nicht mehr mit dem Bild zusammengeführt werden. Das Lesen von Anzeigen in Zeitschriften führt dagegen zu mehr Gehirnaktivität und bedeutet ein intensiveres Erfassen und somit auch ein besseres Behalten der darin enthaltenen Kommunikation. Schwierig ist jedoch, den Zeitschriftenleser zum Betrachten der Anzeigen zu bewegen. Hierfür eignen sich besonders Bilder, welche die Emotionen des Betrachters ansprechen und entsprechende Reaktionen bei ihm auslösen und welche die Gesamtaussage der Kommunikation ausdrücken und zugleich die Erfahrungswelt des Betrachters ansprechen.

An diesem Punkt setzt die Imagery-Forschung an. Mit Hilfe dieser Wissenschaft kann erklärt werden, warum Bilder, wenn wirkungsvoll in Szene gesetzt, meist viel mehr bewirken als reine Textinformation.

5.2.3 Imagery-Forschung

Die Imagery-Forschung widmet sich den Wirkungen von informativen und emotionalen Bildern auf das menschliche Verhalten. Unter „Imagery" versteht man die gedankliche Entstehung, Verarbeitung, Speicherung und Wirkung innerer Bilder sowie die Wirkung wahrgenommener Bilder auf das Verhalten von Individuen (Kroeber-Riel 1993). Dabei versucht diese Wissenschaft vor allem die Fragen zu beantworten, wie Bilder auf die Aufnahme und gedankliche Verarbeitung von Informationen wirken, wie innere Gedächtnisbilder entstehen und welchen Einfluss innere Bilder auf das Verhalten der Rezipienten ausüben.

Unter inneren Bildern („Imageries") versteht man dabei nicht nur visuelle Bilder, sondern auch Eindrücke anderer Sinnesmodalitäten, wie z.B. akustische Bilder, Geruchsbilder (Duftbilder) oder haptische („greifbare") Bilder. Gedächtnisbilder sorgen dafür, dass Informationen schneller aufgenommen werden, besser gespeichert und leichter abgerufen werden können. Ausdrucksstarke Bilder, die im Gedächtnis bleiben, sind somit für die Kommunikation von herausragender Bedeutung.

Folgende Erkenntnisse wurden von Kroeber-Riel im Rahmen der Imagery-Forschung über die Wirkung von Bildern geprägt (Kroeber-Riel 1993, S. 53 ff.).

1. „Bilder sind schnelle Schüsse ins Gehirn"

Um ein Bild mittlerer Komplexität so aufzunehmen, dass es später wieder erkannt wird, sind ein bis zwei Sekunden erforderlich. In der gleichen Zeit können zum Vergleich nur fünf bis zehn Wörter eines einfachen Textes gelesen werden. Dies ist darauf zurückzuführen, dass Bilder weitgehend automatisch und mit geringer gedanklicher Anstrengung aufgenommen und verarbeitet werden. Aufgrund ihrer mühelosen Aufnahme eignen sich deswegen Bilder in besonderem Maße dazu, wenig involvierte, passive Rezipienten zu erreichen und zu einer Informationsaufnahme zu bewegen. Zurückzuführen ist dies wiederum auf die im Gedächtnis gespeicherten Schemata. Schemata sind verfestigte und standardisierte Vorstellungen. Bei der Betrachtung eines Bildes vergleicht der Empfänger das Bild mit einem seiner gespeicherten Schemata. Wenn das Bild mit einem der gespeicherten Schemata übereinstimmt, kann es innerhalb kürzester Zeit erkannt werden. Weicht es von den Schemata ab, muss der Rezipient sich länger damit auseinander setzen, um es zu verstehen (Kroeber-Riel 1993, S. 54).

2. Die gedankliche Verarbeitung eines Bildes wird entscheidend durch die räumliche Anordnung der Bildelemente bestimmt. Bilder haben also eine „räumliche Grammatik". Besonders wirksam sind Bilder, die eine interaktive Beziehung zwischen den Bildelementen aufweisen.

3. „Bilder werden stets besser erinnert als Sprache!"

Nach Experimenten von Paivio, in welchen Erinnerungen an abstrakte und konkrete Wörter und an Bilder dieser Wörter verglichen wurden, konnte festgestellt werden, dass das Bildgedächtnis dem Sprachgedächtnis deutlich überlegen ist. Dieser so genannte Picture-Superiority-Effect kann auch auf komplexe Inhalte übertragen werden. Abbildungen werden daher immer schneller wahrgenommen und besser erinnert als sprachlich abstrakte Darstellungen und komplexe Aussagen.

Die Verarbeitung von Bildern durch das menschliche Gehirn funktioniert dabei auf eine ganzheitliche und analoge Weise. Im Gegensatz dazu ist die Verarbeitung von sprachlichen und besonders schriftlichen Informationen in der Regel sequentiell und digital, muss also in einer linearen Abfolge von zeichenhaften Informationen begriffen, nach logisch-analytischen Regeln verarbeitet und in Sinnzusammenhänge übersetzt werden. Die ganzheitlich analoge Verarbeitung von Bildern meint dagegen, dass Bilder bereits schnell durch einen flüchtigen Eindruck aufgenommen und in ihren Grundzügen erkannt werden können. Diese periphere Reizaufnahme ermöglicht dem Gehirn einen Vergleich mit abgespeicherten inneren Schemabildern, wodurch eine schnelle gedankliche Verarbeitung der Bilder erfolgen kann (Kroeber-Riel 1993, S. 63). Wie die Reize dabei auf den Empfänger wirken und ob sie dessen Aufmerksamkeit erregen können, sei es bewusst oder unbewusst, hängt von mehreren Einflussfaktoren ab. Sowohl die vom Reiz oder Bild ausgehenden Faktoren (z.B. physische, emotionale oder überraschende Reize), wie auch in der Person verankerte (z.B. persönliche Vorlieben, Interessen) und in der Situation liegende Faktoren (z.B. Störungen beim Betrachten, andere Personen) können dabei eine Rolle spielen.

4. Bilder schlagen mehr als sprachliches Wissen auf das Verhalten durch.

Insbesondere Einstellungen, die mit inneren Bildern verbunden sind, lenken das Verhalten stärker, als sprachlich bewusste Einstellung.

Im Rahmen der Imagery-Forschung hat Paivio unter anderem eine Vielzahl an empirischen Studien, vor allem klassische Experimente zur Wirkung von Bildinformationen, durchgeführt. Paivio teilt die Imagery-Forschung in zwei Ebenen ein und unterscheidet im menschlichen Erinnerungsvermögen zwei Kodierungssysteme (Lasogga 1998, S. 266 f.). Das imaginale Kodierungssystem verarbeitet dabei nonverbale Informationen (z.B. Farbe, Form, räumliche Beziehungen) und das verbale Kodierungssystem verarbeitet im Gegensatz zum imaginalen System nur sprachliche Informationen.

Die Imagery-Forschung ergänzt somit die Hemisphärenforschung und es ergeben sich die zwei Beziehungen Sprache versus Bild und kognitiv versus emotional (vgl. Abbildung 23).

Die Ergebnisse der Imagery- und Hemisphärenforschung und der derzeitig aktuelle Trend äußern sich dabei vor allem in einem rückläufigen Konsum von „harten" Druckmedien, die hauptsächlich sprachliche Informationen vermitteln.

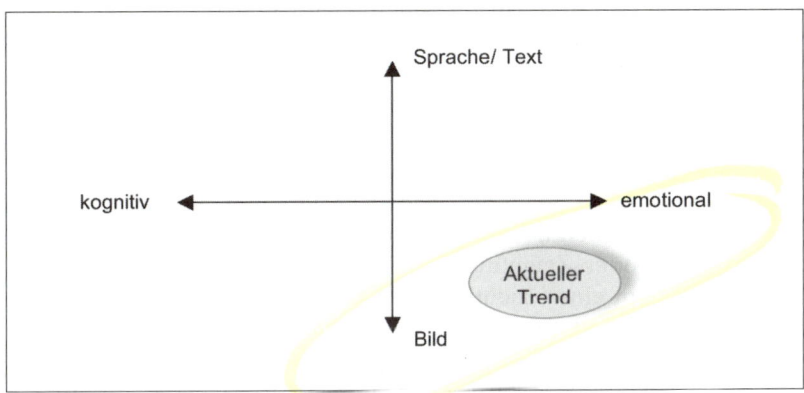

Abbildung 23: Die räumliche Beziehung zwischen Imagery- und Hemisphärenforschung

5.2.4 Bildsemiotik

Neben der Hemisphären-Forschung und der Imagery-Forschung bietet die Bildsemiotik wichtige Erkenntnisse zur Verwendung von Bildern in der Kommunikation.

Als Semiotik wird die Wissenschaft der Zeichen bezeichnet, wobei man unter Zeichen alle Mittel versteht, die verwendet werden, um in der Kommu-

nikation etwas mitzuteilen, z. B. Texte, Bilder oder Gegenstände. Der For-
schungsinhalt der Semiotik ist daher die Analyse dieser Zeichenstrukturen.
Im Marketing werden vor allem die Bereiche Kommunikation, Produktgestaltung und Konsumentenverhalten semiotisch untersucht.

Nach Charles S. Pierce unterscheidet die Semiotik traditionell die drei Zei-
chenklassen Ikon, Index und das Symbol (Janich 2001, S. 63).

Unter Ikon sind realitätsnahe Abbildungen zu verstehen. Das Ikon ähnelt
dabei dem Original in Merkmalen wie Form, Farbe und anderen visuellen
Eigenschaften. Beispiele für Ikone sind Fotos, Zeichnungen, Gemälde, Plas-
tiken, Muster und Modelle. Die Ähnlichkeitsbeziehung zum Original ist indirekt, d. h. ein Objekt kann zwar sehr realitätsnah auf einem Foto abgebildet werden, der abgebildete Gegenstand hat jedoch keine gemeinsamen Eigenschaften mit dem Original. So kann ein Foto zwar ein Auto realitätsnah
abbilden, Eigenschaften, dass das Auto z. B. fährt, aus Metall oder Kunststoff
besteht, kann das Bild nicht vermitteln.

Ikone können in der Kommunikation entweder originalgetreu, synekdo-
chisch oder verfremdet dargestellt werden. Produktdarstellungen, wie z. B.
Zigaretten und Lebensmittel werden meist originalgetreu wiedergegeben.
Bei synekdochischen Bildern steht meist ein Teil des Objektes für das Ganze.
So kann ein Kronkorken für Bier stehen oder der Eiffelturm für Paris. Ver-
fremdungen lassen Gestaltern dabei einen großen Freiraum. Karikaturen
oder die lila Kuh von Milka zählen zu dieser Kategorie.

Zu den ikonischen Zeichen zählen auch Piktogramme und einige Verkehrs-
zeichen. Obwohl die Ähnlichkeit zum eigentlichen Objekt nur gering ist,
zählt allein die Interpretation. Ikone werden aufgrund ihrer Einfachheit oft
auch sprach- und kulturunabhängig verstanden.

Index kommt aus dem Lateinischen und heißt soviel wie „anzeigen" oder
„hinweisen". In der Semiotik sind Indizes Zeichen, die auf einen Gegenstand hinweisen und die Aufmerksamkeit auf diesen lenken. Die Beziehung
zwischen dem Objekt und dem Zeichen basiert hier auf Erfahrungen und
nicht wie bei den Ikonen auf der Ähnlichkeit. Typische Hinweisindizes sind
Wegweiser, Pfeile oder Zeigefinger. In der Kommunikation werden Indizes
meist eingesetzt, um eine Orientierungshilfe zu geben. So weist ein Pfeil auf
einer Verpackung z. B. darauf hin, wo diese zu öffnen ist.

Zeichen, die keine Ähnlichkeit mit einem Objekt haben, werden Symbole
genannt. Die Beziehung zum Objekt ergibt sich allein aus der Tradition. Beispiele für Symbole sind zum Beispiel Tiere (Fuchs für Schlauheit, Taube für
Frieden), Gestirne (Sonne für Leben), graphische Darstellungen (Herz für
Liebe) und Pflanzen (Rose für Liebe, Veilchen für Tugendhaftigkeit).

In der Kommunikation macht man sich die einzelnen, im Menschen veran-
kerten Symbole und deren Bedeutung zum Werkzeug. So wird z. B. von einem Bausparunternehmen ein Fuchs als Unternehmensrepräsentant in der
Kommunikation eingesetzt. Die Semiotik hilft dabei, eine bestimmte Bedeutung in die Kommunikation zu legen, die beim Empfänger unmissverständ-
lich ankommt. Aufgrund von kulturellen und persönlichen Einflussgrößen

ist dies jedoch oft nicht ganz so einfach, kann jedoch mit Hilfe der Kenntnis der einzelnen Zeichen und ihrer tieferen Bedeutung gemeistert werden (Kroeber-Riel 1993, S. 31).

5.3 Kommunikation nach sozialtechnischen Regeln

Jede Art von Kommunikation basiert auf speziellen Regeln und Techniken. Damit vorgegebene Kommunikationsziele erreicht werden können, müssen Kommunikatoren diese Regeln kennen und die speziellen Techniken auch anwenden. Die Techniken leiten sich aus Erfahrungen oder aus verhaltens- und sozialwissenschaftlichen Gesetzmäßigkeiten ab. Letztere bezeichnet man als Sozialtechnik. „Unter Sozialtechnik versteht man die systematische Anwendung von sozialwissenschaftlichen oder verhaltenswissenschaftlichen Gesetzmäßigkeiten zur Gestaltung der sozialen Umwelt, insbesondere zur Beeinflussung von Menschen" (Esch 2000, S. 127).

Demgegenüber steht die intuitive Gestaltung der Kommunikation. Für den Erfolg der Marketing-Kommunikation sind aber weder eine formal profes- sionelle wie auch ästhetische Gestaltung und damit das oberflächlich ange- legte Gefallen eines Bildmotivs entscheidend, sondern die Wirkung der Bot- schaft auf das menschliche Verhalten. Das bedeutet aber nicht, dass man bei der Gestaltung ohne Kreativität beziehungsweise Originalität auskommt. Um den Erfolg der Marketing-Kommunikation signifikant zu erhöhen, muss man sozialtechnische Kenntnisse beachten, wie z. B. die Einprägsamkeit von Markenbildern, die Wahrnehmung oder die emotionale Wirkung von Farbe. Hierbei wird auf die Erkenntnisse der Imagery-Forschung zurückgegriffen.

Nachfolgend wird dargestellt, was im Rahmen der Kommunikation gestal- tungstechnisch vom ersten Kontakt über Informationsvermittlung, Auslösen von Emotionen, Ergänzung durch Sprache bis zur Verankerung im Gedächt- nis beachtet werden muss.

5.3.1 Kontakt herstellen

Empfänger von Kommunikationsbotschaften sind einer permanenten Infor- mationsüberlastung ausgesetzt. Bei wachsender Informationskonkurrenz set- zen sich daher meist nur solche Botschaften durch, die stärker auffallen als andere und die Aufmerksamkeit der Rezipienten auf sich ziehen. Kontakt- barrieren können dabei mittels zweier Sozialtechniken, den Aktivierungs- techniken und den Frequenztechniken, überwunden werden.

5.3.1.1 Wahrnehmung

„Wahrnehmung ist der Vorgang und das Ergebnis der Aufnahme und Verar- beitung von Reizen" (Moser 2002, S. 117). Dabei bestimmen nicht nur externe Reize die Wahrnehmung, sondern auch Erwartungen und Erfahrungen spie- len eine Rolle. Reize werden demnach nie erwartungs- oder vorurteilslos auf- genommen, sondern vielmehr von Emotionen und Werthaltungen beeinflusst.

Die entscheidende Frage bei der Beurteilung der Kommunikationswirkung ist deshalb, ob der Rezipient die Botschaft wahrnimmt oder nicht. Grundvoraussetzung für die Wahrnehmung und Verarbeitung von Informationen ist die Aufmerksamkeit.

Die Aufmerksamkeit ist die Bereitschaft eines Individuums, Reize aus seiner Umwelt aufzunehmen, und stellt eine vorübergehende Erhöhung der physischen Aktivierung dar, die zur Sensibilisierung des Individuums gegenüber bestimmten Reizen und einer herabgesetzten Verarbeitungsbereitschaft gegenüber anderen Reizen führt (Kroeber-Riel 1999, S. 60 ff). Dabei kann zwischen der aktiven (willentlichen) und der passiven (unwillentlichen) Aufmerksamkeit unterschieden werden.

Die aktive Aufmerksamkeit ist die vom Empfänger frei gewählte Hinwendung zu einer Reizquelle (die Bereitschaft), welche hauptsächlich auf ästhetischer Gestaltung beruht. Wenn ein Geschehen im Wahrnehmungsfeld des Empfängers involvierend oder faszinierend wirkt, so wird er sich bewusst zur Aufnahme des Reizes entschließen. Hier wird in Involvement, also die innere Beteiligung/das Interesse, und in Likeability, das Gefallen, welches hauptsächlich auf gestalterischen Merkmalen beruht, unterschieden.

Die passive oder unwillkürliche Aufmerksamkeit ist durch Aktivierungsreize zu erreichen, die im Sinne von physiologischen und psychologischen Orientierungsreaktionen aufmerksamkeitsstark sind. Dieses Phänomen soll hier weiter mit dem Begriff Aktivierung beschrieben werden. In der Umwelt sind Menschen permanent Reizen ausgesetzt. Der Mensch nimmt diese von außen kommenden Eindrücke wahr und das Gehirn ordnet sie automatisch ein. Einigen Reizen wird dabei mehr Aufmerksamkeit geschenkt, anderen weniger. Der Mensch tastet seine Umgebung ab und reagiert dabei auf bestimmte Reizeigenschaften stärker als auf andere. Solche Reizeigenschaften sind z. B. Größe, Farbe, Lage und Bewegung, aber auch Überraschungen oder Reize, die eine potenzielle Bedrohung darstellen können. Diese Reizauslöser werden auch Aktivierungsreize genannt und funktionieren unwillkürlich.

Zusammenfassend kann demnach festgehalten werden, dass die drei Faktoren Aktivierung, Involvement und Likeability für die Aufmerksamkeit des Empfängers maßgebend sind.

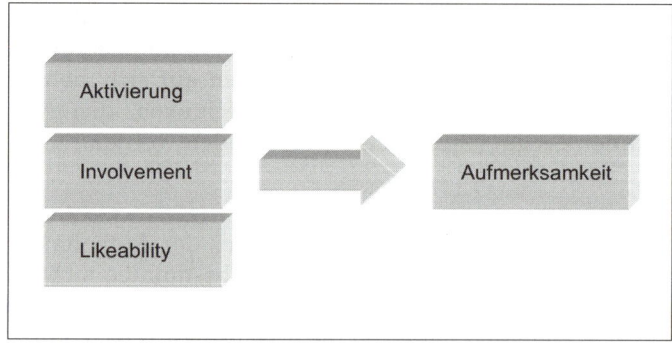

Abbildung 24: Die Faktoren der Aufmerksamkeit

5.3.1.2 Aktivierung

Aktivierung wird oft mit „Erregung der Aufmerksamkeit" umschrieben. Dieser Zustand, der auch als „innere Spannung" bezeichnet wird, versetzt den menschlichen Körper in einen energiereichen und leistungsfähigen Zustand. Aufmerksamkeit ist somit die Bereitschaft eines Individuums, Reize aus seiner Umwelt aufzunehmen. Die Aktivierung steht dabei in unmittelbarem Zusammenhang mit dem zentralen Nervensystem und stimuliert den gesamten Organismus (Kroeber-Riel 1999, S. 58). Die Verarbeitung und Weiterleitung von Aktivierungsreizen erfolgt im Gehirn durch das „retikuläre Aktivierungssystem", welches im Stammhirn liegt. Durch externe Reize gerät dieser Teil des Gehirns in einen Erregungszustand und aktiviert in Verbindung mit der Großhirnrinde den gesamten Informationsverarbeitungsvorgang. Wahrnehmung, Denken und das Gedächtnis werden stimuliert.

Um Bilder so zu gestalten, dass sie Aufmerksamkeit erregen und im Gedächtnis des Empfängers gespeichert werden, verwendet man in der Kommunikation physisch intensive, emotionale oder kognitive Reize (Aktivierungstechniken). Diese Techniken bewirken einerseits die Hinwendung des Betrachters zur Reizquelle und können andererseits die Verarbeitung und Speicherung der Reize fördern. Sie haben sozusagen eine Doppelwirkung. Sie sorgen für die Hinwendung des Rezipienten zum Bild und haben andererseits eine Verstärkerwirkung, welche sogar bis zur Einstellungsänderung reicht und das Kaufverhalten beeinflussen kann (Kroeber-Riel 1993, S. 101 f.).

Physisch intensive Reize

Physisch intensive Reize aktivieren durch ihre auffallenden äußerlichen Merkmale und haben meist nur eine geringe oder keine gedankliche oder emotionale Bedeutung. Sie führen zur physischen Reizung des Rezipienten. Zu den physisch-intensiven Reizen gehören die Bildgröße, die Farbe, der Farb-Kontrast, der Hell-Dunkel-Kontrast, die Bildschärfe, die Bewegung sowie Töne. Eine Aktivierung wird dabei besonders durch Farben und die Bildgröße begünstigt.

Beim Einsatz von Farben ist zu beachten, dass Farben neben der physikalischen Reizwirkung auch eine symbolische Bedeutung, die eine Gefühlswirkung mit sich bringt, psychische Wirkungen, ein großes Bedeutungsspektrum und viele Funktionen haben (Behrens 1996, S. 55). Farbe kann beruhigend, anziehend, abstoßend und provozierend wirken. Kaum ein anderes Ausdrucksmittel bringt so viele Möglichkeiten mit sich, Menschen anzusprechen und Emotionen zu wecken.

Neuere umweltpsychologische Untersuchungen belegen die Unterteilung in erregende und lustbetonende Farben. Demnach sind Rot, Orange und Gelb erregende Farben, während Blau, Grün und Violett als Farben mit lustbetonter Wirkung angesehen werden. Für die Aktivierung kommen besonders die rötlichen Farbtöne in Frage, wobei allgemein bestätigt ist, dass Farben mit einer hohen Sättigung durch ihre Signalwirkung am stärksten wirken.

Farbe ist jedoch nicht immer Farbe. Je nach Situation wirkt sie anders auf die jeweilige Person. Die Wirkung einer Farbe kann beispielsweise von der Größe der Farbfläche, dem Ort der Farbfläche, der Form der Farbfläche, dem Trägermaterial, den Nachbarfarben, den mit der Farbe verknüpften Informationen, der traditionellen Bedeutung der Farbe, der Situation der Wahrnehmung, der Sehtüchtigkeit der Person oder der subjektiven Farbbewertung abhängen. Durch Farbe können beim Empfänger Stimmungen ausgelöst werden, auf die er keinen Einfluss hat, die ihn aber intensiv beeinflussen. Jede Farbe weckt bei jedem Menschen andere Erinnerungen oder Erfahrungen. Sie kann einen Menschen dazu bewegen, sich der Botschaft zuzuwenden, indem sie bei ihm Emotionen auslöst, und sie kann andererseits Kommunikation leichter und begreifbarer machen. Im Unterbewusstsein lösen die verschiedenen Farben dabei bei jedem Menschen immer auch bestimmte Assoziationen aus.

Kommunikatoren müssen sich aber stets vor Augen halten, dass Farben nicht immer gleich wirken. Je nach Wiedergabetechnik, Lichteinfall oder Herstellungszeitpunkt erscheint die Farbe anders. Der Einsatz von Farben und deren Kombinationen kann unterstützend oder schwächend bei der Übermittlung von Informationen wirken.

Eine grundlegende Entscheidung ist, welche Farbe die Botschaft am besten übermitteln kann und welche Farbe das Zielpublikum am meisten anspricht. Ist diese Wahl getroffen, muss man sich für ein spezielles Druckverfahren, eine bestimmte Papierart, ein Farbsystem, die Veredelung durch Drucklacke usw. entscheiden, denn Farben wirken je nach Verarbeitung immer anders.

Besonders im Printbereich spielt neben der Farbe die Größe der Anzeigen oder Plakate eine entscheidende Rolle. Dabei wirken Anzeigen umso aufmerksamkeitsstärker, je größer sie sind. Aktivierend wirken außerdem (komplementäre) Farbkontraste oder auch starke Hell-Dunkel-Kontraste.

Das Zusammenspiel der einzelnen Stilmittel darf dabei jedoch nicht übertrieben werden und eine Übersättigung sollte vermieden werden. Zudem sollte eine klare Trennung von Motiv und Grund vorliegen sowie eine eindeutige Erkennbarkeit für die schnelle und klare Erfassung des Motivs. Dazu ist es wichtig, dass die relative Motivgröße der abgebildeten Elemente angemessen ist. Hier kommt die Wirkung des Figur-Grund-Kontrastes zum Tragen, der sich vor allem dadurch auszeichnet, dass er eine klare Trennung des Motivs vom Hintergrund erreicht.

Überraschende Reize

„Überraschende Reize sind solche Bilder, die gegen Wahrnehmungserwartungen des Empfängers verstoßen" (Kroeber-Riel 1993, S. 107). Die Forschung spricht bei überraschenden Elementen auch von einer kognitiven Reizwirkung. Ihr aktivierendes Potenzial entnehmen diese Reize den gedanklichen Konflikten und Widersprüchen, welche die Wahrnehmung vor eine unerwartete Aufgabe stellt (Kroeber-Riel 1999, S. 72).

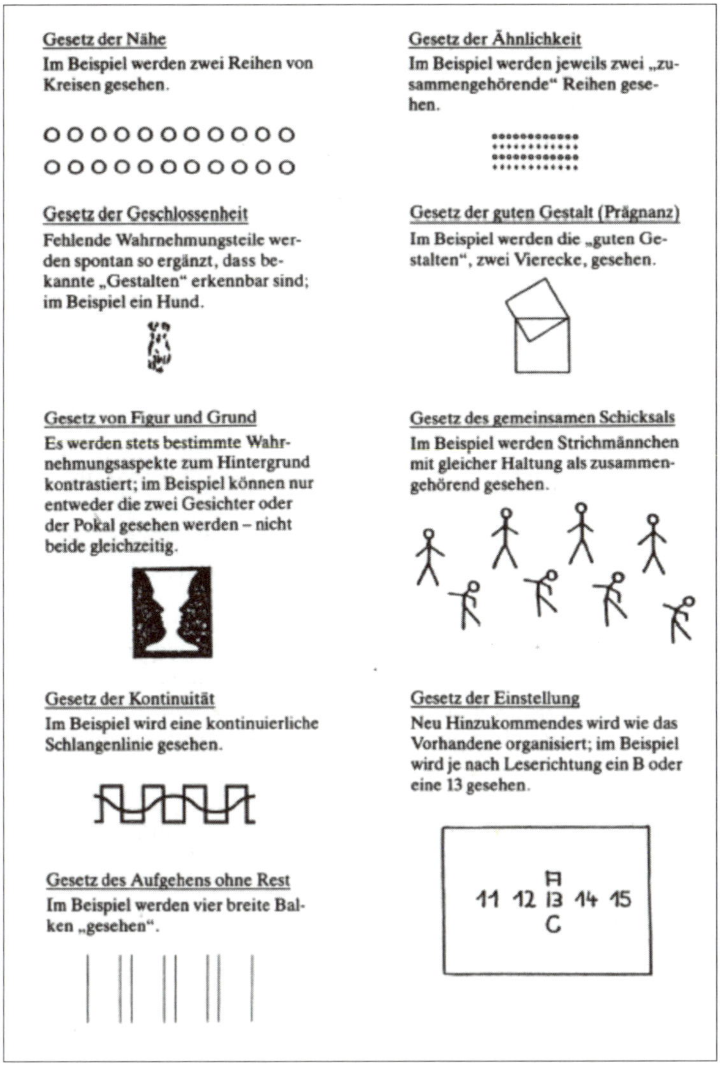

Gesetz der Nähe
Im Beispiel werden zwei Reihen von Kreisen gesehen.

O O O O O O O O O O
O O O O O O O O O O

Gesetz der Ähnlichkeit
Im Beispiel werden jeweils zwei „zusammengehörende" Reihen gesehen.

Gesetz der Geschlossenheit
Fehlende Wahrnehmungsteile werden spontan so ergänzt, dass bekannte „Gestalten" erkennbar sind; im Beispiel ein Hund.

Gesetz der guten Gestalt (Prägnanz)
Im Beispiel werden die „guten Gestalten", zwei Vierecke, gesehen.

Gesetz von Figur und Grund
Es werden stets bestimmte Wahrnehmungsaspekte zum Hintergrund kontrastiert; im Beispiel können nur entweder die zwei Gesichter oder der Pokal gesehen werden – nicht beide gleichzeitig.

Gesetz des gemeinsamen Schicksals
Im Beispiel werden Strichmännchen mit gleicher Haltung als zusammengehörend gesehen.

Gesetz der Kontinuität
Im Beispiel wird eine kontinuierliche Schlangenlinie gesehen.

Gesetz der Einstellung
Neu Hinzukommendes wird wie das Vorhandene organisiert; im Beispiel wird je nach Leserichtung ein B oder eine 13 gesehen.

11 12 13 14 15

Gesetz des Aufgehens ohne Rest
Im Beispiel werden vier breite Balken „gesehen".

Abbildung 25: Beispiele für verschiedene Gestaltungsgesetze

Hier kommen die inneren Schemata zum Tragen. Überraschende Reize sind solche Stimuli, welche die kognitiven Bearbeitungsvorgänge beim Empfänger ansprechen. Überraschende Reize können Bilder sein, welche gegen die Wahrnehmungserwartungen des Empfängers verstoßen und dadurch seine gedanklichen Aktivitäten stimulieren. Die Aktivierung entsteht also durch Reize, welche gedankliche Konflikte und Widersprüche hervorrufen (Kroeber-Riel 1999, S. 72). Ein Abweichen von inneren Schemata führt beim Betrachter zu Unstimmigkeiten, einem Bruch von Wissen und Erfahrung. Zuerst lösen diese Unstimmigkeiten Verblüffung oder Irritation aus, aber in einem zweiten Schritt verspürt der Rezipient Neugierde und betrachtet die Reizquelle genauer.

Bei den Gestaltungsgesetzen geht man davon aus, dass es Regeln gibt, die entwicklungspsychologisch bedingt sind und für die meisten Menschen gelten. Bricht man nun diese Gesetze, wird der Empfänger Irritation empfinden, da seine Erwartungen unerfüllt blieben, und er wird den betreffenden Reiz genauer analysieren. Abbildung 25 verdeutlicht einige der Gestaltungsgesetze (Quelle: Moser 2002, S. 124).

Der Bruch dieser Gestaltungsgesetze führt zu überraschenden Reizen, welche wie folgt eingeteilt werden können:

- **Bruch von Wissen und Erfahrung** – es entstehen Unstimmigkeiten, da Objekte in Beziehung gesetzt oder als zusammengehörig angesehen werden, die nach allen Erfahrungen nicht zusammengehören.
- **Tabubrüche** – Bruch gesellschaftlicher oder ästhetischer Normen; z. B. im religiösen Bereich, ekelerregende Darstellungen.
- **Neuartigkeit**
- **Quantität** vieler gleichartiger Objekte, die man normal in dieser Form nicht sieht.
- **Komplexität** – durch Kombinationen/Anordnung/Hinzufügen/Weglassen werden Objekte in Beziehung gesetzt, so dass etwas Neues, Ungewöhnliches entsteht.

Bei überraschenden Reizen gilt generell: Es fällt auf, was anders ist und was von den Erfahrungen und Sehgewohnheiten abweicht. Aber auch hier gilt, dass man im Einsatz mit solchen Reizen vorsichtig sein muss, da starke Widersprüche oder Abweichungen auch leicht eine Ablehnungshaltung beim Kunden hervorrufen können, weil sie zu stark aus dem bekannten Rahmen fallen (Esch 2000, S. 173 ff.). Zudem nutzen sich Überraschungstechniken im Allgemeinen schnell ab – wie ein Witz, der häufig erzählt wird.

Bei der Umsetzung der Aktivierungsregeln für die Kommunikation ist darauf zu achten, dass bei der Bildgestaltung die medienspezifischen Aktivierungsmöglichkeiten genutzt werden. Außerdem muss bedacht werden, dass die durch die Techniken erreichte Aktivierung eine notwendige, aber keineswegs hinreichende Bedingung für den Erfolg der Kommunikation darstellt.

Emotionale Reize

„Emotionen sind innere Erregungszustände, die angenehm oder unangenehm empfunden werden und mehr oder weniger bewusst erlebt werden" (Esch 2000, S. 210).

Emotionale Gestaltungselemente sind klassische Mittel der Kommunikation, um die Aufmerksamkeit der Kunden zu gewinnen. Die Kommunikation macht sich dabei die biologischen Prozesse visueller Schlüsselreize zunutze, indem sie die Schlüsselreize durch mediale Gestaltung nachbildet.

Schlüsselreize (Reize, auf die eine Person automatisch und unbewusst reagiert) lösen biologisch vorprogrammierte Reaktionen aus und erregen die Empfänger weitgehend automatisch. Diese emotionalen Reize begründen sich auf der Wirkung von inneren Schemabildern. Die nachgebildeten äußeren Bilder entsprechen dabei den gespeicherten inneren Bildern einer Person. Emotionale Schlüsselreize versetzen die Rezipienten in innere Erregung, welche sie kaum willentlich beeinflussen können und über welche sich die Empfänger oft auch kaum bewusst sind. Bekannte emotional wirkende Darstellungsformen sind z.B. das Kindchenschema oder der weibliche Busen. Aber auch Darstellungen, die an soziales Verhalten appellieren, können emotional wirken, genauso wie Humor oder Musik.

Emotionale Schemata lassen sich in drei verschiedene Gruppen einteilen:

- Biologisch vorprogrammierte und kulturübergreifende Schemata wie z.B. das Kindchenschema oder Abbildungen von Augen und Mimik
- Kulturelle Schemata, die je nach Kulturkreis abweichen
- Lokale, zielgruppenspezifische Schemata, wie z.B. das Sportschema

Das lokale Schema hat den engsten Wirkungskreis. Es wird durch soziales und individuelles Lernen erworben und gilt nur für bestimmte Zielgruppen. Wenn z.B. in einer Anzeige Rugbyspieler dargestellt werden, wird diese Anzeige nur diejenigen Personen ansprechen und interessieren, die sich für diesen Sport begeistern.

Kulturelle Schemabilder sind auf die Eigenarten der verschiedenen Kulturen zurückzuführen. Menschen verschiedener Länder haben bestimmte Themen betreffend unterschiedliche Meinungen.

Die kulturübergreifenden, biologisch vorprogrammierten Schemata haben den weitesten Wirkungskreis und bringen auch die größte emotionale Wirkung mit sich. Unabhängig von persönlichen Erfahrungen wirken diese Reize meist in allen Kulturen. Beispiele für diese Art von emotionalen Reizen sind Partnerschaft und Erotik, das Kindchenschema, das Augenschema, Archetypen und Identifikationspersonen, soziales Ausdrucksverhalten oder Humor.

Das Sexualmotiv ist ein Primärmotiv, welches bereits in seiner verbalen Erscheinungsform hochwirksam ist. Erotische Stimuli haben sich im Laufe der vergangen Jahre nur wenig abgenutzt und wirken grundsätzlich stark aufmerksamkeitssteigernd (Brosius 1996, S. 42). Um die allgemein geringe Aufmerksamkeit gegenüber Botschaften zu beeinflussen, werden erotische Motive oft als Garant für eine Zuwendung zur Reizquelle verwendet. Es ist jedoch darauf zu achten, dass der Bezug zum Produkt nicht völlig fehlt und ein erotisches Motiv nicht nur zur Aufmerksamkeitssteigerung eingesetzt wird.

Das Kindchenschema umfasst bildliche Merkmale wie Pausbacken, Kulleraugen, rundliche Körperformen, kurze und dicke Arme und Beine (Kroeber-Riel 1999, S. 172). Bilder von kleinen Kindern oder Tieren rufen oft Reaktionen wie „niedlich" und „süß" beim Betrachter hervor. Sie sollen Geborgenheit und Vertrauen vermitteln. Doch nicht nur Bilder, sondern auch stark vereinfachte Abbildungen und Zeichnungen lösen beim Betrachter eine solche Verhaltenswirkung aus. So ist z.B. die Comicfigur Mickymaus an das Kindchenschema angelehnt. Während die Figur anfangs ihre emotionale Kraft noch nicht richtig transportieren konnte, hat sich im Laufe der Zeit, die Maus immer mehr dem Kindchenschema angepasst.

Unter Verwendung des Augenschemas werden in Anzeigen oft Menschen abgebildet, die direkten Blickkontakt zum Empfänger haben. Man hat so das Gefühl, egal aus welcher Perspektive das Bild betrachtet wird, dass die abgebildete Person die Augen direkt auf den Empfänger richtet. Diese Art von Reiz wirkt ebenfalls aktivierend auf den Betrachter.

Häufig werden in der Kommunikation auch Archetypen eingesetzt. Archetypen treten in Träumen, Märchen oder Mythen auf und nehmen dort als konkrete Figuren unterschiedliche Gestalt an. Weibliche Archetypen sind z. B. Feen und Hexen, männliche treten z. B. in Form von Helden oder Clowns in Erscheinung. Solche „abstrakten" Schemata wirken unabhängig von der Erfahrung des Einzelnen.

Identifikationsfiguren sind Menschen, die für andere Personen eine Vorbildfunktion haben. Es müssen hier aber nicht unbedingt nur Prominente unter diese Kategorie fallen, auch attraktive Menschen, denen man gerne ähnlich wäre, üben diese Anziehungskraft auf den Empfänger aus.

Weitere emotional aktivierende Reize sind das soziale Ausdrucksverhalten und die direkte Ansprache des Empfängers. Im Sozialverhalten spielen persönliches Verhalten und Gefühle eine große Rolle. Fühlt sich der Empfänger direkt angesprochen oder ist Angst, Bedrohung, Freude und Mitgefühl Gegenstand der Kommunikation, sprechen diese die Gefühle des Rezipienten an und steigern so seine Aufmerksamkeit.

Humor sorgt dafür, dass Kommunikation nicht nur unterhaltend ist, sondern auch gerne gesehen wird. Basis des Humors ist eine Form von Inkongruenz. Es werden Erwartungen erzeugt, die dann verletzt werden, wodurch etwas Unerwartetes, Unlogisches und Komisches entsteht (Moser 2002, S. 214). Je nachdem wie ungewöhnlich und unlogisch der Reiz ist, kann der Grad der wahrgenommenen Lustigkeit differieren.

Neben der Aktivierung durch verschiedene Reize spielen außerdem das Involvement und die Likeability bei der Aktivierung eine entscheidende Rolle.

5.3.1.3 Involvement

Aufmerksamkeit wird auch dadurch generiert, dass beim Rezipienten Interesse besteht sowie eine innere Bereitschaft vorhanden ist, Informationen aufzunehmen – der Rezipient also involviert ist. Sobald Involvement vorhanden ist, beschäftigen sich Personen freiwillig mit den übermittelten Informationen der Botschaft. Dieser hohe Grad der „Ich-Beteiligung" wird erreicht, indem die Rezipienten auf eine Art und Weise angesprochen werden, die ihnen vertraut ist. Dabei muss die Kommunikation auf ihre Lebens- und Bedürfnissituation eingehen. Geschieht dies auf der Inhaltsebene, ist von Produkt-Involvement zu sprechen. Wenn der Rezipient auf der gestalterisch-ästhetischen Ebene beteiligt ist, handelt es sich um das emotionale Involvement. In diesem Zusammenhang kann auch von Gestaltungs-Involvement gesprochen werden.

Welcher Grad an Wichtigkeit einer Botschaft eingeräumt wird oder wie intensiv der Empfänger eine Botschaft aufnimmt, bestimmt das Maß des Involvements. Man spricht von starkem (high) und geringem (low) Involvement. Ist der Empfänger involviert, ist er eher bereit die Botschaft aufzunehmen. Aufbauend auf den Aktivierungstechniken sollte die Kommunikation diese innere und äußere „Welt" der Rezipienten so stark wie möglich einbeziehen.

5.3.1.4 Likeability

Je unterhaltsamer und kreativer Marketing-Kommunikation ist, desto aufmerksamer wird sie angesehen, weil sie gefällt und unterhält. Gute Kommunikation überträgt die Sympathie auf das beworbene Produkt. Auch eine Studie der Gesellschaft für Konsumforschung (GfK) von 1997 bestätigt: „Wenn es gelingt mittels einer Verbesserung der Qualität der Kommunikation die Markenpräferenz in der Vorstellung des Konsumenten zu erhöhen, steigert das den Marktanteil deutlich mehr als eine wesentliche Erhöhung des Kommunikationsetats." Die gute Idee ist daher eine Grundvoraussetzung für gute Kommunikation, eine weitere ist die exzellente Ausführung.

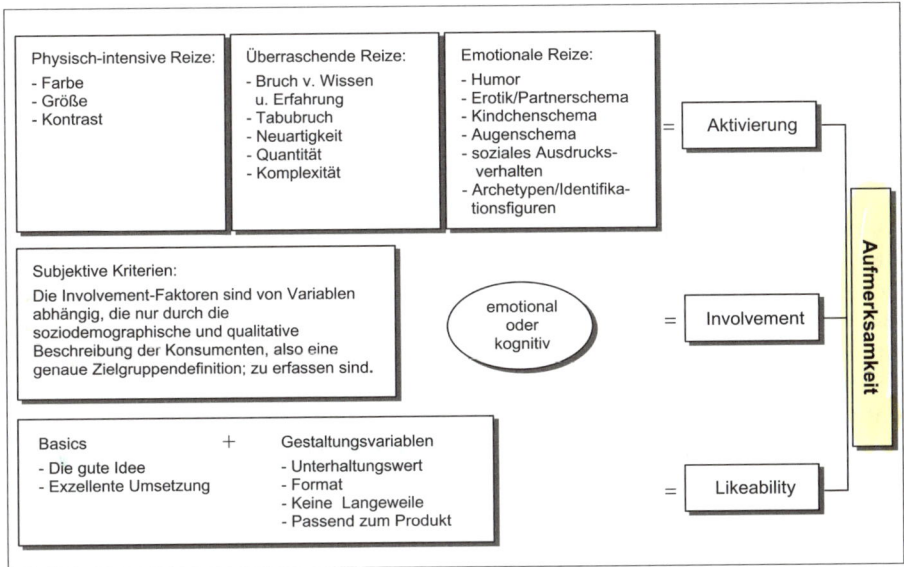

Abbildung 26: Die Faktoren der Aufmerksamkeit

Die folgenden Gestaltungsvariablen haben das Potenzial die Likeability zu erhöhen.

- Unterhaltungswert (Narration (nacherzählbar), Spannung, Ästhetik, Schönheit, Emotionalität, Überraschung, Neuartigkeit, Komplexität, Humor, Erotik)
- Format – Key Visual, Tiere, Kinder
- Auch nach mehrmaligem Sehen nicht langweilig
- Anzeige passt zum Produkt

Eine gute Idee für eine Anzeige kombiniert diese Variablen, so dass durch Originalität, Dramaturgie, Intelligenz und einer übereinstimmenden Beziehung von Anzeige und Produkt bzw. der Markenwelt eine hohe Likeability entsteht.

Abbildung 26 stellt die Faktoren der Aufmerksamkeit – Aktivierung, Involvement und Likeability – zusammenfassend dar.

5.3.1.5 Probleme beim Einsatz aktivierender Reize

Die oben genannten Techniken funktionieren nur, wenn sie professionell eingesetzt werden. Falls dies nicht der Fall ist, kann es zu Problemen bei deren Einsatz sowie zu Umsetzungsproblemen kommen.

Basis aller eingesetzter Techniken sollte immer die Erreichung des Kommunikationszieles sein. Es ist völlig falsch nur mit Reizen zu arbeiten und dabei sein Ziel aus den Augen zu verlieren. Elemente, die keinen Zweck haben, unpassend wirken und keine Verbindung zu den Schlüsselinformationen aufweisen, können leicht zu Widerstand führen. Für den Empfänger fehlt der Sinnzusammenhang und er wird sich nicht länger mit der Botschaft beschäftigen. Zu den Risiken beim Einsatz aktivierender Reize zählen vor allem Ablenkungsgefahren, Bumerangwirkungen und Irritationsgefahren.

Oft wird z.B. nur mit physisch intensiven Reizen gearbeitet und keine Markenbeachtung erreicht. Um eine Auftaktaktivierung zu erreichen sind diese zwar sehr brauchbar, Unterhaltungswert wird jedoch mehr über die emotionalen und überraschenden Reize geschaffen. Das Stichwort hier lautet: Nicht nur Aufmerksamkeit erregen, sondern diese auch halten und auf die Marke transferieren. Physisch intensive Reize sollten dazu verwendet werden, das Bildmotiv interessant zu gestalten und die Blicke auf die wesentlichen Bildelemente zu lenken. Auch vor zu übertriebenem Einsatz von physisch intensiven Reizen sei gewarnt. Diese erregen zwar leicht die Aufmerksamkeit, können aber auch überdosiert werden und gegenteilig wirken. So werden z.B. zu laute, schrille Geräusche oder grelle, bunte Farbkontraste eher als störend denn als schön angesehen und lenken leicht von der eigentlichen Botschaft ab. Dieser Effekt wird Vampir- oder Ablenkungseffekt genannt (Esch 2000, S. 174). Beim Vampireffekt wird aufgrund einer humorvollen, überraschenden und ungewöhnlichen Gestaltung die Kommunikation als solche wie auch die Marke oder das Produkt an sich kaum mehr wahrgenommen oder beachtet. Die Kommunikationsbotschaft geht unter und der Kunde ist von der Darstellung abgelenkt.

Beim Bumerang-Effekt führen zu starke aktivierende Reize, anstößige emotionale Reize oder übertriebene Überraschungen zu einer falschen oder gar gegenteiligen Wirkung. Die Argumente werden nicht im Sinne des Kommunikationsziels verstanden und lenken somit von der Aufnahme und Verarbeitung der Botschaft ab. Das Kommunikationsziel wird somit verfehlt. Eine inhaltliche Abstimmung der aufmerksamkeitsstarken Gestaltungselemente mit dem Kommunikationsziel kann diesen Effekt vermeiden helfen und ist für den Erfolg der Kommunikation daher entscheidend.

5.3.2 Vermitteln von Informationen

Eine vorrangige Gestaltungsaufgabe der Kommunikation besteht in der bildlichen Gestaltung von Produktvorteilen und von Anwendungsbeweisen. „Verpackt" in anschauliche Bilder werden sprachliche Produktinformationen um ein Vielfaches besser erinnert. Dabei ist es sehr wichtig, Aktivierung und Informationsvermittlung aufeinander abzustimmen. Während früher Informationen hauptsächlich durch Texte vermittelt wurden, spielen heute Bilder die weit wichtigere Rolle in der Kommunikation. Die Frage, die sich in diesem Zusammenhang stellt, ist, wie Informationen durch ein Bild übermittelt werden können und wie man sozusagen „vom Wort zum Bild" kommt.

In Anlehnung an Gaede können zwölf Visualisierungsmöglichkeiten angeführt werden, wie man abstrakte Begriffe in ein anschauliches Bild umformen kann (Tabelle 9; vgl. Rogge 2004, S. 338 ff.).

Bei systematischer Betrachtung können diese Visualisierungsmethoden zur bildhaften Informationsvermittlung in zwei grundlegende Verfahren zusammengefasst werden, die direkte und die indirekte Informationsvermittlung.

Gestaltungsprinzip	Methode	Beispiel
Ähnlichkeit (Analogie)	Das Bild ist inhaltsgleich bzw. inhaltsähnlich zur verbalen Aussage. • Inhaltsähnlichkeit (Sekundär-, Primär-, Typographische Analogie) • Gestaltungsähnlichkeit (Figurale, Strukturale, Innovativ-ersetzende Ähnlichkeit)	„Autofahrer nehmen einander mit." → Känguru mit Passagieren im Beutel.
Beweis (visuelle Argumentation)	Die verbale Aussage wird durch das Bild verstärkt bzw. bewiesen. • Beweis durch Augenschein • Beweis durch Beispiel (Konkretisierungs-, Wirkungs-, Anwendungs-, Extrem-, Analogie-Beispiel) • Beweis durch Gegenüberstellung	„Unsere Schreibmaschine ist extrem leicht." → Kleines Mädchen trägt eine federleichte Schreimaschine ohne Probleme.
Gedankenverknüpfung (visuelle Assoziation)	Die verbale Aussage und das Bild stehen in einem gedanklichen Zusammenhang. • Bedeutungs-Assoziation • Erfahrungs-Assoziation • Wissens-Assoziation	„Bei uns stehen nicht nur Sie im Mittelpunkt, sondern auch ihre Zukunft." → Eine Person in gleicher Haltung aber verschiedenen Altersstufen: jung – älter – alt – sehr alt.
Teil für ein Ganzes (visuelle Stilfigur)	Der Begriff wird durch einen engeren Begriff dargestellt, der als Teil für das Ganze steht.	„Holland" → Bild einer Windmühle
Grund-Folge	• Die Bedeutung wird durch Darstellungen unterstützt, die zur verbalen Aussage in einer logischen Grund-Folge-Beziehung stehen. • Visuelle Kausal-Beziehung • Visuelle Instrumental-Beziehung	„Steuerschulden" → Bild eines Steuersünders hinter Gittern.
Wiederholung (visuelle Repetition)	Die verbale Aussage wird in der bildlichen Bedeutung widergespiegelt. • Bedeutungswiederholung • Zeichenwiederholung	„Das Deo für den ganzen Körper" → Person benutzt ein Deo für den ganzen Körper.

Gestaltungsprinzip	Methode	Beispiel
Steigerung (visuelle Gradation)	Die Ausdruckskraft der verbalen Aussage wird durch das Bild unterstützt. • Steigerung durch Vergrößerung (Übertreibung, Stufensteigerung, Aussagen-Gegenüberstellung) • Steigerung durch Hervorhebung (visuelle Fokussierung) • Steigerung durch Wiederholung (thematische oder typographische Wiederholung)	„In unserem Diesel haben sich Kraft und Geschmeidigkeit gefunden" → fahrender PKW und mehrere jagende Leoparden.
Hinzufügung (visuelle Addition)	Die Verbindung von Aussage und Bild ergeben erst die eigentliche Aussage. • Sequentielle Addition (verbal-visuelle-Folge; visuell-verbale-Folge) • Rhetorische Hinzufügung (verbal-visueller-Dialog; visueller Vergleich)	„Creme 21 kann man nicht nur für das Gesicht verwenden, sondern für den ganzen Körper" → Bild zeigt, wie ein Po mit Creme 21 eingecremt wird.
Bedeutungs-bestimmung (visuelle Determination)	Die Bedeutung der verbalen Aussage wird durch visuelle Zeichen festgelegt. • Präzisierende Bedeutungsbestimmung • Konkretisierende Bedeutungsbestimmung • Auswählend-steuernde Bedeutungsbestimmung	„Die Meinung über die Lage der deutschen Industrie ..." → Einem Mann steht das Wasser bis zum Hals.
Verkoppelung (visuelle Konnexion)	Das Aussageobjekt wird in einer Umgebung mit ausstrahlenden Eigenschaften gestellt. • Gegenstandsverkoppelung • Personenverkoppelung • Situationsverkoppelung	„Der Citroën SM ist ein luxuriöses Auto der Spitzenklasse" → Auto im Vordergrund und Villa im Hintergrund.
Verfremdung (visuelle Normabweichung)	Die Aussage wird in einer normalerweise nicht erwarteten Form ins Bild umgesetzt. • Verfremdende Bedeutungsinterpretation • Verfremdendes Bedeutungsbeispiel • Verfremdender Zeichenaustausch • Verfremdende Zeichenumgebung • Gestaltverfremdung	„Bleibt ein Leben lang scharf" → Attraktive junge, tief dekolletierte Frau mit einem Messer in der Hand (Zwilling).
Symbolisierung	Visualisierung von Aussagen durch die Verwendung von Symbolen.	„Liebe" → Bild mit Herzen.

Tabelle 9: Die zwölf Visualisierungsmethoden nach Gaede

Direkte Umsetzung ins Bild

Bei der direkten Informationsvermittlung wird ein Sachverhalt, der mit einem Angebot zusammenhängt, oder der Nutzen unmittelbar dargestellt. Die dadurch beim Empfänger ausgelöste Vorstellung umfasst die direkte Bedeutung des Bildes. Diese Art der Umsetzung bezieht sich vorwiegend auf Produkteigenschaften. Klassische Beispiele hierfür sind so genannte „Side-by-Side-Vergleiche" (Nutzenvergleiche).

Zwar ist die direkte Bildumsetzung auf den ersten Blick einfach, um aber aktivieren zu können, müssen Agenturen sehr viel Kreativität einfließen lassen. Neben Vergleichen und der Umsetzung von konkreten Aussagen kann ein komplexer Sachverhalt auch mittels Teilen, die für ein Ganzes stehen, ausgedrückt werden. Mund und Augen werden so zum Beispiel zu einem Gesicht.

Kommunikatoren müssen dabei darauf achten, dass durch die direkte Umsetzung eines konkreten Sachverhaltes ein klares inneres Bild entsteht. Zusätze in Form von Sprache und Text sollen zwar zum Verständnis des Bildes beitragen, dieses jedoch nicht korrigieren (Kroeber-Riel 1993, S. 124 f.).

Indirekte Umsetzung ins Bild

Die wesentlichen Verfahren zur indirekten bildlichen Umsetzung von Informationen stellen freie Bildassoziationen dar. Dabei geht es um die Kombination eines bekannten Produktes mit einer inhaltlich unabhängigen Symbolik, die mit dem Gegenstand nicht unmittelbar in Beziehung steht, aber markante Eigenschaften aufweist. Außerdem können im Rahmen der indirekten Bildumsetzung auch Bildanalogien und Bildmetaphern verwendet werden, welche in der Kommunikation weit verbreitet sind und dazu führen, dass die Eigenschaften der ergänzenden Symbolik auf den beworbenen Gegenstand übertragen bzw. assoziiert werden.

Bei freien Assoziationen ist der Interpretationsspielraum am größten. „Frei" bedeutet in diesem Zusammenhang „Freiheit", d.h. der Absender kann Bilder ins Spiel bringen, die eigentlich keinen erkennbaren sinnvollen Zusammenhang haben. Rein durch die „räumliche Grammatik", d.h. durch eine räumliche Nähe entstehen Assoziationen, die den verschiedenen Bildern einen Zusammenhang geben. Durch die Kombination einer Marke mit einem unabhängigen Bild können neue Vorstellungen zur Marke erzeugt werden. Man nennt dies den „dritten Effekt".

Bildanalogien stellen im Gegensatz dazu Beziehungen her, die auch sprachlich sinnvoll sind und nur wenig Raum für freie Interpretationen lassen. In der Marketing-Kommunikation ist diese Form der Informationsvermittlung weit verbreitet. Zu einem Gegenstand, z.B. dem umworbenen Produkt, bildet man hier einen zweiten Gegenstand ab, der den Betrachter veranlasst, einen Vergleich zu ziehen und dem Produkt die Eigenschaften des zweiten Gegenstandes zuordnet. So kann z.B. in der Kommunikation eines Automobilherstellers ein fahrender PKW mit einem Tierschatten hinterlegt werden. Bei dem Tier handelt es sich um einen arabischen Hengst, der bei den Betrachter Assoziationen wie „schnell", „sportlich", „wendig" usw. hervorrufen soll.

Bildanalogien können, wenn sie professionell umgesetzt sind, den Produkt- oder Dienstleistungsnutzen einprägsamer und wirksamer vermitteln als Sprache. Zudem werden Bildanalogien gedanklich weniger hinterfragt als vergleichbare sprachliche Loblieder auf ein Produkt. Durch Analogien kann die kognitive (gedankliche) Kontrolle umgangen werden, wodurch sich ein Bild unbewusst und besser einprägt (Esch 2000, S. 200 ff.).

Auch Bildmetaphern erzeugen Beziehungen, die sprachlich sinnvoll sind und ebenso geringen Interpretationsspielraum lassen. Bei Metaphern wird kein offen bleibender Vergleich gezogen, sondern sie haben eine engere, weitgehend geschlossene Bedeutung. Auch sprachlich kann dieser Unterschied ausgedrückt werden (z.B. „Der Kunde ist König"). Auch bei Bildern können Metaphern angewendet werden. Bildmetaphern wirken jedoch nur, wenn die symbolische Bedeutung in der Zielgruppe auch bekannt ist. Mit Bildmetaphern können Eigenschaften eines Produktes zum Ausdruck gebracht werden. Typische Bildmetaphern sind z.B. der rote Teppich, der für „Exklusivität" steht, der Löwe, der für „Stärke" steht, oder die Waage, die für „Gerechtigkeit" steht. Es ist jedoch darauf zu achten, dass solche Bilder auch richtig interpretiert werden, denn Bildmetaphern funktionieren nur, wenn ihr Verständnis durch ein starkes Schema gesichert ist (Kroeber-Riel 1993, S. 131 ff.).

Während Analogien und Metaphern sich vermutlich auch wegen ihrer sprachlichen Interpretierbarkeit vor allem für die Vermittlung von sachlichen Informationen besonders eignen, sind freie Bildassoziationen im Gegensatz dazu besser geeignet, um emotionale Erlebnisse zu vermitteln (Kroeber-Riel 1993, S. 135).

5.3.3 Das Auslösen von Emotionen

Emotionen sind innere Erregungszustände, die angenehm oder unangenehm empfunden werden und mehr oder weniger bewusst erlebt werden. Rezipienten, welche gezielt durch emotionale Reize aktiviert werden, reagieren besser im Sinne der Vorstellungen der Kommunikationssender. Zur gezielten Auslösung von Emotionen eignen sich vor allem solche Reize, welche die rechte Gehirnhälfte ansprechen – also nicht-sprachliche Reize, insbesondere Bilder, Farben, Musik und Duftstoffe.

Die Wirkung der Kommunikation wird dabei nicht durch den emotionalen Reiz bestimmt, sondern durch die Reaktion des Empfängers auf diesen Reiz. Ausschlaggebend sind demnach die subjektiven Gefühle des Rezipienten. Um emotionale Erlebnisse vermitteln zu können, müssen die Kommunikationsabsender die Gefühlswelt der Empfänger kennen.

Emotionen lassen sich als „Türöffner" für das Neue und Unbekannte interpretieren. Während man lange der Meinung war, dass der rational denkende Mensch den „Prototypen" eines Kunden darstellt, ist diese Auffassung in der heutigen Zeit jedoch längst überholt. Marketingforscher versuchten daher im Laufe der Zeit über die verschiedensten Disziplinen die so genannte „Black Box" des Kunden zu erforschen und zu dechiffrieren.

Neueste Forschungsergebnisse belegen, dass das Denken und Handeln der Menschen von Emotionen bestimmt wird. Antonio Damasio, Professor für Neurowissenschaften und einer der berühmtesten Gehirnforscher, beschreibt in seinem neuesten Buch den Spinoza-Effekt (Damasio 2004) und stellt überdies dar, wie Emotionen das menschliche Leben bestimmen. Der Grundtenor dabei ist, dass Individuen in allen Lebenslagen danach streben, in einem emotionalen Gleichgewicht zu sein. Ein grundlegendes Prinzip, welches die gesamte Evolution bestimmt hat und immer noch bestimmt. Objekte und Angelegenheiten, welche schaden könnten, werden gemieden und Objekte, welche nützlich sind, bevorzugt.

Auf der ersten Ebene schützt den Menschen dabei ein natürliches Immunsystem und Reflexe bestimmen die Reaktionen. In der nächsten Ebene gabelt sich das Empfinden in Lust und Freude auf der einen Seite und in Schmerz und Enttäuschung auf der anderen Seite auf. Der erste Ast teilt sich dann nach Ansicht von Damasio jeweils weiter auf in Neugier, Sex, Spiel, Überraschung und Freude und der zweite Ast führt zu Durst, Hunger, Angst und Ärger. Dabei sind es nach Erkenntnissen der Forscher die Emotionen, die gewissermaßen wie ein Kompass den Weg durch die Komplexität von sozialen Strukturen und Bindungen weisen.

Aufgrund der Evolution sind die Menschen so ausgestattet, dass sich ein seelisches und psychisches Gleichgewicht einstellt. Emotionen sorgen dafür, dass Bedrohungen abgewehrt werden, und andererseits aber auch alles, was gut tut, herangelassen wird. Die Neugier und der Spieltrieb bewirken, dass man nicht immer nur auf Bewährtes zurückgreift, sondern das Neue auch eine Chance hat. Aus diesem Grund muss der Mensch in seiner komplexen Gesamtheit gesehen und akzeptiert werden. Zudem muss beachtet werden, dass nicht nur die Ratio, sondern vielmehr die Fähigkeit der emotionalen Bindungen, die bestimmende Größe für das menschliche Handeln darstellt. Die Macht der Gefühle, so nennt es Damasio, bestimmt unser Leben.

Marketingfachleute haben dies im Grunde schon längst geahnt und danach gehandelt, indem sie versuchen, mit gezielter Kommunikation die Aufmerksamkeit der Zielgruppe zu gewinnen. Dies gelingt meist mit größeren, farbigeren und lauteren Aktionen. Im Zweifel nach dem Motto „Sex sells". Die in der zweiten Stufe erstrebten emotionalen Bindungen mit den Individuen werden aber meist nicht mehr erreicht, da der natürliche Abwehrreflex bereits die Aufnahmekanäle der Person verschlossen hat. Diese Reaktion der Rezipienten kann als eine natürliche Antwort auf die Reizüberflutung angesehen werden, welche dadurch verursacht wird, dass mehrere Unternehmen nach demselben Prinzip handeln und somit zu viele Informationen auf die Person einströmen. Bevor es zu einer emotionalen Überlastung kommt, schaltet der Organismus schließlich konsequent ab.

Das Wissen um diese Zusammenhänge kann dann dazu genutzt werden, um den Transfer der Botschaft zielgruppenadäquat zu bewerkstelligen. Die Steuermechanismen müssen erkannt und richtig emotionalisiert werden. Emotionen sind omnipräsent, aber selten bewusst steuerbar. Sie lassen sich nicht festhalten, aber man kann sich daran erinnern.

Emotionen und Gefühle stellen den Motor für all das dar, was einen Menschen bewegt und treibt. Emotionen umfassen die unbewussten Seelenregungen im Innersten eines Menschen. Das Gefühl, welches einen Menschen so einzigartig macht, ist dabei das, was wir bewusst artikulieren können. Die Systematik der Emotionen ist vom Menschen nur teilweise mit dem Verstand zu erfassen.

Die Voraussetzung für all das ist das Gehirn. Die unvorstellbare Anzahl von 100 Milliarden miteinander verschalteten Nervenzellen erst ermöglicht es, eine solche Leistung hervorzubringen. Gehirnforschern ist es gelungen die jeweiligen Schaltzentralen für verschiedene Aufgaben zu lokalisieren. Die Evolution hat hier geschickt die Mechanismen verfeinert, damit der Mensch überleben konnte. Dabei ist wichtig, für die jeweilige Aufgabe oder Situation die adäquate Funktion einzusetzen. Emotionen sind es, welche die jeweilige Funktion aktivieren. Geht es z. B. ums Überleben, hilft der Verstand und langes Überlegen nicht weiter. Vielmehr muss reflexartig die Gefahr abgewehrt werden. Der Organismus reagiert bei Gefahr sofort mit Erhöhung von Pulsschlag, Atemfrequenz und Muskelanspannung. Auf der anderen Seite reagiert der Organismus auch auf Signale der Entwarnung. Ein Lächeln kann ein solches Signal sein. Emotionen zeigen und darauf reagieren können bildet die Grundvoraussetzung für das Zusammenleben in einem sozialen Umfeld.

Die Gehirnforscher um Damasio konnten auch beweisen, dass genetisch geprägte Emotionen latent vorhanden sind. Ein Experiment belegte, dass durch Zusammenschaltung der entsprechenden Gehirnzellen Emotionen wie z. B. Traurigkeit oder Freude hervorgerufen werden konnten. Durch die Forschungsergebnisse konnte auf beeindruckende Art und Weise aufgezeigt werden, dass man Emotionen nicht erst erlernen muss, sondern die Palette der Emotionen in den Genen steckt. Die Evolution hat die Menschen derart ausgestattet, dass sie auf die jeweiligen Situationen oder Reize treffsicher reagieren können. Sie reagieren mit Furcht auf Bedrohungen und zeigen Neugier gegenüber dem Neuen.

Über bestimmte emotionale Signale ist es nun möglich, die Tür zur Gefühlswelt des Menschen zu öffnen. Dabei reichen körperliche Signale allein nicht aus, um den emotionalen Hintergrund zu transportieren. Wichtig ist hier, den emotionalen Kontext herzustellen, um so die ausschlaggebenden Stellen der emotionalen Energie freizusetzen. Sobald der richtige Kontext und damit die richtige emotionale Verbindung hergestellt wird, erschließt sich das jeweilige Signal die eigene, selbst erfahrene Lebensgeschichte und erhöht dadurch die Identifikation mit dem gerade Gesehenen. Die Situation wird als echt wahrgenommen und die Reaktion darauf ist ebenfalls authentisch.

Neueste Untersuchungen zeigen zudem, dass es eine Funktion im Gehirn gibt, die neu ankommende Signale mit einer emotionalen Wichtigkeit für die weitere Verarbeitung im Gehirn versieht. Was den seelischen Zustand aus dem Gleichgewicht bringen kann, was anregt oder aufregt, gilt als wichtig und wird als Reiz im Langzeitgedächtnis abgespeichert und kann von dort als Profil jederzeit abgerufen werden. Alles andere, was unwichtig, nervig oder belanglos erscheint, wandert in den virtuellen Papierkorb, ohne auch nur den Hauch einer Spur zu hinterlassen. Die Menschen unterscheiden sich dabei untereinander, was sie individuell als wichtig und unwichtig empfinden.

Für das Marketing bedeutet dies, dass über die Kommunikation die richtige Tür in die Gefühlswelt gefunden werden muss. Diese kann nur durch Interesse und Authentizität geöffnet werden. Zudem muss das gesendete Signal als wichtig eingestuft werden, damit es im Gedächtnis der Person erhalten bleibt. Nur auf diese Weise gelingt es, die notwendige emotionale Energie freizusetzen, um im Feuerwerk der konkurrierenden Kommunikationsbotschaften die Aufmerksamkeit auf die eigene Botschaft zu lenken.

Weiter im Entscheidungsprozess fortgeschritten, kommt zunehmend der Verstand zum Tragen. Der Verstand lässt sich nicht von den Emotionen und dem, was eine Person emotional beschäftigt, trennen. Dieses Phänomen ist insofern nützlich und gut, da es nicht immer ratsam ist, seinen Gefühlen blind zu trauen und dem so genannten Bauchgefühl zu folgen. Somit entsteht eine hilfreiche Wechselwirkung zwischen dem Gefühl und dem Verstand, die der Person hilft, die richtige Entscheidung zu treffen. Da Menschen lernfähig sind, können sie im Laufe eines Lebens auf ihre eigenen Erfahrungen zurückgreifen. Aus Sicht des Marketing ist es daher angebracht, auf diese Erfahrungen zu bauen. Die Markenpolitik ist ein Ansatz dazu.

Darüber hinaus müssen die Unterschiedlichkeiten bezüglich der individuellen Einstufung der Wichtigkeit erkannt und berücksichtigt werden, denn die Menschen sind in ihren Erbanlagen und in ihrem individuellen Erfahrungshintergrund sehr verschieden. Das Verfahren der Marktsegmentierung muss diese Bestimmungsgrößen des Verhaltens mit einbeziehen, damit sinnvolle Cluster für die kommunikative Ansprache möglich werden.

Wie Emotionen durch ein Bild ausgelöst werden, kann an zwei unterschiedlichen Wirkungen erläutert werden, der Klima- und Erlebniswirkung.

Klimawirkungen kommen dann zustande, wenn von einem Bild eine positive Wahrnehmungsatmosphäre ausgeht. Um dies zu erreichen, werden oft zusätzliche emotionale Reize in ein Bild eingebaut, welche jedoch im Hintergrund bleiben und von den Betrachtern nur am Rande bemerkt werden. Diese emotionalen Reize sind also nicht Mittelpunkt, wie im Fall der emotionalen Kommunikation, sondern sollen nur dazu beitragen, eine positive Atmosphäre für die Wahrnehmung des Bildes zu schaffen. Solche Reize sind z. B. ein Sonnenuntergang, eine stimmungsvolle Landschaft oder ein hübsches Mädchen neben einem Auto.

Durch diese Art atmosphärischer Reize werden die dargebotenen Informationen positiver aufgenommen, die Beurteilungsvorgänge im Gehirn positiv beeinflusst und aus gespeichertem Wissen das Positive ins Gedächtnis gerufen. Je positiver die Wahrnehmungsatmosphäre, desto besser wird die Aufnahme der Botschaft erfolgen.

Emotionale Erlebnisse sind im Menschen in Form von inneren Bildern gespeichert, welche sich auf Erlebtes beziehen. Durch die Verbindung von Emotionen und Bildern werden Konsumerlebnisse geschaffen. Im Marketing wird das Auslösen von Emotionen durch Kommunikation zum einen verwendet, um emotionale Beziehungen zum Unternehmen und dessen Produkt herzustellen und zu verstärken, und zum anderen, um dem Unternehmen und dessen Produkt ein Erlebnisprofil zu geben.

Erlebniswirkungen kommen durch dominante emotionale Bildelemente zustande, die fixiert und zentral verarbeitet werden und den wahrgenommenen Bildinhalt bestimmen. Ein Beispiel hierfür sind die Marlboro-Botschaften, die meist eine Landschaft im Country-Style mit Cowboys und Pferden zeigen und somit das Gefühl von Freiheit und Abenteuer ausdrücken. Das Ziel ist dabei die emotionale Konditionierung. Die Marke Marlboro wird ohne Begründung oder zusätzliche sachliche Informationen zusammen mit dem Cowboybild gezeigt. Sie ist aufgrund dieser Konditionierung zu einem

Inbegriff für das Erlebnis von Freiheit und Abenteuer geworden. Um die Technik des emotionalen Konditionierens zu verstehen, ist es wichtig zu wissen, dass die meisten Gefühle gelernt sind. Indem man in der Kommunikation wiederholt eine Marke zusammen mit einem emotionalen Reiz (Bild) darstellt, wächst dem Produkt/der Marke langsam der emotionale Erlebniswert zu (Esch 2000, S. 212). Die Bilder dienen dabei als Reize, um dauerhafte emotionale Einstellungen gegenüber einem Produkt zu erzeugen. Die emotionale Erlebnisvermittlung spielt gerade auf gesättigten Märkten eine entscheidende Rolle, da es kaum noch sachliche Qualitätsunterschiede gibt.

Die stärksten emotionalen Wirkungen entfalten im Allgemeinen innere Schemabilder, wie das Kindchenschema, Liebe und Erotik, Humor oder Archetypen, die im Empfänger auf biologisch vorprogrammierte und kulturübergreifende Wirkungsmuster stoßen.

Es reicht jedoch nicht aus, Sonnenaufgänge oder erotische Reize zu zeigen und damit eine Erlebniswelt, die auf die Marke projiziert wird, zu schaffen. Um eine Verbindung zwischen Marke und einem Erlebnis zu schaffen, müssen folgende Regeln beachtet werden.

1. Gleichzeitige Darstellung von emotionalem Reiz und der Marke

Eine Konditionierung ist besonders wirksam, wenn der neutrale Reiz (die Marke) kurz vor dem emotionalen Reiz dargestellt wird. Dies ist natürlich nur in elektronischen Medien und nicht im Printbereich möglich. Damit eine Konditionierung stattfinden kann, muss die Marke in das emotionale Umfeld integriert werden. Viele Kampagnen halten diese Integrationsregel nicht ein. Die Marke erscheint meist losgelöst vom Bild, oben oder unten in einer Ecke oder wird in TV-Spots erst am Ende eingeblendet. Räumliche Nähe zwischen neutralem und emotionalem Reiz ist also besonders wichtig, um einer Marke eine positive Emotion zuzuordnen (Esch 2000, S. 213).

2. Einsatz starker und geeigneter emotionaler Reize

In der kommerziellen Kommunikation heißt erfolgreiches Konditionieren vor allem starke und angenehme Bilder einzusetzen. Erlebniskonzepte werden meist sprachlich formuliert, bevor sie in Form eines Bildes umgesetzt werden. Wenn das Konzept zwar gut ist, das eingesetzte Bild aber schwache Reize vermittelt, wird die Kommunikation nicht die gewünschte Wirkung erzielen. Der Angelpunkt der emotionalen Wirkung ist also eine gute bildliche Umsetzung eines zunächst sprachlich formulierten Konzepts. Schemata sind hierbei besonders wirksam.

3. Zahlreiche Wiederholungen und Kontinuität

Die emotionale Konditionierung verlangt von Seiten der Umworbenen nur wenig Aufmerksamkeit. Um jedoch eine wirksame Konditionierung zu erreichen, benötigt man zahlreiche Schaltungen, um klare Gedächtnisbilder und eine emotionale Einstellung zum Produkt aufzubauen. Je nach der Stärke der Reize kann dies erst ab einer gewissen Anzahl von Wiederholungen geschehen. Um eine Konditionierung zu erreichen, ist auf eine inhaltliche und formale Kontinuität der Reizdarbietung zu achten. Wenn beispielsweise für eine Marke ständig verschiedene emotionale Szenen geschaltet werden, so entsteht beim Betrachter eher ein diffuses Gesamtbild als die Schaffung eines Erlebnisses (Esch 2000, S. 219).

4. Marketingstrategische Absicherung

Natürlich muss die Konditionierung auf die strategischen Ziele des Marketing ausgerichtet werden, d.h. nicht nur die Kommunikation muss in sich konsistent sein, sondern auch die anderen Marketinginstrumente, wie Verpackung oder Distribution. Zur strategischen Absicherung ist es auch wichtig, die Bilder auf die Zielgruppe abzustimmen und so in Szene zu setzen, dass sie sich von der Konkurrenz abheben.

5.3.4 Ergänzung durch Sprache

Die Bildverarbeitung erfolgt in enger Wechselwirkung mit der Sprachverarbeitung. Daher beeinflussen sprachliche Ergänzungen zu einem Bild die Verarbeitung des Bildes wesentlich und umgekehrt. Sprachliche Zusätze können dabei einzelne Wörter oder längere Texte sein. Vor allem Slogans sollen wichtige Bildelemente verstärken und absichern.

Je nachdem, ob der Text vor oder während der Betrachtung des Bildes gelesen wird, wirkt er unterschiedlich. Die Aufnahme und Verarbeitung des Bildes wird bei vorheriger Wahrnehmung des Textes deutlich erleichtert, da die Gedanken schon vorher in eine bestimmte Richtung gelenkt werden. Erscheinen Text und Bild in unmittelbarem Zusammenhang, kann es zu einer Wirkung auf drei Ebenen kommen, der Veränderung von Involvement und Einstellung, der Lenkung von Aufmerksamkeit und der gedanklichen Verarbeitung und Speicherung (Kroeber-Riel 1993, S. 178).

Veränderung von Involvement und Einstellung

Betrachtet eine Person ein Bild, wendet diese sich dem Bild mit einer bestimmten Einstellung zu, auch wenn die Person vorerst wenig involviert ist. Zu einer Verstärkung des Involvements kommt es, wenn durch sprachliche Ergänzungen die besonderen Interessen der Zielperson angesprochen werden. Durch Bildzusätze in Form von Text kann aber auch eine negative Einstellungsänderung erzeugt werden. Die Einstellung zu einem Bild kann beeinträchtigt werden, indem durch sprachliche Ausdrücke beim Empfänger der negative Eindruck entsteht, dass es um Werbung oder sogar um Beeinflussungsabsichten geht. Wenn sprachliche Ausdrücke beim Rezipienten negative Eindrücke hinterlassen, wird er sich vom Gesehenen vielleicht sogar distanzieren (Kroeber-Riel 1993, S.179).

Lenkung der Aufmerksamkeit

Mittels sprachlicher Zusätze können Kommunikatoren die Aufmerksamkeit der Betrachter auf einen bestimmten Bildausschnitt oder ein Detail lenken. Die Lenkung der Aufmerksamkeit erfolgt durch sprachliche Zusätze, die auf Bildausschnitte oder einzelne Details hinweisen. Wird ein Bild mit Weg,

Baum und blauem Himmel beispielsweise durch den Zusatz ergänzt: „Auf Kieswegen macht das Wandern Spaß", so wird die Bildbetrachtung entsprechend beeinflusst. Erst jetzt wird der Kies auf dem Weg beachtet, welcher sonst wahrscheinlich nie aufgefallen wäre. Durch eine andere Bildunterschriften, wie z. B. „ein Baum belebt die Landschaft", würde die Wahrnehmung wieder in eine andere Richtung gesteuert werden. Durch die Zugabe detaillierter Bezeichnungen werden Bilder schneller von anderen unterschieden und wiedererkannt. Dies liegt vor allem daran, dass durch die genaue Beschreibung der Blick auf die Bildmerkmale gelenkt wird, die zum Erkennen der Bilder wichtig sind.

Gedankliche Verarbeitung und Speicherung

Sprachliche Ergänzungen beeinflussen die Verarbeitungsvorgänge und die Gedächtnisleistung in vielseitiger Weise. Die Wirkung bezieht sich vor allem auf die Einschränkung des Interpretationsspielraums, der Veränderung der Bildbedeutung und der Erleichterung von Bildverständnis und Erinnerung. Durch sprachliche Zusätze kann die Beachtung von wichtigen Bildelementen verstärkt und abgesichert werden und zudem die Mehrdeutigkeit eines Bildes eingeschränkt werden oder das Bildverständnis erleichtert werden. Da Bilder von jedem Menschen anders interpretiert werden können, ist die wichtigste Aufgabe der Sprache, die Mehrdeutigkeit der Bilder abzuschaffen.

Sprache besitzt die Möglichkeit ein Bild in eine bestimmte Richtung zu lenken und die Bedeutung des Bildes zu verändern. So kann z. B. das Verb „gehen" durch die Wörter „schlendern", „wandern" oder „eilen" ausgetauscht werden und einem Bild eine ganz neue Bedeutung geben. Die richtige Einordnung von Produkten und Dienstleistungen ist in der kommerziellen Kommunikation essentiell. Generell kann also die Benennung eines Bildes das Verständnis und die Erinnerung an dieses Bild fördern, besonders dann, wenn das Bild verschieden interpretiert werden könnte. Der Text kann also in diesem Fall als Rahmen umschrieben werden, welcher den Bildinhalt zur Geltung bringt. Wenn der Text nun aber keine Beziehung zum Bild hat, muss damit gerechnet werden, dass die wichtigen visuellen Wirkungen untergehen und die Botschaft nicht ankommt. Eine Verbindung zwischen Text und Bild ist also unbedingt erforderlich (Kroeber-Riel 1993, S. 181 f.).

Um die Verständlichkeit der Botschaft zu gewährleisten, sind an Text, Slogan sowie Anzeigengestaltung bestimmte Anforderungen gestellt. Bei der Wortwahl sollte man zum Beispiel darauf achten, geläufige, häufig verwendete und kurze Wörter zu verwenden, da abstrakte (meist zwanghaft originelle) Wörter schlechter im Gedächtnis gespeichert werden. Um einen möglichst großen Erinnerungswert zu erhalten, ist es ratsam, konkrete, möglichst bildhafte Wörter zu verwenden.

5.3.5 Verankerung im Gedächtnis

Das Ziel einer ausdrucksstarken Kommunikation ist neben der Aktivierung, Informationsvermittlung und Emotionsauslösung natürlich auch die Speicherung der vermittelten Bilder und der Botschaft. Dabei stellt sich die Frage, unter welchen Voraussetzungen Bilder im Gedächtnis haften bleiben.

Die Gedächtnisleistung, welche die Kommunikation hinterlässt, hängt von den Einflussgrößen persönliche Aktivierung (Involvement), einprägsame Gestaltung und Vermittlung der Botschaft sowie den Bedingungen, unter denen die Kommunikation aufgenommen und verarbeitet wird, ab.

Die Lernbedingungen umfassen dabei alle Bedingungen, unter denen die Bilder der Kommunikation ins Gedächtnis gebracht werden. Die langfristige Speicherung von Bildern – insbesondere von Marken- und Firmenbildern – hängt dabei hauptsächlich von der Größe des Bildes, der Betrachtungszeit und der Wiederholung ab.

Zur Verarbeitung und Speicherung von emotionalen Reizen und bildhaften Sachinformationen benutzt das menschliche Gedächtnis einen Bildercode. Dabei werden im Gedächtnis innere Bilder hervorgerufen, die mit dem inneren Auge betrachten werden können. Bildlich gespeicherte Informationen haben daher einen stärkeren Einfluss auf das Verhalten, da sich durch schnell im Gedächtnis abrufbare Bilder Einstellungen und Kaufverhalten in Handlungssituationen stärker lenken lassen (Esch 2000, S. 264 f.).

Aufgabe der Kommunikation ist es nun, durch die eingesetzten Bilder dauerhafte innere Bilder (Gedächtnisbilder), die mit den Einstellungen und Verhaltensabsichten der Rezipienten verbunden sind, zu schaffen. Abbildung 27 stellt diese Beziehung zwischen Bild und Verhalten zusammenfassend dar (Kroeber-Riel 1993, S. 221).

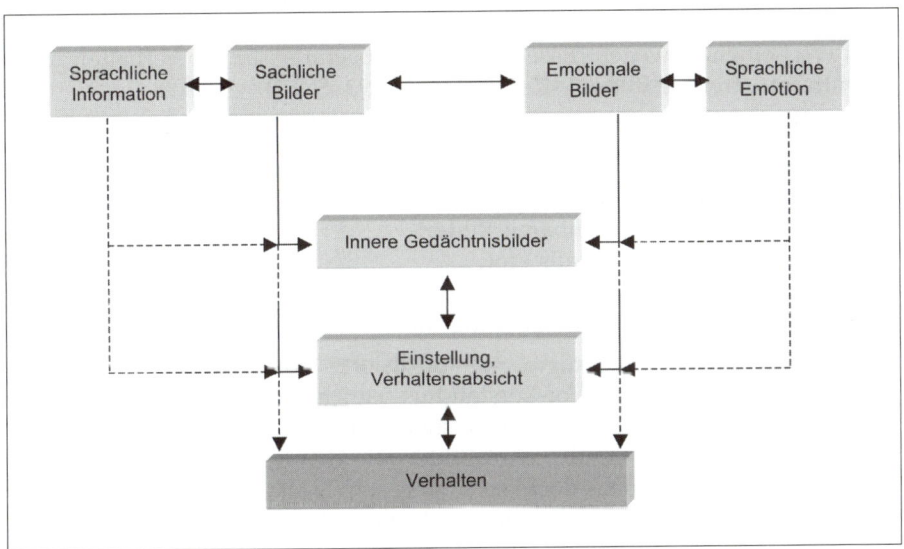

Abbildung 27: Beziehungen zwischen Bild und Verhalten

Coca-Cola z.B. ist der Aufbau innerer Bilder gelungen. Nicht nur der Schriftzug, sondern auch die Form der Flasche sind bei den meisten Konsumenten im Gedächtnis gespeichert. Innere Bilder müssen jedoch nicht nur visueller Art sein, auch andere Modalitäten, wie z.B. die Haptik oder ein bestimmter Geruch und Geschmack sind den Rezipienten geläufig.

Im Mittelpunkt aller Kommunikationsbemühungen steht aber immer noch der Eindruck, den eine Botschaft beim Empfänger hinterlässt. Die Botschaft muss dem Betrachter gefallen, wobei Bilder hierbei ein wichtiges Instrument darstellen. „Visuelle Reize bestimmen den ersten Eindruck und dieser bewirkt bei geringem Involvement die Produktbeurteilung" (Kroeber-Riel 1993, S. 232). Um eine anhaltende Wirkung entstehen zu lassen, müssen sich die Eindrücke, die eine Botschaft hinterlässt, im Gedächtnis einprägen.

Damit sich Gedächtnisbilder auf das Verhalten auswirken, müssen sie folgende Eigenschaften haben (Kroeber-Riel 1993, S. 233): Schnelle Verfügbarkeit im Gedächtnis, Deutlichkeit und Klarheit, Anziehungskraft, Aktivierungsstärke und psychische Nähe.

Schnelle Verfügbarkeit bedeutet dabei, dass in einer Reizsituation schnell ein inneres Bild zu dieser Situation im Gedächtnis entsteht. Soll man sich ein inneres Bild zu Esso vorstellen, denken viele Menschen sofort an den Esso-Tiger. Dieses Bild erscheint dann meist auch sehr deutlich und klar vor dem inneren Auge und man könnte sogar die Farbe, Größe und die Umrisse bestimmen. Unter Anziehungskraft versteht man in diesem Fall den Grad der persönlichen Bewertung eines Bildes, d.h. wird ein Bild positiv oder negativ empfunden. Bei einer positiven Bewertung des inneren Bildes ist die Anziehungskraft sehr hoch und deshalb wirksam. Die Aktivierungsstärke ist das Ausmaß der inneren Erregung, die durch den Anblick eines inneren Bildes entsteht. Sie geht einher mit der psychischen Nähe, welche die gefühlsmäßige Distanz wiedergibt. „Innere Bilder, die einer Person nah und vertraut erscheinen, bewegen diese stärker und beeinflussen ihr Verhalten mehr als entfernte, fremde Bilder" (Kroeber-Riel 1993, S. 233).

Damit die Kommunikation auch Einzug ins Gedächtnis findet, sollten vor allem auch folgende Regeln beachtet werden (Esch 2000, S. 266 ff.).

- Appelliere an starke Schemavorstellungen!
- Verwende keine austauschbaren Bilder!
- Füge unterscheidbare Details ein!
- Stelle Ereignisse möglichst konkret, interaktiv und assoziationsreich dar!
- Stelle Bilder gestaltfest und lebendig um!

Schemabilder sind vorgeprägte, standardisierte Vorstellungen eines Menschen. Sie bestimmen das Vor-Verständnis jeglicher Kommunikation. Starke Schemavorstellungen finden hohe Resonanz und bleiben daher besser im Gedächtnis haften. Verwendet man Bilder, die den Schemabildern der Zielgruppe entsprechen, die jedoch sehr stereotyp gestaltet und austauschbar sind, kommt es zu keiner nachhaltigen Wirkung im Gedächtnis. Botschaften, die aus stark skizzenhaften Zeichnungen und Symbolen bestehen, erschweren dem Empfänger die Erinnerung.

Eine geringe Einprägsamkeit weisen zudem Bilder auf, auf denen Gegenstände unverbunden nebeneinander stehen. Erst durch eine deutlich auf dem Bild erkennbare Interaktion wird die gewollte Assoziation ausgelöst.

Die Bedeutung wird noch deutlicher, wenn Aktion und Dynamik abgebildet werden, wie es z.B. in Bildergeschichten oder Fernsehspots der Fall ist. Durch Verwendung von Bildern, die beim Betrachter starke gedankliche Vorstellungen hervorrufen, kann eine besonders nachhaltige Wirkung zugunsten einer Marke erreicht werden.

Bei der Informationsspeicherung spielen zudem Schlüsselbilder eine entscheidende Rolle. Ein Schlüsselbild ist ein bildliches Grundmotiv für den langfristigen Auftritt eines Unternehmens oder Marke. Schlüsselbilder enthalten den Kern der Kommunikationsbotschaft und dienen dazu, sachliche oder emotionale Angebotsvorteile im Gedächtnis zu verankern. Innere Firmen- und Markenbilder können durch längerfristigen und konsistenten Einsatz von Bildern oder Bildelementen in der Kommunikation aufgebaut werden. Beispiele dafür sind die Milka-Kuh, das Michelin-Männchen, das Lacoste-Krokodil, der Bärenmarke-Bär und viele weitere.

Nach empirischen Ergebnissen verbinden Rezipienten in der Regel nur ein Bild oder einige wenige innere Bilder mit einer Marke. Viele Marken lösen kein spontanes Gedächtnisbild aus oder die Bilder sind nur schwach ausgeprägt. Diesem Problem kann durch die Verwendung von strategisch geplanten Schlüsselbildern Abhilfe geschaffen werden. Durch den Aufbau und die Verwendung von Schlüsselbildern – auch Key Visuals genannt – werden beim Empfänger Gedächtnisbilder für die Positionierung einer Firma oder Marke aufgebaut. Schlüsselbilder müssen dabei eindeutig erkennbare visuelle Schlüsselmerkmale enthalten, sie müssen einprägsam und lebendig gestaltet sein, sollten variationsfähig sein, sich deutlich von anderen unterscheiden sowie langfristig einsetzbar sein.

Für die Marketing-Kommunikation bedeutet dies, dass die Inhalte besonders intensiv und erfolgreich wirken, wenn sie in Form von inneren Bildern im Gehirn gespeichert werden.

6. Übergreifende Aufgaben der Marketing-Kommunikation

6.1 Markenführung und Markenmanagement

6.1.1 Markendefinition

Angesichts der hohen Austauschbarkeit der Angebote, der starken Informationsüberflutung und der geringen Markttransparenz werden Marken immer mehr zur Angebotsbewertung herangezogen. Nach dem klassischen Verständnis ist eine Marke ein physisches Kennzeichen, welches die Herkunft eines Angebotes beschreibt. Der Kunde erkennt dadurch den Hersteller und hat darüber hinaus die Garantie auf eine konstante Qualität. Betrachtet man die Marke aus dieser Sicht, so definiert sie sich vor allem merkmalsbezogen. Diese enge Definition ist jedoch heute nicht mehr zeitgemäß. Marken werden heute weniger nach merkmalsbezogenen Kriterien bewertet, sondern eher aus einer wirkungsbezogenen Sichtweise betrachtet und auf die Endverbraucher ausgerichtet. Nach dieser Begriffsauffassung handelt es sich erst dann um eine Marke, wenn diese ein positives, relevantes und unverwechselbares Image beim Konsumenten aufbauen kann. Marken übernehmen demnach als Vorstellungsbilder in den Köpfen der Kunden eine Identifikations- und Differenzierungsfunktion und prägen und beeinflussen das Verhalten der Kunden (Esch 2004, S. 23).

Resultierend aus diesen Größen sollte eine Marke daher nicht lediglich als eine Markierung eines Objektes angesehen werden, sondern muss in mehreren Dimensionen betrachtet und definiert werden (Winkelmann 2004, S. 486).

- Nach der rechtlich, merkmalsorientierten Definition einer Marke können als Marken „alle Zeichen, insbesondere Wörter einschließlich Personennamen, Abbildungen, Buchstaben, Zahlen, Hörzeichen, dreidimensionale Gestaltungen einschließlich der Form einer Ware oder ihrer Verpackung sowie sonstige Aufmachungen einschließlich Farben und Farbzusammenstellungen geschützt werden, die geeignet sind, Waren oder Dienstleistungen eines Unternehmens von denjenigen anderer Unternehmen zu unterscheiden" (§3 Abs. 1 Markengesetz (MarkenG)).
- Nach der wirkungsorientierten Definition einer Marke ist eine Marke ein in der Psyche des Kunden verankertes, unverwechselbares Vorstellungsbild von einem Produkt oder einer Dienstleistung, sozusagen „the consumer's idea of a product".
- Nach der funktionsorientierten Definition einer Marke besitzen Unternehmen mit Hilfe von Marken die Möglichkeit, das eigene Angebot von dem der Konkurrenz zu differenzieren, wodurch das eigene Angebot von den Kunden als besonders und einzigartig wahrgenommen wird.

Eine Marke ist ein Zeichen, Begriff oder Symbol zur Kennzeichnung von Produkten und Dienstleistungen, die ein Unternehmen erbringt und dabei in erster Linie der Abgrenzung (Differenzierung) von Konkurrenzprodukten dient. Oft wird damit die Herkunft bezeichnet. Eine Marke markiert ein Produkt unverwechselbar und prägt ihr eigenes Image.

Eine Marke ist aber weit mehr als nur ein Zeichen zur Markierung, sie ist vielmehr ein in der Vorstellung des Konsumenten abgespeichertes Bild eines bestimmten Produktes. Sie ist ein imaginärer Vertrauensschluss zwischen dem Kunden und dem Unternehmen, wobei das Unternehmen dem Kunden durch die Marke bestimmte Eigenschaften verspricht. So muss das Unternehmen über längeren Zeitraum hinweg eine bestimmte, gleich bleibende (bzw. verbesserte) und akzeptable Qualität bringen, um die Bekanntheit der Marke zu steigern und dann auch zu halten bzw. die mit dem Produkt gehegten Assoziationen zu pflegen.

In Deutschland konkurrieren derzeit ca. 50.000 Marken, davon findet man allein im Supermarkt an die 20.000. Zu den stärksten Marken gehören zum Beispiel Coca-Cola, Microsoft, IBM, Intel, Disney, McDonald's, Nokia und Marlboro. Aber viele neu eingeführte Marken erreichen nicht die Stufe des Erfolges. Verschiedene Untersuchungen zeigen eine Floprate von bis zu 65 Prozent (Bauer Media KG 2003, S. 16).

Ein positives Markenbild und damit zusammenhängend ein positives Image sind wichtiger Bestandteil für den unternehmerischen Erfolg. Um eine starke Marke erfolgreich aufzubauen, sind in der Marketing-Kommunikation die detaillierte Formulierung von Zielen sowie eine professionelle Umsetzung notwendig. Die wichtigsten Werte einer Marke sind die Markenidentität, der Anspruch auf gleichbleibende Qualität und auf ein konstantes Preis-Leistungs-Verhältnis, sowie die Kontinuität im kommunikativen Auftritt (Winkelmann 2004, S. 486).

Marketing-Kommunikationsmaßnahmen für Marken sind immer langfristig konzipiert. Durch Leistung und Kontinuität müssen Marken Vertrauen bei den Kunden schaffen. Der Markenname verleiht einem Produkt dabei eine Persönlichkeit und vermittelt unter anderem den Produktnutzen (Suggestivität) sowie positive Produktassoziationen. Er dient sowohl der Erkennung als auch der Einprägung und Unverwechselbarkeit.

Marken können nach ihrer Markierungsart in Wortmarken (Siemens), Zeichenmarken (4711), Bildmarken (Lacoste mit Krokodil), Hörmarken (akustische Marken, z. B. Telekom) und Geruchsmarken (Chanel Nr. 5) unterschieden werden. Die Bildmarke ist ein Symbol, das im Zusammenhang mit dem Unternehmen eine herausgehobene Stellung hat wie der Mercedes-Stern. Eine Bildmarke bietet den Vorteil, dass sie auf einen Blick erfasst, gelernt und wiedererkannt werden kann. Eine Bildmarke kann einen starken und verständlichen Bezug zum Unternehmen herstellen. Eine Wortmarke ist die graphisch gestaltete Form, den Namen eines Unternehmens zu schreiben. Die Wortmarke hat den Vorteil, dass sie eindeutig auf den Absender bezogen ist und kaum verwechselt wird. Eine kombinierte Marke, also Wort- und Bildmarke, verwenden zum Beispiel BMW oder Schwarzkopf.

6.1.2 Markeninhalt und Markeneigenschaften

Marken können durch folgende Inhalte umfassend charakterisiert werden.

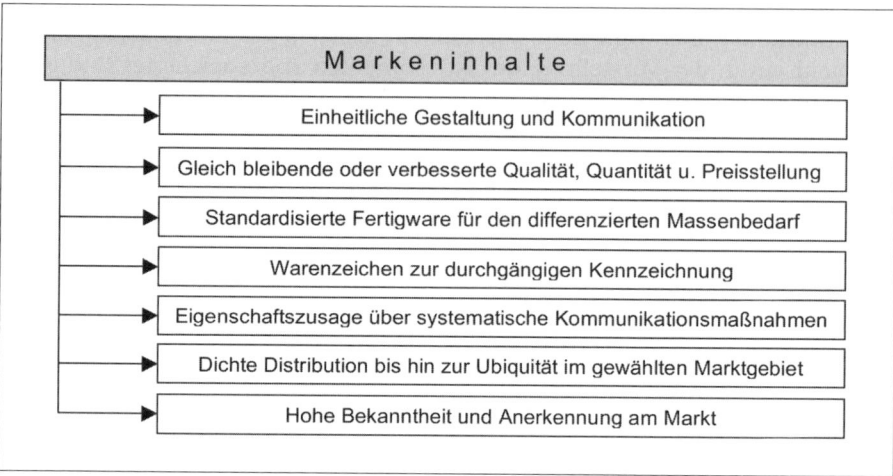

Abbildung 28: Markeninhalte

Die einheitliche Gestaltung und Kommunikation eines Markenartikels dient der Unverwechselbarkeit der Marke. Für einen Markenartikel ist es äußerst wichtig, eine gewisse Verlässlichkeit und Konstanz zu behalten. Weiter ist eine gleich bleibende Qualität, Quantität und Preisstellung wichtig. Unternehmen müssen ständig versuchen, die Leistungsfähigkeit der Produkte zu erhöhen und nachfrageorientiert zu arbeiten, um dadurch ein günstiges Preis-Leistungs-Verhältnis zu erreichen. Zweifelt der Kunde einmal an der Qualität, kann das negative Folgen für das Vertrauen in die Marke haben. Mit einer standardisierten Fertigware für den differenzierten Massenbedarf ist gemeint, dass ein grundsätzlich gleichartiges Serienprodukt hergestellt wird, das aber genau auf die Vorstellungen und Wünsche eines bestimmten Marktsegments zugeschnitten ist. Marken sind zudem durchgängig durch ein Warenzeichen gekennzeichnet. Alle Kommunikationsaktivitäten werden konsequent mit einem eigenständigen Markenzeichen versehen, egal ob es sich um die Ausstattung, das Produkt selbst oder die dazugehörigen Kommunikationsmittel handelt. Das Logo ist dabei als besonderes Merkmal der Marke anzusehen, dessen Darstellung auf jeden Fall einzigartig und einprägsam sein muss, damit vom Kunden nach gegebener Lernzeit der Markenabsender unverwechselbar erkannt wird. Die Eigenschaftszusage über systematische Kommunikationsmaßnahmen einer Marke meint, dass durch substanzielle Kommunikationsaktivitäten konsistente Botschaften über die spezifische Leistungsfähigkeit des Markenangebots verbreitet werden, die als Garantieaussagen verstanden werden können. Diese getroffenen Aussagen müssen dann aber auch eingehalten werden, um die Glaubwürdigkeit der Marke nicht zu untergraben. Mit einer dichten Distribution bis hin zur

Ubiquität im gewählten Verbreitungsgebiet ist die Verbreitung des Markenartikels in einem definierten Absatzraum oder -kanal gemeint. Ein weiterer Markeninhalt ist die hohe Bekanntheit und Anerkennung am Markt. Dies meint einen hinreichenden Bekanntheitsgrad der Marke, der mit einer inhaltlichen Aufladung in Bezug auf Angebotsanspruch, Nutzenversprechen und Imageausstrahlung verbunden ist.

Starke Marken zeichnen sich durch Markenpersönlichkeit und Markenfaszination aus. Die Markenpersönlichkeit ist dabei die Gesamtheit der Eigenschaften, die mit einer Marke verbunden sind. Die Markenpersönlichkeit motiviert den Kunden durch einen individuell empfundenen Zusatznutzen beim Kauf.

Erfolgsfaktoren einer Marke sind eine verlässliche Qualität, die Einzigartigkeit (hohe Differenzierung), die zeitlose Aktualität, die Langlebigkeit, die starke Stellung im Markt sowie der konsistente Kommunikationsauftritt (Winkelmann 2004, S. 489).

Ziel der Marketing-Kommunikation ist es, eine starke Markenidentität zu schaffen. Unter Markenidentität versteht man die Summe der Merkmale einer Marke, die diese vom Wettbewerb dauerhaft unterscheidet. Die Markenidentität ist das Selbstbild einer Marke aus Sicht der internen Anspruchsgruppen (Management, Anteilseigner, Agentur) und steht in Wechselbeziehung zu dem Fremdbild der Markenidentität, was dem Image der Marke entspricht (Baumgart 2001, S. 22).

Die Markenidentität zeichnet sich, wie in Tabelle 10 dargestellt, durch Wechselseitigkeit, Kontinuität, Konsistenz und Individualität aus (Meffert/Burmann 1996, S. 29).

Eigenschaften der Markenidentität	
Wechselseitigkeit	Identität ist nur durch Abgrenzung gegenüber Konkurrenzmarken möglich.
Kontinuität	Identitätsaufbau braucht Zeit, daher ist eine Kontinuität der Markenphilosophie wie auch personelle und materielle Kontinuität der Markenführung notwendig.
Konsistenz	Innen- und außengerichtete Abstimmung aller Aktivitäten im Rahmen der Markenführung; Vermeidung von Widersprüchen im Markenauftritt.
Individualität	Vom Abnehmer wahrgenommene Einzigartigkeit bestimmter Merkmale der Marke im Vergleich zu konkurrierenden Marken.

Tabelle 10: Eigenschaften der Markenidentität

6.1.3 Dimensionen der Markenführung

Unter Markenführung im weiteren Sinn (i. w. S.) versteht man alle unternehmerischen Aktivitäten, die der Planung, Steuerung und Kontrolle von Marken dienen (vgl. Abbildung 29; Gaiser 2001, S. 17). Im Gegensatz dazu fokussiert die Markenführung im engeren Sinn (i. e. S.) die grundsätzliche, strategische Ausrichtung einer Marke.

Die Aufgabe des operativen Markenmanagements eines Unternehmens ist es, eine Marke systematisch aufzubauen und zu pflegen, um die eigenen Produkte und Dienstleistungen kommunikativ von denen der Konkurrenz abzugrenzen.

Abbildung 29: Dimensionen des Markenmanagements

Strategisches Markenmanagement

Ausgangspunkt des strategischen Markenmanagements ist eine fundierte Analyse der externen und internen Rahmenbedingungen des Unternehmens und seiner Marken. Im Rahmen dieser Situationsanalyse ist es wichtig, auch aktuelle Kundenbedürfnisse sowie Nachfragetrends zu untersuchen. Weiterhin sollte das Unternehmen analysieren, wie seine Marken aus der Sicht der Zielgruppe im Vergleich zu Wettbewerbsmarken wahrgenommen werden (Ist-Positionierung). Neben der Identifikation und Erfassung der jeweils relevanten Bedingungen stellt die Abschätzung des kommunikativ induzierten Reaktionsverhaltens einen bedeutenden Faktor dar.

Neben den in der Situationsanalyse identifizierten Rahmenbedingungen bilden die unternehmensstrategischen Entscheidungen die wesentliche Grundlage für die Markenstrategie. Dabei wird das Leistungsprogramm des Unternehmens festgelegt sowie die marktfeldstrategischen Dimensionen (Produkt-Markt-Kombinationen) fixiert (Gaiser 2001, S. 39). Die zentralen Fragen im Rahmen der unternehmensstrategischen Entscheidungen sind dabei, in welcher Branche man tätig ist, wie groß das Potenzial ist und welche Wachstumsrichtungen verfolgt werden sollen.

Damit ein Unternehmen sein Markenportfolio gezielt steuern kann, ist es notwendig, dass es die Stellung seiner Marken im Markenportfolio genau untersucht. Dies bildet die Grundlage für die Allokation der Mittel auf bestimmte Marken bzw. strategische Geschäftseinheiten und gibt erste Anhaltspunkte für die strategische und damit auch kommunikative Ausrichtung einzelner Marken.

Das Ziel der Markenpositionierung besteht darin, mit bestimmten Produkt- bzw. Serviceeigenschaften sowohl eine vorherrschende Stellung in den Köpfen der Kunden als auch eine hinreichende Differenzierung gegenüber den Produkten und Serviceleistungen der Konkurrenz zu erreichen. Die Differenzierung bedeutet, dass die Marke „in der subjektiven Wahrnehmung der Konsumenten ein eigenständiges und unverwechselbares Profil gewinnt" (Esch 2001, S. 235). Damit die Positionierung erfolgreich ist und in der Folge zu einer starken Marke führt, muss sie zum Unternehmen passen, von den Kunden entsprechend wahrgenommen werden und für diese auch relevant sein, eine Abgrenzung von den Wettbewerbern ermöglichen und langfristig verfolgt werden können (Esch 2001, S. 236).

Mit einer Soll-Positionierung versucht man, gezielt bestimmte Vorstellungsinhalte und Gedächtnisstrukturen zur Marke bei den Verbrauchern aufzubauen, die präferenzbildend wirken sollen (Esch 2001, S. 236).

Als Zielrichtungen der strategischen Markenpositionierung sind die Profilierung und Differenzierung anzuführen. Durch die Profilierung soll das Image der Marke in den Köpfen der Kunden gefestigt werden und durch die Differenzierung sollen die Unterschiede zwischen den Angeboten formuliert werden und der einzigartige Produktvorteil herausgestellt werden.

Markenpolitik

Im Rahmen des operativen Markenmanagements werden die Vorgaben des strategischen Markenmanagements durch die Ausgestaltung der Markenführungsinstrumente in konkrete Maßnahmen umgesetzt.

Durch eine gezielte Markenführung und -politik kann eine starke Marke aufgebaut werden und der Wert eines Unternehmens gesteigert werden. Zur Markenpolitik gehören dabei alle Instrumente und Maßnahmen, um Markenbilder zu schaffen (zu profilieren), im Zeitablauf zu sichern und zu stärken und ggf. aufzufrischen (Marken-Relaunch) (Winkelmann 2004, S. 486). Die Markenpolitik darf neben den anderen Marketinginstrumenten nicht isoliert betrachtet werden, da diese eine Markenbasis schaffen. Durch die Marketing-Kommunikation muss das Markenvertrauen gestärkt werden, damit die Marken in den Köpfen der Rezipienten verankert werden können.

Bei der Schaffung einer Marke kommt dem Produkt und seiner Ausstattung eine herausragende Bedeutung zu. Die Produktpolitik muss ein Produkt mit einem eigenständigen Markennamen, einem Markenlogo sowie einer Produkt- und Verpackungsgestaltung markieren. Wichtig ist dabei, dass die Markierung dem Konsumenten dieselben Inhalte kommuniziert wie die Markenkommunikation, Markendistribution und die Markenpreisstellung. Zu den produktpolitischen Maßnahmen im Rahmen des Markenmanagements gehören u. a. die Gestaltung von Name, Logo, Design, Qualität, Verpackung, Services und Garantieleistungen.

Durch die Marketing-Kommunikation können Markenimage und Markenpräferenzen schnell und vor allem wirksam aufgebaut werden. Die Bekanntmachung und Penetration einer Marke wird dadurch gefördert. Für eine erfolgreiche Markenkommunikation ist es wichtig, alle Elemente aufeinander abzustimmen.

Als Elemente der Markenpolitik können die Verpackung, die Markengeschichte, das Markenlogo, das Symbol, der Markenname, die Produktattribute, eine starke Assoziation mit dem Produkt, der Stil der Kommunikation, die konstante Preispolitik sowie der Vertriebsweg angeführt werden (Winkelmann 2004, S. 488).

Marken können als erfolgreich betrachtet werden, wenn sie folgende Funktionen übernehmen (Pepels 2000, S. 174 f.). In der Masse gleichartiger Angebote bietet die Marke als Markierung eines Produktes in einem ersten Schritt eine Orientierungshilfe in der zunehmenden Angebotsvielfalt. Marken unterstützen den Kunden im Kaufentscheidungsprozess, indem sie sich durch die Identifikation und Wiedererkennbarkeit von der Konkurrenz abheben. Gut und konsequent geführte Marken sollen dem Kunden verdeutlichen, dass beim Kauf höchste Qualität, technischer Fortschritt und Sicherheit erworben werden. Marken sind dadurch mehr als nur eine simple Markierung. Ihnen wird aufgrund der Bekanntheit und ihres Ansehens vom Kunden Vertrauen entgegengebracht. Sie bewirken eine augenfällige Differenzierung zu Wettbewerbsangeboten und gewährleisten so eine eindeutige Zuordnung eines Produktes zu seinem Hersteller.

Durch diese Differenzierung wird auch die Präferenzbildung zum Vorteil des eigenen Angebots erreicht. Um solche Präferenzen bilden zu können, muss die Marke mit Leistungsaussagen gekoppelt werden, die eine Art Garantiewirkung für die Zielgruppe haben. Durch die Übersicht der Leistungsausprägungen der angebotenen Marken wird dem Kunden außerdem eine Art Sicherheit beim Kauf gegeben. Der Marke kommt somit eine risikoreduzierende Funktion zu, weil der Kunde für sein Geld genau die Leistungsmerkmale erhält, die er sich mit der Marke gewünscht hat.

Über den Aufbau von Markenbindung und Markentreue wird Markenloyalität bei Übereinstimmung zwischen den subjektiven Erwartungen und der Markenleistung geschaffen. Ist der Kunde mit einer Marke zufrieden, gibt es für ihn keinen Beweggrund, ein Risiko bei anderen Produkten einzugehen.

Eine Übersicht über Funktionen von Marken gibt Tabelle 11 (in Anlehnung an Esch 2004, S. 25 f.; Baumgart 2001, S. 21).

Nach Esch können die Ziele der Markenführung in drei Kategorien eingeteilt werden (Esch 2004, S. 61). Langfristiges Globalziel der Markenpolitik ist dabei die Sicherung der Unternehmensexistenz. Das Ziel der Markenführung auf Unternehmens- und Produktebene ist es, ein konsistentes Vorstellungsbild der Marke in den Köpfen der Zielgruppe zu verankern, und das Ziel auf Kundenebene ist es, Kunden zum (Wieder-) Kauf eines Markenproduktes zu bewegen, wodurch der Unternehmenswert gesteigert wird. Durch die Marketing-Kommunikation kann dabei ein erheblicher Beitrag für die Profitabilität und den Wert eines Unternehmens geleistet werden.

Funktion für den Hersteller	Funktion für den Kunden/Handel
• Wertsteigerung der Unternehmung • Ausdruck besonderer Herstellerkompetenzen • Differenzierung des eigenen Angebotes von dem der Konkurrenz • Absatzförderungsfunktion: Festigung der Macht im Handel • Schutzfunktion: Stärkung der Wettbewerbsposition und Aufbau von Barrieren • Transferfunktion • Profilierungsfunktion gegenüber der Konkurrenz • Förderung eines positiven Images • Kommunikationsfunktion • Kundenbindung und Kundenloyalität • Präferenzbildung • Erweiterungspotenzial: Plattform für neue Produkte und bessere Erschließung neuer Märkte und Zielgruppen. • Stiftung eines psychologischen Zusatznutzens • Absatzförderungsfunktion • Unterstützungsfunktion im Hinblick auf andere absatzwirtschaftliche Aktivitäten	Nutzen für den Kunden: • Orientierungshilfe beim Kauf • Entlastungsfunktion bei der Produktauswahl • Qualitätssicherungsfunktion: Eine Marke ist das Versprechen eines Herstellers, Produkte in konstanter Qualität zu liefern • Reduktion des Kaufrisikos; Minderung des Risikos einer Fehlentscheidung • Identifikationsfunktion • Prestigefunktion • Vertrauensfunktion • Informationsfunktion Nutzen für den Handel: • Minderung des Absatzrisikos durch Selbstverkäuflichkeit • Renditefunktion • Verminderte Beanspruchung eigener Marketinginstrumente • Profilierungsfunktion gegenüber Herstellern • Solidarisierungsfunktion im Handelsverbund

Tabelle 11: Markenfunktionen aus Anbieter- und Nachfragersicht

Das oberste Ziel auf der Markenebene ist die Erhaltung oder Steigerung des Markenwertes. Dies soll durch den gezielten Aufbau und die kontinuierliche Pflege von Markenbekanntheit, Markenimage, Markenvertrauen und Markenbindung geschehen. Eine durch ein gezieltes Markenmanagement aufgebaute starke Marke bewirkt auf der Markenebene zunächst die Möglichkeit der besseren Differenzierung der eigenen Leistungen und den Ausbau von Marktanteilen. Dies führt auf der Unternehmensebene dann zu einer Optimierung des Markenportfoliowertes und infolgedessen zu höherer Rentabilität, Unternehmenswertsteigerung sowie zur Existenzsicherung des Unternehmens.

Die Aspekte in Tabelle 12 können als Erfolgskriterien der Marketing-Kommunikation für die Markenführung herausgestellt werden (in Anlehnung an Linxweiler 1999, S. 62).

Erfolgskriterien der Markenführung	
Competence Aspect	Markenkonzepte mit Problemlosungskompetenz in der Gebrauchs-, Verbrauchs- und Entsorgungsphase.
Credibility Aspect	Glaubwürdigkeit der Marke gegenüber kritischen Kunden und der Öffentlichkeit.
Concentration Aspect	Konzentration der Unternehmensressourcen auf wenige starke Marken.
Continuity Aspect	Kontinuität des Markenauftritts als Orientierungshilfe bei der Markenwahl.
Commitment Aspect	Gemeinsame Ausrichtung der Unternehmenskultur auf konsequentes Innovationsstreben.
Cooperation Aspect	Partnerschaftliche Zusammenarbeit von Hersteller und Händler zur frühzeitigen Anpassung an Marktänderungen.

Tabelle 12: Erfolgskriterien der Markenführung

6.1.4 Markenwissen und Markenwert

Das Markenwissen kann in die Markenbekanntheit und das Markenimage als wesentliche Grundlage des Markenwertes unterschieden werden (Abbildung 30; Esch 2004, S. 70).

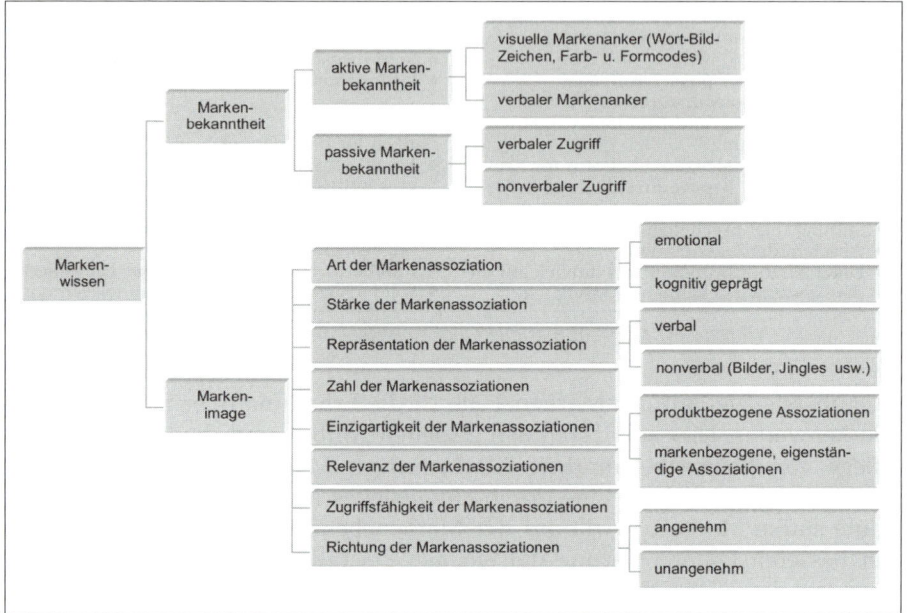

Abbildung 30: Die Bestandteile des Markenwissens

Markenbekanntheit

Die Markenbekanntheit ist die notwendige Bedingung für den Markenerfolg und die Voraussetzung dafür, dass sich beim Rezipienten im Zusammenhang mit einer Marke Assoziationen einstellen und er sich dabei ein bestimmtes, förderliches Bild vorstellt. Erst durch die Markenbekanntheit wird eine Marke bei der Kaufentscheidung berücksichtigt und Vertrauen und Zuneigung beim Kunden geschaffen (Esch 2004, S. 71).

Bei der Markenbekanntheit kann man zwischen Tiefe und Breite unterscheiden. Die Tiefe einer Marke bezieht sich auf die Wahrscheinlichkeit, dass man beim Kaufentscheidungsprozess an eine Marke denkt. Sie wird oft mittels einer Pyramide dargestellt (vgl. Abb. 31; Esch 2004, S. 72). Marken, die an der Spitze der Pyramide stehen, haben eine hohe Chance bei der Markenwahl. Wenn eine Entscheidung gedächtnisbasiert ist, spricht man von aktiver Markenbekanntheit, wohingegen passive Markenbekanntheit dann zum Tragen kommt, wenn die Entscheidung erst am Point-of-Sale getroffen wird. Hierfür reicht eine Wiedererkennung der Marke. Generell gilt: „Je höher die Stellung einer Marke in der Bekanntheitspyramide, desto eher wird diese Marke beim Kauf präferiert" (Esch 2004, S. 72).

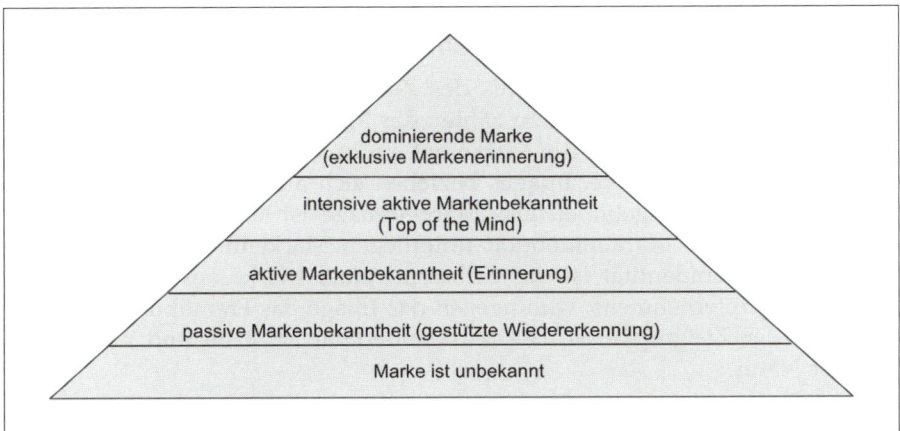

Abbildung 31: Die Markenbekanntheitspyramide

Die Breite der Markenbekanntheit bezieht sich auf die Kauf- bzw. Verwendungssituation, in der ein Kunde eine Marke erinnert. Wenn man beispielsweise Kunden nach Biermarken fragt, wird die Marke „Corona" kaum genannt. Fragt man jedoch detailliert nach mexikanischen Biermarken, so steht „Corona" meist an erster Stelle. Um Marken richtig zu führen, ist es also wichtig, die Bezugsgrößen der Markenbekanntheit zu kennen und festzulegen.

Markenimage

Das Image einer Marke ist das Vorstellungsbild, welches aufgrund von Gefühlen, Einstellungen, Haltungen und Erwartungen einer Person das Verhalten gegenüber der Marke prägt. Das Image ist somit die Folge eines Bewertungsprozesses auf der Grundlage gespeicherter Gedächtnisinhalte.

Das Markenimage kann durch folgende Merkmale beschrieben werden (Esch 2004, S. 73 f.):

- Emotionale und kognitive Assoziationen: Kennzeichen von starken Marken sind meist emotionale Inhalte, die mit der Marke verknüpft werden.
- Stärke der Assoziationen: Je stärker die Assoziation, desto mehr Einfluss hat sie auf die Markenbeurteilung.
- Repräsentation der Assoziation: Starke Marken haben meist nonverbale Inhalte. Hier spielt vor allem die Klarheit des inneren Bildes eine große Rolle.
- Anzahl der Assoziationen: Starke Marken lösen mehr Assoziationen aus als schwache Marken. Die ausgelösten Vorstellungen müssen aber eng miteinander vernetzt sein.
- Einzigartigkeit der Assoziation: Starke Marken sind klar differenziert und abgegrenzt.
- Richtung der Assoziation: Starke Marken wecken meist positive Gefühle. Es entsteht Sympathie gegenüber der Marke.
- Relevanz der Assoziation: Die Assoziationen müssen den Bedürfnissen der Kunden entsprechen und sie ansprechen.

- Zugriffsfähigkeit der Assoziation: Marken müssen leicht mit bestimmten Eigenschaften in Verbindung gebracht werden können.

Das Markenimage ist das Ergebnis des Zusammenspiels aller Impulse, die von einer Marke ausgehen. Dazu zählen der Markenname, visuelle Symbole, die Darstellung usw. Nicht die Marke hat ein Image, sondern der Kunde hat ein Image von der Marke. Images beziehen sich auf Marken, werden aber bei den Rezipienten gebildet. Das Markenimage ist also subjektiv geprägt. Im Gegensatz zur Markenidentität unterliegen Markenimages Veränderungen. Die Markenidentität ist das Selbstbild einer Marke aus Sicht der Manager eines Unternehmens, wohingegen das Image das Fremdbild der Marke aus Sicht der Zielgruppe ist. Die Markenidentität ist stabil und meist langfristiger Natur.

Abbildung 32 zeigt die Zusammenhänge und Unterschiede zwischen Markenidentität und Markenimage auf (Quelle: Esch 2004, S. 87).

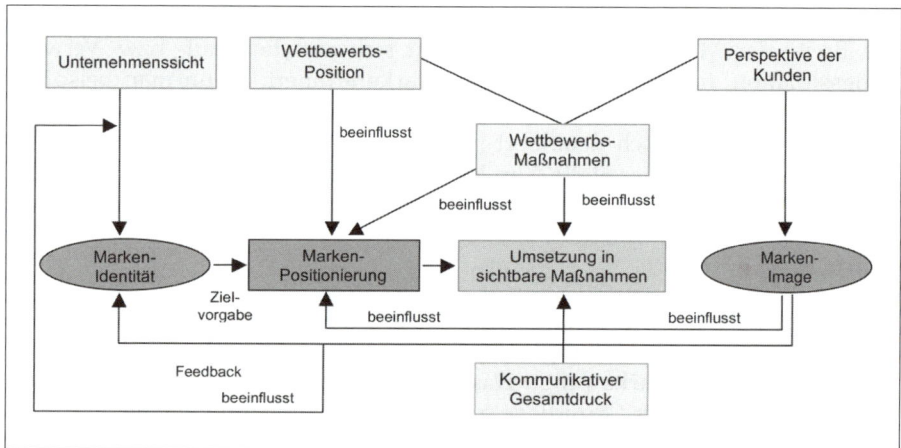

Abbildung 32: Zusammenhang zwischen Markenidentität und Markenimage

Markenwert

Der Markenwert lässt sich sehr gut mit dem „icon"-Markeneisberg darstellen, bei dem sich das Markenimage aus dem ganzheitlichen Markenbild und dem Markenguthaben zusammensetzt. Der Markeneisberg von „icon" (Abbildung 33; Quelle: icon Forschung & Consulting, 1998) ist ein Modell zur Ermittlung des Markenwertes und beruht auf verhaltenswissenschaftlichen Erkenntnissen. Wenn man sich den Wert einer Marke als Eisberg vorstellt, so ist das Markenbild der für die Kunden sichtbare Teil einer Marke, der den aktuellen Markenauftritt darstellt. Das Markenbild spiegelt die Wahrnehmung der Marke durch den Kunden wider. Das Markenguthaben, welches in direktem Bezug zum Verhalten und damit zum Markenerfolg steht, liegt im Gegensatz dazu unter der Wasseroberfläche. Hier werden die langfristigen Markenveränderungen wie vergangene Marketingmaßnahmen und frühere Investitionen abgebildet.

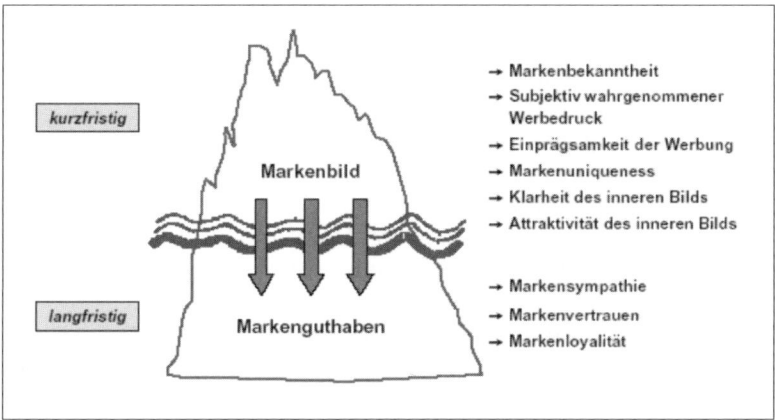

Abbildung 33: Der Markeneisberg von icon

Das Markenbild kann kurzfristig durch Änderung des Markenauftritts beeinflusst werden, eine Änderung des Markenguthabens ist im Gegensatz dazu eine langfristige Angelegenheit. Um positive Veränderungen zu erreichen, muss ein eigenständiges, klares und attraktives Markenbild geschaffen werden.

Das Markenbild wird durch die Markenbekanntheit, die Klarheit und Attraktivität des inneren Markenbildes, die Eigenständigkeit des Markenauftritts, die Einprägsamkeit der Kommunikation und den subjektiv wahrgenommenen Kommunikationsdruck geprägt.

Im Markenguthaben dagegen sind die Markensympathie, das Markenvertrauen und die Loyalität zur Marke verankert. Das Markenguthaben entsteht dabei durch gelernte, direkte oder durch Kommunikation vermittelte Erfahrungen mit einer Marke.

Marken setzen sich dabei nicht nur in sprachlicher Form im Gehirn fest, sondern werden auch in Form von Bildern und Gestaltungselementen gespeichert. Da diese Bilder weniger bewusst kontrolliert werden können und der Zugriff auf sie leichter ist, verfügen viele starke Marken auch über ausgeprägte Markenbilder.

Die Bedeutung für die Marketing-Kommunikation liegt darin, dass Markenimage und Markenwert sich aus den Bewertungen des gesamtheitlichen Auftretens einer Marke aus Sicht der Kunden und auf Basis der Gesamtheit ihrer Vorstellungen, Gefühle, Einstellungen und Werte ergeben. Eine systematische Marketing-Kommunikation ist daher wesentlicher Inhalt einer strategischen Kommunikation, damit der Markenwert gesteigert werden kann.

6.1.5 Markenbeziehungen und Identifikationsstufen der Kunden

Je höher der Informationsgrad über eine Marke ist und je klarer eine bestimmte Assoziation vermittelt wird, desto größer ist auch der Nutzen für den Interessenten. Informationen und Erfahrungen, die eine Person sammelt, sind durch die verschiedenen Umweltsituationen und die unterschiedlichen Wahrnehmungsstrukturen subjektiv geprägt. Diese subjektiv geprägten Informationen über Marken, die den Kaufentscheidungen zugrunde liegen, bezeichnet man als Markenimage.

Der Entscheider wird sich nicht danach richten, wie die Marke objektiv beschaffen ist, sondern wie er glaubt, dass sie ist. Das bedeutet, dass der Entscheider seine Entscheidung über eine Marke danach fällt, wie er glaubt, fühlt und meint, dass diese Marke wäre. Der Kunde trifft seine Entscheidungen nach dem selbst geschaffenen, inneren subjektiven Vorstellungsbild, das er selbst von der Marke hat.

Für die Marketing-Kommunikation ist es wichtig festzustellen, in welchem Maße sich Kunden tatsächlich bei ihrem Kaufverhalten an Markenimages orientieren und welche Faktoren dieses Image beeinflussen. Durch diese Analyse lässt sich herausfinden, welche Faktoren besonders herausgestellt werden sollen, um die Rezipienten zum Kauf zu bewegen.

Da der für den Markterfolg erforderliche Vertrauensbezug aus dem Image resultiert, muss durch die Marketing-Kommunikation versucht werden, durch geeignete Maßnahmen eine Identifikation zwischen dem Rezipienten und der Marke aufzubauen.

Durch die Marketing-Kommunikation sollen Persönlichkeitsaspekte für die Marke vermittelt werden, indem man ihren Charakter durch Worte und Begriffe beschreibt. Dabei spielen z. B. auch die Produktbeschaffenheit, die Verpackung und der Name des Produkts eine wichtige Rolle. Diese Aspekte beeinflussen das Verhalten der Rezipienten entscheidend, denn je besser sie sich mit dem Produkt identifizieren können, d. h. je mehr die Persönlichkeitsaspekte der Marke auch mit denen des Rezipienten übereinstimmen, desto eher wird die Entscheidung auch auf diese Marke fallen. Deshalb ist es enorm wichtig, anhand von Befragungen und Untersuchungen herauszufinden, welche Persönlichkeitsaspekte für die Zielgruppe wichtig sind, um das Markenimage genau nach diesen Kriterien aufzubauen.

Außerdem ist eine wechselseitige Abhängigkeit zwischen dem Markenimage und dem Unternehmensimage zu beobachten, d.h. das Image einer Marke wird in das Vorstellungsbild des Unternehmens mit eingehen und umgekehrt (Heidemann 1969, S. 8).

Wie weit die Beziehung vom Kunden mit der Marke eingegangen wird, hängt von der Zielperson selbst ab. Die Person entscheidet durch ihr Interesse (Involvement), inwieweit sie sich auf die Marke einlässt. Bei der Identifikation mit einer Marke können verschiedene Stufen unterschieden werden (Linxweiler 2004, S. 38 ff.).

Die Personalisierung ist das höchste Maß der Identifikation, wobei die Marke umfassend die Persönlichkeit des Käufers widerspiegelt. Die Personalisierung ist die Voraussetzung für die Entstehung von Markenloyalität. Loyale Kunden bleiben trotz Wettbewerbsbemühungen einer bestimmten Marke treu. Diese Verbundenheit wird über Jahre hinweg aufgebaut. Die Schlüsselvariable hierbei ist die grundlegende Sympathie eines Kunden für die Marke.

Die Expression bedeutet, dass der Kunde durch den Kauf einer bestimmten Marke etwas ausdrücken möchte, meistens aus Prestige- und Statusgründen. Die Identifikation mit einer Marke geschieht dann, wenn sie in das Vorstellungsbild von etwas Besonderem passt. Sie erfüllt einen gewissen Anspruch. Akzeptanz bedeutet, dass Marken den Standard erfüllen, aber nicht mehr. Man weiß, dass man mit dem Erwerb etwas Bewährtes bekommt und somit nichts falsch machen kann. Hier erfüllt die Marke also die klassischen Grundfunktionen, nämlich die des Vertrauens und die der Erleichterung bei der Produktauswahl. Zwischen Akzeptanz und Distanz ist der Status der Toleranz. Distanz zu einer Marke entsteht bzw. ist vorhanden, wenn es aus irgendwelchen Gründen zur kritischen Einstellung ihr gegenüber kommt oder sich der Käufer gar nicht erst mit ihr beschäftigt, weil er nicht im Adressatenkreis der Kommunikation ist oder kein Interesse hat. Letztendlich kann es zu Diskriminanz kommen, wenn der Kunde eine Marke grundsätzlich ablehnt und der Kauf nicht in Betracht kommt. Dies geschieht aufgrund eigener schlechter Erfahrungen, durch Erfahrungen anderer oder durch grundsätzliche Einstellungen, die nicht zueinander passen.

6.2 Imagepolitik und Corporate Identity

6.2.1 Das Image

Images sind ganzheitliche und gleichzeitig differenzierte Vorstellungsbilder, welche eine Person von einem bestimmten Beurteilungsgegenstand hat. Images sind somit die Summe aller Vorstellungen, Gefühle, Einstellungen und Vorbehalte einer Person. Sie entwickeln und verfestigen sich durch eigene und fremde Erfahrungen teils bewusst, teils unbewusst und steuern somit die Wahrnehmung und Interpretation der Umwelt und bieten der Person eine wichtige Orientierungshilfe. Images beinhalten immer ein Werturteil der jeweiligen Person und sind umso stabiler, je früher sie gebildet werden (Heller 1998, S. 13). Daher bildet die gezielte Ansprache von Kindern und Jugendlichen bei Konsummarken einen festen Bestandteil der Kommunikation, da ein in der Kindheit geprägtes Image im Erwachsenenalter meist nicht mehr revidiert wird.

Wie stark Images das Verhalten beeinflussen können, zeigt sich in vielen Produktbereichen. Die Wahl einer präferierten Marke basiert dabei überwiegend auf Imagewerten. In Verbrauchertests konnte bewiesen werden, dass die meisten Marken im Blindtest nicht unterschieden werden können.

Je nach Ausprägung des Images durch ein bestimmtes Objekt kann man grundsätzlich nach Produkt- bzw. Branchenimage, Markenimage und Firmenimage unterscheiden.

Produkt- bzw. Branchenimages enthalten alle Vorstellungsbilder eines ganzen Wirtschaftsbereiches. Firmenimages entsprechen dagegen den Einstellungen, Ideen, Meinungen einer Person bezüglich eines Herstellers oder Unternehmens, während sich das Markenimage auf eine ganz bestimmte Marke eines Herstellers oder Unternehmens bezieht. Durch einen Imagetransfer lassen sich Images eines Unternehmens, einer Marke und eines Produktes wechselseitig übertragen und gegenseitig verstärken (Heller 1998, S. 13).

6.2.2 Kennzeichen des Image

Images setzen sich grundsätzlich aus der wahrgenommenen Eignung des Unternehmens/Produktes zur Befriedigung individueller Bedürfnisse der Kunden, aus der Einzigartigkeit der Vorstellungen, die mit dem Unternehmen/Produkt verbunden sind, und der Stärke und Genauigkeit der mit dem Unternehmen/Produkt verbundenen Gedankenverknüpfungen (Assoziationen) zusammen. Dabei sind Images meist nicht simpel strukturiert, sondern eher komplexe Gebilde. Je mehr Informationen vorliegen, desto breiter und zuverlässiger ist das Image. Während viele Informationen Vorstellungsbilder mit vielen Facetten entstehen lassen, führen nur wenige Informationen dazu, dass sich ein schlichtes, oft zu einfaches Bild bildet.

Images entstehen zudem schnell, aber festigen sich nur langsam. Anfangs reicht eine einzige neue Information aus, damit sich ein Image ändert, generell muss sich Wissen (Erfahrung) jedoch auch in der Praxis beweisen (Alltagserfahrung), um dauerhaft zu sein. So kann ein neues Unternehmen als erfolgreicher Aufsteiger gelten, bis die ersten schlechten Bilanzen bekannt werden. Selbst ein Unternehmen, das jahrelang als vertrauenswürdig und sozial galt, kann schlagartig ein negatives Image erzeugen, wenn die Massenmedien schlechte Arbeitsbedingungen aufdecken. Images sind immer ganzheitlich. Sie sind das Ergebnis vielfältiger Informationen und Eindrücke, die aus der Wahrnehmung von Kommunikation und Verhalten entstehen. Nimmt die Bezugsgruppe diese Elemente nicht widerspruchsfrei als Ganzes wahr, können Brüche in der Wahrnehmung entstehen. Um dies zu vermeiden, muss ein Konzept für alle Beteiligten nachvollziehbar sein, welche Unternehmenspersönlichkeit aufgebaut werden soll und welchen Beitrag die Beteiligten hierzu leisten sollen. Images entstehen aus unterschiedlichen Quellen. Vorstellungsbilder entstehen dabei nicht aus den Quellen des Unternehmens allein, sondern werden auch durch Familie und Freunde, durch soziale Gruppen, Massenmedien, Institutionen und Vereine geprägt.

6.2.3 Eigenschaften und Funktionen des Image

Die wichtigsten Eigenschaften des Image sind die Interindividualität und Subjektivität. Das bezüglich eines bestimmten Objektes gebildete Image kann von Individuum zu Individuum oder von Personengruppe zu Personengruppe unterschiedlich sein, da jede Person im Laufe ihrer Sozialisation unterschiedliche Erfahrungen gesammelt hat, aus denen sich abweichende Vorstellungen, Einstellungen etc. ergeben. Ein weiterer Grund für die Unterschiedlichkeit der Images ist die Anzahl der zur Imagebildung zugrunde gelegten Informationen und deren Bewertung, die jede Person verschieden wahrnimmt.

Images tendieren zudem zu einer gewissen Stabilität und Dauerhaftigkeit, mit der Folge, dass sie sich nur langsam ändern, also eine Beeinflussung nur langsam möglich ist. Daraus lässt sich folgern, dass, wenn das Image eines Objektes positiv ist, sich dies auch vorteilhaft für das Objekt auswirkt.

Erfolgreiche, starke Images zeichnen sich durch Prägnanz, Konstanz, Distanz, Originalität und Kongruenz aus (Winkelmann 2004, S. 410).

- **Prägnanz:** prägnante Images sind durch Klarheit, Richtigkeit und eindeutige Zurechenbarkeit gekennzeichnet.
- **Konstanz:** Ständig wechselnde Imagebotschaften können sich beim Kunden nicht zu einem positiven Bild verfestigen. Dem Management ist deshalb Kontinuität in der Imagepolitik bzw. Konstanz bei den Botschaften zu empfehlen.
- **Distanz (Differenzierung):** Anzustreben sind Unverwechselbarkeiten gegenüber der Konkurrenz. Ein Image sollte auf Distanz zum Wettbewerbsimage gehen.
- **Originalität:** Gute Imagebotschaften sind originell, verblüffen den Rezipienten und hinterlassen ein Schmunzeln, ohne dabei platt und anstößig zu wirken.
- **Kongruenz:** Bei starken Images decken sich Selbst- und Fremdbild.

6.2.4 Imagepolitik

Im Rahmen der Imagepolitik sind Unternehmen darauf bedacht, ein sympathisches Bild in der Öffentlichkeit abzugeben und zu sichern und dabei in der Gesamtheit aller persönlichen und unternehmensbezogenen Aktivitäten mit einem einheitlichen Erscheinungsbild aufzutreten, welches sich prägnant vom Wettbewerb abhebt und das über einen längeren Zeitraum stabil ist. Imageprägende Faktoren sind dabei die Kundenorientierung, die Produktqualität, die Managementqualität und die Innovationskraft (Winkelmann 2004, S. 409).

Während das Image das ganzheitliche und gleichzeitig auch differenzierte Bild umfasst, welches eine Person von einem Beurteilungsobjekt hat, umfasst die Imagepolitik alle Maßnahmen, um bei Interessenten, Kunden und in der Öffentlichkeit ein bestimmtes Bild über eine Person oder über ein Produkt zu formen oder zu verändern oder um deren Einstellungen in einer bewussten Weise zu beeinflussen (Winkelmann 2004, S. 410).

Die Beeinflussung und Veränderung der inneren Bilder in der „Black Box" des Kunden im Rahmen der Imagepolitik ist für Unternehmen zunehmend bedeutsam, da Images Marktanteile sowie den strategischen Unternehmenserfolg beeinflussen und daher wesentliche Erfolgsfaktoren für den Wert des Unternehmens darstellen.

Das Hauptziel der Imagepolitik ist dabei eine möglichst hohe Kongruenz zwischen dem Selbstimage und dem im Markt gewachsenen Fremdimage zu schaffen. Um dies zu erreichen, müssen Images in der Öffentlichkeit gezielt gefördert und beeinflusst werden. Im Rahmen der Corporate-Identity-

Politik kann auf der Grundlage eines kontrollierten äußeren Erscheinungsbildes das Image von Unternehmen und Produkten in der Öffentlichkeit
und damit bei den Kunden geprägt werden (Winkelmann 2004, S. 411).

Die Imagepolitik an sich ist dabei ein umfassender Prozess zur Analyse und
Festlegung von Imagezielen, zur Bestimmung von Ist- und Soll-Images, zur
imageorientierten Maßnahmenauswahl und -durchführung sowie zur Image-
kontrolle. Dabei kommt der Imagepositionierung eine besondere Bedeutung
zu (Winkelmann 2004, S. 414).

6.2.5 Corporate Identity

Während das Image einer Unternehmung das Bild dieser Unternehmung in
der Vorstellung der Kunden ist (Fremdbild), stellt die Corporate Identity das
sichtbare Erscheinungsbild, den sichtbaren Markenauftritt einer Unternehmung nach außen und gegenüber der Öffentlichkeit dar (Selbstbild) (Winkelmann 2004, S 411). Die Corporate-Identity-Politik umfasst dabei alle Maßnahmen zur gezielten Gestaltung und Vereinheitlichung von Firmenbild und
Markenauftritt und beinhaltet einen strategisch geplanten und operativ ge-
steuerten Planungsprozess, der das Erscheinungsbild, die Verhaltensweisen
und die kommunikativen Aktivitäten des Unternehmens im Innen- und Außenverhältnis unter einer einheitlichen Konzeption koordiniert. Die Corporate-Identity-Politik ist daher der tragende Kern der Imagepolitik. Die Zusammenhänge sind in Abbildung 34 dargestellt.

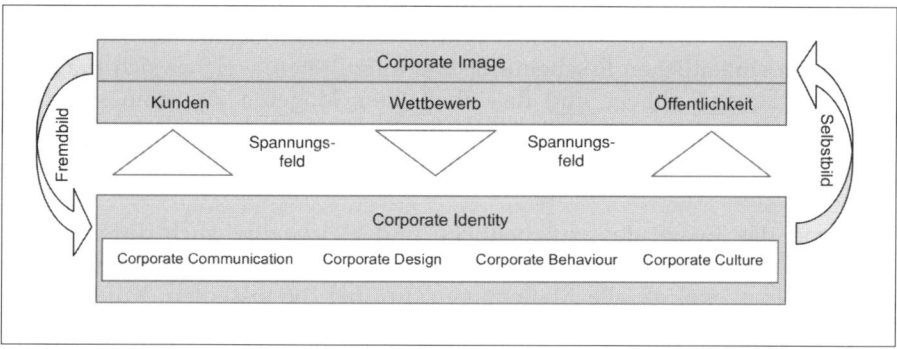

Abbildung 34: Die Bestandteile des Corporate-Identity-Managements

Corporate Identity kann als Orientierungsrahmen für die Unternehmenskommunikation angesehen werden, da sie versucht, einen konsistenten
kommunikativen Auftritt intern und extern zu erreichen, indem sämtliche
Kommunikationsziele, -strategien und -aktionen eines Unternehmens integriert werden (Vergossen 2004, S. 37). Durch den abgestimmten Einsatz der
einzelnen Instrumente soll ein Corporate Image aufgebaut werden und damit ein möglichst einheitliches Erscheinungsbild für Kunden, Mitarbeiter
und Unternehmen entstehen.

Durch dieses einheitliche Unternehmensimage soll zum einen bei den unterschiedlichen Zielgruppen Vertrauen ausgebaut werden sowie Glaubwürdigkeit, Akzeptanz und Sympathie geschaffen werden und zum anderen ein eigenständiges Profil des Unternehmens und seiner Produkte gegenüber den Zielgruppen herausgestellt werden. Um dies zu erreichen, müssen die einzelnen Gestaltungsmittel wie Stilkonstanten (Typographie, Farbstimmung, Fotostil, Logo, Slogan, Jingle), Tonalität und Visualität aufeinander abgestimmt werden und bei den einzelnen Elementen der CI umgesetzt werden.

Als Elemente der Corporate Identity können die Corporate Communication, das Corporate Design, das Corporate Behaviour und die Corporate Culture angeführt werden (vgl. Abb. 34).

Corporate Communication

Corporate Communication umfasst den abgestimmten Einsatz sämtlicher Kommunikationsinstrumente, sowohl kurz- als auch langfristiger Natur. Dadurch wird das Ziel verfolgt, dass alle Kommunikationsformen miteinander harmonieren und einen „roten Faden" erkennen lassen (Vergossen 2004, S. 38). Zudem zielt das Konzept der Corporate Communication darauf ab, die Kommunikationsbotschaften auf die gewünschte Unternehmensidentität abzustimmen.

Corporate Design

Das Corporate Design zielt auf die Standardisierung und Vereinheitlichung aller visuellen Elemente des Auftritts der Unternehmung in der Öffentlichkeit und trägt somit zu einem unverwechselbaren Unternehmensbild bei, welches die Identität, Kultur und Vision eines Unternehmens widerspiegelt (Winkelmann 2004, S. 412). Alle denkbaren Imageträger, vom Logo über Produktgestaltungsmerkmale, Gebäudefassaden, Briefpapier bis zur Verpackung werden aufeinander abgestimmt und mit einheitlichen Identifikationsmerkmalen ausgestattet. Infolgedessen stellt das Corporate Design den sichtbaren Teil der Corporate Identity dar, welcher eine schnelle Identifikation ermöglichen soll (Vergossen 2004, S. 38). Die Darstellung und Übertragung identitätsstiftender Inhalte erfolgt dabei hauptsächlich über die visuelle Kommunikation.

Wesentliche Gestaltungsbestandteile eines Corporate Design sind das Produkt-Design, das Kommunikations-Design, das Sprach-Design und das Environment-Design (Architektur).

- **Produkt-Design**: Die Produkte eines Unternehmens sind wesentliche Botschaftsträger. Die Produktidentität manifestiert sich als Gesamtheit aller Teilaspekte eines Produktes wie Gestalt, Materialität, Qualität und Funktionalität sowie Markierung und Positionierung im Markt.
- **Kommunikations-Design**: Das Kommunikations-Design umfasst zum Beispiel das Printmediendesign, das Fotodesign, das Messedesign, das Bekleidungsdesign, das Design für audiovisuelle Medien sowie das Web-Design für den Internetauftritt.

- **Environment-Design** (Architektur): Viele Aktivitäten der Corporate Identity sind auf das Design konzentriert und das nicht ohne Grund. Corporate Design transportiert die Unternehmensidentität nach außen hin. Das Environment-Design umfasst dabei die Innenarchitektur, die Arbeitsplatzgestaltung, den Fuhrpark, das Messestand-Design sowie die Verkaufsraumgestaltung.

Corporate Behaviour

Corporate Behaviour bildet die in sich schlüssige und widerspruchsfreie Ausrichtung aller Verhaltensweisen der Unternehmensmitglieder im Innen- und Außenverhältnis (Meffert 2000, S. 708). Es umfasst somit das Firmenverhalten, das Handeln gegenüber Mitarbeitern, das Verhalten gegenüber Marktpartnern sowie das Verhalten gegenüber der Öffentlichkeit.

Das Firmenverhalten zeigt sich unter anderem darin, wie Mitarbeiter miteinander und mit externen Personen wie Kunden und Lieferanten umgehen, wie Konflikte gelöst werden, wie auf Probleme reagiert wird und wie viel Offenheit und Vertrauen im Umgang mit der Öffentlichkeit vorherrschen soll. Das Handeln gegenüber den Mitarbeitern spiegelt sich u.a. im Führungsstil, den Einstellungskriterien, dem Verhalten in der Lohn- und Gehaltspolitik sowie in Sozialleistungen wider. Das Verhalten gegenüber Marktpartnern kann u.a. dahin gehend beurteilt werden, ob das Unternehmen sein Produktionsprogramm konsequent an den Kundenbedürfnissen ausrichtet, ob es Qualitätsgrundsätze einhält und ob es seine Preise angemessen und übersichtlich darstellt. Das Verhalten gegenüber Staat, Öffentlichkeit und Umwelt zeigt sich u.a. daran, wie das Unternehmen mit gesellschaftlichen Gruppen kommuniziert, wie es sich gegenüber gesellschaftlichen und kulturellen Interessen, gegenüber ökologischen Problemen und gegenüber dem wissenschaftlich-technologischen Fortschritt und dem sozialen Wandel verhält.

Corporate Culture

Alle Elemente der Corporate Identity fügen sich schließlich in der Corporate Culture zu einer „fühlbaren" Firmenkultur zusammen (Winkelmann 2004, S. 413). Grundlage der Corporate Culture sind dabei Führungsrichtlinien und alle umfassenden Vereinbarungen, die das Zusammenleben im Unternehmen regeln. Diese reflektieren sich u.a. in den praktizierten Managementstilen, im Umgang der Mitarbeiter oder in der Durchführung bestimmter Rituale (Vergossen 2004, S. 38).

7. Anforderungen an die Marketing-Kommunikation

Die Anforderungen an Unternehmen sind im Laufe der Zeit in zunehmendem Maße höher geworden. Sowohl die Konfrontation mit einer komplexeren und wettbewerbsintensiveren Umwelt, die richtige Deutung des Kunden- und Konkurrenzverhaltens sowie die konzeptionelle Durchdringung der Vielfalt an verwirrenden Variablen speziell im Kommunikationsumfeld des Marketing stellen für die Unternehmen eine immer größere Herausforderung dar. Fehlinvestitionen in kommunikative Maßnahmen müssen vermieden werden.

Aufgrund der Veränderung der Märkte und Konzepte verändern sich auch die Anforderungen an die Marketing-Kommunikation. Die Betrachtung mehrerer Variablen mit höherer Genauigkeit aus kürzeren Beobachtungszeiträumen ist Voraussetzung, um erfolgreich zu sein. Eine konzeptionelle Vorbereitung sowie eine zeitnahe, prozessorientierte Steuerung sind wichtiger denn je. Die Unternehmen sind auf die Nutzung aller substanz- und verhaltenswissenschaftlichen Erkenntnisse und einer systematisch geplanten, marktorientierten Umsetzung angewiesen, um trotz der erschwerten Bedingungen erfolgreich im Wettbewerb bestehen zu können.

Der Erfolg der Marketing-Kommunikation kann von vielen Faktoren im Detail abhängen. Die grundlegenden Erfolgsfaktoren für eine erfolgreiche Marketing-Kommunikation sind:

- die richtigen Zielgruppen
- mit der richtigen Botschaft
- durch die richtige Vorgehensweise anzusprechen.

Um die gewünschte Kommunikationswirkung beim Empfänger erzielen zu können und Streuverluste möglichst zu vermeiden, muss der Sender der Botschaft den Adressatenkreis zu Beginn genau definieren und sich der zu beabsichtigenden Wirkung beim Empfänger im Klaren sein. Die Kommunikation sollte dabei der definierten Zielgruppe entsprechen und an deren Bedürfnissen ausgerichtet werden. Die Botschaft muss für den Empfänger entschlüsselbar und verständlich gestaltet werden, so dass dieser sie überhaupt wahrnehmen und verarbeiten kann. Um eine Wirkung beim Empfänger auszulösen, sollte die Botschaft mit den bestehenden Meinungen, Überzeugungen und Neigungen der Empfänger möglichst übereinstimmen. Des Weiteren erzeugt eine ausgeprägte Alleinstellung der Kommunikationsquelle eine größere Wirkung beim Rezipienten. Da soziale Bezugsgruppen bei der Aufnahme und Verarbeitung der Botschaft oft eine große und bedeutende Rolle spielen können und beeinflussend auf die Akzeptanz oder Ablehnung der Botschaft einwirken, müssen diese bei der Gestaltung der Botschaft und des Mediums berücksichtigt werden. Um ein Verständnis der Botschaft im Sinne des Senders beim Empfänger zu bewirken und die gewünschte Kommunikationswirkung zu erzielen, muss die Botschaft vom Sender einerseits individuell auf den Empfänger abgestimmt werden und in der Art und Weise verschlüsselt werden, dass sie vom Empfänger problemlos entschlüsselt werden kann. Des Weiteren sollten die Partner über einen einheitlichen Code (Sprache) zur Identifikation und Entschlüsselung der Signale verfügen, das Zeichenrepertoire (Sprachschatz) der Partner genügend groß und übereinstimmend sein und der subjektive Informationsrahmen und Erfahrungshintergrund des Empfängers eine zielgerechte Auslegung ermöglichen. Die Kommunikationsinhalte sollten derart gestaltet werden, dass sie von der Zielperson gelernt werden können. Ferner sollten die Nachrichten den Einstellungs- und Motivationsstrukturen der Empfänger zumindest teilweise entsprechen, um die vom Sender gewünschten Reaktionen auslösen zu können.

Nur wenn die Kommunikation eigenständig und unverwechselbar (Einzigartigkeit) gestaltet wird und die Nachricht zudem beachtenswert und wichtig ist, kann sich ein Unternehmen über die Kommunikation vom Wettbewerb differenzieren und eine Verwechslung mit konkurrierenden Signalen ausschließen. Falls die Kommunikation eine Verwechslung mit den Konkurrenzprodukten zulässt, werden wertvolle Ressourcen zwecklos verschwendet (Pepels 2000, S. 623 ff.).

Konstanz und Dauerhaftigkeit im kommunikativen Auftritt bedeuten, dass Kommunikationsmaßnahmen kontinuierlich ausgerichtet sein sollten. Denn nur eine konsistente Einwirkung längerfristig und gleichartig angelegter Maßnahmen erzielt den gewünschten Lernerfolg bei der Zielgruppe. Die Kommunikationsinhalte sollten zudem einfach, plausibel, attraktiv und interpersonell argumentiert werden und die Zielgruppe muss sich mit dem Inhalt identifizieren können. Die Erzeugung von Kaufsicherheit als Äquivalent zum gezahlten Kaufpreis ist neben der Konzentration auf eine zentrale Aussage äußerst wichtig. Um Verständnis und Erinnerbarkeit zu erzeugen, müssen die typgerechten Eigenschaften eines Angebots im Empfängerbewusstsein gefestigt werden. Der Angebotsnutzen sollte erlebbar dargestellt werden und den Nutzen begehrenswert und ehrlich vermitteln. Zudem sollte die Kommunikation flexibel angelegt sein, um auf aktuelle Marktströmungen und Trends eingehen zu können, und sich auf eine zentrale Aussage konzentrieren, welche in der Lage ist, die typprägenden Eigenschaften des Angebotes beim Kunden zu festigen und nachvollziehbar und erinnerbar zu machen. Kommunikation sollte außerdem die Kernaussage beweisen und eine Begründung für die Angebotswahl bringen (Pepels 2002, S. 192 f.). Auffallende und aufmerksamkeitsstarke Kommunikation stellt eine notwendige Voraussetzung für den Erfolg dar und ist zwingend für die Auseinandersetzung der Rezipienten mit den Botschaftsinhalten. Image und Marken erleichtern die Wiedererkennung.

Zudem ist es für den Erfolg der Kommunikation wichtig, dem Kunden einen konkreten Nutzen- oder Produktvorteil zu kommunizieren, Konstanz im kommunikativen Auftritt zu wahren, sich auf wenige, klar formulierte Zielsetzungen zu konzentrieren und die verschiedenen Instrumente und Träger zu integrieren (Vergossen 2004, S. 132 f.).

7.1 Integration der Erfolgsfaktoren

Durch die Integrierte Marketing-Kommunikation soll die strategische und operative Abstimmung aller kommunikativen Elemente und Maßnahmen nach innen und außen durch kommunikative Leitkonzepte bewerkstelligt werden. Damit wird insbesondere die formale und inhaltliche Abstimmung aller Kommunikationsmaßnahmen gefordert, um ein konsistentes Erscheinungsbild bei allen relevanten Zielgruppen zu erreichen (Meyer/Davidson 2001, S. 607). Darüber hinaus ist aufgrund der Vielzahl an Kommunikationselementen, wie Medien, Instrumenten, Formen, Trägern und verschiedenen Kommunikationsmaßnahmen (Bruhn 2003, S. 74), der Integrationsbedarf bezüglich Management und Wirkungseffekte besonders hoch und stellt einen zentralen Erfolgsfaktor für die Marketing-Kommunikation dar.

Die Integrierte Marketing-Kommunikation kennzeichnet die durchgängige Umsetzung eines Kommunikationskonzeptes sowie die Abstimmung der Kommunikation im Zeitverlauf mit den geplanten Kommunikationsaktivitäten (Meyer/Davidson 2001, S. 607). Dabei können spezielle Formen der Integration unterschieden werden. Die Abstimmung der verschiedenen Kommunikationsmaßnahmen und Instrumente kann sich in gestalterischer Hinsicht (einheitliches Design), zeitlicher Hinsicht (Timing der Kommunikationsaktivitäten), organisatorischer Hinsicht (zentrale Planungsstelle im Unternehmen) (Hofsäss 2003, S. 22) sowie in inhaltlicher, geographischer und formaler Hinsicht auswirken (vgl. Tabelle 13; in Anlehnung an Bruhn 2002, S. 247). Ziel der Integration ist es, die Kommunikationseindrücke im Ganzen zu ergänzen und zu verstärken und Synergieeffekte sowie Kostensenkungspotenziale zu erreichen.

Formen		Gegenstand	Ziele	Hilfsmittel	Zeithorizont
Inhaltliche Integration	Funktional	Thematische Abstimmung durch Verbindungslinien	Konsistenz, Eigenständigkeit, Kongruenz	Einheitliche Slogans, Botschaften, Argumente, Bilder	langfristig
	Instrumental				
	Horizontal				
	Vertikal				
Formale Integration		Einhaltung formaler Gestaltungsprinzipien	Präsenz, Prägnanz, Klarheit	Einheitliche Zeichen, Logos, Schrift, Größe, Farbe	mittel- bis langfristig
Zeitliche Integration		Abstimmung innerhalb u. zwischen den Planungsperioden	Konsistenz, Kontinuität	Ereignisplanung („Timing")	kurz- bis mittelfristig
Prozess orientierte Integration		Systematisch und zielgerichtet aufgebaute Prozessstufen (Input, Aktivität, Output)	Erhöhung der Prozessqualität, Sicherung des Erfolges, Wertschafung u. Konzentration auf die wertschöpfenden Aktivitäten	Erfolgsindikatoren der einzelnen Prozessstufen, kontinuierliches Controlling	mittel- bis langfristig

Tabelle 13: Formen der Integration

Bei der inhaltlichen Integration werden die Kommunikationsmaßnahmen thematisch gebündelt und einheitliche Slogans, Botschaften und Bilder verwendet. Dazu werden alle Kommunikationselemente aufeinander abgestimmt und Kommunikationsbotschaften als zentrale Aussagen formuliert und über die passenden Medien übermittelt. Die Botschaftsinhalte sollen identisch sein, um langfristig Konsistenz, Eigenständigkeit und Kongruenz zu gewährleisten, können sie jedoch an medienadäquate Formen angepasst werden. Die Instrumente werden funktional entsprechend der Aufgabenstellung und ihres Zielbeitrages, z.B. zur Information, eingesetzt. Die instrumentelle Integration soll die Abstimmung zwischen den Instrumenten und den spezifischen Einzelmaßnahmen und deren Synergiepotenziale gewährleisten. Horizontal werden die Maßnahmen auf die verschiedenen Marktstufen (Handel, Kunden) abgestimmt. Vertikal soll schließlich die Durchgängigkeit auf den verschiedenen Ebenen des Marktes gesichert werden (Vergossen 2004, S. 34 f.).

Die formale Integration soll die Wiedererkennbarkeit und Identifikation des Unternehmens bzw. der Marke erhöhen und bessere Lernerfolge sowie Verstärkungseffekte ermöglichen. Formen dieser Integrationsforderung sind die gemeinsame Verwendung formaler Elemente wie einheitliche Markenzeichen und Logos, Abstimmung des Corporate Designs, der Schrifttypen, Tonalität und Farben sowie die Verwendung einheitlicher Gestaltungsprinzipien.

Im Rahmen der zeitlichen Integration werden die einzelnen Kommunikationsmaßnahmen zeitlich aufeinander abgestimmt, um eine Verstärkung der Wirkung der einzelnen Instrumente und eine zeitliche Kontinuität im kommunikativen Auftritt des Unternehmens zu erreichen.

Die Realisierung der Integrationsaufgabe in der Marketing-Kommunikation ist umfassend und langfristig angelegt und setzt ein Verständnis über die Zusammenhänge voraus. Sie bedingt zudem viele organisatorische und personelle Voraussetzungen im Unternehmen. Aus diesen Gründen stößt die Implementierung immer noch auf inhaltlich-konzeptionelle, organisatorisch-strukturelle und personell-unternehmenskulturelle Barrieren (Bruhn 1997, S. 104 ff.). Die konsequente Verfolgung des Konzeptes der Integrierten Marketing-Kommunikation verbessert jedoch die Effizienz und Effektivität der Kommunikation erheblich und erhöht zudem die Glaubwürdigkeit und Akzeptanz des Unternehmens und seiner Kommunikationsmaßnahmen bei den Rezipienten.

Ein weiteres strategisches Orientierungskonzept für die Integrierte Kommunikation ist die Unternehmensidentität, welche die Persönlichkeit und spezifische Werthaltung eines Unternehmens widerspiegelt und durch die Corporate Identity umgesetzt wird. Corporate Identity strebt die Einheit und Übereinstimmung von Erscheinung, Worten und Taten eines Unternehmens mit seinem formulierten Selbstverständnis an und strebt einen einheitlichen Auftritt des Unternehmens und seiner Teile gegenüber Dritten (Pepels 2000, S. 723) an.

7.2 Orientierung am Prozessmanagement

Die Kommunikation stellt einen Prozess in der Wertkette des Unternehmens dar. Die richtige und effiziente Planung der Kommunikation nimmt im Marketing einen immer größeren Stellenwert ein. Um einen effizienten und effektiven Einsatz an Ressourcen sicherzustellen und die gewünschten Wirkungseffekte zu erreichen, sind viele einzelne Prozessschritte nötig. Aber nicht nur verschiedene Zielsetzungen und Aufgaben, sondern auch eine Vielzahl von beteiligten Personen und Organisationseinheiten erfordern eine zielführende Integration. Nur bei einer vollständigen Betrachtung des gesamten Kommunikationsmanagementprozesses und aller Schnittstellen und durch eine zielgerichtete Umsetzung und Durchführung kann der Erfolg der Marketing-Kommunikation sichergestellt werden.

Aus diesem Grund wird an dieser Stelle die Prozessorientierung als eine weitere Form der Integration hinzugefügt (vgl. Tabelle 13). Der Kommunikationsmanagementprozess wird dabei aus den zahlreichen zusammenhängenden und über Input- und Outputfaktoren voneinander abhängigen Teilprozessen bzw. Prozessphasen gebildet. Die einzelnen Prozessphasen sind dabei systematisch und zielgerichtet aufeinander aufgebaut. Der gesamte Kommunikationsmanagementprozess sowie jede einzelne Prozessstufe beinhalten die zielgerichtete Erstellung einer Leistung durch eine Folge logisch zusammenhängender Aktivitäten. Somit ist es möglich, mit diesem Planungsprozess alle entscheidungsrelevanten Faktoren mit einzubeziehen und die Marketing-Kommunikation in einem Guss zu planen. Die von Bruhn (Bruhn 2003, S. 70 ff.) vorgeschlagene zweiteilige Vorgehensweise mit einen Top-Down-Prozess und einem Bottom-Up-Prozess geht somit in einem einzigen synchronisierten Kommunikationsmanagementprozess auf. Auch in diesem neuen Ansatz sind Iterationen möglich und erforderlich, damit die einzelnen Phasen zielgerichtet optimiert werden können.

Die wesentlichen Elemente einer Prozessphase werden in Abbildung 35 dargestellt (Vahs 2001, S. 199). Innerhalb eines Prozesses wird der Output der vorangehenden Phase als Input in der folgenden Phase weiterverarbeitet. Durch diese systematische Vorgehensweise soll ein Wertzuwachs geschaffen werden.

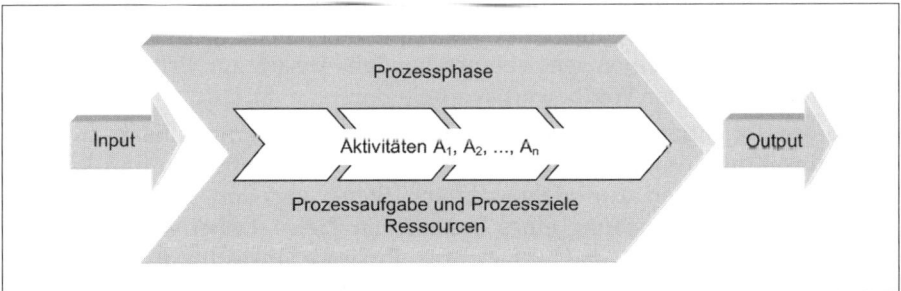

Abbildung 35: Die Prozesselemente

Zur Sicherstellung der richtigen, vollständigen und rechtzeitigen Durchführung des Kommunikationsmanagementprozesses und der einzelnen Prozessstufen werden für jede Prozessstufe Erfolgsindikatoren und Meilensteine definiert. Erst nach vollständiger und erfolgreicher Bearbeitung jeder einzelnen Stufe darf die nächste Prozessstufe begonnen werden. Der Erfolg des gesamten Kommunikationsprozesses wird permanent überprüft.

Der Kommunikationsmanagementprozess wird im Folgenden mit elf inhaltlich zusammenhängenden Prozessphasen dargestellt werden, welche zur Erzielung der angestrebten Kommunikationswirkung erforderlich sind und phasenweise einen Beitrag zum Kommunikationserfolg leisten. Dabei bauen die Leistungen der vorgehenden Prozessstufen aufeinander auf und erhöhen stufenweise die Zielerreichung. Prämisse und Input für den gesamten Kommunikationsmanagementprozess bildet die Kommunikationsstrategie, welche aus der Unternehmensstrategie abgeleitet wird. Output eines erfolgreichen Kommunikationsprozesses ist die Wertschaffung in Form eines höheren Unternehmenswertes und der Schaffung eines Kundenwertes. Dieser Kommunikationsmanagementprozess stellt dabei keinen einmaligen, sondern einen sich ständig wiederholenden Ablauf dar.

Das Prinzip der Wertorientierung zieht sich dabei durch den gesamten Prozess und jede einzelne Prozessstufe. Sowohl das Prinzip der Kundenorientierung als auch die Schaffung eines Kundenwertes stellen während jeder Prozessphase sowie prozessübergreifend die oberste Zielpriorität dar. Jede einzelne Prozessstufe muss somit konsequent auf die Bedürfnisse der Kunden ausgerichtet werden und Effizienzgesichtspunkten genügen.

Die Prozessorientierung in der Kommunikation schafft Transparenz und fördert das Verständnis für die Gesamtzusammenhänge. Die systematische Strukturierung der Teilprozesse senkt dabei nicht nur die Durchlaufzeit und beschleunigt die Kommunikation, sondern erhöht zudem die Prozessqualität und sichert den Erfolg. Durch die konsequente Prozessorientierung kann der Planungs- und Koordinationsaufwand erheblich verringert, Fehler und Doppelarbeit vermieden und die Konzentration auf wertschöpfende Aktivitäten fokussiert werden. Damit soll eine kontinuierliche Verbesserung und Kundenorientierung erreicht werden.

Die schnelle und effektive Abwicklung von Prozessen ist im wirtschaftlichen Umfeld entscheidend für die Wettbewerbs- und Überlebensfähigkeit von Unternehmen. Aus diesem Grund stellt die Prozessorientierung in der Kommunikation, kombiniert mit einer konsequenten Umsetzung des Relationship Managements, einen viel versprechenden Ansatz zur Erlangung kommunikationsbedingter Wettbewerbsvorteile dar.

Die prozessorientierte Integration beinhaltet im Zusammenhang mit der Marketing-Kommunikation alle organisatorischen, planerischen und kontrollierenden Aktivitäten zur zielgerichteten Steuerung und Umsetzung von Maßnahmen zur Erreichung eines bestimmten Zieles. Dabei werden interne Prozesse synchronisiert und auf externe Prozesse abgestimmt. Durch eine konsequente Orientierung am Kommunikationsmanagementprozess kann dies erreicht werden.

C. Prozessorientiertes Kommunikationsmanagement im Marketing

Im Teil C wird der prozessorientierte Ansatz des Integrierten Kommunikationsmanagements vorgestellt. Dabei werden die in Kapitel B.7 formulierten Anforderungen berücksichtigt, damit die Marketing-Kommunikation ihrer Rolle als Werttreiber gerecht werden kann. Die Integration der Erfolgsfaktoren findet dabei über die gesamte Prozesskette statt. Die Prozessorientierung ermöglicht eine strukturierte, in sich schlüssige und zielorientierte Vorgehensweise. Die im Teil B vorgestellten Themen sind wichtige Grundlage über den gesamten Prozess der Integrierten Marketing-Kommunikation.

In Tabelle 14 wird ein neu entwickelter Ansatz anhand spezieller Merkmale wie theoretische Fundierung, Kommunikationsinstrumente, Planungsprozess etc. charakterisiert und bedeutenden, in der Literatur diskutierten Konzepten der Integrierten Kommunikation gegenüber gestellt (vgl. Bruhn 2003, S. 76f.).

Mit diesem neuen Ansatz soll ein Beitrag zur Realisierung von mehr Effektivität und höherer Effizienz in der Marketing-Kommunikation geleistet werden. Insbesondere die theoretische Fundierung auf verhaltens- und substanzwissenschaftlichen Erkenntnissen (vgl. Teil B) und das systematische Prozessmanagement sollen dazu beitragen.

Über den gesamten Prozess soll die Orientierung am Kunden sowie die Realisierung von Zeit- und Kostenvorteilen sichergestellt werden. Ressortegoismen, Fehlplanungen durch Abstimmungsschwierigkeiten und Redundanzen müssen vermieden werden. Die konsequente Prozessorientierung soll bei allen Beteiligten die Transparenz für die Zusammenhänge erhöhen. Dadurch kann der Gesamtprozess zielorientiert geführt und auf wertschöpfende Aktivitäten konzentriert werden.

Die Vorteile, die daraus erwartet werden, können wie folgt zusammen gefasst werden (in Anlehnung an Vahs 2001, S. 192):

- Ganzheitliche Prozessführung und Planungsverantwortung
- Verringerung von Schnittstellenproblemen und gegenseitigen Abhängigkeiten
- Reduzierter Koordinationsaufwand
- Fokussierung auf wertschöpfende Tätigkeiten
- Konsequente Zielorientierung durch phasenweises Monitoring
- Kontinuierliche Verbesserung durch integriertes Controlling
- Höhere Motivation der Mitarbeiter durch erweiterte Aufgabenbereiche und Eigenverantwortung

Merkmal \ Autor	Northwestern University (1991)	Bruhn (1991)	Grunig (1995)	Gronstedt (1996)	Zerfaß (1996)	Hofbauer/ Hohenleitner (2005)
Theoretische Fundierung	Marketingtheoretische Perspektiven	• Wirkungssatz der Gestaltpsychologie • Betriebswirtschaftliche Sicht der Kommunikation • Primär Managementaspekte u. Aspekte der Organisationsstruktur • Marketingtheoretischer Ansatz	• Organisationstheoretisch • Perspektive des Bezugsgruppenmanagements • Marketingtheoretische Aspekte eingeschränkt • Eher kommunikationswissenschaftlicher Ansatz	• Ansatz des Bezugsgruppenmanagements	• Organisationstheoretischer Ansatz • Perspektive der betriebswirtschaftlichen Unternehmensführung	• Marketingorientierter Ansatz (Zielgruppenbezogenheit und Effizienz) • Werttreibende Sicht der Kommunikation (Prozessorientierung und Wirtschaftlichkeit) • Wirkungsorientierung im Hinblick auf den KEP
Kommunikationsinstrumente	Unterteilung in kurzfristige geschäftsbildende und langfristige markenbildende Kommunikationsmaßnahmen	Alle	Werbung und PR	• Sendeinstrumente • Empfangende Instrumente • Interaktive Instrumente	• Organisationskommunikation • Public Relations • Marktkommunikation	Integrierter Einsatz • Unternehmenskommunikation • Medienkommunikation • Direktkommunikation Mit Ausrichtung auf Customer Relationship Sales
Strategische/operative Ausrichtung	Strategisch und operativ	Strategisch und operativ	Strategisch	Strategisch und operativ	Strategisch und operativ	Strategische und operative Integration
Planungsprozess	Detailliert, iterativ	• Kommunikationsstrategie wird schriftlich festgelegt und besteht aus den drei Teilen: Strategie, Kommunikationsregeln und Organisationsregeln • Detailliert und iterativ	Keine Aussage	Drei Planungsschritte: 1. Bezugsgruppen 2. Auswahl des optimalen Mix an passenden Sendeinstrumenten für jede Bezugsgruppe 3. Integration	Iterativ	• Integration der verschiedenen Phasen durch Prozessorientierung • Input- u. Outputgrößen mit Meilensteinen • Zielorientiert/iterative Schleifen möglich
Organisation	Keine Aussage	Kommunikationsmanager	Public Relations sollte horizontal organisiert sein, wobei diese in einer Matrixorganisation zu den Abteilungen stehen sollte	Keine Aussage	Überfunktionale Planungsteams	Kommunikationsmanager mit integrierender Matrixfunktion aller Prozesse Intern: beteiligte Stellen/Funktionen Extern: Zielgruppen/Aufgaben
Beziehungsorientierung	Ja	Nein	Ja	Ja	Teilweise	Ja

Tabelle 14: Vergleichende Darstellung der Konzepte der Integrierten Kommunikation (entnommen und ergänzt aus Bruhn 2003, S. 77)

Strategie

Die Grundlage für alle Aktivitäten, Maßnahmen und Prozesse eines Unternehmens und somit auch für den Kommunikationsprozess bildet die Unternehmensstrategie, welche aus den Wertvorstellungen des Unternehmens, dem Unternehmensleitbild, der Unternehmenspolitik und Unternehmenskultur abgeleitet ist. Die Unternehmensstrategie wird auf Basis der Business Mission erarbeitet und dient als Orientierungsrahmen für alle Aktivitäten des Unternehmens. Durch sie wird die langfristige Ausrichtung des zukünftigen Handels zur Erreichung der Unternehmensziele festgelegt. Die Unternehmensstrategie spiegelt die Vision eines Unternehmens wider und beinhaltet sowohl Produkt- und Marktstrategien, die Kunden- und Wettbewerbsstrategie als auch Strategien zur Marktbearbeitung.

Aus der Unternehmensstrategie abgeleitet ist die Marketingstrategie. Diese bestimmt den konkreten Aktivitätsrahmen sowie die Stoßrichtung des Handelns im gesamten Marketing-Bereich. Sie gibt den Handlungsrahmen für alle nachgelagerten Entscheidungen im Marketing-Bereich vor, lässt jedoch eine gewisse Freiheit bei der Umsetzung (Meyer/Davidson 2001, S. 208). Sowohl die Unternehmens-, als auch die Marketing- und Kommunikationsstrategie müssen sich immer an den zukünftigen Bedürfnissen von Märkten und Kunden orientieren, Wettbewerbvorteile generieren und diese auch kommunikativ umsetzen.

Ausgangsbasis für den Kommunikationsmanagementprozess bildet die Kommunikationsstrategie, welche aus der Marketingstrategie abgeleitet ist. Im Rahmen der Kommunikationsstrategie wird die mittel- bis langfristige Ausrichtung des kommunikativen Verhaltens eines Unternehmens und deren Kommunikationsaktivitäten festgelegt und der Handlungsrahmen aller kommunikativen Maßnahmen und Aktivitäten abgesteckt. Zudem wird definiert, wie die Kommunikationsziele erreicht werden sollen.

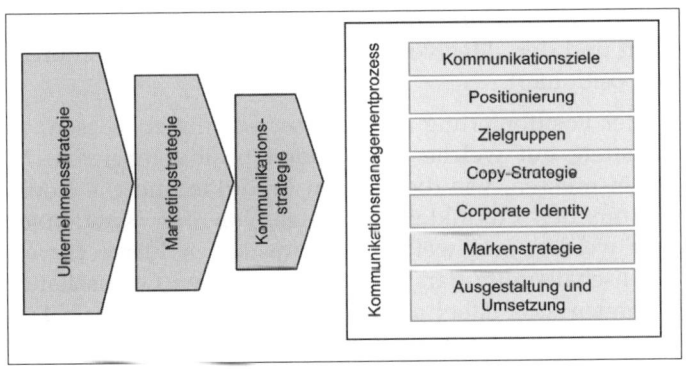

Abbildung 36: Die Inhalte der Kommunikationsstrategie

Die Kommunikationsstrategie beinhaltet die Elemente Kommunikationsziele, Positionierung, Zielgruppen, Copy-Strategie, Corporate Identity, Markenstrategie sowie die Ausgestaltung und Umsetzung der Kommunikation und spiegelt sich in diesen Elementen wider (Abb. 36).

Kommunikationsziele sind immer insofern mit der Kommunikationsstrategie verbunden, da sie den Zustand definieren, den man mit der Kommunikationsstrategie erreichen will. Während Kommunikationsziele die Richtung und die Ausprägung kommunikativer Handlungen festlegen, definiert die Kommunikationsstrategie den Weg und die einzusetzenden Mittel.

Eng mit der Kommunikationsstrategie verbunden ist die kommunikative Positionierung, welche den Erfolg eines Produktes bzw. der Kommunikation ganz entscheidend bestimmt. Bei der vorhandenen Produktvielfalt am Markt, kommt dem Eindruck des potenziellen Kunden bezüglich einer Innovation und der Tatsache große Bedeutung zu, wie sehr das Produkt der Idealvorstellung des Kunden entspricht. Im Rahmen der Positionierung wird die Position der eigenen Marke, im Vergleich zur Position der Konkurrenzmarken und in Relation zur idealen Position aus Sicht der Zielgruppe dargestellt. Je näher die Position der eigenen Marke an den Idealvorstellungen ist, desto höher ist die Kaufwahrscheinlichkeit. Nur wenn die Positionierung klar und eindeutig ist und der Nutzen klar erkennbar wird, können Präferenzen gebildet werden. Bei der Positionierung geht es vorrangig darum, bestimmte, aus Sicht der Kunden relevante Aspekte eines Angebotes besonders hervorzuheben, um eine Abgrenzung zur Konkurrenz zu erreichen (Vergossen 2004, S. 61). Die Positionierung als aktive Maßnahme beschreibt einerseits die Position, die ein Produkt im sogenannten Eigenschaftsraum tatsächlich einnimmt, und andererseits stellt sie auch den Prozess dieser Einordnung dar (Rogge 2004, S. 113). Da sich die Positionierung in der subjektiven Wahrnehmung der Kunden konkretisiert, ist es weniger wichtig, welche objektiven Eigenschaften die Produkte besitzen, sondern wie diese vom Kunden subjektiv wahrgenommen werden. Durch die Positionierung soll die Wahrnehmung der Kunden derart beeinflusst werden, dass den Rezipienten das Kommunikationsobjekt attraktiver erscheint als die Produkte der Konkurrenz. Das eigene Angebot wird somit von denen der Konkurrenz abgegrenzt und differenziert. Wenn ein Produkt den Vorstellungen der Kunden entspricht und der „Idealvorstellung" im Kopf nahe kommt, ist das Produkt richtig positioniert.

Im Rahmen der Positionierung ist es immer wichtig zu wissen, wie die Produkteigenschaften, auf welche die Kunden positiv reagieren, idealerweise beschaffen sein müssen, wie die eigenen Produkte und die Konkurrenzprodukte im Raum der Produkteigenschaften von den Kunden eingeschätzt und platziert werden und welche die günstigsten Plätze für eine Einordnung im Eigenschaftsraum darstellen. Die konkreten Eigenschaften der Positionierung können sich dabei auf sachliche oder funktionale Eigenschaften der Produktqualität oder auf emotionale Aspekte des Angebotes beziehen. Wichtig ist, dass die Positionierung immer stark, widerspruchsfrei und über längere Zeit tragbar ist.

Entscheidend bei allen Positionierungsarten und Positionierungsstrategien ist es, dass sie den Erwartungen des potenziellen Kunden möglichst gut entsprechen und der Nutzen betont wird. Je besser dabei ein Produkt positioniert ist, desto größer ist die Chance auf Erfolg.

Ein weiteres Element der Kommunikationsstrategie bildet die Zielgruppe. Im Rahmen der Zielgruppe wird definiert, auf welche Personen (Kommunikationssubjekte) kommunikative Aktivitäten ausgerichtet werden.

Die Copy-Strategie definiert innerhalb der Kommunikationsstrategie den Orientierungsrahmen für die kreative Umsetzung und Gestaltung der Kommunikation. Als Basiskonzeption legt die Copy-Strategie den mittel- bis langfristigen Rahmen der Ansprache und des kommunikativen Auftritts fest und bildet die Grundlage für die konkrete Kommunikationsplanung.

Die Kommunikationsstrategie bildet zudem den Ausgangspunkt für die Ausarbeitung der Corporate Identity. Aus den Maximen der Unternehmens-, Marketing- und Kommunikationsstrategie heraus soll die Unternehmenspersönlichkeit definiert und das unverwechselbare Image eines Unternehmens geschaffen werden.

Die Kommunikationsstrategie legt des Weiteren die Basis für die Markenstrategie des Unternehmens fest. Die Markenstrategie ist sozusagen die Weiterentwicklung aus der Kommunikationsstrategie und resultiert aus dieser.

Die Ausgestaltung und Umsetzung der Kommunikation ist immer mit der Kommunikationsstrategie verbunden, da diese den groben Handlungsrahmen vorgibt und definiert, innerhalb dessen sich die Ausgestaltung und Umsetzung bewegt.

Allgemeine Anforderungen an eine erfolgreiche Kommunikationsstrategie sind (in Anlehnung an Homburg 2002, S. 27):

- Die Kommunikationsstrategie muss sich an den Marktgegebenheiten orientieren. Die Kundenorientierung steht dabei im Vordergrund.

- Die Kommunikationsstrategie muss zudem dynamisch sein, d.h. sie muss an Veränderungen auf den Märkten angepasst und permanent überarbeitet werden.

- Die Kommunikationsstrategie muss außerdem im Unternehmen umgesetzt und gelebt werden. Das operative Tagesgeschäft muss mit den Inhalten und Zielen der Kommunikationsstrategie in Einklang gebracht werden.

Neben den allgemeinen lassen sich aber auch noch spezielle Anforderungen für den Strategierahmen formulieren (vgl. Winkelmann 2004, S. 402 f.). Eine wesentliche Determinante stellt die Abstimmung der Produktpositionierung mit der kommunikativen Positionierung dar. Die Ausrichtung auf Motivations- und Verhaltensstrukturen beinhaltet Nutzenerwartungen, Identifikationspotenzial, Einstellungen, Normen und Emotionen. Der Strategierahmen umfasst aber auch die Abstimmung auf Produkt- und Kundenlebenszyklen. Denn es ist ein Unterschied, ob es sich um eine Marktvorbereitung, eine Produkteinführung oder eine Produktvariation handelt. Sinnvoll ist auch bei der kommunikativen Ansprache zwischen Neukundengewinnung, Stammkundenbetreuung oder Rückgewinnungsmaßnahmen zu unterscheiden. Einen wesentlichen Erfolgsfaktor stellt darüber hinaus die Abstimmung auf das operative Beziehungsmanagement des Vertriebs dar. Winkelmann (2004, S. 403) spricht in diesem Zusammenhang vom „Schulterschluss" zwischen

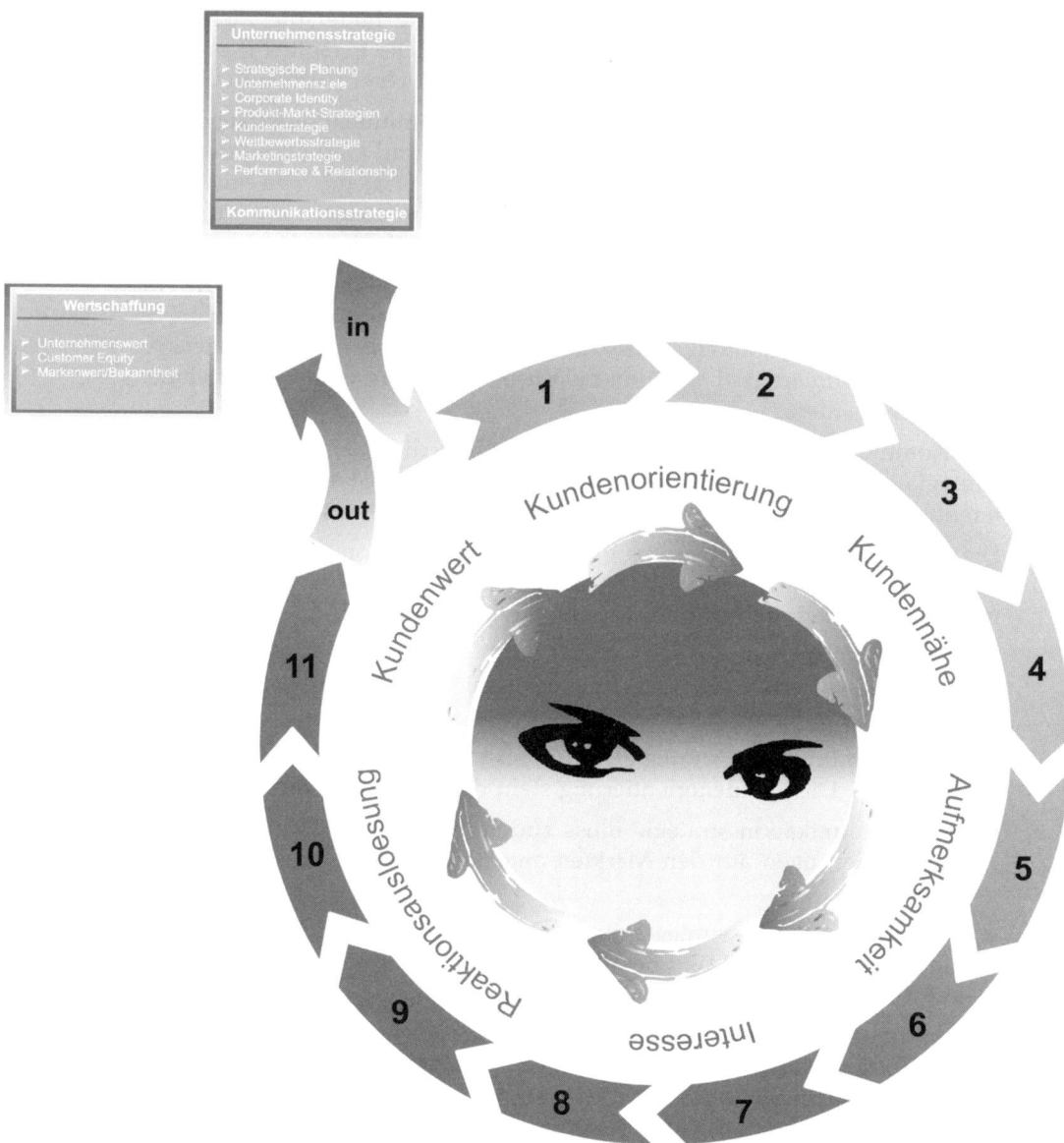

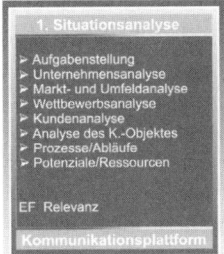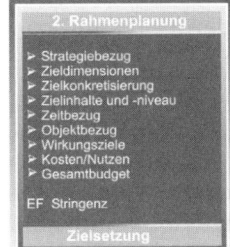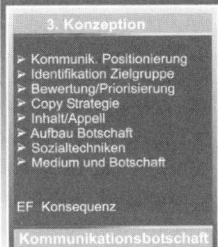

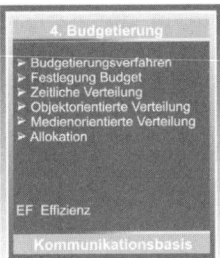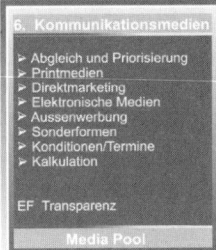

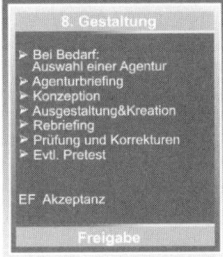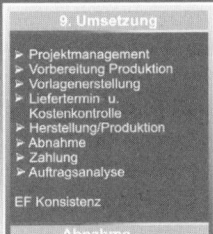

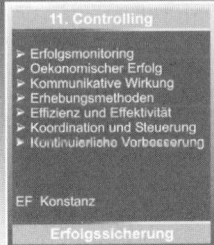

Abbildung 37: Die Prozessphasen des Kommunikationsmanagementprozesses

Customer Relationship Communication (CRC) und Customer Relationship Sales (CRS). Aus dieser Forderung kann ebenfalls eine Notwendigkeit zur Integration abgeleitet werden.

Die Kommunikationsstrategie stellt den Input für den Kommunikationsmanagementprozess dar. Dieser Prozess der Integrierten Marketing-Kommunikation ist kein einmaliger Vorgang, sondern ein sich wiederholender und auf Optimierung bzgl. der Zielerreichung ausgelegter Prozess. Um dies auch grafisch darzustellen, wird der Kommunikationsmanagementprozess in Abbildung 37 als ein geschlossener Kreislauf dargestellt. Dieser Cycle zeigt die elf Phasen und Unterprozesse des gesamten Kommunikationsmanagementprozesses. Zu den einzelnen Phasen werden die Hauptaufgaben und Inhalte aufgeführt und das Ergebnis der jeweiligen Phase wird als Output angegeben. Der Output einer Prozessphase geht dann als Input in die nächste Phase ein. Zu jeder Phase sind Erfolgsfaktoren angegeben, die dann fallspezifisch in Erfolgskennzahlen umgeformt werden müssen, damit sie als Überwachungs- und Steuerungsgrößen dienen können.

Im Inneren des Communication Cycle sind die grundlegenden Orientierungsgrößen angeführt: Kundenorientierung, Kundennähe, Aufmerksamkeit, Interesse, Reaktionsauslösung bis hin zur Wertschaffung.

1. Situationsanalyse

Die Ausrichtung durch die Kommunikationsstrategie bildet die Basis für den gesamten Kommunikationsmanagementprozess. In der ersten Phase dieses Prozesses wird im Rahmen der Situationsanalyse speziell das Kommunikationsumfeld analysiert. Resultat der Situationsanalyse bildet die Kommunikationsplattform.

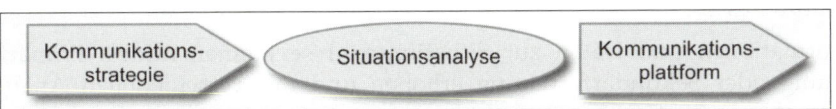

Abbildung 38: Input-Output-Beziehung der Situationsanalyse

Die Phase der Situationsanalyse beinhaltet die Unternehmens-, Markt-, Wettbewerbs- und Kundenanalyse sowie die Analyse des Kommunikationsobjektes.

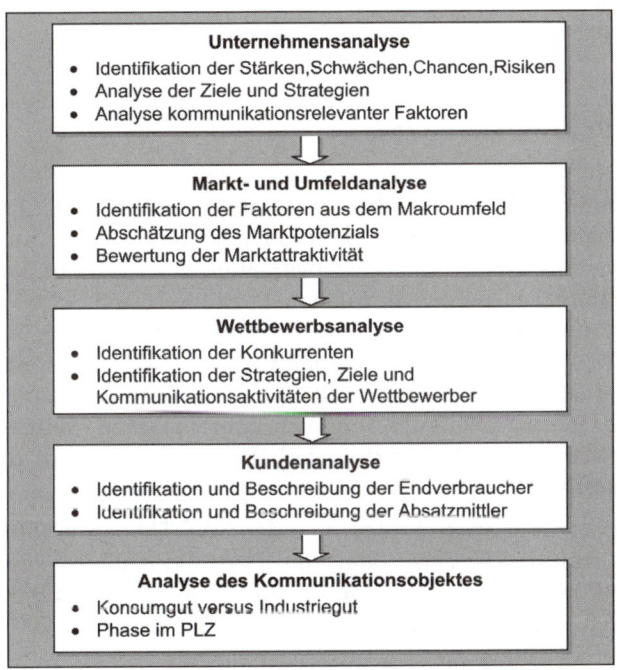

Abbildung 39: Ablaufschema der Situationsanalyse

Die Phase der Situationsanalyse beinhaltet die Bestandsaufnahme kommunikationsrelevanter Sachverhalte mit dem Ziel, kommunikationspolitische Chancen und Risiken sowie Stärken und Schwächen offen zu legen (Bruhn 1997, S. 234) und dadurch die kommunikationspolitische Aufgabenstellung herauszuarbeiten. Auf Basis dieser Informationen aus dem Kommunikationsumfeld können zudem Potenziale aufgezeigt sowie Chancen und Risiken im Markt- und Wettbewerbsumfeld identifiziert werden. Auf Grundlage dieser Informationen kann dann im Anschluss die Planung der Kommunikation systematisch und strukturiert erfolgen. Die Identifikation von Stärken, Schwächen, Chancen und Risiken bildet die Grundlage für die Festlegung der Kommunikationsziele und die Planung des Kommunikationsmanagementprozesses.

Informationen und Daten zur Situationsanalyse können mittels Primärforschung oder Sekundärforschung erhoben und mit verschiedenen Analysemethoden aufbereitet werden. Zu berücksichtigen ist, dass die Bereitstellung und Erhebung der Daten auch Kosten verursacht.

Die Situationsanalyse soll eine Bewertung und Beschreibung der gegenwärtigen Lage des Kommunikationsumfeldes ermöglichen und beinhaltet die fünf Dimensionen Unternehmens-, Markt- und Umfeldanalyse, Wettbewerbs- und Kundenanalyse sowie die Identifikation des Kommunikationsobjektes. Durch die Integration der externen und internen Faktoren soll die Effektivität des Gesamtprozesses sichergestellt werden.

1.1 Unternehmensanalyse

In einem ersten Schritt der Situationsanalyse muss das Unternehmen mit seinen Maßnahmen und Strategien betrachtet und die Ziele aufeinander abgestimmt werden. Spezifische Gegebenheiten des Kommunikationssenders, Ressourcen (fachlich, personell, finanziell), Stärken und Schwächen des Unternehmens, die Unternehmens- und Kommunikationsstrategie sowie Unternehmensziele stellen wichtige Basisdaten für den Planungsprozess einer effektiven und effizienten Kommunikation dar. Ebenso nimmt die Position des eigenen Unternehmens im Vergleich zum stärksten Wettbewerber sowie bestehende Markt- und Konkurrenzverhältnisse Einfluss auf die Gestaltung der Kommunikation.

Durch geeignete Analysetechniken wie der SWOT-Analyse (Strengths-Weaknesses-Opportunities-Threats) oder der Portfolio-Analyse können Stärken, Schwächen, Potenziale sowie Chancen und Risiken des Unternehmens analysiert werden (vgl. Abbildung 40; in Anlehnung an Bruhn 2003, S. 101).

Mit Hilfe der SWOT-Analyse können sowohl interne als auch externe Einflussfaktoren ermittelt werden und somit die Ist-Situation des Unternehmens exakt bestimmt werden. Bei der externen Analyse der Chancen und Risiken am Markt können beispielsweise neue technologische Entwicklungen sowie ein verändertes Kommunikationsverhalten erkannt werden. Dabei ist es wichtig, Chancen nach Ihrer Attraktivität und Erfolgswahrscheinlichkeit und Risiken nach der Wahrscheinlichkeit des Eintritts und dem Gefährdungspotenzial zu bewerten. Mit Hilfe der internen Analyse können Potenziale und die Leistung des Unternehmens ermittelt werden. Dabei wird sowohl die Leistungserstellung (Ressourcen), als auch die Leistungsvermittlung (z. B. Kommunikation) wie auch die Leistungswahrnehmung (subjektives Empfinden des Angebots durch den Kunden) analysiert und damit Schwachstellen oder Stärken aufgedeckt.

Intern Stärken und Schwächen	Extern Chancen und Risiken
Stärken: • Unique Communication Proposition • Image/ Positionierung • Ressourcen/ Prozessmanagement **Schwächen:** • Geringes Kommunikationsbudget • Schlechte Positionierung der Produkte • Schnittstellenprobleme	**Chancen:** • Technologische Entwicklung • Neue Märkte/ Kommunikationsverhalten • Bedarf für neue Produkte **Risiken:** • Neue Konkurrenzprodukte • Substitutionsprodukte • Gesättigte Märkte

Abbildung 40: Bereiche der SWOT-Analyse

Des Weiteren müssen die vom Unternehmen verfolgten Marketingstrategien im Rahmen des Kommunikationsplanungsprozesses analysiert und integriert werden. Kennzahlen wie der Marktanteil (relativ/absolut), der Marktanteil pro Kundensegment, der Marktanteil pro Produktgruppe und das Absatzpotenzial stellen neben dem Image und dem Bekanntheitsgrad des Unternehmens wichtige Informationen bezüglich der Stellung des Unternehmens im Markt und Wettbewerb dar.

Informationen bezüglich der Angebotstiefe und -breite, der Trends bezüglich Innovationen, der Unternehmenskonzeption, der technischen Produktions- und Beschaffungshintergründe, der Kapazitäten, der finanziellen Aspekte, absatzwirtschaftlicher Maßnahmen der Vergangenheit, sowie Informationen über die regionale und zeitliche Verteilung des Absatzes und kommunikationsrelevante Absatz- und Unternehmensgrößen stellen weitere Basisinformationen dar, welche bei der Kommunikationsplanung berücksichtigt werden müssen.

Die Abschätzung und Ermittlung des Kommunikationsbedarfs in qualitativer und quantitativer Hinsicht sowie Einflüsse durch die Konjunktur und Saisonzyklen sind ebenso von Bedeutung wie die Reflexion von Kommunikationsaktivitäten der Vergangenheit und die Aufdeckung daraus resultierender Stärken und Defizite. Die Betrachtung der mit den Aktivitäten der Vergangenheit erzielten Werte bezüglich Erinnerung, Kenntnis, Bekanntheit, Einstellungs- und Imageänderung bei den Kommunikationsempfängern sowie eine kritische Analyse der Effizienz kommunikativer Aktivitäten der Vergangenheit bilden die Grundlage für eine effiziente und erfolgreiche Kommunikation in der Zukunft.

Des Weiteren müssen die Unternehmensvision, das Unternehmensleitbild, die Markenstrategie, die Corporate Identity, das Erscheinungsbild und Corporate Design bei der Planung von Kommunikationsmaßnahmen berücksichtigt werden.

Die im Rahmen der Unternehmensanalyse aufgedeckten Stärken, Schwächen, Chancen und Risiken haben auf den Kommunikationserfolg großen Einfluss und dienen als Basis für die Festlegung der Kommunikationsziele und Maßnahmen.

1.2 Markt- und Umfeldanalyse

Neben der Analyse und Berücksichtigung von Informationen aus dem Unternehmenshintergrund müssen ebenso Faktoren aus dem Marktumfeld des Kommunikationssenders bei der Planung der Kommunikation betrachtet werden.

Im Rahmen der Marktanalyse und der Planung der Kommunikation kommt der Abschätzung des Marktpotenzials und der anschließenden Bewertung der Attraktivität des Marktes große Bedeutung zu. Zur Gewinnung von Daten über das Marktpotenzial können die folgenden Kriterien herangezogen werden (Kohlöffel 2000, S.130f.):

- Wo ist der Markt?
  Regionale Verteilung des Marktes

- Wie groß ist der Markt?
  Mengen- oder wertmäßige Erfassung von:
  – Marktvolumen (von allen Anbietern pro Zeiteinheit realisierter Absatz),
  – Marktpotenzial (von allen Anbietern erreichbarer Absatz),
  – Marktdurchdringung, Marktsättigung und Marktpenetration
- Wie ist der Gesamtmarkt nach geographischen, preislichen, qualitätsmäßigen und typenmäßigen Gesichtspunkten strukturiert? (Marktstruktur)
- Wie sind die eigenen Marktanteile und die Marktanteile der Wettbewerber nach Menge und Wert beschaffen?
- Wie ist der Markt segmentiert?
  Segmentierung anhand von Produkt- oder Kundengruppen?
- Welche Marktsegmente sind zugänglich und welche werden bedient?
- Wie werden der Markt und die einzelnen Marktsegmente bearbeitet?
  Konzentrierte Marktbearbeitung, selektive Spezialisierung, Produktspezialisierung, Marktspezialisierung oder vollständige Marktabdeckung (differenziert/undifferenziert)?
- Wie entwickelt sich der Markt?
  Prognostizierte Marktentwicklung und Entwicklungstendenzen im relevanten Markt hinsichtlich Wachstum, Größe, Gewinnpotenzial und bezüglich technologisch, wirtschaftlich, politisch und soziologisch bedingter Faktoren
- Welche Markttrends (Marktprognosen, Abschätzung der zukünftigen Entwicklung der Marktfaktoren) können ausfindig gemacht werden?

Die anschließende Bewertung der Attraktivität des Marktes kann mit Hilfe von Portfolioanalysen erfolgen. Dabei können die Marktwachstum-Markt-anteil-Matrix oder ein Multifaktoren-Ansatz zur Abschätzung der Markt-attraktivität und Wettbewerbsstärke herangezogen und verwendet werden. In Abhängigkeit der Attraktivität des Marktes können dann spezifische Vor-gehensweisen abgeleitet werden.

Im Rahmen der Marktanalyse ist es außerdem von großer Bedeutung zu wissen, welche Art von Markt bearbeitet werden soll. Beim Vergleich des Konsumgüter-, Investitionsgüter- und Dienstleistungsmarktes können erheb-liche Unterschiede bezüglich der Beschaffenheit, Zusammensetzung und Ausgestaltung des Marktes sowie dem Kommunikationsverhalten der Ak-teure, dem Kommunikationsbedarf und der Kommunikationsart festgestellt werden, welche bei der Planung der Kommunikation beachtet und berück-sichtigt werden müssen.

Im Konsumgütermarkt bilden meist Einzelpersonen die Zielgruppe, welche Produkte für den originären Bedarf (Produkte für den Eigengebrauch, Haus-halt) und den privaten Konsum kaufen und gebrauchen. Die Kunden dieses Marktes streben nach der Befriedigung ihrer Bedürfnisse und der Maximie-rung des Nutzens. Kaufentscheidungsprozesse spielen beim Kaufverhalten der Zielgruppe (meist Impuls-, Routine-, Gewohnheits- oder Spontankäufe) eine entscheidende Rolle, wobei meist Individualentscheidungen zur Kauf-entscheidung führen. Die Kommunikation mit der Zielgruppe erfolgt in die-sem Markt besonders häufig über die anonyme Massenkommunikation so-wie über Marktkontakte mit Absatzmittlern. Ein direkter Kontakt zwischen Unternehmen und Kunde liegt in der Regel nicht vor.

Im Investitionsgütermarkt (gewerblicher Ge- und Verbrauch von Produk-tions- und Investitionsgütern) bilden RHB-Stoffe, Teile und Zubehör die Kaufobjekte, welche in Form kollektiver Kaufentscheidungen von mehreren Personen erworben werden (Buying Center). Es handelt sich dabei meist um eine Form der B-to-B Kommunikation (Unternehmenskommunikation), bei der meist Industrieunternehmen die Kommunikationsempfänger darstellen. Eine Unterteilung dieses Marktes in die Bereiche Produktgeschäft, Anlagen-geschäft, Systemgeschäft und Zuliefergeschäft kann zudem eine präzisere Ausrichtung der Kommunikation an den jeweiligen Bedürfnissen ermög-lichen (Hofbauer/Hellwig 2005, S. 44ff.). Die direkte und persönliche Kom-munikation spielt aufgrund der meist langjährigen und intensiven Beziehun-gen und des hohen Informationsbedarfs bezüglich der Produkte eine große Rolle. Vor allem Messen und Ausstellungen, Direktmarketing sowie das per-sönliche Gespräch stellen in diesem Markt bedeutende Kommunikationsfor-men dar.

Daten zur Analyse des Marktes können aus Verbraucherpanels und Han-delspanels (GfK, A.C. Nielsen) und Veröffentlichungen in Branchenreports gewonnen werden.

Mit Hilfe der Marktanalyse kann die Stellung des eigenen Unternehmens im Vergleich zu Wettbewerbsunternehmen im Markt transparent gemacht wer-den und zukünftige Chancen und Risiken, welche durch das Marktgeschehen bedingt werden, identifiziert werden. Alle Daten und Informationen der Marktanalyse müssen im Planungsprozess der Kommunikation berücksichtigt werden.

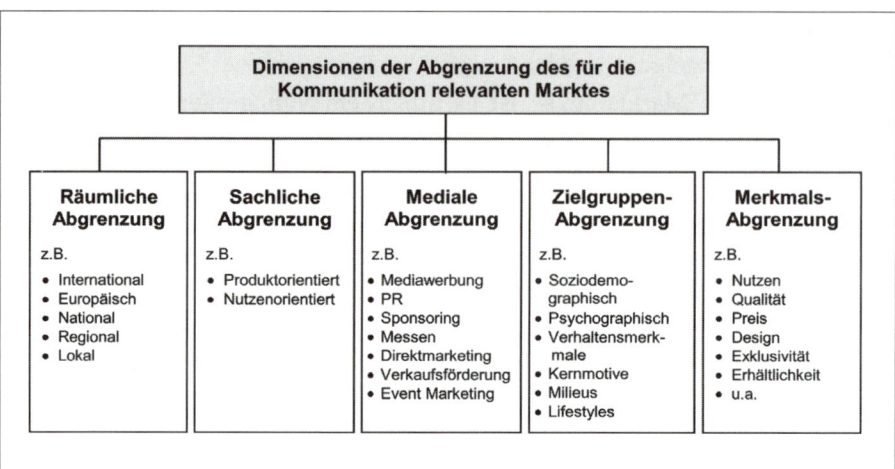

Abbildung 41: Kriterien zur Abgrenzung des relevanten Marktes

Im Rahmen der Kommunikationspolitik ist es zudem erforderlich, den für die Kommunikation relevanten Markt abzugrenzen und zu definieren. Dabei können sowohl räumliche Aspekte, sachliche Aspekte, wie auch mediale Abgrenzungskriterien von Bedeutung sein (vgl. Abbildung 41; Quelle: Bruhn 2003, S. 113). Die Analyse, Abgrenzung und Definition des für die Kommunikation relevanten Marktes ist insofern von großer Bedeutung, da nur bei exakter Bekanntheit der Markteigenschaften die Kommunikation auch auf diesen Markt ausgerichtet werden kann und somit erfolgreich sein kann.

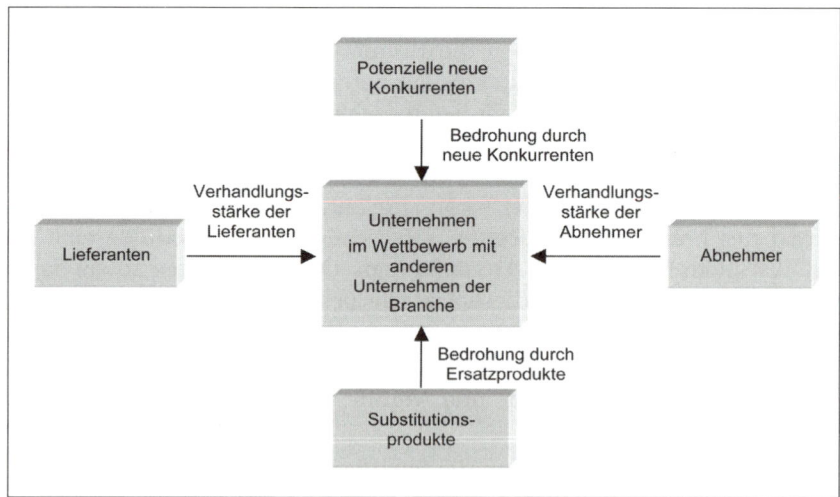

Abbildung 42: Potenzielle Marktteilnehmer und ihre Einflusskräfte

Ein weiterer Aspekt bei der Analyse des Marktes ist es, die Marktteilnehmer und deren Einflusspotenzial auf die Unternehmenstätigkeit zu analysieren. Vor allem die Art und Anzahl der Marktteilnehmer können die Kommunikationssituation wie auch den Kommunikationsauftritt eines Unternehmens beeinflussen. Als Marktteilnehmer müssen sowohl potenzielle neue Konkurrenten, Abnehmer, Lieferanten und Ersatzprodukte, wie auch die Rivalität innerhalb der Branche bei der Situationsanalyse berücksichtigt werden und die von ihnen ausgehenden Einflusskräfte ermittelt werden.

Umfeldanalyse

Da Kommunikation nicht lösgelöst von anderen Variablen und nie in einem völlig kontrollierbaren Umfeld stattfindet, müssen alle Faktoren aus dem Umfeld, welche Einfluss auf die Kommunikation nehmen können, sowie interne und externe Rahmenfaktoren analysiert werden (Hartleben 2001, S. 84). Faktoren aus dem gesellschaftlichen, ökonomischen, wirtschaftlichen, politischen und technischen Umfeld eines Unternehmens können einen erheblichen Einfluss auf die Kommunikation des Unternehmens ausüben und müssen daher bei der Planung der Kommunikation berücksichtigt werden. Von diesen Umfeldfaktoren können sowohl negative (Risiken) als auch positive (Chancen) Entwicklungstendenzen auf die Kommunikationsmaßnahmen eines Unternehmens ausgehen, so dass die Eintrittswahrscheinlichkeit dieser Faktoren und deren Gewichtung auf die Unternehmensaktivitäten zu berücksichtigen sind.

Als externe Rahmenbedingungen müssen z. B. Richtlinien, Gesetze, Wertesysteme, Trends, Szenen, Strömungen wie auch kulturelle Besonderheiten beachtet werden. Diese müssen bei der Kommunikationsplanung mit den internen Rahmenbedingungen abgeglichen werden und in die Vision des Unternehmens, das Leitbild, die Unternehmensphilosophie, sowie die Corporate Identity integriert werden.

Neben den externen Rahmenbedingungen eines Unternehmens können zudem Faktoren aus dem globalen Umfeld des Unternehmens auf die Kommunikationsaktivitäten wirken. Dabei sind vor allem Faktoren aus den Bereichen Technologie, Recht, Politik, Ökologie, Ökonomie und Kultur anzuführen.

Zur Analyse der Umfeldsituation eines Unternehmens bietet sich die Szenariotechnik an, mit Hilfe derer Zukunftsbilder entworfen werden können. Somit wird es möglich, Zukunftssituationen zu prognostizieren und abzubilden und die Abfolge möglicher Ereignisse und Verzweigungen, welche auf die Kommunikationsaktivitäten eines Unternehmens einwirken können, darzustellen und dadurch Chancen und Risiken aufzudecken.

1.3 Wettbewerbsanalyse

Das Verhalten der Wettbewerber hat ebenfalls großen Einfluss auf die Wirkung der Maßnahmen und den Erfolg der Kommunikation des eigenen Unternehmens. Aus diesem Grund sollte zu Beginn des Planungsprozesses das Verhalten sowie die Aktivitäten der aktuellen und potenziellen Wettbewerber genau identifiziert und analysiert werden. Dabei müssen alle relevanten Informationen über den Wettbewerb eingeholt, analysiert und aufbereitet werden. Dies kann mit Hilfe eines geeigneten Wettbewerbsinformationssystems geschehen.

Dabei müssen in einem ersten Schritt sowohl aktuelle als auch potenzielle Wettbewerber nach Art und Anzahl identifiziert werden, deren Strategien, Aktivitäten, Investitionspläne und Ziele sowie deren Kompetenzen, Stärken und Schwächen ausfindig gemacht werden. Des Weiteren müssen Informationen bezüglich der Bekanntheit und des Images der Wettbewerber und deren Produkte/Marken ermittelt werden. Produktionskapazitäten, produzierte Mengen an Produkten und damit verbundene Kosten sowie der Preis des Konkurrenzproduktes stellen wichtige Informationsgrößen bei der Analyse des Kommunikationsumfeldes dar. Ebenso spielen die potenzielle Eintrittswahrscheinlichkeit neuer Konkurrenten und der Grad der Produktdifferenzierung eine Rolle für das Kommunikationsverhalten des eigenen Unternehmens. Zudem sollte in Erfahrung gebracht werden, inwiefern die Wettbewerber in Zukunft Ihre Strategien ändern könnten, welche Auswirkungen die Strategien der Wettbewerber auf die Branche, den Markt und die Strategie des eigenen Unternehmens haben können und wie stark die Wettbewerber ihre Position verteidigen.

Zudem ist es wichtig, Informationen bezüglich der Kommunikationsaktivitäten der Wettbewerber einzuholen, da sowohl die Quantität als auch die Qualität der Kommunikationsmaßnahmen der Wettbewerber, der damit verbundene Erfolg oder Misserfolg sowie die Kommunikationsstrategien und -ziele der Konkurrenz Einfluss auf die eigene Kommunikationsplanung hinsichtlich Etat, Strategie und Gestaltung nehmen können. Detaillierte Informationen bezüglich des Kommunikationsverhaltens der Wettbewerber können z. B. von diversen Marktforschungsinstituten bezogen werden.

Wie stark dabei der Einfluss der Kommunikationsaktivitäten der Konkurrenten auf die des eigenen Unternehmens ist, hängt unter anderem von der Wettbewerbsintensität eines Marktes, dem Leistungsgefälle zwischen den Anbietern, der Transparenz der Branche und der Austauschbarkeit und Ähnlichkeit der Produkte ab. Die wichtigsten Kriterien zur Analyse des Wettbewerbs stellt Abbildung 43 dar (Homburg/Schäfer/Schneider 2002, S. 213).

Abbildung 43: Relevante Informationen zur Wettbewerbsanalyse

1.4 Kundenanalyse

Neben der Unternehmens-, Markt- und Wettbewerbsanalyse ist es zwingend notwendig, die eigenen und potenziellen Kunden, welche die Produkte/Marken des Unternehmens kaufen und verbrauchen zu identifizieren, um die künftige Kommunikation speziell auf diese abstimmen zu können und somit den Erfolg der Kommunikation zu sichern. Ziel des Marketingkonzeptes von Unternehmen ist es, die Bedürfnisse und Wünsche der Kunden zu befriedigen und einen Kundenwert zu schaffen. Zur Erzielung von Kundenzufriedenheit und einer gezielten Ausrichtung der Kommunikationsmaßnahmen an den Bedürfnissen der Kunden, ist die Kenntnis dieser eine zwingende Voraussetzung. Die Wünsche, Bedürfnisse, Präferenzen, persönliche Verhaltensmerkmale sowie Verhaltensweisen der Kommunikationsempfänger müssen vom Unternehmen in die Planung integriert werden.

Für die Kundenanalyse kommen sowohl die Endkunden als auch Absatzmittler in Frage. Anhand der folgenden Kriterien und Fragestellungen können Kunden und deren kommunikationsrelevante Merkmale identifiziert und beschrieben werden (vgl. Kotler/Bliemel 2001, S. 324; Nieschlag 2002, S. 89; Pepels 1999, S. 49).

- Welche Kunden bilden den Markt? Wer sind unsere Kunden?
- Welche Produkte/Marken werden gekauft? (Kaufobjekte)
- Warum wird gekauft? (Kaufanlässe, Kaufziele)
- Wer beeinflusst den Kaufprozess? (Kaufbeeinflusser)
- Wo und wie wird gekauft? (Kaufstätten, Kaufprozesse)
- Zu welchem Zeitpunkt wird gekauft? (Monat, Jahreszeit, Wetter, ...)
- In welchen Einheiten, Größen, Mengen wird gekauft?
- Welche Preislage, Qualität, Verpackung bevorzugen die Verbraucher?
- Welche Konkurrenzgeschäfte werden aufgesucht?
- Welche Konkurrenzprodukte werden gekauft?
- Wie verhalten sich die Kunden an der Einkaufstätte?
- Welche Bedürfnisse haben die Kunden?
- Werden die Bedürfnisse durch die vorhandenen Angebote genügend befriedigt?
- Welche Verbrauchergewohnheiten bestehen im Hinblick auf Intensität, Häufigkeit, Gelegenheit und Verwendungsmodalitäten?
- Können Kaufgewohnheiten im Hinblick auf Kaufentscheid, Kaufhandlung, Einkaufsstätte, Kauffrequenz, Kaufmenge, Kauftermine transparent gemacht werden?
- Wie sind die Kaufabsichten bei Gütern und Dienstleistungen des längerfristigen Bedarfs beschaffen?
- Wie ist das Qualitäts-, Marken- und Preisbewusstsein sowie die Markentreue bei den Käufern/Konsumenten/Kunden ausgeprägt?
- Kann eine einheitliche Struktur der Käufer/Verwender erkannt und abgebildet werden?
- Wie ist die Angebotskenntnis und Angebotseinstellung ausgeprägt?
- Welche Präferenzen oder Kaufwiderstände bzgl. welcher Angebote bestehen?
- Wie ist das Informations- und Entscheidungsverhalten der Kunden?
- Haben die Kunden spezifische Erwartungen bezüglich der Qualität?
- Kann das zukünftige Verbraucherverhalten prognostiziert werden? (Erwartungen, Veränderungen der Verwenderstrukturen, Bedürfnisverlagerungen, Trends)

Tabelle 15: Kriterien zur Analyse der Kunden

Des Weiteren ist es für ein Unternehmen für die Kommunikation bedeutsam zu wissen, wie hoch das zur Verfügung stehende Budget der Kunden ist, wie hoch allgemein die Lebenshaltungskosten und die Kaufkraft sind und wie sozio-kulturelle, persönliche und psychologische Komponenten ausgeprägt sind.

Sobald Absatzmittler den Kunden darstellen, ist es bedeutend zu wissen, wie viele Absatzmittler als Abnehmer fungieren, wie die Autonomie der Handelsstufe ausgeprägt ist, wie die Betriebsform des Handels und wie die regionale Verteilung des Absatzes ist (Pepels 1999, S. 49).

Als Kunden des Industriegüterbereichs kommen Unternehmen – meist weiterverarbeitende Betriebe – in Frage, welche Produkte und Dienstleitungen erwerben und diese dann für die eigene Produktion einsetzen oder verwenden. Zur Analyse der Kunden im Industriegüterbereich können auch die oben angeführten Kriterien verwendet werden (vgl. Tabelle 15). Hier muss jedoch berücksichtigt werden, dass sich die Nachfrage nach Produkten nicht von persönlichen Motiven und Bedürfnissen ableitet, sondern aus der Bedarfserkennung (Hofbauer/Bauer 2004, S. 38 ff.) des gesamten Unternehmens, dessen Ressourcen, Kapazitäten und den Marktgegebenheiten. Hier handelt es sich meist um eine derivative Nachfrage. Kaufentscheidungen werden dabei von Fachleuten im Rahmen einer Kollektiventscheidung (Buying Center) getroffen. Diese Kaufentscheidungen können dabei von umfeldbedingten (z. B. Konjunktur), organisationsspezifischen (z. B. betriebliche Systeme), interpersonellen (z. B. Status) und individuellen Faktoren (z. B. Persönlichkeit) beeinflusst werden. Um die Kommunikation auf die Kunden des Industriegüterbereichs abstimmen und ausrichten zu können, ist es zwingend notwendig, alle am Kaufentscheidungsprozess beteiligten Personen zu identifizieren, deren Einfluss, Rolle, Stellung und persönlichen Merkmale zu analysieren und zu berücksichtigen.

Die Informationen aus der Kundenanalyse nehmen insofern Einfluss auf die Ausgestaltung des Kommunikationsmanagements, da dieses nur erfolgreich sein wird, wenn es an den Bedürfnissen und Wünschen der Kunden ausgerichtet ist und zur Schaffung eines Kundenwertes beiträgt. Wie stark der Einfluss der Kunden auf das Unternehmen und deren Kommunikationsaktivitäten ist, hängt unter anderem davon ab, welche Möglichkeiten bestehen, bei anderen Unternehmen zu kaufen, wie groß der mit dem einzelnen Kunden getätigte Geschäftsumfang ist, wie groß die Anzahl an bestehenden Konkurrenzanbietern ist, wie der Differenzierungsgrad der Produkte ausgeprägt ist, wie sich die Produkte in ihrer Qualität unterscheiden, wie hoch die Kosten eines Markenwechsels sind, wie transparent der Markt hinsichtlich Kosten und Preise ist und wie groß die Möglichkeit der Rückwärtsintegration ist.

Je besser ein Unternehmen seine Kunden kennt, desto besser kann die Kommunikation speziell auf die jeweilige Zielgruppe ausgerichtet werden und desto größer ist die damit verbundene Wertschaffung durch den Kommunikationserfolg.

1.5 Analyse des Kommunikationsobjektes

Das Kommunikationsobjekt stellt das Bezugsobjekt dar, welches mit Hilfe der Marketing-Kommunikation bei den relevanten Zielpersonen die angestrebte Reaktion auslösen soll. In Abhängigkeit der Art und Ausgestaltung sowie den Eigenschaften und Merkmalen, dem Differenzierungspotenzial und dem Nutzen des Kommunikationsobjektes muss die Planung und Ausgestaltung der Kommunikation dem jeweiligen Objekt entsprechen. Je nachdem, ob es sich um ein Konsum- oder Industriegut handelt und abhängig davon, in welcher Phase des Produktlebenszyklus sich das Objekt befindet, können verschiedene kommunikationspolitische Maßnahmen eingesetzt werden.

Bei Kommunikationsobjekten kann allgemein zwischen Konsumgütern und Industriegütern unterschieden werden. Konsumgüter werden in der Regel von privaten Endverbrauchern im Rahmen des privaten Konsums gekauft und verbraucht. Dabei kann zwischen convenience goods (häufig und mit wenig Aufwand erworbene Güter), shopping goods (in Such- und Auswahlprozessen erworbene Güter), speciality goods (Güter mit Markenidentität, bei denen der Käufer Mühe beim Kauf aufwendet) und unsought goods (Käufer denkt nicht an deren Anschaffung oder kennt Produkte nicht) unterschieden werden (Kotler/Bliemel 2001, S. 720). Des Weiteren können Konsumgüter in Abhängigkeit des empfundenen Risikos, der Nutzungszeit, der Komplexität, der Erklärungsbedürftigkeit, des Involvements und des verbundenen Aufwands unterschieden werden.

Industriegüter dagegen werden im gewerblichen Bereich meist von weiterverarbeitenden Unternehmen zur Herstellung von Produkten oder zum Betrieb der Produktion gekauft und verbraucht. Dabei kann zwischen Eingangsgütern (Materialien/Teile), Anlagegütern (Kapitalgüter) sowie Hilfsgütern und investiven Dienstleistungen (immaterielle Güter zur Unterstützung der Geschäftstätigkeit) unterschieden werden (Hofbauer/Bauer 2004, S. 53).

Da sich diese Produkte und Leistungen in ihrer Art und Beschaffenheit von den Konsumgütern erheblich unterscheiden und sich die Kommunikation nicht an private Abnehmer, sondern an eine gänzlich andere Zielgruppe richtet, muss die Kommunikation von Industriegütern und Dienstleistungen daher auch in anderer Weise aufgebaut und gestaltet sein.

Neben der Unterscheidung, um welches Gut oder um welche Dienstleistung es sich handelt, spielt die Phase des Produktlebenszyklus, in dem sich das Kommunikationsobjekt befindet, eine wesentliche Rolle bei der Kommunikationsplanung. Das Konzept des Produktlebenszyklus unterstellt, dass Produkte eine Entstehungs- und anschließende Marktperiode durchlaufen, welche sich wiederum in einzelne Phasen untergliedern. Abbildung 44 stellt den erweiterten Produktlebenszyklus graphisch dar (Quelle: v.d. Oelsnitz 1996, S. 181).

Sobald für ein Produkt der Produktentwicklungsprozess abgeschlossen ist, muss das jeweilige Produkt nach außen kommuniziert werden. Je nachdem, in welcher Phase des Produktlebenszyklus sich das Kommunikationsobjekt dann befindet, können verschiedene Kommunikationsziele verfolgt werden, verschiedene Maßnahmen und Instrumente herangezogen werden und die Gestaltung der Kommunikation andersartig beschaffen sein.

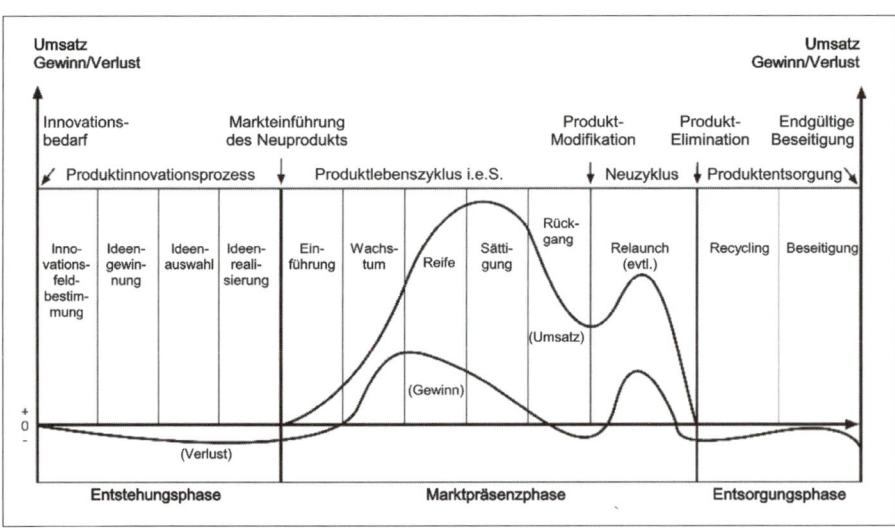

Abbildung 44: Erweiterter Produktlebenszyklus

Die Einführungsphase ist gekennzeichnet durch ein sehr hohes Marktwachstum. Die Anzahl an Konkurrenten ist eher noch gering, weshalb die Erlangung eines temporären Monopols möglich ist. Die Nachfrage wird in der

Einführungsphase von den Innovatoren gebildet. In der Produkteinführungsphase verfolgt die Kommunikation das Ziel, potenzielle Käufer und Verwender verstärkt auf das neue Produkt aufmerksam zu machen (Awareness Rising), Informationen über das Produkt, seine Eigenschaften und seinen Nutzen zu verbreiten, die Bekanntheit bei den Frühadoptoren und dem Handel zu fördern, Kaufanreize und Interesse zu wecken und eine Basis für Wiederholungskäufe und Markentreue zu schaffen. Eine verstärkte kommunikative Unterstützung während dieser Phase ist für den Marktdurchbruch des Produktes zwingend notwendig. Verkaufsfördernde Maßnahmen (z. B. Probenverteilung) sowie die Mediakommunikation sind in der Einführungsphase besonders geeignet.

Sobald das Kommunikationsobjekt die Wachstumsphase erreicht hat, muss aufgrund der zunehmenden Wettbewerber und neu hinzutretenden Konkurrenzprodukte der Produktvorteil und Nutzen mit Hilfe der Kommunikation dargestellt werden, zu Wiederholungskäufen angeregt werden und das Produktbewusstsein und Interesse im Massenmarkt geweckt werden. Als Käufergruppen können die Frühadopter identifiziert werden. Um eine Marktdurchdringung und Marktausweitung erreichen zu können und sich von der wachsenden Anzahl an Konkurrenten absetzen zu können und Markentreue zu schaffen, sind hohe Kommunikationsanstrengungen erforderlich.

In der sich anschließenden Reifephase/Saturationsphase kommen weitere Anbieter auf den Markt, weshalb Produktverbesserungen und Differenzierungen des Produktionsprogramms verstärkt durch das Relationship Management publik gemacht werden müssen. Der Wettbewerb wird immer intensiver und die frühe und späte Mehrheit kann als Käufergruppe identifiziert werden. Die Abgrenzung von der Konkurrenz kann meist nur mit hohen Kommunikationsanstrengungen realisiert werden. Aufgrund der Sättigungstendenzen auf dem Markt und dem verstärkten Wettbewerb, ist eine Intensivierung der Kommunikation und die Betonung der Unterschiede und Vorzüge des eigenen Produktes notwendig.

Sowohl in der Reifephase als auch in der sich anschließenden Sättigungsphase und Degenerationsphase gewinnt die Kundenbindung und Kundennähe besonders an Bedeutung.

Während es in der Sättigungsphase durchaus sinnvoll erscheinen kann, das „alte" Produkt mit einer veränderten „neuen" Kampagne „neu" zu vermarkten und damit einen Neuheitscharakter zu vermitteln, muss in der Degenerationsphase der rechtzeitige Relaunch oder die Produktelimination vorbereitet werden. Dabei kommen als Käufer nur noch die Spätadopter und Nachzügler in Frage und das Unternehmen muss sich die Frage stellen, ob es sinnvoll erscheint, weiterhin in die Kommunikation zu investieren oder aber auf die Kommunikation zu verzichten.

In Abhängigkeit der Lebenszyklusphase, in der sich das jeweilige Kommunikationsobjekt befindet, spricht die Kommunikation verschiedene Zielgruppen an. Während in der Einführungsphase die Innovatoren, welche als Trendsetter eine hohe Risikobereitschaft aufweisen, die Zielpersonen der

Kommunikationsanstrengungen darstellen, muss sich die Kommunikation für ein Produkt in der Wachstumsphase an die Frühadoptoren wenden. Frühadoptoren sind Personen, welche Neuem aufgeschlossen sind und auf neue Trends relativ schnell „aufspringen". Bei einem Produkt, welches sich in der Reifephase befindet, stellt die frühe Mehrheit die Zielgruppe der Kommunikation dar und in der Sättigungsphase muss die späte Mehrheit angesprochen werden. Die Nachzügler sind in der Degenerationsphase des Kommunikationsobjektes als Zielgruppe für die Kommunikation von Bedeutung.

Je nachdem in welcher Phase des Produktlebenszyklusses sich das Kommunikationsobjekt befindet und in Abhängigkeit der jeweiligen Zielgruppe, muss die Kommunikation speziell gestaltet werden.

Um mit Hilfe der Kommunikation den Produktnutzen und die Einzigartigkeit des Kommunikationsobjektes herausstellen und kommunizieren zu können, müssen des Weiteren die Produkteigenschaften und Merkmale des Kommunikationsobjektes analysiert werden. Dabei können sowohl technische Eigenschaften (z. B. Materialbeschaffenheit, physikalische oder chemische Merkmale), funktionale Eigenschaften (z. B. Bedienbarkeit, Ergonomie, Haltbarkeit), ästhetische Merkmale (z. B. Wertigkeit, Exklusivität), wirtschaftliche Eigenschaften (z. B. Preis, Amortisation, Unterhaltskosten) als auch Umweltmerkmale (z. B. Entsorgung, Abfallstoffe) von Bedeutung für die Gestaltung der Kommunikation sein (Hartleben 2001, S. 36f.).

Neben der Identifizierung der direkten Merkmale und Eigenschaften des Kommunikationsobjektes ist es zudem wichtig zu klären, wie diese Eigenschaften in einen Kundennutzen umgewandelt werden können, bzw. welche Eigenschaften und Merkmale des Kommunikationsobjektes einen Nutzen für den Kunden generieren. Zudem ist es wichtig, die Konkurrenzangebote bezüglich dieser Dimensionen zu untersuchen und dann das eigene Angebot mit den Angeboten der Konkurrenz zu vergleichen, da sich daraus Wettbewerbs- und Differenzierungspotenziale ableiten lassen (vgl. Abbildung 45; in Anlehnung an Hartleben 2001, S. 35).

Es ist von entscheidender Bedeutung für den Erfolg kommunikationspolitischer Maßnahmen, zu Beginn der Kommunikation zu ermitteln, um welche Art von Objekt es sich handelt und in welcher Phase des Produktlebenszyklusses dieses steht, um daraus gezielte Strategien ableiten zu können. Da je nach Produktlebenszyklusphase einzelne Kommunikationsinstrumente und Maßnahmen mehr oder weniger zur Erreichung der Kommunikationsziele geeignet erscheinen, muss das Kommunikationsobjekt zuerst genau identifiziert und analysiert werden, um die Kommunikation dann effektiv darauf ausrichten zu können und den gewünschten Erfolg erzielen zu können.

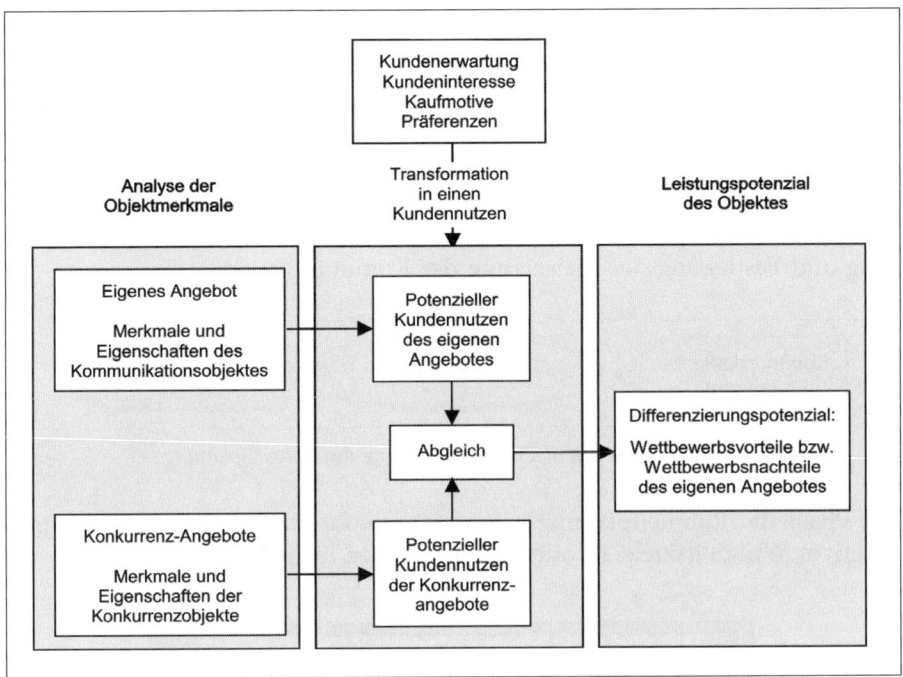

Abbildung 45: Kompetitiver Angebotsvergleich

2. Rahmenplanung

An die Phase der Situationsanalyse schließt sich die Phase der Rahmenplanung an. Die Kommunikationsplattform bildet dabei die Basis für die Ableitung und Festlegung der Zielsetzung der Kommunikation.

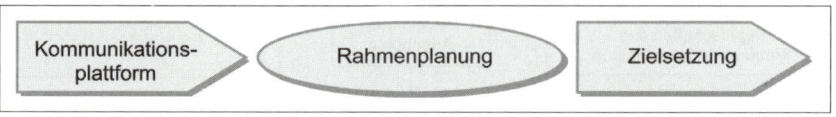

Abbildung 46: Input-Output-Beziehung der Rahmenplanung

Die Phase der Rahmenplanung beinhaltet sowohl die Formulierung kommunikativer Wirkungsziele als auch ökonomischer Zielgrößen.

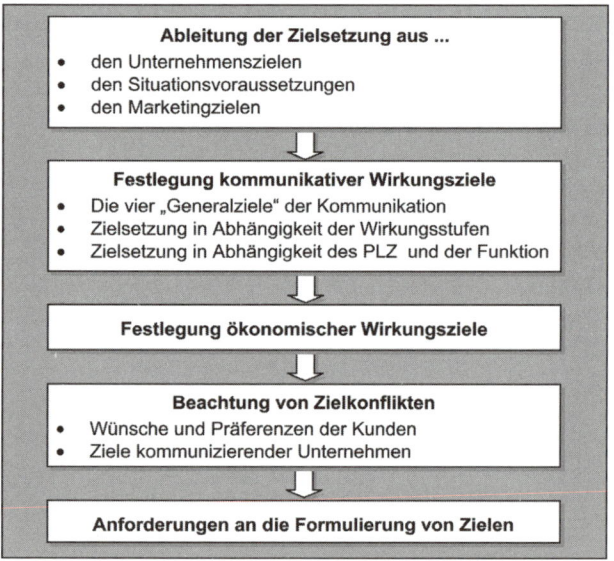

Abbildung 47: Ablaufschema der Rahmenplanung

Die Analyse des Kommunikationsumfeldes in der Situationsanalyse und die ermittelten Stärken, Schwächen, Chancen, Risiken und Kommunikationsdefizite bilden die Grundlage für die Formulierung der Kommunikationsziele. Die Kommunikationsziele geben die Handlungsrichtung kommunikativer Maßnahmen vor und legen das verbindliche „Soll" der Kommunikation fest. Die Zielsetzung der Kommunikation bildet die Basis für die Planung und

Gestaltung des gesamten Kommunikationsmanagementprozesses und stellt die Grundlage für die abschließende Erfolgskontrolle dar. Somit kommt den Kommunikationszielen eine Art Entscheidungs- und Steuerungsfunktion zu, da sich die Planung des gesamten Prozesses sowie die einzelnen Aktivitäten der Teilprozesse an den Kommunikationszielen ausrichten. Es wird sozusagen die spezifizierte Richtung aller kommunikativen Aktivitäten vorgegeben. Neben dieser Funktion übernehmen Kommunikationsziele außerdem eine Koordinationsfunktion und Motivationsfunktion. Da die Zielformulierung der fortwährenden und abschließenden Kontrolle dient und der Erfolg der Kommunikation anhand der Zielerreichung gemessen wird, nehmen Kommunikationsziele zudem eine Kontrollfunktion an (Bruhn 2003, S. 131).

Kommunikationsziele werden aus Marketingzielen abgeleitet, welche wiederum aus Unternehmenszielen abgeleitet sind. Folglich ist die Verwirklichung von Kommunikationszielen immer auch mit der Realisierung von Unternehmens- und Marketingzielen gekoppelt.

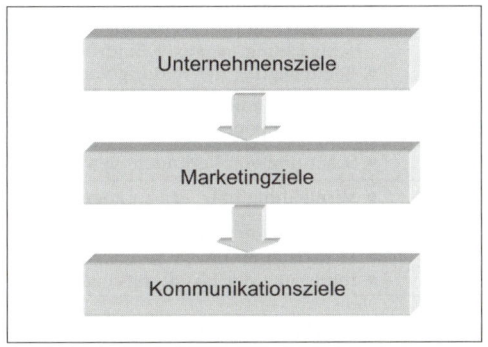

Abbildung 48: Ableitung der Kommunikationsziele

Bei den Kommunikationszielen können verschiedene Arten von Zielen unterschieden werden, welche je nach Problemstellung, Unternehmenssituation und Zielrichtung des Unternehmens unterschiedliche Ausprägungen aufweisen. Dabei können strategische Kommunikationsziele, welche eher langfristig ausgerichtet sind (z. B. Differenzierung vom Wettbewerb) und operative Ziele, welche eher kurz- bis mittelfristig ausgerichtet sind (z. B. Erzeugung von Bekanntheit) formuliert werden. Grundsätzlich können Kommunikationsziele in kommunikative Wirkungsziele (nicht-monetäre Ziele) und ökonomische Wirkungsziele (monetäre Ziele) differenziert werden.

2.1 Kommunikative Wirkungsziele

Kommunikative Wirkungsziele beinhalten grundsätzlich alle vorstellbaren Zielrichtungen, welche mit Hilfe kommunikativer Maßnahmen erreicht werden sollen. Je nachdem, welche Zielrichtung das Unternehmen konkret verfolgt, können verschiedene Kommunikationsziele abgeleitet werden.

Tabelle 16 stellt die wichtigsten Kommunikationsziele in Abhängigkeit ihrer Aufgabe und Kommunikationsfunktion dar (Lasogga 1998, S. 47; Hartleben 2001, S. 127).

Kommunikationsfunktion	Zielsetzung
Bekanntmachung/ Aktualisierung	• Schaffung, Erhöhung, Erhaltung des Bekanntheitsgrades des Produktes/der Marke/des Unternehmens • Erzeugung von Bewusstsein bezüglich des Vorhandenseins des Produktes • Weckung von Interesse
Information/ Vermittlung von Wissen	• Vermittlung von Wissen über das Produkt/die Marke, deren Funktion, Einsatzmöglichkeiten und Nutzen • Informationen über Anwendungsmöglichkeiten, technische Daten, Preise, Produktvorteile, Bezugsquellen • Förderung der Vertrautheit mit dem Produkt
Harmonisierung	• Angleichen unterschiedlicher Informationsstände
Imagebildung Imageverbesserung	• Aufbau eines positiven Produkt- und Markenimages • Schaffung einer USP/UCP • Positive Beeinflussung der Einstellung der Kunden durch Verstärkung positiver Eindrücke des Produktes und Abschwächung negativer Eindrücke • Begünstigung der Bildung von Präferenzen
Abbau von Hemmnissen/ Beseitigung von Barrieren	• Korrektur emotionaler, kognitiver oder aktivierender Einstellungskomponenten
Emotionalisierung	• Schaffung von Vertrauen, Sympathie und Sicherheit
Vermeidung von Dissonanzen	• Vermeidung bzw. Abbau kognitiver Dissonanzen
Initialisierung/ Handlungsauslösung	• Initiierung des Kaufentscheidungsprozesses • Herbeiführen finaler Verhaltensreaktionen • Initiierung der Handlungsauslösung

Tabelle 16: Zielsetzung der Kommunikation in Abhängigkeit der Kommunikationsfunktion

In Anlehnung an die angestrebten Wirkungsstufen der Kommunikation können zudem folgende Wirkungsziele definiert werden (Bruhn 2002, S. 208; Rogge 2004, S. 68).

- **Berührung** des Umworbenen mit der Botschaft bzw. dem Botschaftsträger,
- Sinnesmäßiger **Kontakt** (Aufnahme der Botschaft),
- Wirkung auf das **Bewusstsein** des Umworbenen,
- Weckung und Erzeugung von **Aufmerksamkeit**,
- Aufbau von Vorstellungen und **Assoziationen**,
- Weckung von **Interesse** am Botschaftsinhalt und der Angebotsleistung,
- Wirkung auf das **Gefühl** und Auslösung emotionaler Reaktionen,
- Aufbau und Festigung von **Bekanntheit** des Botschaftsinhaltes und des Objektes,
- **Reproduktion** (Erinnerung) von Botschaftsinhalt und Objekteigenschaften,
- Vermittlung und Erweiterung von **Wissen** (Information) bezüglich des Objektes und damit Erzeugung bestimmter Gedächtniswirkungen (Kenntnis und Erinnerung, Aufbau und Veränderung des Image, Schaffung von Käuferpräferenzen),
- **Beeindruckung** der Zielperson bzgl. Aussageninhalt und Kommunikationsobjekt,
- Schaffung von positiven **Einstellungen** zum Kommunikationsobjekt,

- **Hinstimmung** zum Kommunikationsobjekt und dem (ökonomischen) Handlungsziel der Kommunikation,
- **Überzeugung** der Person von der Gültigkeit des Aussageninhalts und von den Eigenschaften des Kommunikationsobjektes,
- Erzeugung von **Wünschen** nach dem Objekt und der Deckung von Bedürfnissen,
- **Entscheidung** für das Objekt bzw. Steuerung der Entscheidung in sachlicher, zeitlicher und räumlicher Hinsicht,
- **Handlung** als Realisierung der Entscheidung.

Als weitere Kommunikationsziele können die Schaffung eines Kundenwertes, die Kundenorientierung, die Erzeugung von Kundennähe und Kundenzufriedenheit sowie die Schaffung von Kundenloyalität und Kundenbindung von Unternehmen festgelegt werden. Je nach Unternehmenssituation kann auch die Abgrenzung zu Wettbewerbsangeboten oder die Stärkung der Markenbindung als Kommunikationsziel von Bedeutung sein.

Wenn die Zielpersonen nicht die Endkunden darstellen, sondern Absatzmittler, können als weitere Ziele der Kommunikation die Erhöhung der Distributionsdichte, die Gewinnung neuer Wiederverkäufer, die Positionsstärkung im Handel sowie die Imageverbesserung im Handel als mögliche Zielsetzungen der Kommunikation angesehen werden (Lötters 1993, S. 34).

Kommunikationsziele, welche die Einstellungs- und Imagedimensionen betreffen, werden oft in kognitiv, affektiv und konativ orientierte Ziele weiter untergliedert (Bruhn 2002, S. 207 f.). Kognitiv-orientierte Kommunikationsziele beinhalten die Erzeugung von Aufmerksamkeit und Wahrnehmung der Marke/des Produktes, die Steigerung der Kenntnis von Marken und Produkten (Bekanntheitsgrad) sowie die Vermittlung von Wissen über Produktvorteile (Informationsstand). Affektiv-orientierte Kommunikationsziele beinhalten dagegen das Wecken von Interesse an Produktangeboten, die Bildung und Veränderung von Einstellung und Image gegenüber Produkten/Marken, die Schaffung von Präferenzen sowie die Produkt- und Markenpositionierung und das emotionale Erleben von Marken. Kommunikationsziele, die sich an der konativen Ebene orientieren, beinhalten die Beeinflussung des Informationsverhaltens von Konsumenten, das Hervorrufen von Kaufabsichten, die Anregung zu Probekäufen sowie die Heranführung zum finalen Kaufverhalten und zu Wiederholungskäufen.

Die Kommunikation verfolgt in den einzelnen Phasen des Produktlebenszyklusses unterschiedliche Ziele. Während in der Einführungsphase die Bekanntmachung des neuen Produktes in Form der Einführungskommunikation (informative Kommunikation) von Bedeutung ist, soll in der Wachstumsphase das Produktbewusstsein und Interesse für den Massenmarkt geweckt werden. In der Marktsättigungsphase/Reifephase rückt die Differenzierungsfunktion in den Vordergrund, wobei rationale oder emotionale Vorteils- bzw. Nutzendimensionen des Produktes herausgestellt werden müssen (erinnernde Kommunikation).

2.2 Ökonomische Wirkungsziele

Ökonomische Wirkungsziele beziehen sich im Gegensatz zu den kommunikativen Zielen meist auf monetäre Erfolgsgrößen wie Absatz, Umsatz, Gewinn oder Marktanteil.

Typische Formulierungen für ökonomische Ziele sind dabei z. B.

- Erhöhung des Marktanteils auf 16%
- Erhöhung des Absatzes um 8%
- Steigerung des Umsatzes um 15%
- Ausdehnung des Erstkäuferanteils um 20%

Die Formulierung ökonomischer Ziele im Rahmen der Kommunikation ist sinnvoll, da kommunikative Maßnahmen die ökonomischen Erfolgsgrößen beeinflussen und somit zur Sicherung des Unternehmenserfolges beitragen. Jedoch wird der ökonomische Erfolg meist nicht von der Kommunikation alleine hervorgerufen, sondern resultiert in der Regel aus dem Zusammenspiel mehrerer Größen. Daher ist eine Formulierung „Steigerung des Gewinns" als Oberziel für das gesamte Unternehmen denkbar, für die Formulierung eines konkreten kommunikationspolitischen Zieles jedoch ungeeignet. Erst durch eine konkretere Formulierung ökonomischer Größen und einer Aufspaltung dieser in Wirkungsziele (z. B. Kaufpräferenzen schaffen und dadurch den Unternehmenserfolg steigern), können ökonomische Größen als Zielsetzung der Kommunikation sinnvoll werden.

Ein Nachteil der Formulierung ökonomischer Zielgrößen ist, dass diese Zielgrößen meist zu weit vom Beeinflussungskreis des Kommunikationsabsenders entfernt sind und zudem viele, für den Sender nicht kontrollierbare Einflussgrößen einwirken können. Da ökonomische Zielgrößen in der Regel das Ergebnis vieler Einflüsse sind, ist eine eindeutige Zuordnung von Ursache und Wirkung nicht möglich. Somit ist trotz der Messbarkeit eine Wirkungskontrolle nicht immer möglich.

Im Rahmen der Formulierung und Definition der Kommunikationsziele kommt der Integrationsgedanke insofern zum Tragen, als die Kommunikationsziele aus den Unternehmenszielen heraus abgeleitet werden und die Kommunikationsziele somit in das gesamte Zielsystem des Unternehmens (Unternehmensziele) integriert sind.

2.3 Zielkonflikte im Rahmen der Zielformulierung

Bei der Zielformulierung können Zielkonflikte zwischen den Präferenzen, Wünschen und Zielvorstellungen der Kunden und denen des Unternehmens auftreten. Ziel ist es, diese konträren und unterschiedlichen Zielrichtungen in Einklang zu bringen und miteinander zu verbinden und zudem den Kundenaspekt in die Unternehmensplanung zu integrieren. Abbildung 49 stellt mögliche Zielvorstellungen von Unternehmen und von Kunden gegenüber (Kloss 2003, S. 8).

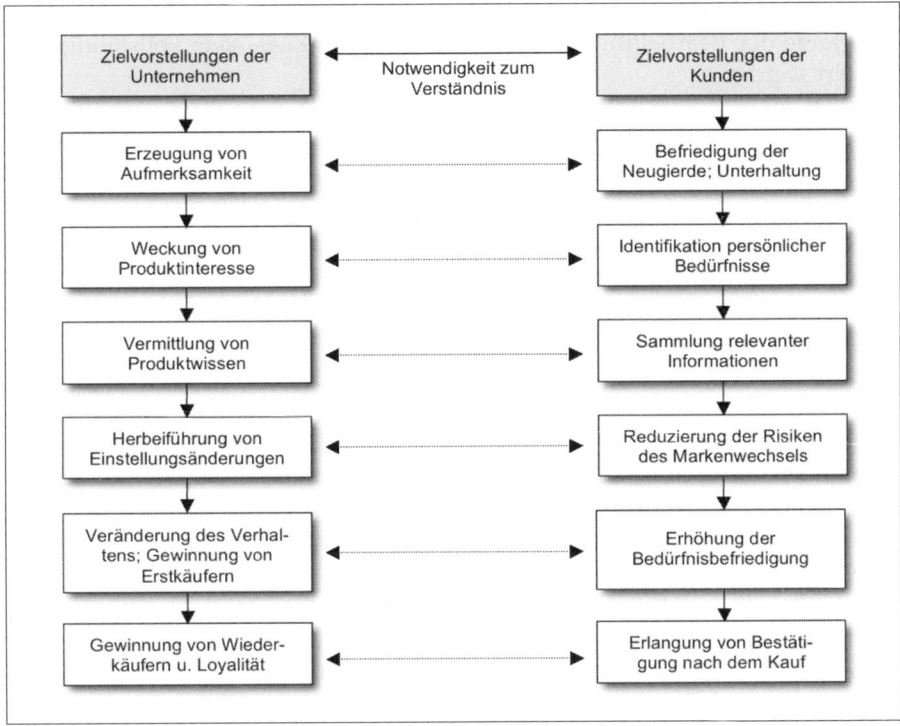

Abbildung 49: Der parallele Prozess der Zielformulierung

2.4 Anforderungen an die Formulierung der Kommunikations-ziele

Bei der Formulierung von Kommunikationszielen müssen ebenso wie bei der Festlegung von Marketingzielen bestimmte Anforderungen bei der Formulierung beachtet werden (Pepels 1999, S. 96). Zum einen müssen Ziele immer realitätsbezogen formuliert sein (subjektiv und objektiv erreichbar) sowie systematisch aufbereitet sein. Die Möglichkeit der Zielerreichung sollte immer wahrscheinlich sein. Außerdem müssen Kommunikationsziele konsistent definiert werden, so dass sich Teilziele bei ihrer Realisierung nicht gegenseitig ausschließen. Als weitere Anforderung an die Zielformulierung ist die Aktualität anzuführen. Ziele müssen immer aktuellen Bezug haben und der Zeit angepasst sein. Des Weiteren müssen die Eindeutigkeit, Durchsetzbarkeit und Operationalisierbarkeit (an der Mittelausstattung ausgerichtet), die Zielkongruenz (untergeordnete Ziele müssen zur Erreichung der übergeordneten Ziele dienen), die Transparenz (Nachvollziehbarkeit der Formulierung für alle Beteiligten), sowie die Überprüfbarkeit (Messbarkeit der Zielerreichung) gewährleistet sein. Ziele müssen außerdem derart formuliert werden, dass der Erfolg den Maßnahmen direkt zugerechnet werden kann. Ferner muss bei der Zielformulierung beachtet werden, dass eine Rangfolge der Bearbeitung erkennbar ist und alle Ziele stets vollständig formuliert werden.

Die vollständige und präzise Zielformulierung beinhaltet dabei die folgenden Zieldimensionen (Bruhn 1997, S. 240f.):

- Formulierung des **Zielinhaltes** (Was soll erreicht werden?)
- Angabe des **Zielausmaßes** (Um wie viel?)
- Angabe des **Zeitbezugs** (Bis wann soll das Ziel erreicht werden?)
- Angabe des **Objektbezugs** (Bei welcher Marke soll das Ziel erreicht werden?)
- Angabe der **Zielgruppe** (Bei welchen Personen soll das Ziel erreicht werden?)

Der Zielinhalt muss dabei immer vollständig und eindeutig, widerspruchsfrei in schriftlicher Form formuliert werden, um Unklarheiten oder Missverständnisse auszuschließen. Bezüglich des Zielausmaßes ist darauf zu achten, dass Ziele in Größen formuliert werden, welche später im Rahmen der Kontrolle gemessen werden können und der Zeitbezug sollte realistisch definiert werden.

Die Festlegung und Formulierung von Kommunikationszielen stellt eine wesentliche Voraussetzung der Kommunikation dar und muss immer mit größter Sorgfalt durchgeführt werden, da Kommunikationsziele die Ausgangsbasis für alle nachfolgenden Stufen des Kommunikationsprozesses vorgeben und eine mangelnde oder falsche Zielformulierung die Ursache für den Misserfolg der gesamten Marketing-Kommunikation darstellen kann.

Die Integration von Teilzielen in ein übergeordnetes Zielsystem stellt die Voraussetzung für die Wertorientierung dar.

3. Konzeption

An die Phase der Rahmenplanung schließt sich die Phase der Konzeption an. Die Zielsetzung bildet die Basis für die Konzeption, die Kommunikationsbotschaft ist das Resultat dieser Prozessphase der Integrierten Marketing-Kommunikation.

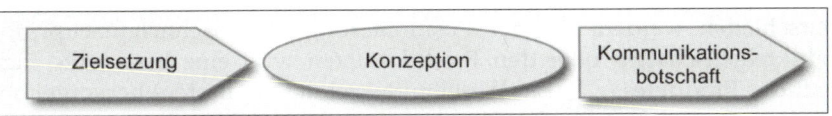

Abbildung 50: Input-Output-Beziehung der Konzeption

Die Phase der Konzeption beinhaltet die Festlegung der kommunikativen Positionierung, die Auswahl und Festlegung der Zielgruppe, die Erarbeitung der Copy-Strategie und die Festlegung der Kommunikationsbotschaft.

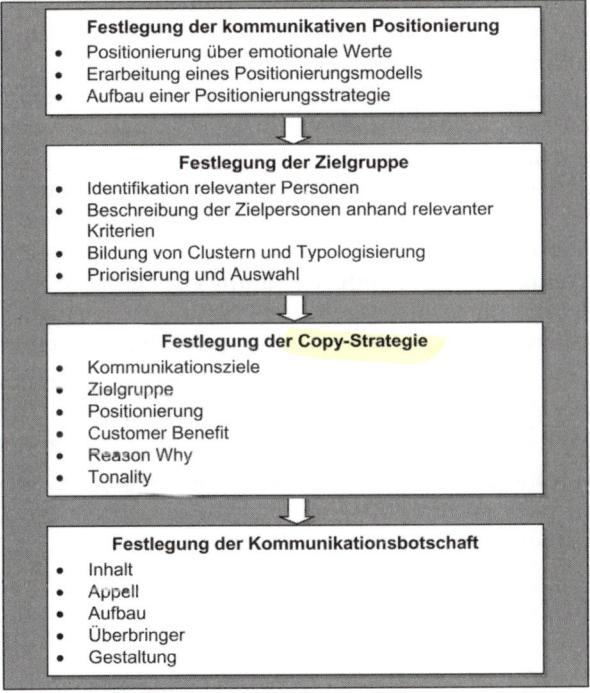

Abbildung 51: Ablaufschema der Konzeption

3.1 Festlegung der kommunikativen Positionierung

Die Positionierung beinhaltet die Einordnung von Marken, Produkten und Leistungen eines Unternehmens nach bestimmten Kriterien gegenüber den Marken, Produkten und Leistungen der Wettbewerber in der Vorstellung der Zielgruppen (Busch 1997, S. 365). Dabei sollte die Marketing-Kommunikation das Ziel verfolgen, sich durch eine möglichst eigenständige kommunikative Positionierung vom Wettbewerb abzuheben und zu differenzieren, aber sich gleichzeitig möglichst nah an den Präferenzen der Zielgruppe zu orientieren.

Im Rahmen der Positionierung können verschiedene Positionierungsarten unterschieden werden. Bei der Positionierung über sachlich nachprüfbare Produkteigenschaften oder den Produktnutzen wird eine bestimmte Eigenschaft des Produktes (z. B. Ein Waschmittel reinigt am besten) hervorgehoben, weil diese Eigenschaft für den Kunden einen erheblichen Nutzen darstellt.

Bei der Positionierung über das Preis-Leistungs-Verhältnis (Value-Positionierung), wird der Wert eines Objektes besonders hervorgehoben, da dieser für den Kunden ein entscheidendes Kaufkriterium darstellt. Dabei können fünf Varianten unterschieden werden:

- „Mehr für mehr": Dem Kunden wird eine bessere Qualität, ein höherer Status oder ein bessergestelltes Prestige zu einem höheren Preis angeboten.
- „Mehr für das Gleiche": Obwohl der Kunde ein Produkt höherer Qualität erwirbt, zahlt er einen vergleichbaren Preis.
- „Das Gleiche für weniger": Bei der „same for less"-Positionierung wird dem Kunden ein qualitativ gleichwertiges Produkt zu einem günstigeren Preis angeboten.
- „Weniger für viel weniger": Durch Verzicht auf bestimmte Merkmale (z. B. Fernseher im Hotelzimmer), kann dem Kunden ein günstigeres Produkt angeboten werden.
- „Mehr für weniger": Der Kunde bekommt eine größere Auswahl an Produkten und zahlt einen günstigen Preis für diese (Beispiel: Toys'R'Us bietet größte Auswahl an Spielzeug zu sehr günstigen Preisen an).

Eine weitere Art der Positionierung ist die anwendungsorientierte Positionierung, bei der die Verwendung eines Produktes mit einer bestimmten Situation verknüpft wird (z. B. „… der Tag geht, Jonny Walker kommt").

Wenn das Produktimage über die Bedürfnisse bestimmter Verwender kommuniziert wird und dadurch die Glaubwürdigkeit erhöht wird, spricht man von verwendergruppenorientierter Positionierung.

Von Kategorie-Positionierung spricht man, wenn eine Marke für eine ganze Kategorie steht. Das ist z. B. der Fall, wenn man nach einem „Tempo" verlangt, und ein Papiertaschentuch gemeint ist. Das Image des Produktes hat sich so im Bewusstsein der Konsumenten gefestigt, dass auch bei Verwendung anderer Marken von dieser Marke gesprochen wird.

Eine Positionierung in Anlehnung an den Marktführer stellt die konkurrenzorientierte Positionierung dar, bei der versucht wird, das eigene Produkt und seine Vorteile gegenüber dem besten Anbieter zu positionieren.

Da eine eigenständige Positionierung über den Grundnutzen alleine und eine rationale Argumentation nur noch wenig erfolgversprechend ist, kommt der kommunikativen Positionierung eine immer bedeutendere Rolle zu. Die Abgrenzung zum Wettbewerb erfolgt dabei alleine auf kommunikativer Ebene über den Zusatznutzen, welcher durch emotionale Komponenten und Werte mit Hilfe der Kommunikation herausgestellt wird. Aufgrund der zunehmenden Marktsättigung, der Austauschbarkeit der Produkte und der mangelnden Differenzierung der Produkte über deren Eigenschaften, ist eine Alleinstellung nur noch über die kommunikative Ebene möglich (Meyer/Davidson 2001, S. 473). Bei der Abgrenzung des eigenen Angebotes und der Hervorhebung gegenüber dem Wettbewerb ist aufgrund der Ähnlichkeit der Produkte eine Positionierung über den Zusatznutzen (emotional) meist erfolgversprechender als die Positionierung über den Grundnutzen (rational).

Im Rahmen klassischer Positionierungsmodelle wird die Position der eigenen Kommunikationsstrategie relativ zu den Positionen der Konkurrenz und relativ zu den Positionen der idealen Kommunikation aus der Sicht der Zielgruppe, in einem mehrdimensionalen Eigenschaftsraum eingetragen (Kroeber-Riel 1994, S. 45). Aufgrund von Positionierungsmodellen kann man erkennen, wo das eigene Unternehmen mit der Kommunikation im Vergleich zur Konkurrenz steht und in welchem Maße die Bedürfnisse und Erwartungen der Kunden erfüllt werden. Kommunikationsstrategien mit starker Wettbewerbsbeziehung werden dabei räumlich nahe zueinander angeordnet, während eine eigenständige kommunikative Positionierung eine größere Distanz aufweist. Die Distanzen zwischen den Positionierungen spiegeln die Wettbewerbsintensitäten wider.

Entscheidend bei der kommunikativen Positionierung ist, dass die Kommunikation den Erwartungen der Rezipienten möglichst gut entspricht und ein unverwechselbarer Nutzen (meist auf emotionaler Ebene) herausgestellt wird. Die Positionierung sollte sich an den Bedürfnissen der Kunden ausrichten und eigenständig und vom Wettbewerb differenzierend gestaltet sein. Eine Positionierung über Erlebniswelten sollte außerdem glaubwürdig und kaufrelevant (zum Produkt passend) gestaltet sein. Je besser sich dabei die Kommunikation eines Unternehmens von der der Konkurrenz abhebt und je mehr sie den Erwartungen der Kunden entspricht, desto erfolgreicher wird sie auch sein.

Im Rahmen der Positionierung können drei Positionierungsstrategien hervorgehoben werden. Bei der Abhebungsstrategie zum Aufbau einer Unique Communication Proposition wird versucht, das eigene Angebot und den damit verbundenen einzigartigen Nutzen in der Wahrnehmung der Kunden möglichst eindeutig zu profilieren. Ein Nutzen ergibt sich dabei für den Kunden, wenn die angebotene Leistung den Erwartungen des Kunden möglichst gut entspricht und sich von der Konkurrenz abhebt (Meyer/Davidson 2001, S. 484).

Bei der Imitationsstrategie (me-too-Strategie) versucht das Unternehmen, die eigene Positionierung an eine erfolgreiche Positionierung eines Konkurrenten (oder sogar an die des Marktführers; konkurrenzorientierte Positionierung) anzulehnen. Man versucht dabei, das eigene Produkt und seine Vorteile in der Nähe des besten Anbieters zu positionieren.

Wenn auf dem Markt Nachfrager gefunden werden, deren Bedürfnisse in einem bestimmten Bereich noch nicht durch andere Anbieter gedeckt werden, empfiehlt sich die Nischenstrategie. Hierbei erfolgt die Positionierung auf einem noch nicht bedienten Teilmarkt.

Die Positionierungsstrategie kann dabei folgendermaßen aufgebaut sein (Kloss 2003, S. 118). In einem ersten Schritt müssen die Besonderheiten des Angebotes (objektiv funktionale Eigenschaften oder subjektiv emotionale Werte) herausgestellt werden. In einem nächsten Schritt muss die Attraktivität für den Kunden (zukünftige und aktuelle Nutzenerwartungen) herausgestellt werden und die Differenzierungseigenschaften gegenüber der Konkurrenz festgelegt werden. Anhand dieser Kriterien kann eine langfristige Position aufgebaut werden, welche sich im Verbraucherbewusstsein festsetzen muss. Aus diesem Grund ist es wichtig, die Positionierungsstrategie immer langfristig und nachhaltig auszulegen.

Häufige Fehler im Rahmen der Positionierung sind unklare oder widersprüchliche Positionierungen sowie eine Unter- oder Überpositionierung. Während bei einer Unterpositionierung die Kunden nur eine unklare Vorstellung vom Produkt haben, es nur unzureichend oder überhaupt nicht vom Angebot der Konkurrenz abgrenzen können und das Produkt als eines von vielen betrachten, wird bei einer Überpositionierung das Leistungsangebot vom Kunden zu eng betrachtet.

3.2 Festlegung der Zielgruppe

Die besten Kommunikationsaktivitäten sind zwecklos und bleiben erfolglos, wenn die richtigen und bedeutenden Zielpersonen nicht erreicht werden oder die Maßnahmen an die falschen Personen gerichtet sind. Die Festlegung der Zielgruppe der Kommunikation ist daher eine der wichtigsten Voraussetzungen für den Erfolg der Kommunikation und sollte mit größter Sorgfalt und Gewissenhaftigkeit durchgeführt werden (vgl. Kapitel B.4).

Dabei müssen in einem ersten Schritt diejenigen Personen identifiziert werden, welche mit den Kommunikationsaktivitäten erreicht werden sollen und die für die Realisierung der Kommunikationsziele angesprochen werden müssen. In einem nächsten Schritt müssen die Zielpersonen anhand bestimmter relevanter Merkmale und Kriterien genau beschrieben werden, um die relevante Personengruppe zielgruppenspezifisch ansprechen und erreichen zu können, damit die Verhaltenswirkungen erzeugt werden können (Hofbauer 2003).

Als mögliche Zielpersonen der Marketing-Kommunikation kommen je nach Zielrichtung Kunden, die Öffentlichkeit, Lieferanten, Wettbewerber, Mitarbeiter, Kapitalgeber sowie Regulatoren in Frage. Bei den Kunden sind dabei nicht nur aktuelle Kunden, die gegenwärtig das Angebot wahrnehmen, von Bedeutung und für das Unternehmen interessant, sondern auch potenzielle Kunden, die vielleicht zum gegenwärtigen Zeitpunkt das Produkt noch nicht kaufen oder das Konkurrenzprodukt kaufen, aber in der Zukunft von Interesse sein können. Das Heranführen dieser Zielgruppe kann für den späteren Erfolg bedeutsam sein.

Im Rahmen der klassischen Produkt- und Markenkommunikation bilden die aktuellen und potenziellen Kunden eines Unternehmens meist die primäre Zielgruppe. Andere Personengruppen spielen bei der Kommunikation in Bereich der Öffentlichkeitsarbeit, Sponsoring, u.a. eine Rolle.

Bei der Definition der Zielgruppe kommt es darauf an, die Personengruppen, an die sich die Kommunikation richten soll, möglichst genau zu beschreiben. Ein erstes relevantes Zielgruppenmerkmal ist die Unterscheidung, ob sich die Zielgruppe aus Personen des Konsumgüter- oder des Industriegüterbereiches zusammensetzt.

Zur Beschreibung und Abgrenzung der Zielpersonen im Konsumgüterbereich bieten sich demographische, sozioökonomische, psychographische Merkmale und Verhaltensmerkmale (Kauf-, Verwendungs-, Kommunikationsverhalten) an. Im Industriegüterbereich spielen bei der Zielgruppenbeschreibung firmendemographische Merkmale (Unternehmensgröße, Branche, Standort), ökonomische Größen (Finanzkraft), psychographische Merkmale (Kenntnisse, Interessen, Einstellungen) sowie Verhaltensmerkmale (Kaufverhalten, Produktionsverfahren, Produktverwendungsverhalten) eine Rolle. Kommunikationsempfänger im Industriegüterbereich können dabei bezüglich ihres Entscheidungs- und Kaufverhaltens durch umfeldbedingte Faktoren (Nachfrageniveau, Konjunktur, Zinsentwicklung), organisationsspezifische Faktoren (Organisationsziele, betriebliche Strukturen), interpersonelle Faktoren (Interesse, Status, Überzeugungskraft) und individuelle Faktoren (Alter, Einkommen, Ausbildung) beeinflusst werden (vgl. Hofbauer/Bauer 2004, S. 158).

Generell werden Zielgruppen anhand mehrerer Kriterien beschrieben. Man verbindet dabei meist soziodemographische, sozialökonomische, psychographische und Merkmale des beobachtbaren Verhaltens, um ein besonders wirklichkeitsgetreues Bild der Zielgruppe zu erhalten (vgl. Tabelle 17; in Anlehnung an Winkelmann 2004, S. 19).

Obwohl demographische Merkmale am leichtesten zu erheben und zu beobachten sind, sind sie für die Identifikation der Zielgruppe dennoch eher ungeeignet. Die Zielgruppe sollte Personen vereinen, welche in ihren psychographischen Merkmalen (z.B. Einstellungen und Motive), Verhaltensmerkmalen und den Kernmotiven in Bezug auf das Angebot (Verhaltensmerkmale und Merkmale des Kaufverhaltens) übereinstimmen (Hartleben 2001, S. 88). Diese Kriterien eignen sich besser zur Beschreibung der Zielgruppe, da sie Aufschluss bezüglich des „inneren Handelns" eines Menschen geben und die Einstellungsstruktur hinsichtlich des Produktes und des Unternehmens, den Grad der Motivation (Intensität und Richtung) sowie problemrelevante psychologische Faktoren (fördernd oder hemmend) erkennen lassen und zudem aktivierende und individuelle Determinanten des Kaufverhaltens aufzeigen und widerspiegeln.

	Merkmale zur Zielgruppenbeschreibung für Konsumgütermärkte	Merkmale zur Zielgruppenbeschreibung für B-2-B-Märkte
Soziodemographische Merkmale	• Geschlecht • Alter • Religion • Familienstand, Kinder • Herkunftsland • Wohnregion • Wohnort, Ortsgröße • Wohnsituation • Freizeitverhalten • Einfluss in Gruppen, Vereinen • Politische Ausrichtung	• Kundenstandorte • Firmenstammdaten • Konzernzugehörigkeiten • Leistungsangebot des Kunden • Maschinelle Ausrüstung des Kunden • Rechtliche Vorschriften
Sozialökonomische Merkmale	• Haushaltsgröße • Schulbildung • Beruf • Einkommen • Haushaltskaufkraft • Besitzmerkmale • Urlaubsverhalten • Ausbildungsinteressen • Sparneigung	• Kundenbilanzen • Geschäftsberichte • Finanzanalysen • Einkaufsbudgets • Potenziale • Lieferantenanteile von Wettbewerbern • Hauptkunden des Kunden • Hauptwettbewerber
Psychographische Merkmale	• Persönlichkeit • Wissen, Kenntnisse • Interessen, Hobbys • Neigungen • Ansprüche • Einstellungen, Konsumeinstellungen • Präferenzen, Wünsche • Kaufabsichten • Risikofreude • Umweltbewusstsein • Religiosität • Motive	Gleiche Merkmale wie im Konsumbereich, jedoch zu beziehen auf die Mitglieder des Buying Center beim Kunden
Merkmale des Kaufverhaltens	• Bevorzugte Geschäfte • Einkaufszeiten • Konsumschwerpunkte • Kaufhäufigkeiten, Kauffrequenz • Kaufmengen • Zahlungsverhalten, Preisverhalten • Markenbewusstsein • Lieferantentreue • Beeinflussbarkeit am POS • Nachkauf-Verhalten • Mediennutzung • Qualitätsverhalten • Kaufentscheidung, Position im KEP	• Einkaufsverhalten des Kunden, insbes. Bestellrhythmen • Lagerpolitik des Kunden • Zahlungsverhalten des Kunden • Besondere Wettbewerbspräferenzen des Kunden • Bevorzugte Lieferfristen
Sonstige relevante Merkmale	• Verbrauchsgewohnheiten: – Verwendungshäufigkeit – Verwendungszeiten – Verwendungsdauer – Verwenderstatus – Käuferstatus • Kommunikationsverhalten • Diffusionsverhalten • Informationsverhalten • Ausmaß des Problembewusstseins • Involvement • Merkmale bzgl. des Medienverhaltens	• Verbrauchsgewohnheiten: – Verwendungshäufigkeit – Verwendungszeiten – Verwendungsdauer – Verwenderstatus – Käuferstatus • Kommunikationsverhalten • Diffusionsverhalten • Informationsverhalten • Ausmaß des Problembewusstseins

Tabelle 17: Merkmale zur Beschreibung von Zielgruppen

Die Kriterien und Merkmale, welche zur Beschreibung der Zielgruppe herangezogen werden, müssen auf jeden Fall folgenden Anforderungen entsprechen (Bruhn 1997, S. 249f.). Die Kriterien müssen von entscheidender Bedeutung für das Kaufverhalten sein (Kaufverhaltensrelevanz) und aussagefähig für den Einsatz der Kommunikation sein (Ausprägungen der Kriterien sollen Ansatzpunkte für Einsatz der Medien geben). Außerdem müssen die Kriterien die Zugänglichkeit (Erreichbarkeit der Zielgruppe mit den ausgewählten Medien) sowie die Messbarkeit ermöglichen. Die zeitliche Stabilität der Kriterien über einen längeren Zeitraum ist des Weiteren eine notwendige Voraussetzung.

Im Anschluss an die Beschreibung der Zielgruppe anhand geeigneter Merkmale werden in einem nächsten Schritt die Personen, welche die gleichen relevanten Merkmale und Kernmotive aufweisen, in Cluster zusammengefasst. Die unterschiedlichen Cluster werden anschließend typologisiert. Dabei wird das Kernmotiv der jeweiligen Personen eines Clusters betont.

Nach der Bildung von Clustern und der Typologisierung muss priorisiert werden, welche Zielgruppen besonders wichtig sind und unbedingt erreicht werden müssen, ob alle Zielgruppen angesprochen werden müssen, oder ob sich das Unternehmen auf bestimmte Gruppen fokussiert ausrichten sollte. Nach der Priorisierung der Zielgruppen stehen dann diejenigen Personengruppen fest, welche im Rahmen der Marketing-Kommunikation erreicht werden sollen (vgl. Abbildung 52).

Bei der Festlegung der Zielgruppe der Kommunikation wird oft neben der primären Zielgruppe auch eine sekundäre Zielgruppe festgelegt. Während die Beschreibung der primären Zielpersonen alle Personen, die ein Objekt verwenden oder verwenden wollen (Verwender/potenzielle Verwender) beinhaltet, kann die sekundäre Zielgruppe Personen beinhalten, welche Einfluss auf die primäre Zielgruppe ausüben können oder in einer anderen Form mit der primären Zielgruppe in Verbindung stehen. Die Beschreibung der sekundären Zielgruppe (Meinungsführer, Familie, Fachberater) kann für die Kommunikation insofern von Bedeutung sein, da sich die Kommunikation indirekt auch immer an diese Zielgruppen richtet, um den Einfluss auf die Entscheidungen der primären Zielgruppe mitsteuern zu können (vgl. B. 3).

Die richtige Definition und Beschreibung der Zielgruppe ist Voraussetzung für eine zielgerichtete Ausrichtung und Gestaltung der Kommunikation auf die einzelnen Personen und bildet daher eine Basis für den Erfolg der Kommunikation.

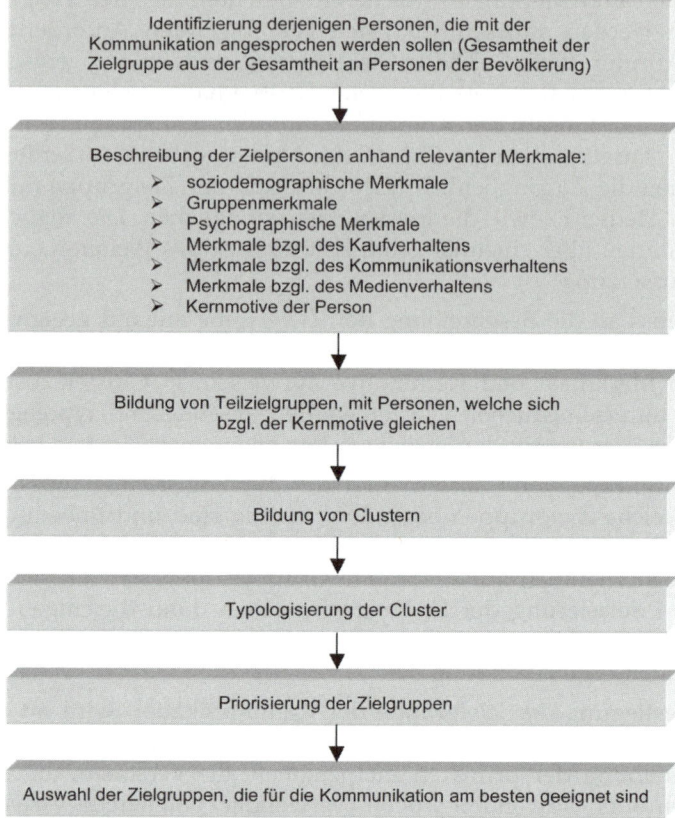

Abbildung 52: Ablaufschema Zielgruppenbestimmung

3.3 Festlegung der Copy-Strategie

Die Copy-Strategie kann als die kommunikative Basiskonzeption definiert werden, welche den mittel- bis langfristig definierten Rahmen der Ansprache bzw. des Auftritts festlegt und die Grundlage für die konkrete Kommunikationsplanung bildet. Des Weiteren wird der Orientierungsrahmen für die kreative Umsetzung und Gestaltung der Kommunikationsbotschaft vorgegeben und ein Maßstab zur späteren Beurteilung des Erfolges gesetzt.

Die Copy-Strategie beinhaltet folgende Elemente (Meyer/Davidson 2001, S. 603):

- Kommunikationsziele
- Zielgruppe
- Positionierung
- Customer Benefit (Produktnutzen/-versprechen)
- Reason Why (Begründung des Produktversprechens)
- Tonality („atmosphärische Verpackung", Idee, Grundstimmung)

Bei der Erarbeitung der Copy-Strategie müssen dabei in einem ersten Schritt die Kommunikationsziele definiert und festgelegt sein, welche durch die Kommunikationsmaßnahmen erreicht werden sollen (vgl. Kapitel C.2: Rahmenplanung). Im nächsten Schritt wird dann die Zielgruppe, welche durch die Kommunikation angesprochen werden soll, genau abgegrenzt und definiert (vgl. Kapitel C. 3.2), um die Kommunikationsmaßnahmen auf diese auszurichten und abzustimmen. Um durch die Kommunikation eine Alleinstellung und Abgrenzung vom Wettbewerb erreichen zu können, muss außerdem die kommunikative Positionierung (vgl. Kapitel C. 3.1), die Positionierung des Produktes und des Unternehmens in seinem Umfeld genau festgelegt und beschrieben werden.

Ein weiteres Element der Copy-Strategie bildet das Nutzenversprechen (Benefit). Der Benefit stellt die wesentliche Leistung eines Produktes/einer Marke sowie den damit verbundenen Nutzen heraus. Der Benefit betrifft die Vorteilswirkung aus der Inanspruchnahme eines Angebotes und ist aus dem Grund von zentraler Bedeutung, da er das Äquivalent für den bezahlten Geldbetrag beim Kauf eines Produktes darstellt (Vergossen 2004, S. 64). Der Kundennutzen eines Angebotes ist dabei aus den Angebotsmerkmalen unter der Berücksichtigung der Kundenerwartungen, Kundeninteressen und Präferenzen abgeleitet (vgl. Abbildung 53; in Anlehnung an Hartleben 2001, S. 60). Der Benefit muss klar formuliert werden und die wesentlichen und zentralen Merkmale darstellen, weswegen das Produkt bevorzugt und gekauft werden soll. Das Nutzenversprechen konkretisiert die Positionierung und muss unbedingt die Abgrenzung vom Wettbewerb sicherstellen, von hoher Relevanz für den Kunden sein und zudem glaubwürdig sein.

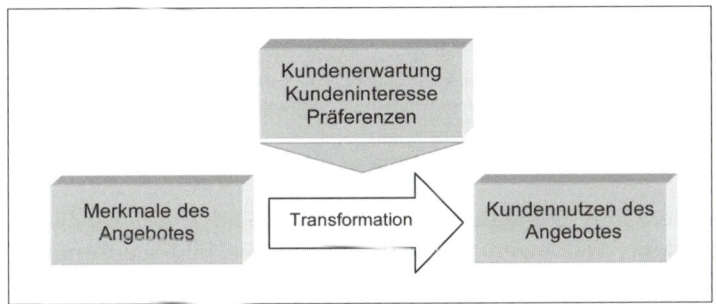

Abbildung 53: Transformation der Angebotsmerkmale in einen Kundennutzen

Das Nutzenversprechen muss in einem nächsten Schritt begründet werden (Reason Why), um die Glaubwürdigkeit der Positionierungsaussage zu stützen und das Nutzenversprechen glaubhaft zu untermauern (Meyer/Davidson 2001, S. 604). Wie unterschiedlich die Begründung des gleichen Benefits sein kann, zeigt folgendes Beispiel (Kloss 2003, S. 167).

Sowohl „Milka", „Merci", „Ritter Sport" als auch „Kinder Schokolade" implizieren den Anspruch, die „Beste Schokolade" zu sein (Benefit).

Jede Marke gibt dafür aber eine andere Begründung (Reason Why) an:

- Milka: „Die zarteste Versuchung, seit es Schokolade gibt"
- Merci: „Weil man sie jederzeit guten Gewissens verschenken kann"
- Ritter Sport: „quadratisch, praktisch, gut"
- Kinder Schokolade: „Weil sie die Extra Portion Milch hat"

Im Anschluss an die Festlegung der grundlegenden Elemente der inhaltlichen Konzeption muss der Kommunikations- und Gestaltungsstil, die Tonality, festgelegt werden, welche die Art der Ansprache sowie den Stil und Charakter der Botschaft bestimmt. Dabei kann sowohl eine sachliche, emotionale, verspielte, freche oder eine andere „atmosphärische Verpackung" gewählt werden. Der Grundton der Ansprache sollte sich dabei an den Gegebenheiten des Produktes und den Kommunikationszielen ausrichten. In Tabelle 18 (Quelle: Meyer/Davidson 2001, S. 605) wird zur Veranschaulichung die Copy-Strategie der Dr. Best Zahnbürsten dargestellt, um ein besseres Verständnis für diesen wichtigen Part herzustellen.

Die Copy-Strategie eines Produktes/einer Marke ist immer langfristig ausgelegt und wird nur dann verändert, wenn sich die Positionierung des beworbenen Produktes oder der Marke, die Produktverwendung oder die Kundenbedürfnisse verändern (Kloss 2003, S. 168).

Copy-Strategie der Dr. Best Zahnbürsten	
Zielgruppe	Hygienebewusste, „moderne" Menschen
Kommunikationsziele	Information über den Mehrwert flexibler Zahnbürsten anhand einer Expertenmeinung
Positionierung	Innovative flexible Zahnbürste, mit zahnmedizinischen Vorteilen, die eine intelligente Lösung für die Oralhygiene bereithält
Customer Benefit	Klinisch optimale und schonende Zahnreinigung
Reason Why	Überlegenes Zahnbürstenkonzept mit flexiblem Bürstenstiel- und Bürstenkopf-System
Tonalität	Medizinisches Ambiente; für jedermann leicht nachvollziehbarer und dennoch wissenschaftlich wirkender Nachweis für die Überlegenheit des Produktes

Tabelle 18: Copy-Strategie Dr. Best Zahnbürsten

Mit Hilfe der Copy-Strategie soll die kommunikative Alleinstellung und Abgrenzung zum Wettbewerb erreicht werden. Sie bildet zusammen mit der Kreativ-Strategie und der Mediastrategie die Kommunikationsstrategie. Dabei beinhaltet die Copy-Strategie die Fixierung der inhaltlichen Grundkonzeption, die Kreativ-Strategie die gestalterische Umsetzung dieser und die Mediastrategie die Auswahl geeigneter Trägermedien.

3.4 Festlegung der Kommunikationsbotschaft

Die Informationen, welche der Kommunikator an die Zielpersonen kommunizieren will, konkretisieren sich in der Kommunikationsbotschaft. Die Botschaft kann dabei sowohl bloße Fakten als auch Emotionen beinhalten und vermitteln.

Bei der Festlegung der Botschaft muss zum einen der Inhalt der Botschaft definiert werden und somit konkretisiert werden, was überhaupt ausgesagt werden soll und welche Informationen vermittelt werden sollen. Zudem müssen die Ansprechmotive, welche dafür verwendet werden sollen, als Appell der Botschaft erarbeitet werden. In einem nächsten Schritt wird dann festgelegt, wie die Botschaft schlüssig aufgebaut werden kann und schließlich ausgedrückt werden soll. Zuletzt wird dann der Überbringer der Botschaft ausgewählt.

Bei der Festlegung und Gestaltung der Botschaft, spielt die Phase des Kaufentscheidungsprozesses, in welcher sich die Rezipienten gerade befinden, eine entscheidende Rolle, denn jede Phase des KEPs verlangt nach spezifischen Botschaften, Inhalten, Argumentationslinien und Umsetzungen. Die Phase, in der sich die jeweiligen Zielpersonen gerade befinden, bzw. die Phase, auf die sie abzielen, definiert den inhaltlichen Rahmen für die Ansprache, das Thema, die Argumentationslinie und die Informationstiefe (vgl. Abbildung 54: Hartleben 2001, S. 103; vgl. auch Kapitel B.3.2).

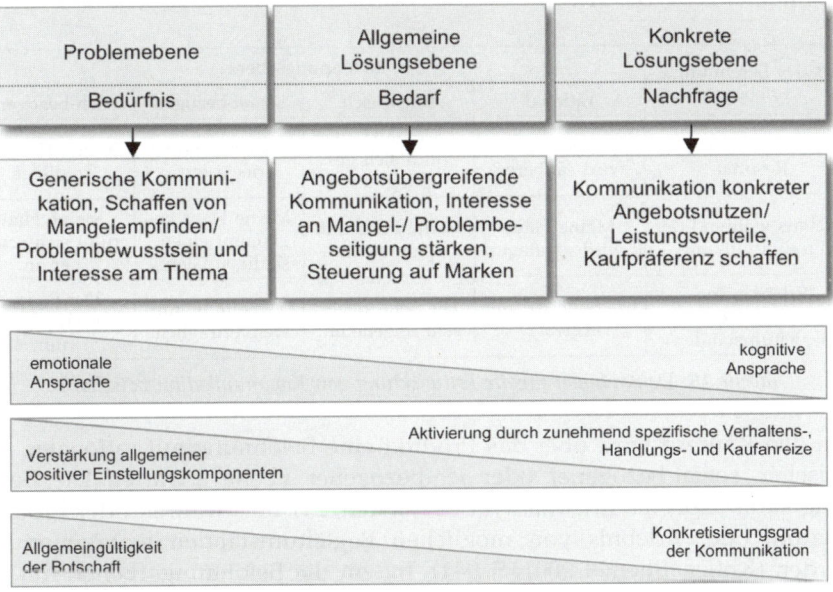

Abbildung 54: Botschaftsgestaltung in Abhängigkeit der Phasen im KEP

Während in den ersten Phasen des Kaufentscheidungsprozesses Botschaften geeignet sind, welche das Problembewusstsein schaffen und noch keinen oder fast keinen direkten Angebotsbezug haben, muss im weiteren Zeitverlauf der Detaillierungsgrad und der Konkretisierungsgrad der Botschaft verstärkt werden, da auch das Interesse der Zielpersonen zunimmt.

3.4.1 Inhalt der Botschaft

Der erste Schritt der Botschaftsgestaltung befasst sich mit dem Inhalt. Dabei legt der Adressat fest, welche Informationen an die Zielpersonen kommuniziert werden sollen. Der Inhalt einer Botschaft ist dabei mit dem Thema der Kommunikation oder der Idee gleichzusetzen. Der Botschaftsinhalt umfasst sachliche Informationen bezüglich des Produktnutzens, der Produkteigenschaften und Produktvorteile und kann entweder rational und produktbetont oder auch emotional und verwendungsbetont dargestellt werden. Durch den Inhalt der Botschaft wird neben der Kernbotschaft auch die Positionierung in Form der Unique Communication Proposition (UCP) und somit die Differenzierung über emotionale Werte ausgedrückt. Der Inhalt der Botschaft kann dabei an die Appellations-, Sach-, Beziehungs- oder Selbstoffenbarungsebene gerichtet sein.

Bei der Entwicklung von Botschaften ist es empfehlenswert, einen Denkrahmen zu verwenden, welcher auf Malony zurückgeht (vgl. Tabelle 19: Kotler/Bliemel 2001, S. 941).

Art des Belohnungs-erlebens	Belohnungsebene			
	rational	sensorisch	sozial-bezogen	ich-bezogen
Erlebnis als Resultat	Meine Haut wird sauberer.	Meine Haut fühlt sich gepflegt an.	Meine Haut riecht gut.	Meine Haut ist gepflegt.
Erlebnis während der Produktnutzung	Meine Haut wird gepflegt.	Meine Haut entspannt sich.	Meine Haut bekommt einen seidigen Glanz.	Meine Haut fühlt sich schöner an.
Erlebnis aus möglichen Begleitumständen	Die Seife ist sehr ergiebig.	Die Seife riecht sehr angenehm.	Die Seife ist umweltverträglich.	Der Seifengeruch passt zu mir.

Tabelle 19: Denkrahmen für die Entwicklung von Kommunikationsbotschaften

Von den Käufern wird über das Produkt eine Belohnung auf rationaler, sensorischer, sozial-bezogener oder ich-bezogener Ebene erwartet. Die Belohnung kann dabei als Erlebnis von Resultaten, Erlebnis während der Produktnutzung oder Erlebnis von möglichen Begleitumständen wahrgenommen werden (Kotler/Bliemel 2001, S. 941). Indem die Belohnungsebenen mit den Erlebnisarten kombiniert werden, entsteht ein Denkschema mit zwölf Gestaltungsalternativen. Die Kommunikationsbotschaft sollte auf jeden Fall das Nutzenversprechen sowie eine Lösungsaussicht zum Problem beinhalten und die wichtigsten, zentralen Informationen kurz und prägnant darstellen.

3.4.2 Appell der Botschaft

Nach der Festlegung des Botschaftsinhalts wird das Ansprechmotiv definiert. Dabei können der rationale, der emotionale und der moralische Appell unterschieden werden (Kotler/Bliemel 2001, S. 897). Der rationale Appell stellt den Vorteil eines Produktes bzw. einer Marke anhand von Kriterien wie Qualität, Wirtschaftlichkeit, Nutzen oder Leistung heraus. Emotionale Appelle hingegen versuchen bei den Zielpersonen Gefühle auszulösen und somit zum finalen Kaufverhalten hinzuführen. Dabei wird vor allem an Gefühlsebenen wie Angst, Schuld, Liebe, Freude, etc. appelliert, um eine Reaktion der Person herbeizuführen. Der moralische Appell richtet sich an den Gerechtigkeitssinn der Zielperson, indem zum Beispiel durch die Betonung der Umweltverträglichkeit eines Produktes an den Umweltsinn der Person appelliert wird.

3.4.3 Aufbau der Botschaft

Der Aufbau der Kommunikationsbotschaft bestimmt unter anderem deren Wirkung. Dabei können mehrere Alternativen bezüglich der Gestaltung der Schlussfolgerung, der Argumentation und der Abfolge der Argumente herangezogen werden (Kotler/Bliemel 2001, S. 899). Zum einen kann die Botschaft mit einer Schlussfolgerung versehen werden oder ohne diese gestaltet werden. Die Zielpersonen müssen diese dann selber bilden.

Zum anderen kann die Art der Argumentation unterschiedlich erarbeitet werden. Die Argumentation einer Botschaft kann einseitig oder zweiseitig erfolgen. Bei der einseitigen Argumentation werden lediglich die positiven Eigenschaften eines Produktes aufgeführt und angepriesen. Die zweiseitige Argumentation hingegen kann auch auf Unzulänglichkeiten, die im Zusammenhang mit dem Produkt stehen, hinweisen und dadurch die Glaubwürdigkeit unterstützen. Welche Art der Argumentation bei den Empfängern besser und wirkungsvoller ankommt, ist nicht eindeutig belegbar. Daher muss der Kommunikator selbst abwägen, welche Art für den speziellen Kommunikationszweck sinnvoller und wirksamer erscheint. In Abhängigkeit des Kommunikationsproblems und der Zielsetzung muss außerdem festgelegt werden, ob auf informativer oder emotionaler Ebene argumentiert werden soll.

Neben der Art der Argumentation muss die Abfolge der Argumente festgelegt werden. Dabei können die stärksten Argumente entweder zu Beginn der Botschaft oder am Ende der Botschaft platziert werden. Die Stellung der stärksten Argumente an den Anfang der Botschaft kann begünstigen, dass diese besser erinnert werden, da zuerst wahrgenommene Informationen von Zielpersonen meist mit größerer Aufmerksamkeit wahrgenommen werden und daher auch besser erinnert werden (Primacy-Effekt). Der Recency-Effekt betont dagegen, dass zuletzt wahrgenommene Informationen vom Rezipienten besser erinnert werden können und daher eine größere Wirkung erzielen, weil diese Informationen zuletzt vom Gedächtnis aufgenommen und wahrgenommen wurden. Letztendlich ist nicht erwiesen, welche der beiden Arten der Argumentation eine größere Wirkung bei den Kommunikationsempfängern erzielt und daher muss der Kommunikator selber entscheiden, welche Form für das jeweilige Kommunikationsproblem effektiver erscheint.

3.4.4 Überbringer der Botschaft

Eine weitere Entscheidung bezüglich der Botschaftsgestaltung beinhaltet den Botschaftsübermittler. Um eine bessere Aufmerksamkeit und Erinnerung der Botschaft beim Zielpublikum zu erreichen, werden von kommunikationstreibenden Unternehmen prominente Persönlichkeiten zur Übermittlung von Informationen eingesetzt. Der Einsatz von bekannten Persönlichkeiten oder Experten erzeugt bei den Zielpersonen ein gewisses Vertrauen und vermittelt das Gefühl von Kompetenz. Außerdem kann die Glaubwürdigkeit des Botschaftsinhaltes unterstützt und gefördert werden. Voraussetzung ist jedoch, dass eine positive Einstellung der Zielpersonen gegenüber dem Überbringer erzeugt und geschaffen wird, um eine positive Wirkung erzeugen zu können. Wenn der Empfänger den Übermittler der Botschaft negativ bewertet und unsympathisch findet, kann dies negative Auswirkungen bezüglich der Akzeptanz des Produktes oder dem Unternehmensimage bei der Zielperson mit sich bringen. Andererseits können negative Einstellungen gegenüber einem Produkt/einer Marke durch einen sympathisch empfundenen Überbringer abgeschwächt und in eine positive Einstellung umgewandelt werden.

3.4.5 Gestaltung der Botschaft

Die konkrete Botschaftsgestaltung erfolgt später im Rahmen der Kreation und Gestaltung (Kapitel C. 8). Dabei müssen im Einzelnen Stil, Tonality, Wortwahl, Bildwahl, Farbwahl und weitere Gestaltungselemente festgelegt und kreativ umgesetzt werden. Bei der Gestaltung der Botschaft muss berücksichtigt werden, dass der Nutzenaspekt besonders gut herausgestellt wird und die Botschaft nicht mit zu vielen Informationen überladen wird. Die Beschränkung des Inhalts auf wenige wesentliche und zentrale Aspekte ist daher besonders wichtig.

Aufgrund der zunehmenden Informationsüberlastung und dem Desinteresse der Rezipienten an der Mediakommunikation, haben es Botschaften immer schwerer, sich im Umfeld durchzusetzen (Busch 1997, S. 304). Daher wird es immer bedeutender, dass Botschaften aufgrund ihrer Gestaltungsmerkmale (einfache Gestaltung mit wenig Text und starkem Bildanteil in grellen Farben) eine starke Reizintensität aufweisen und somit Aufmerksamkeit auslösen. Je origineller und auffälliger dabei die Gestaltung der Botschaft ausfällt, desto eher wird sich diese von Konkurrenzbotschaften abheben und somit größere Aufmerksamkeit erzielen und bessere Erinnerungswerte erreichen (vgl. Kapitel B.5).

Tabelle 20 stellt wichtige Bewertungskriterien für eine erfolgreiche Gestaltung der Kommunikationsbotschaft zusammen (in Anlehnung an Hartleben 2001, S. 151).

Checkliste für die Bewertung der Kommunikationsbotschaft	⊗
Einfachheit	
Die Botschaft ist klar und deutlich formuliert	○
Die Botschaft konzentriert sich auf die wesentlichen Kernaussagen	○
Die Botschaft ist leicht lesbar	○
Die Botschaft ist eingängig und leicht zu merken	○
Prägnanz	
Die Botschaft ist eigenständig und unterscheidet sich von der Konkurrenz	○
Die Botschaft ist konkret und nicht abstrakt	○
Die Botschaft aktiviert und fällt auf	○
Überzeugungskraft	
Die Botschaft signalisiert einen klaren Kundennutzen	○
Die Botschaft ist kundenrelevant	○
Die Botschaft spricht den Rezipienten direkt an	○
Die Botschaft zielt auf die Gefühlswelt des Kunden	○
Die Botschaft ist eingängig und stimmig	○
Konsistenz	
Die Botschaft drückt die Positionierung des Unternehmens aus	○
Die Botschaft passt zum Kommunikationsobjekt	○
Die Botschaft kann in allen Medien angewendet werden	○
Glaubwürdigkeit	
Die Botschaft wirkt angemessen, selbstbewusst und nicht übertrieben	○
Die Botschaft stellt den Kundennutzen deutlich und glaubwürdig heraus	○

Tabelle 20: Checkliste für die Bewertung der Kommunikationsbotschaft

4. Budgetierung

An die Phase der Konzeption schließt die Phase der Budgetierung an. Mit der Budgetierung wird die Kommunikationsbasis abschließend definiert.

Abbildung 55: Input-Output-Beziehung der Budgetierung

Die Phase der Budgetierung beinhaltet sowohl die Festlegung der optimalen Budgethöhe als auch die zeitliche und sachliche Verteilung des Budgets.

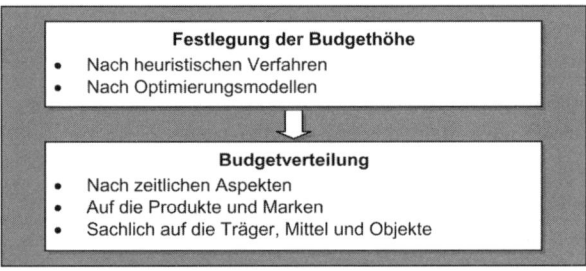

Abbildung 56: Ablaufschema der Budgetierung

Die Budgetierung in der Kommunikationspolitik beinhaltet die Festlegung der notwendigen finanziellen Mittel, die für sämtliche kommunikativen Aktivitäten im gesamten Kommunikationsprozess, also in der Planungs-, Durchführungs- und Kontrollphase, benötigt werden, um die vorgegebenen Kommunikationsziele zu erreichen. Es wird also der Kostenrahmen abgesteckt und definiert, innerhalb dessen sich die Kommunikationsaufwendungen bewegen dürfen. Dabei nimmt die Budgetierung verschiedene Funktionen wahr (Bruhn 2003, S. 187f.). Während im Rahmen der Planungsfunktion über die Gestaltung sowie die Vorgehensweise zukünftiger kommunikationspolitischer Aktivitäten entschieden wird, gibt die Budgetierung im Rahmen der Informationsfunktion Auskunft über die Bedeutung kommunikativer Aktivitäten und die Bedeutung der Kommunikationsinstrumente. Außerdem übernimmt die Budgetierung eine Art Steuerungsfunktion, da sie einen konkreten Handlungsrahmen bietet, um die Entscheidungsträger zu zielorientiertem Handeln und zur Ergebnisverantwortung heranzuziehen. Im Rahmen der Koordinationsfunktion werden gleichgeordnete sowie über- und untergeordnete Budgets abgestimmt, wodurch die einzelnen Bereiche koordiniert werden. Zudem bietet die Budgetierung den Mitarbeitern Handlungsspielräume, in denen eigenverantwortlich gehandelt und entschieden werden kann (Motivationsfunktion), analysiert und korrigiert Abweichungen und kontrolliert die einzelnen Maßnahmen (Kontrollfunktion). Auch hier kommt der Gedanke der Integration stark zum Tragen.

Budgetentscheidungen nehmen im Kommunikationsprozess einen zentralen Stellenwert ein, weil die Höhe des Kommunikationsetats Einfluss auf die Gestaltung und Auswahl der Kommunikationsinstrumente und Medien nimmt. Die Interdependenzen von Budgetentscheidungen in der Kommunikationspolitik stellt Abbildung 57 exemplarisch dar (Bruhn 2003, S. 189). Die Budgetierung umfasst dabei nicht nur Entscheidungen über die Budgethöhe, sondern auch über die interinstumentelle, intermediaselektive und intramediaselektive Allokation.

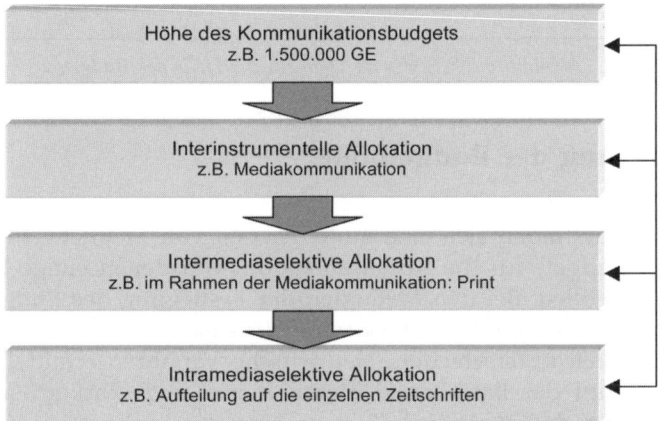

Abbildung 57: Interdependenzen von Budgetentscheidungen

Die Budgethöhe wird dabei vom Zeitrahmen, den Kommunikationszielen, der Art und Anzahl der zu erreichenden Zielpersonen, der Art des Kommunikationsobjektes, der Art und Anzahl der für die Übermittlung der Botschaft erforderlichen und vorgesehenen Kommunikationsträger, den Konkurrenzaktivitäten und dem erforderlichen Kommunikationsdruck (notwendige Häufigkeit der Ansprache der Personen) determiniert (Busch 1997, S. 375). Auch die Marktgröße, Unternehmensgröße, die Produktart, die Phase des Produktlebenszyklus in der sich das Produkt befindet, der Marktanteil des Unternehmens, der Konkurrenzdruck sowie die Produktbekanntheit, die Markensubstituierbarkeit und der Neuigkeitscharakter des Produktes bestimmen indirekt die Höhe des Budgets. Abbildung 58 stellt exemplarisch generelle Einflussgrößen für die Höhe des Kommunikationsbudgets dar (Bruhn 2003, S. 191).

Allgemein beinhaltet das Kommunikationsbudget sowohl Gestaltungs- und Planungskosten als auch die Produktionskosten, Streukosten (Kosten für die Schaltung, Verbreitung) und Kosten für die Erfolgskontrolle der Kommunikationsmaßnahmen.

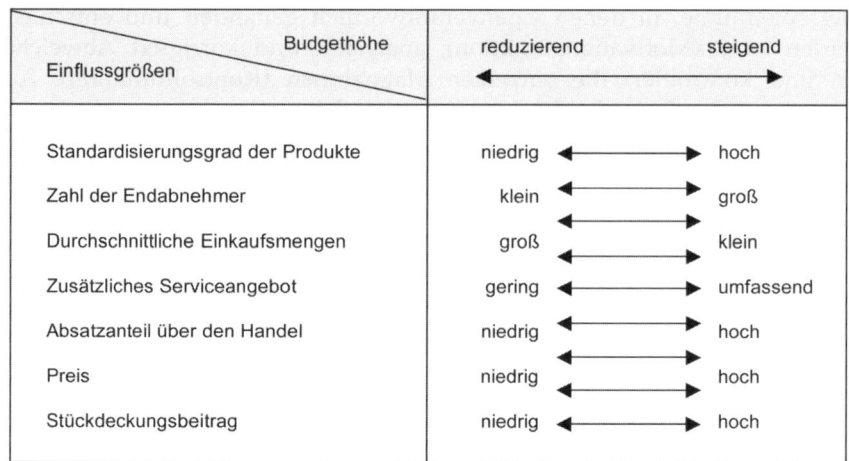

Abbildung 58: Einflussgrößen für die Höhe des Budgets

4.1 Festlegung der Budgethöhe

In der Literatur finden sich eine große Anzahl von Möglichkeiten der Festlegung des Budgets für die Kommunikation, von denen einige kurz vorgestellt werden sollen. Bei den Methoden der Festlegung des Budgets wird in der Literatur grundsätzlich zwischen heuristischen Ansätzen und analytischen Ansätzen unterschieden. Heuristische Verfahren ermitteln die Höhe des Budgets auf der Basis von Unternehmens- und Marktgrößen der Vergangenheit und definieren den Kostenrahmen für zukünftige Kommunikationsaufwendungen realitätsnah. Mathematisch-theoretische Methoden hingegen ermitteln das optimale Budget auf Basis von Wirkungsfunktionen wie der Marginalanalyse und Operations-Research-Methode.

4.1.1 Heuristische Ansätze der Budgetierung

Im Rahmen heuristischer Verfahren der Budgetierung sind vor allem das Prozentsatz-Verfahren, die Ausrichtung des Budgets an Absatzmengen, die Ausrichtung an verfügbaren finanziellen Mitteln, die Kommunikationsanteils-Methode, die Budgetierung in Orientierung zum Wettbewerb und die Ziel-Aufgaben-Methode anzuführen. Die heuristischen Verfahren finden gegenüber den analytischen Verfahren meist eher Verwendung in der Praxis.

Die Prozentsatz-Verfahren

Bei den Prozentsatz-Verfahren wird die Höhe des Budgets als Prozentsatz einer bestimmten Ergebnisgröße definiert. Dabei können als Bezugsgrößen verschiedene Erfolgsgrößen wie der Gewinn, der Umsatz, der Cashflow oder der ROIC herangezogen werden.

Beim Prozent-Umsatz-Verfahren wird das Budget „als ein bestimmter Prozentsatz vom vergangenen, gegenwärtigen oder zukünftigen Umsatz festgesetzt" (Behrens 1996, S. 221). Sowohl der wertmäßige als auch der mengenmäßige Umsatz, der Umsatz vergangener Planungsperioden, der geplante Umsatz der nächsten Periode wie auch Durchschnitts-Umsatzwerte verschiedener Planungsperioden der Vergangenheit können dabei als Orientierungsgröße dienen.

Nach dem gleichen Schema können auch der Gewinn vergangener oder geplanter Perioden sowie andere Erfolgsgrößen zur Berechnung der Budgethöhe herangezogen werden. Der Prozentsatz basiert meist auf Erfahrungswerten der Branche oder des Managements und wird dann den aktuellen Erfordernissen angepasst.

Der Vorteil des Prozentsatz-Verfahrens zur Bestimmung der Budgethöhe ist die leichte Anwendbarkeit sowie die einfache und unproblematische Ermittlung. Außerdem ist bei diesem Verfahren sichergestellt, dass das Unternehmen nicht mehr an finanziellen Mitteln ausgibt, als zur Verfügung stehen. Ein Nachteil ist jedoch, dass die Parameter bezüglich ihrer Kausalität vertauscht sind. Normalerweise sind Ergebnisgrößen von den Kommunikationsmaßnahmen (Kommunikationsbudget) abhängig und nicht wie in dieser Methode unterstellt, das Budget von der Erfolgsgröße. Dadurch wird ein prozyklischer Verlauf unterstellt, welcher dem eigentlichen antizyklischen Verlauf der Realität nicht gerecht wird. Diese Methode kann daher zur Folge haben, dass in einer umsatzschwachen Periode weniger kommuniziert werden kann als in einer umsatzstarken. Zudem ist die Ermittlung eines optimalen Prozentsatzes nahezu unmöglich, da zu viele Faktoren (Marktgröße, Konjunktur, Branche, …) berücksichtigt werden müssten. Ein gewinnoptimales Budget wird durch diese Methode daher nicht erreicht, weil anfallende Kosten zudem nicht berücksichtigt werden. Als weiterer Nachteil dieser Methode ist anzuführen, dass aus Daten der Vergangenheit die Größen der Zukunft festgelegt werden. Ein sachlogischer Zusammenhang zwischen Orientierungsgrößen und dem Budget ist zudem nicht gegeben.

Ausrichtung der Budgetierung an Absatzmengen

Bei dieser Methode werden zukünftig geplante oder in der Vergangenheit realisierte Absatzmengen als Bezugsgröße für die Ermittlung der Budgethöhe herangezogen. Dabei wird ein konstanter Kommunikationskostenbetrag je Produkteinheit festgelegt und mit der Absatzmenge (vergangen oder geplant) multipliziert. Die Ermittlung der Budgethöhe auf diese Art und Weise wird auch als „Festbetrag pro Stück-Methode" oder „method per unit" bezeichnet. Die Vorteile dabei sind die leichte Berechnung und Anwendung. Als Nachteile können die Contra-Argumente des Prozentsatzverfahrens angeführt werden.

Ausrichtung der Budgetierung an verfügbaren finanziellen Mitteln

Die „all you can afford"-Methode oder Restwertmethode definiert die Höhe des Kommunikationsbudgets als Summe der finanziellen Mittel, „die nach

Abzug aller sonstigen Aufwendungen verbleibt" (Rogge 1996, S. 140). Die verfügbaren liquiden Mittel werden demnach als Bezugsgröße zur Ermittlung der Höhe des Kommunikationsetats herangezogen.

Die Restwertmethode erfordert keine besonderen Kenntnisse und die Berechnung kann auf einfache Weise erfolgen. Außerdem wird durch diese Methode sichergestellt, dass der finanzielle Rahmen eines Unternehmens nicht überschritten wird. Nachteilig ist jedoch, dass der Kommunikation ein eher unwichtiger Stellenwert innerhalb des Marketingmix beigemessen wird. Außerdem kann zwischen dem ermittelten Budget und den Kommunikationszielen kein Zusammenhang hergestellt werden, was unter Umständen dazu führen kann, dass die definierten Ziele mit dem zur Verfügung stehenden Etat gar nicht erreichbar sind. Ein weiterer Nachteil dieser Methode ist, dass die Vorgehensweise zu einem prozyklischen Verhalten verführt und in wirtschaftlich guten Zeiten viel und in schlechten Zeiten zu wenig für die Kommunikation ausgegeben wird (Winkelmann 2004, S. 401). Da die Höhe der zur Verfügung stehenden Mittel in keiner Weise vorhersagbar ist und der Marktbezug zudem gänzlich fehlt, stellt die Restwertmethode ein sehr ungeeignetes Verfahren dar, kann aber für die Abgrenzung des maximalen Budgetrahmens dennoch sinnvoll sein.

Die Kommunikationsanteils-Marktanteils-Methode

Bei der „Competitive-Market-Share-Method" orientiert sich die Budgethöhe am Marktanteil des Unternehmens. Die Budgethöhe definiert sich dabei über die gesamten Kommunikationsausgaben des Marktes, multipliziert mit dem Marktanteil des planenden Unternehmens. Somit werden bei dieser Methode zentrale marktbezogene Größen und kommunikative Aktivitäten der Wettbewerber berücksichtigt. Besonderheiten in der kommunikativen Situation des eigenen Unternehmens werden aber nicht berücksichtigt.

Budgetierung in Orientierung zum Wettbewerb

Bei der Wettbewerbs-Paritäts-Methode orientieren sich die Kommunikationsausgaben an den Aktionen der wichtigsten Konkurrenten. Dabei werden die eigenen Ausgaben in Relation zur Konkurrenz oder zur Branche gesetzt (Share-of-Advertising, Share-of-Voice,) (Winkelmann 2004, S. 401). Da das eigene zukünftige Budget in Relation zu den Ausgaben der Branche oder durchschnittlichen Ausgaben der Konkurrenz gesetzt wird, werden somit Konkurrenzaktivitäten explizit bei der Budgetfestlegung berücksichtigt und der Beeinflussung kommunikativer Maßnahmen durch Konkurrenzmaßnahmen Rechnung getragen.

Eine Schwierigkeit ist jedoch, dass die Budgetdaten der Konkurrenz nur schwer zu erheben sind und sich die verschiedenen Unternehmen zudem in einer unterschiedlichen Situation befinden, was einen direkten Vergleich der Aufwendungen eigentlich nicht rechtfertigt. Außerdem besteht die Möglichkeit, dass die Konkurrenz das eigene Budget zu hoch oder zu niedrig bemessen hat und dadurch Fehler in die eigene Budgetierung übernommen werden. Außerdem berücksichtigt diese Methode die eigene Unternehmenssituation nicht genügend. Des Weiteren beinhaltet diese Art der Ermittlung der optimalen Budgethöhe, dass das eigene Budget höher oder gleich hoch bemessen sein muss wie das des stärksten Wettbewerbers, wenn die Marktposition gehalten werden soll, was jedoch nicht unbedingt zielführend ist, da jedes Unternehmen andere Ziele verfolgt und sich in einer anderen Situation befindet (Rogge 1996, S. 146). Aus diesen Gründen ist diese Methode nur als Orientierung oder in Form einer Kombination mit einem anderen Verfahren zu empfehlen.

Die Ziel-Aufgaben-Methode

Bei der Ziel-Aufgaben-Methode wird das Budget durch die Berechnung der Kosten bestimmt, die notwendig sind, um ein definiertes Ziel zu erreichen (Behrens 1996, S. 222). In einem ersten Schritt werden bei der „objective and task"-Methode die Kommunikationsziele festgelegt und die Maßnahmen zur Erreichung dieser abgeleitet. Anschließend werden die Kosten, welche bei der Umsetzung der Maßnahmen anfallen, kalkuliert. Nach anschließender Überprüfung der Finanzierbarkeit wird aus dieser Summe dann im nächsten Schritt das Kommunikationsbudget abgeleitet, wodurch eine sachlogische Ursache-Wirkungs-Relation gewährleistet wird und eine Ausrichtung der Budgethöhe an den Zielen erfolgt. Falls die Finanzierbarkeit nicht gewährleistet werden kann, müssen die Ziele überdacht und modifiziert werden.

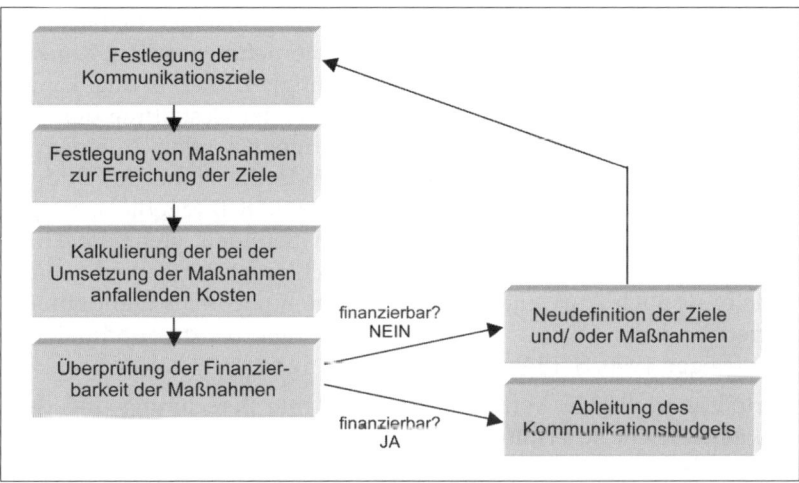

Abbildung 59: Festlegung der Budgethöhe nach der Ziel-Aufgaben-Methode

Obwohl diese Methode mit mehr Arbeitsaufwand verbunden ist als die anderen Verfahren, ermöglicht die Ziel-Aufgaben-Methode eine intensive Betrachtung der Kosten sowie die Kostenkontrolle. Zudem ist ein sachlogischer Zusammenhang zwischen Zielgröße und Maßnahmen immer gegeben. Ein Nachteil dieser Methode ist, dass die Quantifizierung der benötigten Mittel oft schwierig ist und zudem keine angemessene Berücksichtigung der Finanzlage gewährleistet ist.

Die Fortschreibungsmethode

Bei der Fortschreibungsmethode wird das Kommunikationsbudget der Vorperiode unverändert in gleicher Höhe für die nächste Periode übernommen. Da die Bemessung der Budgethöhe dadurch nicht verursachungsgerecht erfolgt und zudem die Marktdynamik nicht berücksichtigt wird, ist diese Methode nicht zu empfehlen. Außerdem können bei diesem Verfahren Beträge ausgewiesen werden, die in ihrer Höhe eigentlich gar nicht benötigt werden, aber zur Verfügung gestellt würden.

4.1.2 Mischformen der heuristischen Ansätze

Aufgrund der Vor- und Nachteile der einzelnen Methoden der heuristischen Ansätze werden in der Praxis zur Budgetfestlegung meist Mischformen der einzelnen Ansätze angewendet. Dabei kann zum Beispiel das Budget durch die Umsatzmethode festgelegt und durch einen Ergänzungsetat aufgestockt werden.

Eine andere Möglichkeit der Kombination besteht darin, in einem ersten Schritt ein absolutes Budget-Maximum anhand der Restwertmethode zu bestimmen und anschließend ein Budget-Minimum aus Erfahrungs- und Vergangenheitswerten festzulegen. Dabei sollte der Etat der Vorperiode nicht nur nach der Höhe analysiert werden, sondern auch nach dessen Zusammensetzung. In einem nächsten Schritt werden dann Minimum und Maximum miteinander verglichen und ein überschlagsmäßiger Etatansatz gebildet, welcher auch Besonderheiten wie die Unternehmensgröße, Konkurrenzmaßnahmen, Aufwendungen u.a. berücksichtigt. Dieser Betrag kann dann nach Festlegung der Aufwendungen, welche bei der Gestaltung der Kommunikationsmaßnahmen anfallen, nochmals korrigiert werden. In einem letzten Schritt wird gemäß der Ziel-Aufgaben-Methode die Höhe des Budgets bestimmt und mit der im vorigen Schritt ermittelten Budgethöhe verglichen. Wenn sich beide Größen im selben Rahmen befinden, steht die Höhe des Kommunikationsbudgets fest. Falls dies jedoch nicht der Fall ist, werden sowohl Ziele, als auch Aufwendungen und Kosten nochmals neu definiert und modifiziert und der Prozess solange durchlaufen, bis das optimale Budget feststeht (Rogge 1996, S. 153).

Der Vorteil heuristischer Verfahren ist die leichte Berechnung und dass nur wenige, meist leicht zu ermittelnde Daten benötigt werden. Von Nachteil ist, dass bei vielen Verfahren logische Begründungen für die Etathöhe fehlen und oft auch der Zusammenhang zwischen Budget und Kommunikationsziel vernachlässigt wird. Aus diesen Gründen wurden zur Ergänzung der heuristischen Verfahren modellgestützte Ansätze entwickelt, um Budgetentscheidungen mittels analytischer Kriterien zu fundieren.

4.1.3 Analytische Ansätze der Budgetierung

Modellgestützte Ansätze zur Budgetierung versuchen eine Optimierung des Kommunikationsbudgets im Rahmen von mathematisch begründeten Quantifizierungen. Durch Zugrundelegung von Reaktionsfunktionen wird versucht, den deterministischen Zusammenhang zwischen der Budgethöhe und dem Erreichungsgrad der Kommunikationsziele zu modellieren (Bruhn 1997, S. 278). Mittels des Einsatzes mathematischer Lösungsalgorithmen sind analytische Ansätze somit in der Lage, unter Berücksichtigung zugrundeliegender Annahmen „optimale" Lösungen des Entscheidungsproblems zu finden (Bruhn 2003, S. 197).

Die einzelnen Modelle unterscheiden sich dabei nach der Anzahl der einbezogenen erklärenden Variablen (monoinstrumentelle und polyinstrumentelle Modelle), der Anzahl und Aufeinanderfolge von Entscheidungen in den verschiedenen betrachteten Planungsperioden (einstufige und mehrstufige Modelle), der Berücksichtigung von Veränderungen in der Zeit (statische und dynamische Modelle) und der Art der Informationsverarbeitung und Bestimmtheit des Datenmaterials (deterministische und stochastische Modelle) (Rogge 1996, S. 154).

Mit Hilfe der festgelegten Zusammenhänge und der ermittelten Daten kann dann für die jeweils zugrunde liegende Funktion mit der klassischen Marginalanalyse oder der Operations-Research-Methode ein Optimum bestimmt werden.

Abbildung 60 stellt die verschiedenen Ansätze der Budgetierung in Abhängigkeit der einbezogenen Variablen im Überblick dar (Bruhn 2003, S. 192).

Um eine optimale Budgetierung bei den analytischen Ansätzen zu erreichen, müssen die zugrunde liegenden Annahmen vollständig und realitätsgetreu sein, Kenntnisse bezüglich der Verhaltensweisen der Zielpersonen in Abhängigkeit kommunikativer und nichtkommunikativer Aktivitäten und Einflussgrößen vorhanden sein und der Wirkungszusammenhang zwischen Budgethöhe und Zielerreichungsgrad realitätsgetreu abgebildet werden können (Bruhn 2003, S. 198).

Obwohl die analytischen Ansätze einen hohen Erklärungswert besitzen, bleiben dennoch viele Einflussfaktoren (wie zum Beispiel das Konkurrenzverhalten) zu wenig oder unberücksichtigt. Außerdem wird die Wirklichkeit meist stark vereinfacht wiedergegeben und die Informationsbeschaffung ist mit einem hohen Aufwand verbunden. In den letzten Jahren wurden modellgestützte Ansätze erweitert und verfeinert, um den Ansprüchen der Realität gerechter zu werden. Dabei wurden Modelle von Dorfman/Steiner, Dean, Rasmussen, Vidale/Wolfe, Nerlove-Arrow, Parrisch/Ryan, King, Kuehn, Nicosia/Näslund, Little, Koyk, Hamman, Rogge, Weinberg, Schmalen, u.a. entwickelt (Bruhn 2003, S. 196).

Eine exakte Bestimmung und Berechnung der Höhe des Kommunikationsetats ist aufgrund der vielen Einflussfaktoren mit keiner der vorgestellten Methoden möglich. Die einzelnen Verfahren, vor allem die heuristischen Ansätze, ermöglichen jedoch eine Annäherung an die optimale Budgethöhe und sind somit für die Praxis gut geeignet. Welche der Methoden dabei zur Festlegung des Budgets vom Unternehmen angewendet wird, hängt von den Präferenzen, Erfahrungen und der Situation des jeweiligen Unternehmens ab. Meist wird jedoch eine Kombination der einzelnen Methoden angewendet.

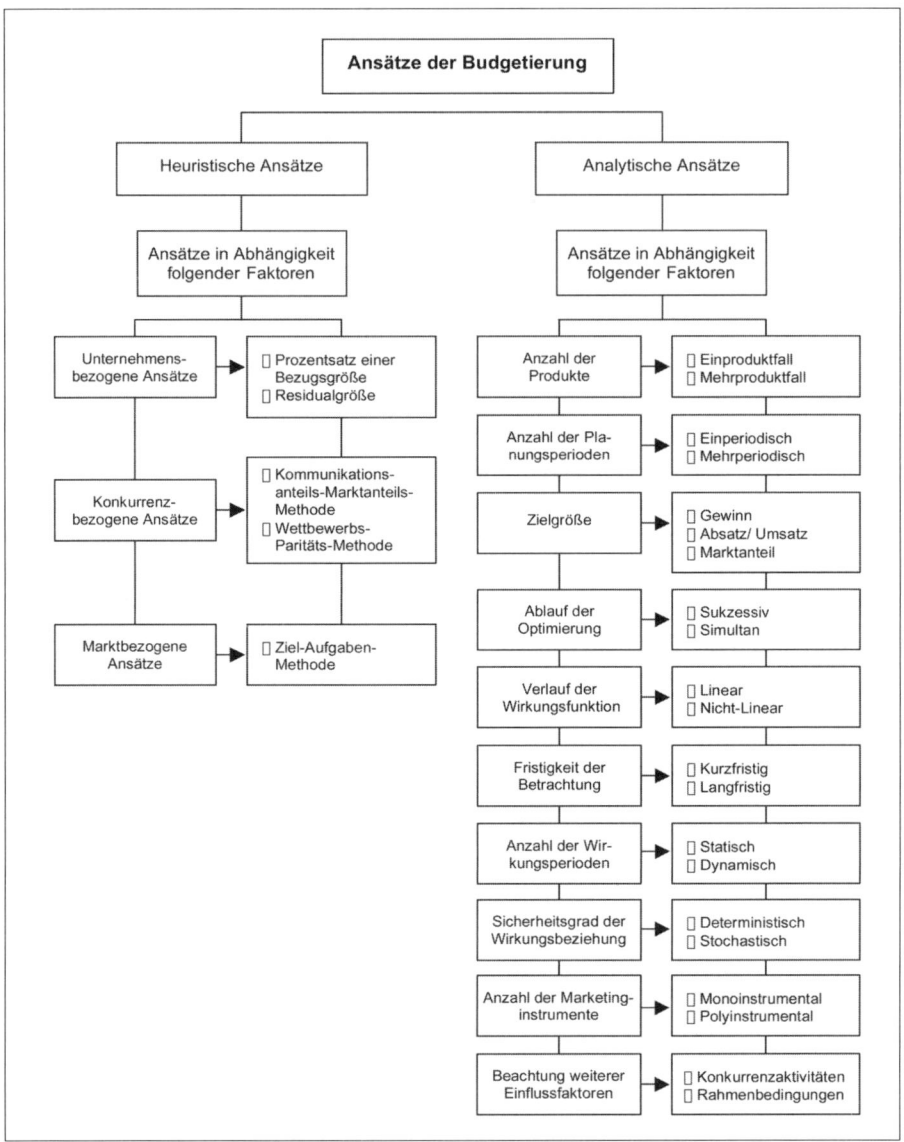

Abbildung 60: Ansätze der Budgetierung in Abhängigkeit der einbezogenen Variablen

4.2 Budgetallokation

Neben der Ermittlung der optimalen Budgethöhe muss in einem weiteren
Schritt die zeitliche Verteilung des Budgets sowie die Verteilung des Budgets
auf die einzelnen Produkte/Marken und die sachliche Verteilung auf die
Träger, Mittel und Objekte festgelegt werden (Rogge 1996, S. 133). Bei der
zeitlichen Verteilung wird die Planperiode, für die das Budget bemessen

wird, angegeben. In der Praxis wird als Planperiode meist ein Kalenderjahr als Grundlage herangezogen. Im Rahmen der Budgetverteilung muss des Weiteren festgelegt werden, welchen Produkten/Marken welcher Anteil des gesamten Kommunikationsbudgets zugeteilt werden soll und wie viel auf die einzelnen Träger, Mittel und Objekte verteilt wird. Abbildung 61 stellt beispielhaft das Entscheidungsspektrum der Budgetallokation in sachlicher Hinsicht dar (Bruhn 2003, S. 228). Entscheidungen zur Verteilung des Budgets müssen dabei immer sowohl unter Effektivitäts- als auch unter Effizienzaspekten getroffen werden.

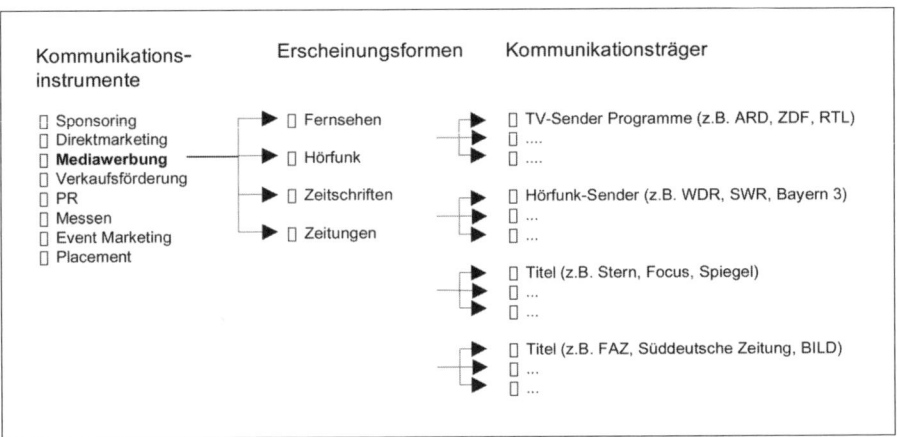

Abbildung 61: Entscheidungsspektrum der Budgetallokation

5. Auswahl der Kommunikationsinstrumente

Im Anschluss an die Erarbeitung und Festlegung der Kommunikationsbasis folgt in der nächsten Phase des Kommunikationsprozesses die Auswahl der Kommunikationsinstrumente. Mit dieser Phase wird der Kommunikationsweg festgelegt.

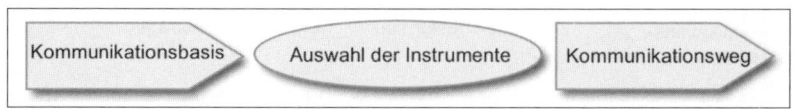

Abbildung 62: Input-Output-Beziehung der Auswahl der Kommunikationsinstrumente

In der Phase der Auswahl der Kommunikationsinstrumente werden die unterschiedlichen Instrumente bezüglich ihrer Eigenschaften, Stärken und Schwächen und den Einsatzmöglichkeiten miteinander verglichen und auf ihre Eignung zur Erreichung des jeweiligen Kommunikationszieles überprüft.

Abbildung 63: Ablaufschema der Auswahl der Kommunikationsinstrumente

Innerhalb der Kommunikationspolitik stehen einem Unternehmen eine Vielzahl an Kommunikationsinstrumenten zur Verfügung. Während die Instrumente Mediakommunikation, Verkaufsförderung und Public Relations von Unternehmen schon seit langem im Rahmen der Kommunikation eingesetzt werden, haben das Sponsoring, das Placement, das Event-Marketing und das Direktmarketing erst in den letzten Jahren an Bedeutung gewonnen. Die einzelnen Instrumente unterscheiden sich dabei in ihren Eigenschaften und eignen sich für die Realisierung bestimmter Kommunikationsziele. Daher ist es wichtig, die Eigenschaften der einzelnen Instrumente zu kennen, um je nach Situation und Kommunikationsziel die am besten geeigneten auswählen zu können. Die Integration und Kombination der Instrumente im Kommunikations-Mix erhöhen dabei die Wirksamkeit und erzeugt Synergieeffekte.

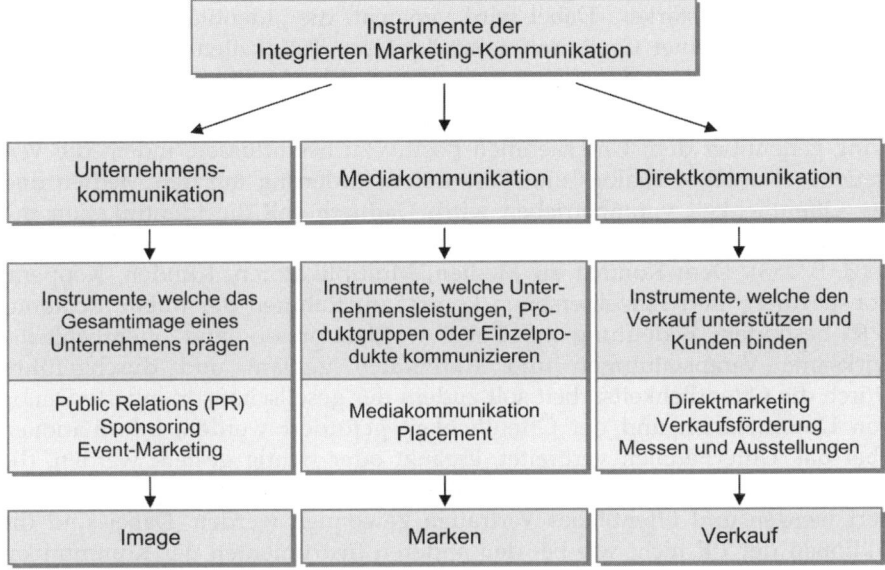

Abbildung 64: Übersicht über die verschiedenen Kommunikationsinstrumente

Die Vielzahl an Instrumenten kann grob in die drei Bereiche „Instrumente, die das Gesamtimage eines Unternehmens prägen", „Instrumente, die Unternehmensleistungen kommunizieren" und „Instrumente, die den Verkauf unterstützen und Kunden binden" untergliedert werden (Abbildung 64; vgl. Winkelmann 2004, S. 398). Dem Bereich Instrumente, die vorrangig das Gesamtimage eines Unternehmens prägen, können die Instrumente PR, Sponsoring und Event-Marketing zugeordnet werden. Dem Bereich Instrumente, die vorrangig Unternehmensleistungen kommunizieren, die Mediakommunikation mit den Printmedien, den FFFC-Medien und der Außenwerbung, sowie das Placement. Der Bereich Instrumente, die vorrangig den Verkauf unterstützen und Kunden binden, sind die Instrumente Direktmarketing, Verkaufsförderung sowie Messen und Ausstellungen zuzuordnen.

5.1 Instrumente, die das Gesamtimage eines Unternehmens prägen

5.1.1 Public Relations (PR) – Öffentlichkeitsarbeit

Die Öffentlichkeitsarbeit stellt ein Kommunikationsinstrument dar, welches das Ziel verfolgt, das Image eines Unternehmens in der Öffentlichkeit zu fördern und zu stärken. Dabei wird versucht, die „Identität, Zielsetzungen und Interessen einer Organisation sowie deren Tätigkeiten und Verhaltensweisen nach innen und außen zu vermitteln" (Kloss 2003, S. 252).

Die Öffentlichkeitsarbeit soll dazu beitragen, den Prozess der Meinungsbildung gegenüber dem Unternehmen positiv zu beeinflussen, indem die Vertrauens-, Kontakt-, Dialog- und Diskussionsförderung mit den Medien und der Öffentlichkeit vorangetrieben wird. Dadurch soll die Identifikation mit dem Unternehmen und dessen Produkten/Marken erreicht werden (Kloss 2003, S. 253). Dem Kontakt zu Medien, Multiplikatoren, Kunden, Kooperationspartnern und Einzelpersonen kommt im Rahmen der Public Relations (PR) besondere Bedeutung zu. Dabei werden presse- und öffentlichkeitswirksame Veranstaltungen und Aktivitäten geplant und durchgeführt. Durch die Öffentlichkeitsarbeit soll zudem der gesellschaftsorientierte Dialog von Unternehmen und der Öffentlichkeit gefördert werden, Informationen über das Unternehmen verbreitet, ergänzt oder richtig gestellt werden, die Einstellung der Öffentlichkeit gegenüber dem Unternehmen positiv verändert werden und öffentliches Vertrauen gewonnen werden. Dabei sind die Aktionen der PR nicht wie bei den anderen Instrumenten der Kommunikation auf bestimmte Produkte gerichtet. Des Weiteren verfolgt die Öffentlichkeitsarbeit das Ziel, Bekanntheit zu fördern und zu steigern, die Vermarktung von Dienstleistungen und Produkten voranzutreiben, den Außendienst und Handel zu motivieren und mit Kunden, Mitarbeitern und Investoren zu kommunizieren (Kloss 2003, S. 256). Im Gegensatz zu den anderen Kommunikationsinstrumenten werden mit der PR daher eher psychographische Ziele anstelle direkt produkt- oder markenbezogener Ziele verfolgt (Pepels 2000, S. 698). Außerdem unterscheidet sich die PR von den anderen Instrumenten neben den Zielsetzungen auch im Argumentationsstil.

Grundsätzlich kann zwischen interner und externer PR unterschieden werden. Externe PR-Maßnahmen richten dabei sind an Akteure auf dem Beschaffungsmarkt (Lieferanten, Kapitalgeber, Gewerkschaften, etc.), Akteure auf dem Absatzmarkt (Händler, Distributoren, Verbraucher, etc.) sowie Akteure im Umfeld der Vermarktung (Institutionen, Lobbies, etc.). Als Beispiele externer PR-Maßnahmen können Internetauftritte, PR-Anzeigen, Pressekonferenzen, Pressemitteilungen und Veröffentlichungen, Veranstaltungen u.a. angeführt werden.

Interne PR-Maßnahmen wie z.B. Mitarbeiterzeitschriften, interne Mitteilungen, Vorträge oder Betriebsversammlungen richten sich dagegen an Zielgruppen, welche sich im direkten Einflussbereich des Anbieters befinden. Als besondere Form der internen PR kann ferner die Meinungsbildner PR angeführt werden, welche sich vorrangig an Journalisten richtet.

Im Rahmen der PR können sechs große Aufgabenbereiche angeführt werden (Winkelmann 2004, S. 415):

- **Information** der relevanten Zielgruppe sowie der Öffentlichkeit über die Situation und Entwicklungen im Unternehmen.
- **Imagebildung**: Prägung eines positiven und stabilen Bildes vom Unternehmen in der Öffentlichkeit durch Pflegen von Kontakten sowie Aufbau und Gestaltung von Pressebeziehungen, um zu gewährleisten, dass Nachrichten und Informationen über das Unternehmen in positiver Weise in der Öffentlichkeit dargestellt werden.
- **Kommunikation** (intern und extern) zum besseren Verständnis der Unternehmensaktivitäten; Interaktion zwischen Unternehmen und Zielgruppe.
- **Motivation** und Bindung der Mitarbeiter, Kunden und Lieferanten.
- **Investor-Relations**: Information der Kapitaleigner, Aktionäre und anderer Stakeholder über wertbeeinflussende Vorgänge im Unternehmen.
- **Product-Publicity** zur Förderung der Bekanntmachung einzelner Produkte in den Medien und der Öffentlichkeit.

Im Sinne dieser Aufgabenstellungen hat PR die öffentliche Meinung zu analysieren und die Unternehmung auf allen Ebenen der Organisation im Hinblick auf Grundsatzentscheidungen, Aktivitäten und Kommunikation, unter Berücksichtigung aller öffentlichen Aspekte und der gesellschaftlichen Verantwortung der eignen Organisation zu beraten (Winkelmann 2004, S. 416). Alle PR-Maßnahmen sind dabei langfristig ausgerichtet. PR-Maßnahmen kommt meist eine höhere Glaubwürdigkeit zu als den anderen Instrumenten, da der „Werbecharakter" nicht so ausgeprägt ist. Aufgrund dessen und dem vergleichsweise kostengünstigen Einsatz, wird die Bedeutung der Öffentlichkeitsarbeit innerhalb der Kommunikationspolitik immer bedeutender.

Um die Öffentlichkeitsarbeit erfolgreich zu gestalten, sollte sich das Unternehmen an gewisse Empfehlungen halten (vgl. Tabelle 21; Quelle: Winkelmann 2004, S. 417).

Empfehlungen für die Öffentlichkeitsarbeit
⇒ Kein Täuschen, Vernebeln oder Verschweigen!
⇒ Sichern der Glaubwürdigkeit!
⇒ PR muss kontinuierlich betrieben werden!
⇒ Pläne, Ergebnisse und Leistungen sind transparent darzustellen!
⇒ Keine anonymen Aussagen – keine Schleichwerbung!
⇒ Wahrheit, Klarheit und Einheit von Wort, Bild und Tat!
⇒ PR muss sich auf Tatsachen gründen!
⇒ PR ist eine Dienstleistungsaufgabe, kein Selbstzweck!
⇒ PR muss Zielgruppen motivieren!
⇒ PR muss beide Seiten zufrieden stellen: Auftraggeber und Öffentlichkeit!
⇒ PR ist Dialog – keine Kommunikationseinbahnstraße!
⇒ PR erstreckt sich auf das ganze öffentliche Leben!
⇒ PR muss „mit einer Zunge" reden!

Tabelle 21: Empfehlungen für die Öffentlichkeitsarbeit

5.1.2 Sponsoring

„Sponsoring umfasst die Planung, Organisation, Durchführung und Kontrolle sämtlicher Aktivitäten, die mit der Förderung einer Person oder Institution durch Zuwendung von Mitteln oder Erbringen von Dienstleitungen" im sportlichen, kulturellen und sozialen Bereich zur Erreichung der eigenen Marketing- und Kommunikationsziele durch Gegenleistung der Gesponserten verbunden sind (Nieschlag 2002, S. 1116). Sponsoring beruht somit auf dem Prinzip von Leistung und Gegenleistung, wobei der Leistungsaustausch derart stattfindet, dass ein Sponsor Finanz-, Sach- und/oder Dienstleistungen zur Verfügung stellt und als Gegenleistung dafür die Möglichkeit erhält, im Rahmen einer Veranstaltung zu werben (Plakate, Flyer, Geschenke, etc.) (Behrens 1996, S.207). Der Sponsor wird dabei meist zu Beginn der Veranstaltung erwähnt (z.B. „offizieller Sponsor", „mit freundlicher Unterstützung von …").

Als Formen des Sponsorings können das Sportsponsoring, Kultursponsoring, Soziosponsoring, Umweltsponsoring und Programmsponsoring unterschieden werden (Abbildung 65).

Im Rahmen des Sportsponsorings werden Einzelsportler, Mannschaften, Sportvereine, Sportveranstaltungen und/oder Sportverbände finanziell unterstützt und dadurch versucht, eine „Marke zu emotionalisieren und erlebbar zu machen" (Nieschlag 2002, S. 1117). Im Bereich des Kultur-/Kunstsponsorings werden einzelne Künstler, Ausstellungen, Konzerte, Filme, Stiftungen oder Einrichtungen im Rahmen der Kunst, Malerei, Architektur, Bühnenkunst, Literatur, Film, etc. gefördert. Das Soziosponsoring betätigt sich im Bereich der Gesundheit, Wissenschaft, Bildung oder karitativen Verbänden und Einrichtungen zur Vermittlung von Sympathie und gesellschaftlichem Verantwortungsbewusstsein. Dabei wird die „Förderung staatlicher und nichtstaatlicher Institutionen im Gesundheits- und Sozialwesen sowie in Wissenschaft und Bildung" vorangetrieben (Nieschlag 2002, S. 1117). Beim Umweltsponsoring/Ökosponsoring werden Umweltschutzorganisationen im Natur- und Artenschutz unterstützt, Umweltpreise ausgeschrieben oder Natur-, Landschafts-, Tier- und Artenschutzaktionen initiiert" (Nieschlag 2002, S. 1118).

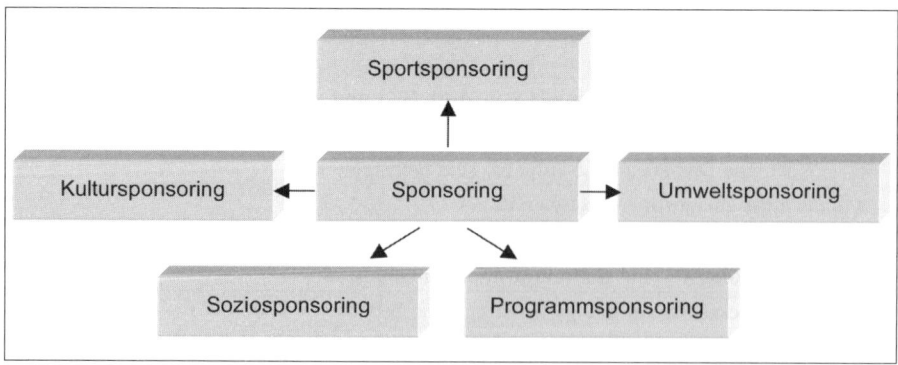

Abbildung 65: Formen des Sponsorings

Eine besondere Form des Sponsorings stellt das Programmsponsoring dar. Dabei werden in den Medien Film, Funk und Fernsehen Sendungen oder Programme finanziell unterstützt, wobei der Sponsor der Sendung am Anfang und/oder Ende mit Marken- oder Firmenname, Logo und/oder bewegten Bildern erwähnt wird. Diese Form des Sponsorings gewinnt immer mehr an Bedeutung und wird bei den kommunizierenden Unternehmen immer beliebter. Dabei müssen aber auch einige Restriktionen beachtet werden. Nachrichtensendungen und Sendungen zum politischen Zeitgeschehen dürfen zum Beispiel nicht gesponsert werden und außerdem darf keine Beeinflussung von Programminhalten oder Programmplatzierungen derart erfolgen, dass die Verantwortung und die redaktionelle Unabhängigkeit des Rundfunkveranstalters beeinträchtigt werden könnte (Pepels 1999, S. 590).

Abbildung 66 zeigt Beispiele des Programmsponsorings im Fernsehen bei Sport- und Unterhaltungssendungen verschiedener Sender (Pepels 1999, S. 591).

Sponsoringaktivitäten richten sich an unmittelbar an einem Geschehen/einer Veranstaltung beteiligte Personen (Zuschauer, Teilnehmer), wie aber auch an nur mittelbar Beteiligte (Fernsehzuschauer, Zeitungsleser, etc.). Je nachdem, welche Art von Sponsoring betrieben wird und welche Veranstaltungen dabei gesponsert werden, können verschiedene Zielgruppen erreicht und angesprochen werden. Eine exakte Steuerung der Zielgruppenansprache ist jedoch mit diesem Instrument nicht möglich.

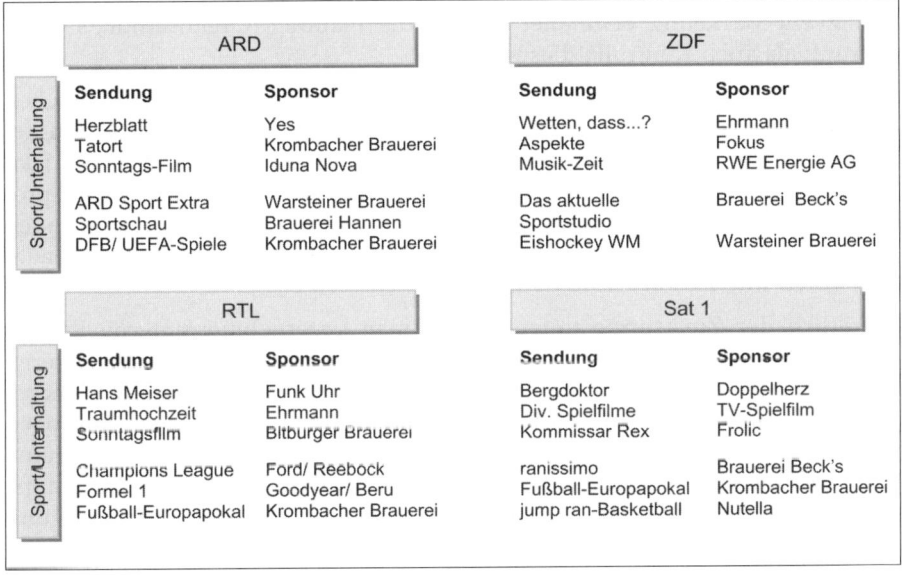

Abbildung 66: Beispiel Programmsponsoring bei ARD, ZDF, RTL und Sat 1

Das Sponsoring verfolgt mit seinen Aktivitäten das Ziel, den Bekanntheitsgrad zu steigern und die Imagebildung zu fördern. Die Vorteile des Sponsorings sind, dass die Ansprache der Zielpersonen in einem ungezwungenen nicht kommerziellen Umfeld erfolgt (ausgenommen Programmsponsoring),

wodurch der „Werbecharakter" von den Zielpersonen meist nicht wahrgenommen wird und somit die Glaubwürdigkeit, Akzeptanz und Aufnahmebereitschaft bei den Rezipienten größer sind als bei der klassischen Kommunikation. Von Nachteil ist jedoch, dass die Kontrolle des Erfolges durch
dieses Instrument nur bedingt möglich ist und zudem die Zielgruppenabgrenzung nur schlecht möglich ist.

Obwohl das Sponsoring meist nur in Ergänzung zu anderen Kommunikationsinstrumenten eingesetzt wird, haben Unternehmen dennoch bereits erkannt, dass „das Sponsoring die Wirkung einer integrierten Kommunikationspolitik verstärken und die Erreichung kommunikationspolitischer Ziele
unterstützen kann" (Nieschlag 2002, S. 1119).

5.1.3 Event-Marketing

„Unter Event-Marketing versteht man die zielgerichtete, erlebnisorientierte
Kommunikation und Präsentation eines Produktes, einer Dienstleistung
und/oder eines Unternehmens" (Weis 2001, S. 508). Dabei werden interaktionsorientierte Veranstaltungen initiiert und geplant, um Produkte, Marken
und/oder das Unternehmen der Öffentlichkeit oder einem bestimmten Zielpublikum zu präsentieren. Ein Event stellt dabei ein eigeninszeniertes Ereig-
nis ohne Verkaufscharakter dar, welches in Form erlebnisorientierter firmen-
oder produktbezogener Veranstaltungen auftreten kann (Pepels 1999, S. 505).
Das Event-Marketing beinhaltet sowohl die Planung, Organisation, Durchführung als auch Kontrolle dieses Events.

Das Event-Marketing ermöglicht einen unmittelbaren und persönlichen
Kundenkontakt und Dialog mit dem Kunden und verfolgt das Ziel, den Bekanntheitsgrad zu erhöhen, Image zu bilden und zu verbessern, einen Dialog mit dem Kunden zu erzeugen, Informationen zu vermitteln, Neupro-
dukte vorzustellen, Neukunden zu gewinnen und zu akquirieren, Kunden
zu binden, die Aufmerksamkeit für die Marke zu steigern sowie die Teilnehmer durch Interaktion zu motivieren.

Bezüglich der Zielgruppe unterscheidet man unternehmensinterne Events,
unternehmensexterne Events und Handelsevents. Unternehmensinterne
Events richten sich an Führungskräfte und Mitarbeiter aller Hierarchieebe-
nen und können in Form von Konferenzen, Präsentationen, Veranstaltungen
und Festakten ausgestaltet sein (Weis 2001, S. 510). Unternehmensexterne
Events dagegen sprechen Konsumenten und Schlüsselkunden als Zielgruppe
an. Als Beispiele für externe Events können Gewinnspiele, Kongresse und
diverse Veranstaltungen angeführt werden. Handelsevents richten sich neben den Konsumenten auch an die Öffentlichkeit.

Im Rahmen des Event-Marketings kommt der Planung der Location, der
Medien, der Technik, des Catering sowie der Akteure große Bedeutung zu
und wird daher meist von Spezialisten ausgeführt. Beim Einsatz dieses Instrumentes im Rahmen der Kommunikation ist zu beachten, dass der Charakter des Events mit der Strategie und dem Image des Unternehmens stim-

mig sein muss. Events eignen sich außerdem nicht für jede Art der Kommunikation, sondern können nur im Rahmen bestimmter Kommunikationsziele sinnvoll als Instrument eingesetzt werden.

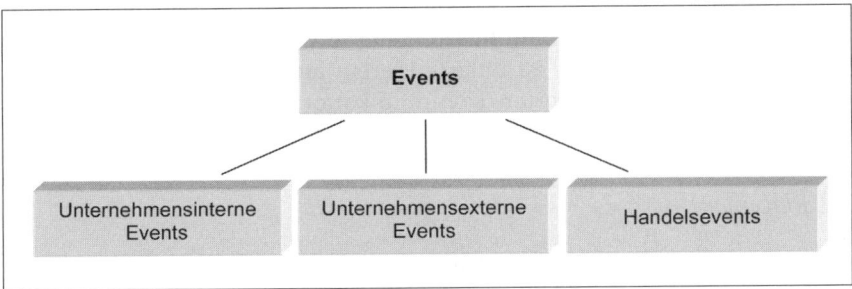

Abbildung 67: Formen von Events

Obwohl diese Art der Kommunikation meist mit hohen Kosten verbunden ist, kann durch die gezielte Ansprache von Zielgruppen in einem nicht kommerziellen Umfeld dennoch ein großer Kommunikationserfolg erzielt werden. Aufgrund der Erlebnisorientierung, Interaktionswirkung, Mobilisierung von Zielgruppen, Unterhaltungswirkung, Aktivierungswirkung und Integrationswirkung ist der Stellenwert des Event-Marketings innerhalb des Kommunikationsmix erheblich gewachsen.

5.2 Instrumente, die Unternehmensleistungen kommunizieren

5.2.1 Mediakommunikation

Die Mediakommunikation, welche im Zusammenhang mit der Kommunikation am häufigsten in Verbindung gebracht wird, wird von Unternehmen besonders oft eingesetzt und stellt für Außenstehende das auffälligste Instrument der Marktkommunikation dar (Busch 1997, S. 305). Dabei versteht man unter dem Begriff Mediakommunikation den Transport und die Verbreitung kommunikativer Informationen über die Belegung von Kommunikationsträgern mit Kommunikationsmitteln im Umfeld öffentlicher Kommunikation, um eine Realisierung unternehmensspezifischer Kommunikationsziele zu erreichen (Bruhn 1997, S. 181).

Mit der Mediakommunikation ist eine Art der unpersönlichen, meist mehrstufigen, indirekten Kommunikation verbunden, welche sich öffentlich und ausschließlich über technische Verbreitungsmittel (Medien), mittels Wort-, Schrift-, Bild und/oder Tonzeichen an ein disperses Publikum richtet (Bruhn 1997, S. 185). Die Mediakommunikation wird dabei hauptsächlich eingesetzt, um ein bestimmtes Angebot bekannt und begehrenswert zu machen.

Im Rahmen der Mediakommunikation stellen Printmedien (Zeitschriften, Zeitungen), die FFF-Medien (Film, Funk, Fernsehen), die Außenwerbung und die neuen Medien (Internet) die Kommunikationsträger dar, welche die Botschaft an die Zielgruppe transportieren. Die einzelnen Kommunikationsträger und Kommunikationsmittel der Mediakommunikation werden in Kapitel C.6 ausführlich dargestellt.

Während die Mediakommunikation bisher eines der wichtigsten Kommunikationsinstrumente darstellte, ist deren Bedeutung in den letzten Jahren etwas zurückgegangen. Andere Instrumente hingegen haben zunehmend an Bedeutung gewonnen. Dies ist unter anderem auf die gestiegenen Effizienzanforderungen, die erschwerten Kommunikationsbedingungen und die zunehmende Werbemüdigkeit der Rezipienten zurückzuführen.

5.2.2 Placement

Ein weiteres Kommunikationsinstrument, welches Unternehmensleistungen kommuniziert, ist das Placement. Das Placement beinhaltet die „geplante Platzierung von Marketingobjekten in einem zum Objekt passenden Umfeld" (Behrens 1996, S. 210). Dabei werden Produkte oder Dienstleistungen in Medienprogramme integriert. Je nach Art der Informationsübertragung, Art und Eigenschaften der beworbenen Produkte und dem Grad der Programmintegration können verschiedene Formen unterschieden werden.

Während beim visuellen Placement die Produkte optisch wahrgenommen werden können, wird beim verbalen Placement lediglich der Produktname oder das Produkt genannt. Sobald ein Produkt optisch und verbal wahrgenommen werden kann, spricht man von kombiniertem Placement. Nach der Art und Eigenschaft der beworbenen Produkte kann das Product Placement im engeren Sinne (Platzierung von Marken/Produkten), das Innovation Placement (Platzierung neuer Produkte), das Corporate Placement (Platzierung des Unternehmens) und das Generic Placement (Platzierung von Waren- und Produktgattungen, z. B. Tee, Zigaretten) unterschieden werden.

Nach dem Grad der Programmintegration kann zudem das On-Set-Placement angeführt werden, bei dem das Produkt handlungsneutral bleibt und als Requisite platziert wird. Beim Creative Placement hingegen wird das Produkt in die Handlung integriert und beim Image Placement wird das Gesamtthema eines Films auf das Produkt/die Marke abgestimmt.

Im Rahmen des Placements kann der Bekanntheitsgrad eines Unternehmens/Produktes gesteigert und das Image des Unternehmens/Produktes verbessert werden. Die mit dem Placement verbundenen Kommunikationswirkungen können jedoch nur schwer erfasst und kontrolliert werden.

In Tabelle 22 werden die verschiedenen Formen des Placements im Überblick dargestellt (in Anlehnung an Nieschlag 2002, S. 1121; Weis 2001, S. 490).

Ein besonderer Vorteil dieses Kommunikationsinstrumentes ist, dass auf Produkte/Marken aufmerksam gemacht werden kann, ohne dass bei den Rezipienten ein Gefühl der Beeinflussung entsteht, und bei den Zielpersonen Lern- und Konditionierungseffekte erreicht werden können, ohne dass diese die Vorgänge bewusst wahrnehmen. Durch die Integration von Produkten in Handlungsabläufe und ein erlebnisorientiertes Umfeld wird zudem die Glaubwürdigkeit erhöht und Zielgruppen, welche klassische Kommunikationsformen zu umgehen versuchen (Zapping), können auch erreicht werden. Widerstandshaltungen gegenüber dem Placement sind nur gering ausgeprägt, da die Intention der Beeinflussung beim Placement meist nicht erkennbar ist. Jedoch darf das Placement nicht zu übertrieben bei der Zielgruppe ankommen, da sonst der Übergang zur Schleichwerbung fließend ist und eine Ablehnungshaltung als Folge eintreten kann.

Der Einsatz dieses Instrumentes bedingt, dass das Medium/der Film, in dem Placement betrieben wird, mit dem Unternehmens- und Produktimage verträglich ist. Außerdem muss sich das Unternehmen bewusst sein, dass mit dem Flop des Filmes ein Imageverlust des Produktes/Unternehmens einhergehen kann. Jedoch besteht auch die Möglichkeit, durch den Erfolg des Filmes einen Kaufboom und/oder Kult des Produktes auszulösen.

Klassifikationsmerkmal	Ausprägungen
Art der Informationsüber-tragung	• Visuelles Product Placement • Verbales Product Placement • Kombiniertes Product Placement
Art und Eigenschaft der beworbenen Produkte	• Product Placement i.e.S. • Generic Placement • Innovation Placement • Corporate Placement
Grad der Programm-integration	• On-Set-Placement • Creative Placement • Image Placement
Grad der Anbindung an den Hauptdarsteller	• Placement mit Endorsement (Hauptdarsteller bekräftigt Placement z.B. durch verbale Äußerung) • Placement ohne Endorsement (Produkt wird nicht direkt mit dem Hauptdarsteller in Verbindung gebracht)

Tabelle 22: Erscheinungsformen des Placements

Über spezielle Agenturen können von Unternehmen die gerade in Realisation befindlichen TV- und Filmprojekte abgefragt werden und das Placement gebucht werden. Dabei ist zu beachten, dass Placement an sich aufgrund des Gebotes zur Trennung von Programm und Werbung verboten ist. Daher muss die Nichtbeeinflussung des Programms sichergestellt werden und außerdem eine finanzielle Gegenleistung unterbleiben, da bezahltes Placement i.d.R. als sittenwidrig eingestuft wird.

Das Placement hat innerhalb des Kommunikationsmix in den letzten Jahren erheblich an Bedeutung gewonnen, wird jedoch vorrangig als Zusatz- und Ergänzungsinstrument zu anderen Kommunikationsinstrumenten eingesetzt.

5.3 Instrumente, die den Verkauf unterstützen und Kunden binden

5.3.1 Direktmarketing

Das Direktmarketing stellt ein Kommunikationsinstrument dar, welches den Verkauf unterstützen und Kunden binden soll. Das Direktmarketing umfasst die Gesamtheit aller Kommunikationsmaßnahmen, die ein Unternehmen einsetzt, um mit einer direkten und individuellen Ansprache einen unmittelbaren Kontakt zu den Adressaten herzustellen (Direktkommunikation) oder über eine massenmedial vermittelte Aufforderung zur Kontaktherstellung durch den Rezipienten die Grundlage für eine interaktive Beziehung zu legen (Direkt-Response-Kommunikation) (Nieschlag 2003, S. 1123). Die persönliche, direkte Beziehung zum Kunden sowie die Möglichkeit unmittelbar und ohne ein Medium mit den Zielpersonen zu kommunizieren, zeichnen dieses Instrument besonders aus.

Nach der Art der Interaktion zwischen Unternehmen und Kunde lassen sich bei Direktmarketing drei Formen unterscheiden, das passive Direktmarketing, das reaktionsorientierte Direktmarketing und das interaktionsorientierte Direktmarketing (Abbildung 68; Quelle: Bruhn 2003, S. 302).

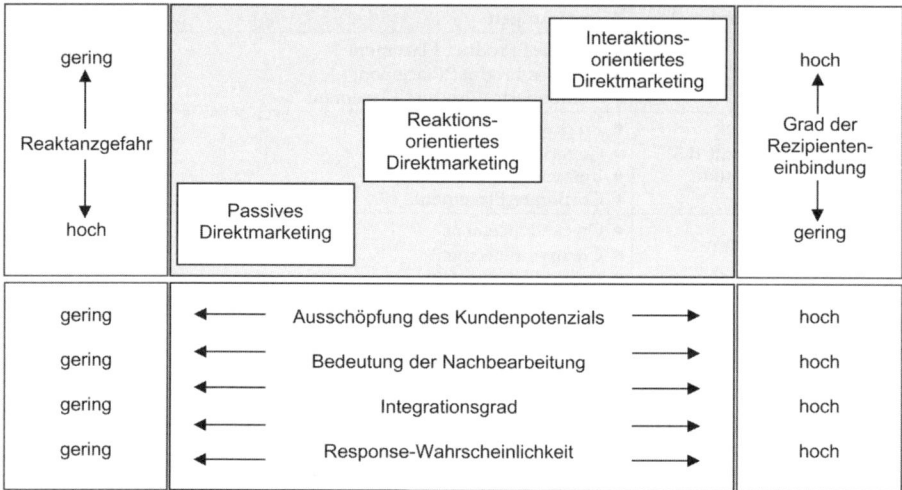

Abbildung 68: Die Erscheinungsformen des Direktmarketing

Beim passiven Direktmarketing liegt zwar eine Form der direkten Kundenansprache vor, es entsteht aber durch das Medium selbst kein direkter Kundendialog. Beim reaktionsorientierten Direktmarketing dagegen wird mit der Kundenansprache dem Kunden auch eine Möglichkeit der Reaktion gegeben und somit der Dialog zwischen Unternehmen und Rezipient initiiert. Das interaktionsorientierte Direktmarketing ist dadurch gekennzeichnet, dass Kommunikationssender und Empfänger in einen unmittelbaren Dialog miteinander treten, der einen direkten gegenseitigen Informationsfluss ermöglicht (Bruhn 2003, S. 304).

Als Zielgruppen des Direktmarketing kommen sowohl Endverbraucher (Konsumenten) im B-to-C-Bereich als auch Handelsunternehmen, industrielle und gewerbliche Abnehmer im B-to-B-Bereich wie auch nicht-gewerbliche Abnehmer (Organisationen) in Frage (Weis 2001, S. 495). Vor allem im B-to-B-Bereich nimmt dieses Kommunikationsinstrument aufgrund der Möglichkeit der direkten Kundenansprache und der individuellen Beziehungsgestaltung einen immer größeren Stellenwert ein.

Beim Direktmarketing werden erfolgversprechende und für das Unternehmen wichtige Personen anhand von Auswahlkriterien selektiert und individuell angesprochen. Voraussetzung einer Direktansprache ist, dass die Zielgruppe bezüglich ihrer Eigenschaften und Präferenzen bekannt ist (Kapitel B.4). Die Ansprache der Zielpersonen kann dabei direkt oder indirekt erfolgen. Der direkte Kontakt erfolgt meist mittels eines persönlichen Kontaktes zwischen Botschaftsabsender und Rezipient oder durch einen medialen Kontakt, bei dem sich der Kommunikator in schriftlicher Form (Katalog, Brief, Mailing, etc.) oder durch Zusendung von Mustern (Warenprobe, Werbegeschenk, etc.) an den Rezipienten wendet. Der indirekte Kontakt mit der Zielgruppe wird im Gegensatz dazu mit Hilfe von Printmedien (Anzeigen, Beilagen, Coupons, etc.), Funkmedien (Spots mit Adressenangabe), oder elektronischen Medien (z. B. Telefonmarketing, neue Medien, Internet) aufgebaut. Dabei sind den Medien meist Reaktionselemente wie Coupon, Antwortkarte, Gutschein oder eine andere Art der Reaktionsaufforderung (Telefonnummer, Adresse, …) beigeschaltet. Das Direktmarketing kann sich dabei entweder an individuelle und gezielt ausgewählte Zielpersonen (adressiert z. B. in Form eines Briefes) wenden, oder auch an ausgewählte Personengruppen (nicht adressiert).

Besonders attraktive Formen des Direktmarketing, welche gerne und oft angewendet werden, stellen das Direct Mailing (Anschreiben per Post, Fax, Mail) und das Telefonmarketing (vgl. Winkelmann 2004, S. 444ff.) dar. Im Rahmen des Telefonmarketings kann zwischen aktiver und passiver Ansprache unterschieden werden. Der aktive Telefonkontakt (Outbound) eignet sich vor allem für die Kontaktanbahnung zur Neukundenakquisition, zur Aktivierung von Altkunden und zur Kundenbindung. Der passive Telefonkontakt erfolgt im Gegensatz dazu auf Initiative des Kunden und beinhaltet die Entgegennahme von Anrufen und Aufträgen (Inbound).

Mit den Instrumenten des Direktmarketing wird das Ziel verfolgt, Kunden an das Unternehmen zu binden, die Kundenzufriedenheit zu erhöhen und Kunden zu aktivieren. Zudem soll mit Hilfe der Maßnahmen des Direktmarketings die Bekanntheit und das Image gesteigert und Informationen vermittelt werden. Durch die Individualisierung des Angebotes (individuelle Bedürfnisansprache) sollen außerdem Erinnerungswerte, Präferenzen und Kaufimpulse geschaffen werden (Winkelmann 2004, S. 441).

Um mit diesem Kommunikationsinstrument auch den gewünschten Erfolg zu erzielen, muss der Zielgruppenbestimmung besondere Aufmerksamkeit und Sorgfalt beigemessen werden. Die individuelle Ansprache der Zielpersonen, der persönliche Kontakt und der zielgruppengenaue Einsatz der Maßnahmen wird mit Hilfe von Datenbanken ermöglicht. Informationen über die Zielpersonen können mit Hilfe des Database Marketing und Kundendatenbanken gewonnen und verwaltet werden. Das Database Marketing umfasst sämtliche Maßnahmen, die Aufbau, Gestaltung, Einsatz und Pflege einer Database betreffen und dazu dienen, adressbezogenes und personenbezogenes Datenmaterial aufzubereiten, um auf dieser Basis eine gezielte Kundenansprache zu erreichen (Nieschlag 2002, S. 1125). Dabei können pro-

duktunabhängige Daten über Kunden und Interessenten, als auch produkt-
abhängige und zeitpunktbezogene Bedarfspotenzialdaten, sowie Aktions-
und Reaktionsdaten verwaltet und somit eine individuelle Ansprache ermöglicht werden. Aufgrund der konkreten individuellen Ansprache von
Personen können somit Streuverluste minimiert werden.

Das Direktmarketing wird vor allem in Kombination mit der klassischen
Kommunikation eingesetzt und hat in den vergangenen Jahren zunehmend
an Bedeutung gewonnen. Der verstärkte Einsatz dieses Kommunikationsinstrumentes ist unter anderem darauf zurückzuführen, dass die individuelle
Ansprache von den Kunden immer mehr geschätzt wird, weil dadurch bei
den Empfängern das Gefühl erzeugt wird, etwas Besonderes zu sein.

5.3.2 Verkaufsförderung – Sales Promotion

Die Verkaufsförderung nimmt im Marketingmix eine Stellung zwischen der
Kommunikation und der Distribution ein und gewinnt als Einsatzinstru-
ment der absatzfördernden Kommunikation immer mehr an Bedeutung. Die
Verkaufsförderung „beinhaltet eine Vielzahl unterschiedlicher, meist kurzfristiger Anreize zur Stimulation schneller bzw. umfangreicherer Käufe bestimmter Produkte oder Dienstleistungen durch die Verbraucher oder den
Handel" (Kotler/Bliemel 2001, S. 985). Dabei rückt im Gegensatz zu den anderen Kommunikationsinstrumenten die Schaffung von Kaufanreizen in den
Vordergrund.

Die Verkaufsförderung umfasst die Planung, Organisation, Durchführung und
Kontrolle zeitlich begrenzter und neben der konventionellen Media- und Direktkommunikation stehenden Aktionen, bei denen im direkten Kontakt mit
dem Kunden oder Vertriebspartnern Kommunikationsziele unterstützt werden (Winkelmann 2004, S. 459). Dabei sollen mit Hilfe bestimmter Promotion-
Instrumente Interessenten und Kunden angesprochen, informiert und zum
Kauf motiviert werden, die Bekanntheit und das Image gesteigert werden
und somit die Verkaufsarbeit unterstützt und der Verkauf gefördert werden.

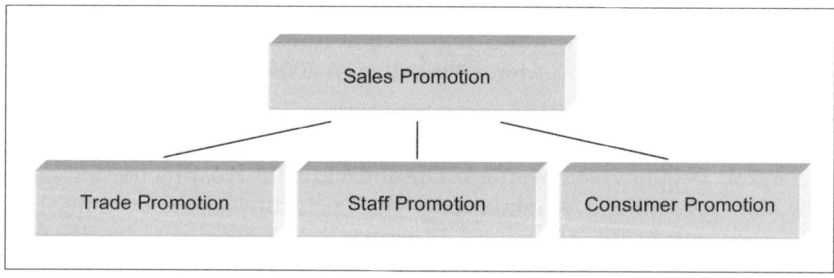

Abbildung 69: Arten der Verkaufsförderung

Im Rahmen der Verkaufsförderung können drei verschiedene Arten unterschieden werden (vgl. Abbildung 69), welche sich an verschiedene Zielgruppen richten. Die verbrauchergerichtete Verkaufsförderung (Consumer Pro-

motion) versucht, Endabnehmer durch Produktproben, Promotion-Material, Gutscheine, Gewinnspiele, Kundenkarten, Treueprämien, Produktvorführungen, Verkostungen, Coupons, Beigaben, u.a. zum Kauf zu motivieren (vgl. Kotler/Bliemel 2001, S. 990ff.). Die handelsgerichtete Verkaufsförderung richtet sich mit seinen Aktivitäten an die Händler und Absatzmittler des Groß- und Einzelhandels (Trade Promotion) (z.B. Händlerschulungen, Werbegeschenke, Kaufnachlässe, Gratiswaren, Trade Shows, Verkaufswettbewerbe, etc.). Die Aktivitäten der Staff Promotion richten sich dagegen an die eigene Vertriebsmannschaft des Unternehmens (z.B. Incentives, Verkaufstrainings, Schulungen etc.) (Kotler/Bliemel 2001, S. 985f.).

Die einzelnen Formen der Verkaufsförderung verfolgen dabei in Abhängigkeit der jeweiligen Zielgruppe spezifische Ziele. Im Rahmen der Staff Promotion sollen zum einen die Leistungsfähigkeit und die Verkaufsanstrengungen der Promotionmitarbeiter verbessert und die Motivation durch Training erhöht werden. Des Weiteren wird das Ziel verfolgt, sich verstärkt für die Neukundenakquisition zu engagieren (Kotler/Bliemel 2001, S. 989). Die Trade Promotion hingegen verfolgt das Ziel, den Handel auszubilden, zu informieren, zu beraten und zu motivieren, um bessere Verkaufsleistungen zu erzielen. Mit den Aktivitäten im Rahmen der Consumer Promotions sollen Konsumenten auf bestimmte Produkte aufmerksam gemacht werden. Dies kann zum Beispiel durch die Verteilung von Gratisproben erfolgen, wodurch die Aufmerksamkeit auf ein Produkt gelenkt werden kann und somit Interesse, Motivation und Anregung zum Kauf geschaffen wird. Die Verteilung von Werbegeschenken soll die Treue belohnen und die Beziehung zwischen Hersteller und Abnehmer festigen (Kundenbindung). Zudem soll durch Consumer Promotions der Absatz größerer Mengen und die Erzeugung von Markentreue unterstützt werden. Im Rahmen der Neukundenakquisition stehen Personen, die bis jetzt bei der Konkurrenz gekauft haben, sowie häufige Markenwechsler oder Verwender von Substitutionsgütern als Zielgruppe im Visier von Verkaufsförderungsaktionen (Kotler/Bliemel 2001, S. 986f.).

Die punktuelle Aktivierung von Zielpersonen zur Erhöhung von Absatzerfolg und Absatzchancen im Rahmen von Promotions ist meist zeitlich, räumlich und/oder sachlich begrenzt.

Als Sonderform der Verkaufsförderung kann die Point of Sale Promotion angeführt werden, welche visuelle (Dekoration, Aufsteller, Deckenhänger, Regalpanel), auditive (Ladendurchsagen, Ladenfunk), audiovisuelle (Shop TV), degustative (Probenverteilung) und haptische (Demonstrationen) Verkaufsförderungsaktionen direkt am POS beinhaltet.

Obwohl die Aufwendungen für Aktionen im Rahmen der Verkaufsförderung meist sehr hoch sind, können mit diesem Kommunikationsinstrument Streuverluste der Mediakommunikation eingedämmt werden und Kundenreaktionen unmittelbar erhoben werden. Aufgrund dessen und der zunehmenden „Werbemüdigkeit" der Rezipienten gegenüber den Maßnahmen der klassischen Kommunikation, hat die Verkaufsförderung als Kommunikationsinstrument in den letzten Jahren vor allem im Konsumgüterbereich erheblich an Bedeutung gewonnen.

5.3.3 Messen und Ausstellungen

Neben der PR, dem Sponsoring, dem Event-Marketing, der Mediakommunikation, dem Placement, dem Direktmarketing und der Verkaufsförderung stellen Messen und Ausstellungen weitere Kommunikationsinstrumente dar. Bei der Kommunikation innerhalb von Messen und Ausstellungen wird das Ziel verfolgt, das Angebot/die Leistung eines Unternehmens im Rahmen von Veranstaltungen zu inszenieren und bekannt zu machen.

Messen und Ausstellungen unterscheiden sich dabei untereinander bezüglich bestimmter Kriterien. „Eine Messe ist eine zeitlich begrenzte, im Allgemeinen regelmäßig wiederkehrende Veranstaltung, auf der eine Vielzahl von Ausstellern das wesentliche Angebot eines oder mehrerer Wirtschaftszweige ausstellt und überwiegend nach Muster an gewerbliche Weiterverkäufer, gewerbliche Verbraucher oder Großabnehmer vertreibt. Der Veranstalter kann in beschränktem Umfang an einzelnen Tagen während bestimmter Öffnungszeiten Letztverbraucher zum Kauf zulassen" (§ 64 GewO).

Eine Ausstellung hingegen ist „eine zeitlich begrenzte Veranstaltung, auf der eine Vielzahl von Ausstellern ein repräsentatives Angebot eines oder mehrerer Wirtschaftszweige oder Wirtschaftsgebiete ausstellt und vertreibt oder über dieses Angebot zum Zweck der Absatzförderung informiert" (§ 65 GewO).

Somit kann als entscheidendes Unterscheidungsmerkmal angeführt werden, dass sich Ausstellungen vorwiegend an Endverbraucher richten und Messen meist an industrielle Verwender und Absatzmittler.

Auf Messen kommen eine Vielzahl von Ausstellern des produzierenden Gewerbes und von Großhandelsunternehmen oder Dienstleistungsunternehmen zusammen, um ihre Angebote vorzustellen. Dabei steht der Verkauf der Waren im Vordergrund, welcher vorrangig an gewerbliche Wiederverkäufer, gewerbliche Verbraucher aller Wirtschaftbereiche, Großabnehmer und gelegentlich auch Letztverbraucher erfolgt (Pepels 1999, S. 494). Der Zugang zu Messen ist meist nur für Fachbesucher und nur gelegentlich für Privatpersonen gestattet.

Unternehmen verfolgen mit Messen neben der Vorstellung von Produktinnovationen und Prototypen das Ziel, neue Märkte kennen zu lernen, Marktnischen zu entdecken, die Konkurrenzfähigkeit des eigenen Angebots zu überprüfen, sich an der Branchensituation zu orientieren, Erfahrungen auszutauschen, Kooperationen anzubahnen und Entwicklungstrends zu erkennen (Pepels 1999, S. 496). Außerdem wird das Ziel verfolgt, einen persönlichen Kontakt zum Kunden herzustellen und neue Abnehmergruppen zu gewinnen. Da der persönliche Kontakt zum Kunden immer mehr zum strategischen Erfolgsfaktor wird, gewinnen Messen immer mehr an Bedeutung.

Eine besondere Stärke dieses Kommunikationsinstrumentes ist, dass die Kunden das Produkt direkt wahrnehmen und testen können und zudem kompetentes Fachpersonal vor Ort die Produkterklärung ermöglicht. Des Weiteren ermöglichen Messen und Ausstellungen den direkten Vergleich mit den Konkurrenzprodukten. Zudem besteht die Möglichkeit, ein Feedback und die Reaktionen der Kunden bezüglich des Produktes einzuholen und dadurch Verbesserungsvorschläge zu bekommen. Die Kunden erhalten eine Übersicht der Produkte auf dem Markt, können Branchentrends erkennen und sich über die technische Funktion und Beschaffenheit der Produkte informieren. Außerdem können Geschäftskontakte geschaffen und ausgebaut werden (Pepels 1999, S. 497).

Messen unterscheiden sich untereinander bezüglich der Art der ausgestellten Güter. Auf Messen kann das Unternehmen an sich präsentiert werden, oder auch Konsum- und/oder Investitionsgüter vorgestellt werden. Je nach Zielgruppe können dabei Händler-, Konsumenten-, Fach-, Universal- oder Mehrbranchenmessen und -ausstellungen unterschieden werden. Messen und Ausstellungen können dabei regional (Gewerbeschauen), national (deutsche Buchmesse) oder international (IAA) ausgerichtet sein.

Messen und Ausstellungen vermitteln sowohl einen Ereignis- als auch Erlebnischarakter und sprechen alle Sinne an. Damit eine Messe auch erfolgreich ist, bedarf es einer guten Planung und Durchführung. Dabei können Gestaltungskriterien beim Messestand wie die Standlage, Standfläche, Standart, Standbauweise, Standgestaltung und Standpersonal (vgl. Pepels 2000, S. 683ff.) sowie die Gestaltung im Präsentationsbereich (Darbietung der Exponate), im Kommunikationsbereich (informelle oder anbahnende Gespräche) und im Funktionsbereich (Abdeckung der Infrastruktur z.B. Bewirtung, Lager, Garderobe, etc.) für den Erfolg der Kommunikation entscheidend sein.

5.4 Auswahl und Kombination geeigneter Kommunikationsinstrumente

Der Einsatz nur eines Kommunikationsinstrumentes ist oft nicht ausreichend, um die bestmögliche Wirkung bei den Rezipienten zu erzeugen und die Kommunikationsziele zu erreichen. Durch die Kombination der einzelnen Instrumente und die formale, inhaltliche und zeitliche Integration kann die Kommunikationswirkung verstärkt und zudem verschiedene Zielgruppen auf verschiedene Weise angesprochen werden.

Bei der Auswahl der für das jeweilige Unternehmen und die Kommunikationsziele am besten geeigneten Instrumente und der Kombination im Kommunikationsmix müssen verschiedene Kriterien beachtet werden, um einen effektiven und effizienten Ressourceneinsatz sicherzustellen und den Kommunikationserfolg nicht zu gefährden. Da sich die einzelnen Instrumente untereinander bezüglich ihrer Zielsetzung und Eignung für spezifische Einsätze und Aufgaben erheblich unterscheiden und daher der Einsatz einzelner Instrumente nicht in jeder Situation gleichermaßen sinnvoll und zielführend ist, sollte die Auswahl und Kombination der Kommunikationsinstrumente stets in Abhängigkeit der Unternehmenssituation, den zur Verfügung stehenden Mitteln, der Art des Marktes sowie in Abhängigkeit des Images, der Zielgruppe und der Unternehmens- und Kommunikationsziele erfolgen.

Des Weiteren sollte bei der Auswahl der Instrumente der Lebenszyklus von Kommunikationsinstrumenten beachtet werden. Dieser unterstellt, dass mit zunehmendem Einsatz eines Instrumentes im Zeitverlauf Sättigungserscheinungen beobachtet werden können. Das heißt, je öfter und länger ein Instrument von allen Beteiligten eingesetzt wird und je mehr Unternehmen über ein Instrument kommunizieren, desto größer wird das Ausmaß der Sättigung. Dies ist damit zu begründen, dass ein Instrument an Wirkung verliert, wenn mehrere Unternehmen mit dem gleichen Instrument kommunizieren, da die Rezipienten zunehmend „werbemüde" gegenüber diesem Instrument werden und nicht mehr darauf ansprechen. Somit nutzten sich die Instrumente im Laufe der Zeit bezüglich ihrer Wirkung ab. So kann zum Beispiel beobachtet werden, dass die Mediakommunikation in ihren Wirkungseffekten schon mehr Abnutzungseffekte aufweist als die Multimedia-Kommunikation, weil die Mediakommunikation schon seit Jahren in enormem Maße zur Kommunikation eingesetzt wird, die Multimedia-Kommunikation jedoch erst seit kurzem als Instrument angewendet wird. Abbildung 70 stellt den Abnutzungseffekt der Instrumente im Zeitverlauf graphisch dar (Bruhn 1997, S. 83).

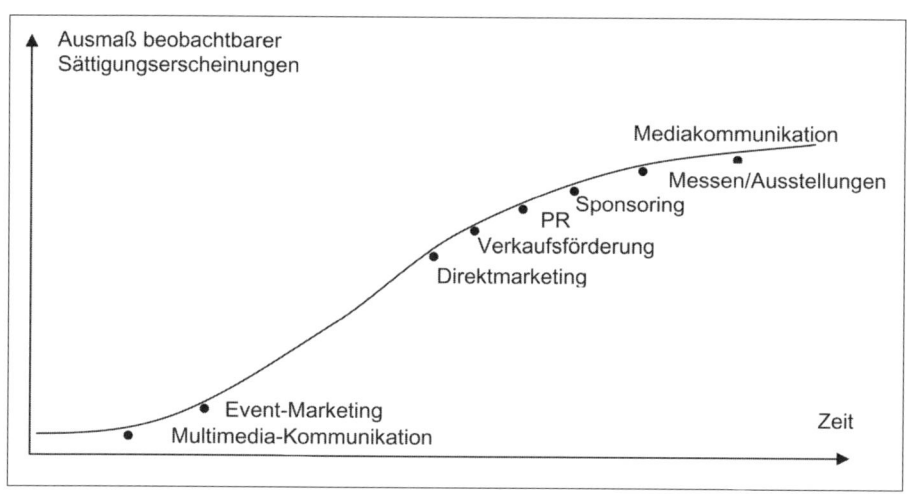

Abbildung 70: Lebenszyklus von Kommunikationsinstrumenten

Aufgrund dieses Effektes ist beim Einsatz eines Instrumentes mit hoher Sättigungserscheinung (z. B. Mediakommunikation) die Eigenständigkeit im kommunikativen Auftritt nicht mehr gegeben (Bruhn 1997, S. 83). Folglich sollten möglichst jene Instrumente ausgewählt werden, bei denen der Abnutzungseffekt und die „Werbemüdigkeit" noch nicht so ausgeprägt sind, um die Rezipienten individuell ansprechen zu können und eine größtmögliche Wirkung hervorzurufen. Außerdem ist der Einsatz von Instrumenten, welche vom Wettbewerb eher weniger angewendet werden, von Vorteil, da sich das Unternehmen dadurch differenziert und vom Wettbewerb abhebt.

Generell können alle Instrumente miteinander kombiniert werden. Bei der Kombination verschiedener Instrumente sollte aber beachtet werden, dass sich die einzelnen Kommunikationsinstrumente harmonisch ergänzen. Der gleichzeitige Einsatz verschiedener Instrumente erfordert zwar eine systematische und koordinierte Vorgehensweise bei der Planung und Umsetzung, kann bei richtiger Kombination enorme Wirkungseffekte erzielen.

Beim Einsatz der einzelnen Kommunikationsinstrumente sowie bei der Kombination dieser, dürfen die einzelnen Instrumente dabei nicht isoliert voneinander betrachtet und gestaltet werden. Die Integrierte Marketing-Kommunikation zielt ferner auf die Integration aller kommunikativen Instrumente und Elemente ab, um dadurch eine synergetische Verzahnung der eingesetzten Instrumente gemäß ihrer Funktion, Stärken und ihrer Wirkung zu erreichen.

Die Integration und Kombination verschiedener Kommunikationsinstrumente sowie das Zusammenspiel der einzelnen Instrumente wird beispielhaft in Abbildung 71 dargestellt. Dabei ergänzen sich die Instrumente der IMK mit ihren Maßnahmen und erhöhen schrittweise die Wertschaffung.

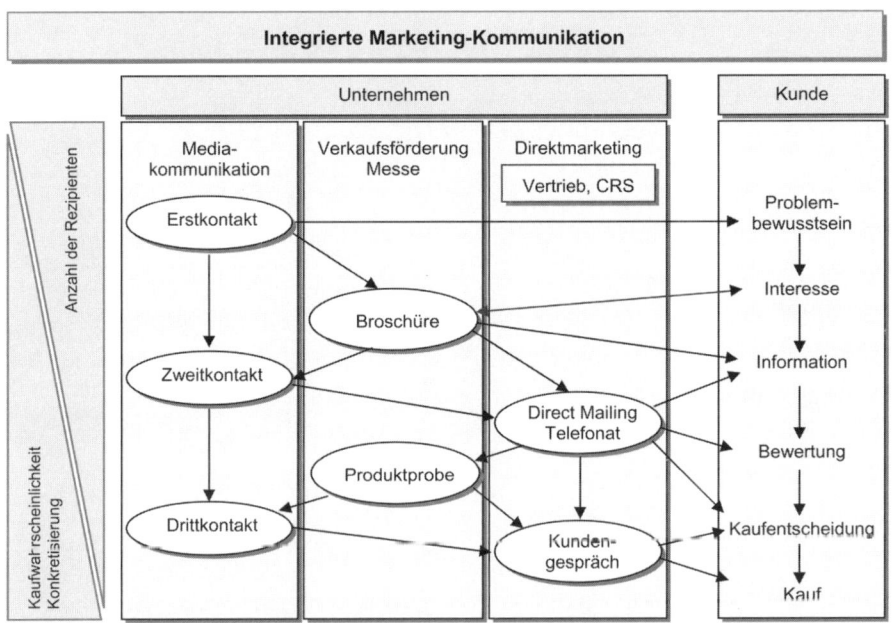

Abbildung 71: Integration der Kommunikationsinstrumente

Die einzelnen Kommunikationsinstrumente werden medienübergreifend zu einem hochwirksamen Paket gebündelt. Grundprinzip ist dabei, dass jedes Instrument an der Stelle eingesetzt wird, wo die relative Wirkung am höchsten ist.

Durch diese strukturierte sequentielle Einsatzfolge von verschiedenen Medien und Instrumenten wird nicht nur Integration auf dieser Ebene realisiert, vielmehr noch schafft man damit auch die erforderliche Integration von Customer Relationship Communication mit Customer Relationship Sales (vgl. Kapitel C, Ansatz).

Die Integrierte Marketing-Kommunikation übernimmt dabei eine Selektionsfunktion zum Aufbau werthaltiger Kundenbeziehungen. Integriertes Kundenmanagement ermöglicht den effizienten Weg von der Quantität zur Qualität, von der Anonymität zur Identifikation der potenziellen Kunden.

Das persönliche Kundengespräch wird durch den Vertrieb (CRS) dann geführt, wenn die Wirkung am größten ist. Für den gesamten Qualifizierungsprozess ist die Unterstützung durch eine leistungsfähige Kundendatenbank unerlässlich (Winkelmann 2004, S. 404).

6. Kommunikationsmedienplanung

Nach der Erarbeitung und Festlegung eines geeigneten Kommunikations-
weges folgt die Kommunikationsmedienplanung, welche als Resultat den
Media Pool ausweist, der die für die Zielerreichung am besten geeigneten
Kommunikationsmedien und Kommunikationsmittel beinhaltet.

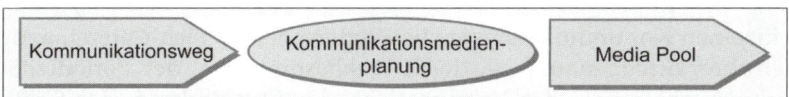

Abbildung 72: Input-Output-Beziehung der Kommunikationsmedienplanung

In der Phase der Kommunikationsmedienplanung werden die einzelnen
Medien bezüglich ihrer Eigenschaften, Stärken und Schwächen und Ziel-
eignung analysiert und im Sinne der Integration die jeweiligen Kommunikationsmittel darauf abgestimmt (Abb. 72). Im Folgenden werden die wesentlichen Kategorien der Mediakommunikation im Überblick dargestellt.

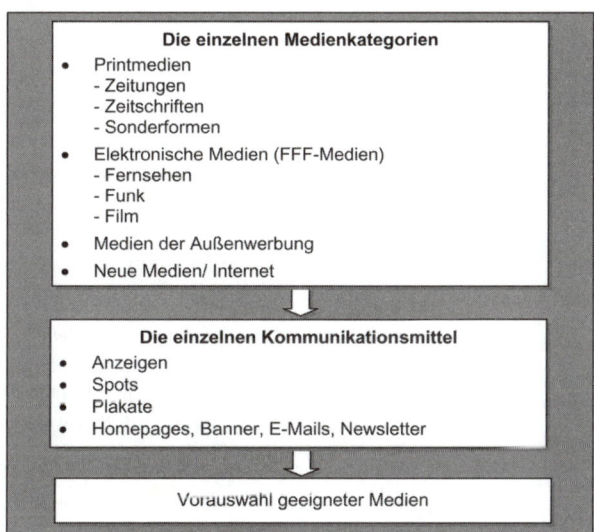

Abbildung 73: Ablaufschema der Kommunikationsmedienplanung

Die Ausgestaltungsformen der Direktkommunikation werden hier nicht weiter behandelt, da bei Einsatz von Direct Mail oder Call-Center das Medium
(Brief bzw. Telefon) feststeht. Diese Formen können im Einzelfall spezifisch
ausgestaltet werden.

6.1 Die einzelnen Medien und ihre Eigenschaften

Kommunikationsmedien stellen das Übertragungsmedium dar, mit dessen Hilfe die in Form von Kommunikationsmitteln verschlüsselte Kommunikationsbotschaft an die Kommunikationsempfänger herangetragen und transportiert wird. Die einzelnen Übertragungsmedien können in Form von Informations- und Unterhaltungsmedien, Geschäftsräumen, Verkehrsmitteln oder auch Ausstellungsräumen auftreten. Das Kommunikationsmittel stellt die bewusst gestaltete Konkretisierung der Botschaft dar, welche über das Medium an die Zielgruppe transportiert wird (z.B. Anzeige, Fernsehspot, Plakat, etc.).

Die einzelnen Kommunikationsmedien unterscheiden sich untereinander bezüglich ihrer Streugenauigkeit, der Zweckbestimmung, der Periodizität, der Eigentumsverhältnisse, der Verfügbarkeit, der Ortsbindung, der Größe des Streubereiches, der Flexibilität, der Art der Reizdarbietung und der Interaktivität (Tabelle 23).

Klassifizierung der Kommunikationsmedien	
Streugenauigkeit	• Stark selektive Medien (z.B. Brief) • Selektive Medien (z.B. Fachzeitschriften) • Massenmedien (z.B. Publikumszeitschriften)
Zweckbestimmung	• Nur-Kommunikationsmedien (z.B. Anzeigenblatt) • Auch-Kommunikationsmedien (z.B. Zeitung)
Periodizität	• Aperiodisch (z.B. Stadtteilzeitungen) • Periodisch (z.B. Tageszeitungen)
Eigentumsverhältnisse	• Betriebseigen (z.B. Firmenzeitung) • Betriebsfremd (z.B. Publikumszeitung)
Verfügbarkeit	• Generell (z.B. Tageszeitungen) • Beschränkt verfügbar (z.B. Fernsehen)
Ortsbindung	• Stationär (z.B. Plakatsäulen) • Variabel (z.B. öffentliche Verkehrsmittel)
Größe des Streubereiches	• Lokal (z.B. lokale Tageszeitungen) • Regional (z.B. Rundfunk) • National (z.B. Publikumszeitschrift) • International (z.B. Satellitenfernsehen)
Vorplanungszeitraum/Flexibilität	• Kurzfristige Anpassung (z.B. Tageszeitung) • Langfristige Anpassung (z.B. Fernsehen)
Art der Reizdarbietung	• Optisch (Zeitung, Zeitschrift, Plakat) • Akustisch (Rundfunk) • Optisch und akustisch/multisensorisch (TV, Kino)
Interaktivität	• Keine direkte Interaktion (z.B. Zeitschrift) • Direkte Interaktion (z.B. Internet)

Tabelle 23: Klassifizierung der Kommunikationsmedien

Das Medienangebot in Deutschland ist eines der am breitesten und vielfältigsten (Nieschlag 2002, S. 1082). Aus diesem Grund ist die Auswahl der passenden und zur Ereichung der Kommunikationsziele am besten geeigneten Medien eine schwierige und bedeutende Aufgabe, die mit großer Sorgfalt durchgeführt werden sollte.

Die einzelnen Kommunikationsmedien unterscheiden sich dabei anhand ihrer technologischen Voraussetzungen zur Botschaftsübermittlung und der Art der Botschaftsübermittlung (Bruhn 1997, S. 182). Nach den technologischen Voraussetzungen zur Botschaftsübermittlung können statuarische Medien (klassische Druckmedien) und transitorische Medien (Film, Funk, Fernsehen) unterschieden werden und nach der Art der Botschaftsübermittlung können die Medien in Insertionsmedien/Printmedien, elektronische (audiovisuelle) Medien und Medien der Außenwerbung differenziert werden.

Die Verteilung der Marktanteile der verschiedenen Medien im Jahr 2004 in Deutschland werden in Abbildung 74 graphisch dargestellt (Quelle ZAW, eigene Berechnung).

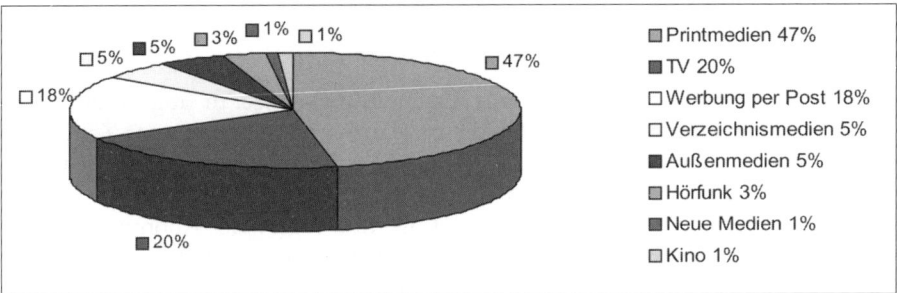

Abbildung 74: Marktanteile der Medien 2004

Im Folgenden werden die einzelnen Kommunikationsmedien im Einzelnen betrachtet und ihre Eigenschaften sowie Stärken und Schwächen dargestellt. Da die Auswahl eines bestimmten Mediums die Auswahl bestimmter Kommunikationsmittel mit einschließt und umgekehrt, werden gleichzeitig die zum jeweiligen Medium zugehörigen Kommunikationsmittel sowie deren Eigenschaften und Gestaltungsmöglichkeiten vorgestellt.

6.2 Printmedien

Zur Gruppe der Printmedien zählen Zeitungen, Zeitschriften, Anzeigenblätter und Supplements (vgl. Abbildung 75). Charakteristisch bei den Printmedien ist die statische Darstellung von Informationen in Wort und Bild. Dabei kommt dem Einsatz von Farben besondere Bedeutung zu.

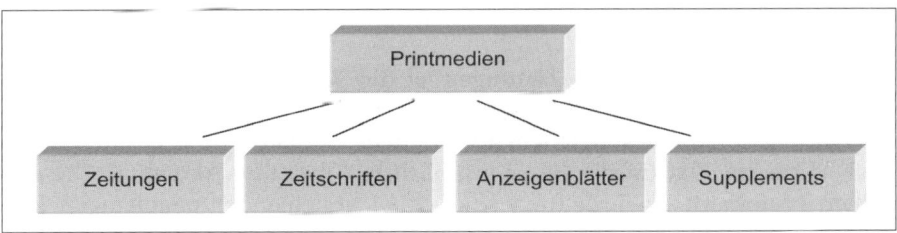

Abbildung 75: Die Gruppe der Printmedien

6.2.1 Zeitungen

Zeitungen stellen die wohl bedeutendste Gruppe der Kommunikationsmedien dar. In Deutschland haben Tageszeitungen ein Kommunikations-
volumen von ca. 4,9 Mrd. € Netto-Werbeeinnahmen und einen Marktanteil
von ca. 25% (Quelle ZAW). Zeitungen unterscheiden sich von den anderen
Kommunikationsmedien besonders durch ihre Aktualität (Vermittlung
jüngsten Gegenwartsgeschehens), durch das Erscheinen in kurzen und regelmäßigen Intervallen (Periodizität), die Publizität (allgemeine Zugänglichkeit,
gerichtet an ein breites Publikum) und die Universalität des Themenspek-
trums (Kloss 2003, S. 283).

Ausprägungsformen des Kommunikationsmediums

Zeitungen können grob nach ihrer Erscheinungsweise in Tages- und Wochenzeitungen und nach dem Bezug in Kauf- und Abonnement-Zeitungen
unterschieden werden. Nach dem Verbreitungsgebiet können diese weiter in
lokale und regionale Abonnement-Zeitungen mit Berichterstattung über
lokale/regionale Angelegenheiten und in überregionale Abonnement-Zeitungen für ein geographisch nicht eingegrenztes Publikum (z. B. Frankfurter
Allgemeine, Die Welt, Süddeutsche Zeitung) differenziert werden. Regionale
Tageszeitungen stellen im Hinblick auf die Anzahl, Auflage und Umsatz dabei die größte Gruppe innerhalb der Printmedien dar (Kloss 2003, S. 284).
Außerdem können nationale Zeitungen als eine weitere Form angeführt
werden, welche jedoch eher seltener sind.

Während Kaufzeitungen, welche sich bezüglich der Themen eher an einer
breiten Bevölkerung ausrichten (Boulevardzeitung, z. B. BILD), am Kiosk
und im Einzelhandel erhältlich sind und je nach Bedürfnislage gekauft werden können, werden Abonnementzeitungen dem Kunden regelmäßig zuge-
stellt.

Neben diesen Ausprägungsformen sind zudem Sonntagszeitungen (z. B.
Welt am Sonntag, BILD am Sonntag) zu erwähnen.

Die Vielfalt an Titeln ist in Deutschland besonders groß. Gegenwärtig sind
in Deutschland ca. 442 verschiedene Titel vorhanden (Hofsäss 2003, S. 331),
welche je nach Themen von unterschiedlichen Zielgruppen gekauft und gelesen werden.

Funktion und Ziel des Kommunikationsmediums

Die originäre Funktion von Zeitungen ist die Vermittlung von aktuellen Informationen aus Politik, Wirtschaft, Sport, Kultur, Kommunen und Region.
Da Zeitungen aktuelles Geschehen vermitteln, verlieren sie aber auch schon
nach kürzester Zeit (in der Regel am nächsten Tag) ihre Aktualität. Die einzelnen Nummern einer Zeitung sind dabei voneinander unabhängig. Zeitungen vermitteln die jeweiligen Sachverhalte und Informationen meist in
rationaler Argumentation (bei Boulevardzeitung auch emotional), sind als

Basismedium gut geeignet und werden besonders gerne zur Bekanntmachung von Produkten im lokalen Bereich eingesetzt.

Kommunikationsmittel

Innerhalb des Kommunikationsmediums Zeitung kann in Form von Anzeigen kommuniziert werden. Anzeigen können entweder im Anzeigenteil, unter einer bestimmten Rubrik, im redaktionellen Teil (laufender Text) oder am Seitenrand platziert werden. Während im Anzeigenteil die Insertionen verschiedener Unternehmen gebündelt erscheinen, ist eine Anzeige im Redaktionsteil meist allein stehend. Die Übermittlung der Botschaft erfolgt rein optisch und als Zeichencodes lassen sich Bilder und Schriftzeichen verwenden.

Die Platzierungsmöglichkeiten und Anzeigengrößen sind sehr vielfältig und Formate sind in der Größe meist frei wählbar. Der Anzeigenpreis richtet sich dabei nach der Größe und wird folgendermaßen berechnet (Dannenberg 2003, S. 60):

$$\text{Anzeigenpreis} = \text{Anzeigenhöhe in mm} \times \text{Anzahl der Spalten} \times \text{mm-Preis}$$

Der mm-Preis variiert dabei je nach Zeitung/Titel. Das Erscheinungsdatum und die Auflagengröße des Titels spielen neben dem Kriterium, ob die Anzeige schwarz-weiß oder in Farbe erscheinen soll, zudem eine Rolle bei der Berechnung des Anzeigenpreises. Im Vergleich zu anderen Kommunikationsmitteln ist die Anzeige das kostengünstigste und am häufigsten eingesetzte Kommunikationsmittel. Die Übermittlung der Botschaft erfolgt dabei rein optisch über Bilder und Texte. Die Reihenfolge der Identifikation der Botschaft wird durch den Leser bestimmt.

In Abhängigkeit des Verbreitungsgebietes der Zeitung werden in Anzeigen Produkte und Leistungen von Unternehmen des jeweiligen Verbreitungsgebietes kommuniziert. Während also in lokalen Zeitungen ortsansässige Unternehmen für ihre Leistungen werben, kommunizieren in nationalen Zeitungen dagegen eher national tätige Unternehmen.

Zielgruppe des Kommunikationsmediums

Zeitungen werden von allen Bevölkerungsschichten gelesen und genutzt, wobei je nach Themenangebot und Informationsdarbietung der einzelnen Zeitungen (Titel) verschiedene Zielgruppen angesprochen werden. Da Personen unterschiedlichen Bildungsstandes und Berufsschichten und Personen mit unterschiedlichen Interessen verschiedene Zeitungen kaufen, kann die Ansprache spezifischer Zielgruppen über die Auswahl der jeweiligen Titel gut erfolgen.

Nutzung des Kommunikationsmediums

Zeitungen werden meist morgens beim Frühstück oder auf dem Weg zur Arbeit gelesen. Generell bestehen bezüglich der Nutzung des Mediums keine räumlichen und zeitlichen Beschränkungen und eine wiederholte und erneute Nutzung (im Falle einer Unterbrechung) wie auch die Aufbewahrung des Kommunikationsmittels ist jederzeit möglich.

Die Nutzung des Kommunikationsmediums erfolgt meist intensiv und in einer entspannten Atmosphäre (keine Nebenbeschäftigung). Das Lesen stellt dabei eine aktive Tätigkeit dar und erfordert eine hohe intellektuelle Anstrengung. Der Umfang und die Dauer der Nutzung sind unterschiedlich und von verschiedenen Faktoren abhängig (z. B. Thema, Darstellung, etc.). Die Nutzung dieses Mediums und der damit verbundenen Kommunikationsmittel ist im Vergleich zu anderen Kommunikationsmedien/-mitteln eher weniger unterhaltsam.

Stärken und Schwächen von Zeitungen als Kommunikationsmedium

Zeitungen sind als Basis- oder Ergänzungsmedium zur Erreichung aller Kommunikationsziele geeignet. Als besondere Stärke dieses Mediums kann neben dem schnellen Reichweitenaufbau die Erzielung großer Nettoreichweiten (täglich werden ca. 66% der Gesamtbevölkerung durch regionale Abonnementzeitungen, 22% durch Kaufzeitungen wie BILD und 5% durch überregionale Abonnementzeitungen erreicht (Hofsäss 2003, S. 333)) und die hohe Reichweiten-Kumulation in breiten Zielgruppen angeführt werden. Des Weiteren kann mit Zeitungen ein schneller Awareness-Aufbau erfolgen. Den Inhalten im Medium Zeitung wird im Allgemeinen eine sehr hohe Glaubwürdigkeit zugesprochen. Da die Kommunikation in Zeitungen meist als Bestandteil dieser angesehen wird und des Öfteren sogar als gezielte Quelle der Informationsbeschaffung genutzt wird, ist die Akzeptanz der Kommunikation auch größer als bei anderen Medien. Einen weiteren Vorteil stellt die regionale und zeitlich exakte Steuerbarkeit dieses Mediums dar, sowie die Möglichkeit tagesgenau eine räumlich definierte Zielgruppe anzusprechen. Die kurzfristige Buchung und Schaltung von Anzeigen ermöglicht zudem, schnell auf kurzfristige Marktgegebenheiten zu reagieren. Zudem stellt die Zeitungswerbung für viele Leser eine wichtige Informationsquelle vor dem Einkauf dar.

Neben diesen Stärken weist das Medium jedoch auch Schwächen auf (Hofsäss 2003, S. 338f.). Vor allem bei den jüngeren Zielgruppen kann nur eine unterdurchschnittliche Affinität erreicht werden, der Einsatz nationaler Anzeigen ist meist mit einem aufwändigen Handling verbunden und die Belegung mit großen Formaten ist meist sehr teuer. Aufgrund der sehr kurzen Lebensdauer eignen sich Zeitungen eher für kurzfristige, aktualisierende Botschaften. Für reine Imagekampagnen sind Zeitungen weniger geeignet (Vergossen 2004, S. 188).

6.2.2 Zeitschriften

Zeitschriften stellen eine weitere Form von Printmedien dar. Dabei können Publikumszeitschriften, Fachzeitschriften, Kundenzeitschriften, Anzeigenblätter und Supplements unterschieden werden. Zeitschriften stellen ein wichtiges und weit verbreitetes Kommunikationsmedium dar. In Deutsch-

land generieren Publikumszeitschriften Nettoeinnahmen von ca. 1,9 Mrd. €
und haben einen Marktanteil von ca. 10% (Quelle ZAW).

Ausprägungsformen des Kommunikationsmediums

Zeitschriften erscheinen je nach Titel und Ausprägungsform wöchentlich,
14-tägig oder monatlich und können je nach Zielgruppe, Themen und Gestaltung in Publikumszeitschriften und Fachzeitschriften weiter untergliedert
werden.

Publikumszeitschriften sind „regelmäßig erscheinende Druckerzeugnisse, die
für breiteste Publikumskreise zugänglich sind und ihren Lesern allgemein
verständliche Informationen und/oder Unterhaltung bieten" (Kloss 2003,
S. 293). Die verschiedenen Titel der Publikumszeitschriften behandeln diverse Schwerpunktthemen, welche charakteristisch für den jeweiligen Titel
sind und demnach auch spezielle Zielgruppen ansprechen. Seit den 80er
Jahren kann ein zunehmender Anstieg der Titelanzahl beobachtet werden.
Derzeit gibt es ca. 820 Titel an Publikumszeitschriften.

Bei den Publikumszeitschriften können folgende Formen unterschieden werden (vgl. Kloss 2003, S. 293f./Rogge 1996, S. 181/Hofsäss 2003, S. 317f.).

- **General-Interest-Titel**/Massenzeitschriften behandeln eine allgemeine Thematik und sprechen daher die Gesamtbevölkerung an, wodurch hohe Auflagen erreicht werden können. Beispiele sind aktuelle Illustrierte (z.B. Fo-
  kus, Stern) und Programmzeitschriften (z.B. Hör zu, Gong).
- **Special-Interest-Titel**/Spezialzeitschriften sprechen die Gesamtbevölkerung
  an und behandeln verschiedene Schwerpunktthemen wie Wohnen und Leben (z.B. Essen&Trinken), Auto und Motor (z.B. Auto Bild), Lifestyle
  (z.B. Max), Sport (z.B. Kicker), Erotik (z.B. Playboy), Kultur/Natur/Wis-
  senschaft (z.B. Geo), Wirtschaft und Finanzen (z.B. Impulse, Manager Ma-
  gazin). Da Special-Interest-Titel bei ihren Themen eher in die Tiefe statt in
  die Breite gehen, werden pro Titel niedrigere Auflagen und geringere
  Reichweiten erzielt.
- **Zielgruppen-Zeitschriften** sprechen spezifische Bevölkerungssegmente mit
  einer spezifischen Thematik an. Als Beispiele können Frauenzeitschriften
  (z.B. Brigitte), Familien-/Elternzeitschriften (z.B. Eltern), Jugendzeitschrif-
  ten (z.B. Bravo) und Männermagazine (z.B. FHM) angeführt werden. Dabei werden mittlere bis hohe Auflagen erreicht und meist hohe Reichweiten erzielt.

Fachzeitschriften stellen eine besondere Form der Zeitschrift dar. Sie behandeln in der Regel berufsbezogene Themen und „dienen der beruflichen Information und Fortbildung eindeutig definierbarer, nach fachlichen Kriterien
abgrenzbarer Zielgruppen" (Kloss 2003, S. 297). Je nach Beruf (z.B. Ärzte)
und Branchen (z.B. Wirtschaft) sind verschiedene Titel auf dem Markt erhältlich, die für die jeweilige Branche relevante Themen behandelt und the-
matisiert. Fachzeitschriften fehlt im Gegensatz zu Publikumszeitschriften
der Unterhaltungscharakter und die darin enthaltenen Anzeigen nehmen
meist Bezug zum Fachgebiet. Aufgrund der spezifischen Themenauswahl

werden nur niedrige Auflagen und Reichweiten erreicht, denen aber eine hohe Zielgruppenaffinität gegenübersteht. Fachzeitschriften werden vorwiegend als Medium für die Geschäftskommunikation (B-2-B-Bereich) vor allem in der Fertigungsindustrie, der Wirtschaft, der Medizin, dem Gesundheitswesen, dem Baubereich, in der Konsumgüterindustrie und im Dienstleistungs- und Rechtswesen eingesetzt.

Ein besonderer Vorteil ist, dass Fachzeitschriften meist von einem interessierten und involvierten Publikum gelesen werden und daher eine bessere Voraussetzung für die Wahrnehmung und Aufnahme der Anzeigen gegeben ist.

Kundenzeitschriften stellen eine weitere Unterart von Zeitschriften dar. Sie behandeln branchenbezogene Themenschwerpunkte mit Anreicherung von allgemein interessierenden Themen für die Gesamtbevölkerung. Vor allem in der Nahrungsmittelbranche und im Apothekenbereich werden Kundenzeitschriften als Form der Kommunikation eingesetzt. Diese werden meist im Geschäft verteilt und/oder ausgelegt oder auch per Post an die Haushalte verschickt. Mit Kundenzeitschriften können hohe Auflagen erzielt werden.

Funktion und Ziel des Kommunikationsmediums

Zeitschriften verfolgen das Ziel, Informationen an breite Bevölkerungsschichten heran zu tragen und zudem einen Unterhaltungswert zu bieten. Dabei können die Informationen aktuellen Bezug haben oder generelle Sachverhalte behandeln. Meist sind die Informationen in Zeitschriften jedoch nur begrenzt tagesaktuell. Zeitschriften werden vorwiegend zur Schaffung und Pflege des Images eingesetzt. Zeitschriften dienen der Vertiefung von bestimmten Themen und sind daher kein schnelles Medium. Die Informationen werden in Publikumszeitschriften in rationaler und auch emotionaler Argumentation in Form von Bild und Text an den Leser übermittelt. Fachzeitschriften unterscheiden sich von Publikumszeitschriften im Argumentationsstil, da Informationen überwiegend durch Text in sachlich-rationaler Argumentation vermittelt werden.

Kommunikationsmittel

Wie auch in Zeitungen, besteht in Zeitschriften die Möglichkeit über Anzeigen in Form von Text, Bild und Farbe zu kommunizieren. Im Rahmen von Zeitschriften besteht auch die Möglichkeit über Beilagen (beigelegte lose Blätter oder Prospekte), Beihefter (z. B. Prospekte; mit Zeitschrift verklammert) oder Beikleber (z. B. Prospekte oder Postkarten in die Zeitschrift eingeklebt oder z. B. CD, Probepackung mit Zeitschrift verklebt) zu kommunizieren. Diese Art der Kommunikation erzeugt bei den Zielpersonen besondere Aufmerksamkeit. Zu beachten ist dabei jedoch, dass diese Art der Kommunikationsmittel auch mit Mehrkosten bei der Produktion verbunden ist.

Im Gegensatz zu Zeitungen bestehen bei Zeitschriften bessere Möglichkeiten, Botschaften farbig zu gestalten (meist vierfarbig, 4c), wodurch eine besondere Eindrucksqualität geschaffen wird und zudem größere Aufmerksamkeit erreicht werden kann. Die Formate sind im Gegensatz zu Zeitungen meist nicht frei wählbar, es besteht jedoch die Möglichkeit der Wahl von Sonderformaten. Die Preise für die Anzeigen in Zeitschriften sind dabei von Verlag zu Verlag unterschiedlich, werden bei Einsatz mehrerer Farben höher und sind vom Format und der verkauften Auflage abhängig.

Im Vergleich zu Zeitungen sind Zeitschriften hochwertiger in der Produktion (Papier ist dicker und besser; Klammerung/Heftung) und weisen zudem eine bessere Druckqualität auf. Somit ist auch die Qualität der Anzeigen in Zeitschriften höherwertig.

Im Gegensatz zu Anzeigen in Zeitungen, enthalten Anzeigen in Zeitschriften meist Botschaften von Unternehmen mit nationaler oder internationaler Bekanntheit.

Zielgruppe des Kommunikationsmediums

Wie auch bei Zeitungen werden je nach Titel und Themen bestimmte Bevölkerungssegmente angesprochen. Dabei werden von Publikumszeitschriften eher breite Bevölkerungsschichten angesprochen, während Fachzeitschriften als Zielgruppe meist Experten verschiedener Branchen und Berufe ansprechen.

Nutzung des Kommunikationsmediums

Zeitschriften werden in der Regel meist über einen längeren Zeitraum genutzt und oft auch aufgehoben, gesammelt oder archiviert. Zeitschriften werden wie auch Zeitungen intensiv (keine Nebenbeschäftigung) genutzt, wobei die wiederholte Nutzung und erneute Betrachtung (bei Unterbrechung) möglich ist. Da Zeitschriften oft auch über einen längeren Zeitraum gelesen werden und der Kontakt möglicherweise auch erst zu einem späteren Zeitpunkt nach dem Kauf erfolgt, werden Reichweiten und Kontakte über eine längere Zeitspanne aufgebaut. Die Nutzung von Zeitschriften erfolgt meist in einer entspannten Atmosphäre und ist weder an feste Tageszeiten noch an räumliche Gegebenheiten gebunden.

Stärken und Schwächen von Zeitschriften als Kommunikationsmedium

Zeitschriften sind als Basismedium für alle Kommunikationsziele geeignet. Als besondere Stärken dieses Mediums kann die Möglichkeit der Darstellung detaillierter Produktinformationen in Wort und Bild angeführt werden (Hofsäss 2003, S. 330) wie auch die Chance zu Mehrfachkontakten. Zudem kann aufgrund der emotionalen Ansprache durch farbige Bilder und die hochwertige Druckqualität bei der Zielgruppe ein größerer Impact ausgelöst werden (Hofsäss 2003, S. 324), als dies bei Zeitungen der Fall ist. Eine selektive Zielgruppenansprache ist aufgrund der Themengebiete der einzelnen Titel gut möglich. Mit Zeitschriften kann eine sehr hohe Affinität durch die zielgruppenspezifische Titelauswahl und eine hohe Reichweiten-Kumulation erreicht werden. Jedoch muss als Schwäche von Zeitschriften der langsame Reichweitenaufbau und die langsamere Bekanntheitssteigerung als durch TV oder Hörfunkspots angeführt werden (Hofsäss 2003, S. 330).

6.2.3 Sonderformen von Zeitschriften

Anzeigenblätter und Supplements stellen eine Sonderform der Zeitschrift dar und nehmen ca. 8% des Werbevolumens ein. Anzeigenblätter enthalten Anzeigen lokaler und regionaler Unternehmen, werden nur durch die darin enthaltenen Anzeigen finanziert und kostenlos und unaufgefordert regional oder lokal an alle Haushalte verteilt. Sie erscheinen meist wöchentlich (z.B. EDEKA, ALDI, Penny, etc.) und die Verteilergebiete sind meist stark lokal begrenzt. Dadurch ist zwar eine intensive Durchdringung des jeweiligen Gebietes möglich, eine zielgruppengenaue Streuung jedoch nicht.

Supplements sind regelmäßig erscheinende, thematisch bestimmte, zeitschriften- bzw. zeitungsähnliche Presseerzeugnisse, die in großen Auflagen ausschließlich als Beilage von Trägerobjekten erscheinen (Kloss 2003, S. 292). Als Trägerobjekte dienen dabei Tages- und Wochenzeitungen sowie Publikums- oder Fachzeitschriften. Supplements sind immer kostenlos und treten als Programmsupplements, unterhaltende/meinungsbildende Supplements oder Fachzeitschriften-Supplements auf.

Lesezirkelhefte sind Mappen, die feste Abonnenten (Ärzte, Friseure, Gastronomie, Privathaushalte) meist wöchentlich erhalten. Sie enthalten meist sechs bis zehn Exemplare von verschiedenen Zeitschriften, die sich jeder Abonnent individuell zusammenstellt. Der Mietpreis ist von den Titeln und der Aktualität der Zeitschriften abhängig und daher je Abonnent unterschiedlich (Pepels 2002, S. 196). Nach einer bestimmten Zeit werden die Lesezirkelmappen vom Lesezirkelunternehmen wieder abgeholt und gegen neue Exemplare eingetauscht. Anschließend werden die Mappen oft auch weiteren Nutzern vermietet, wodurch eine hohe Reichweite erzielt wird.

Bei **Offertenblätter** wird völlig auf den redaktionellen Teil verzichtet und Privatpersonen die Möglichkeit gegeben, kostenlos zu inserieren (Pepels 2002, S. 196).

Bei **Stadtmagazinen** ist sowohl der Zeitschriften- als auch Zeitungscharakter ausgeprägt. Diese Sonderform der Printmedien beinhaltet hauptsächlich lokale Berichterstattung, Besprechung von Filmen und Ankündigung von Veranstaltungen, etc., die für junge Zielgruppen relevant sind (Pepels 2002, S. 196).

6.3 Elektronische Medien

Neben den Printmedien können außerdem elektronische Medien zur Informationsübertragung genutzt werden. Das Fernsehen, der Hörfunk und das Kino sind dabei die entscheidenden Trägermedien.

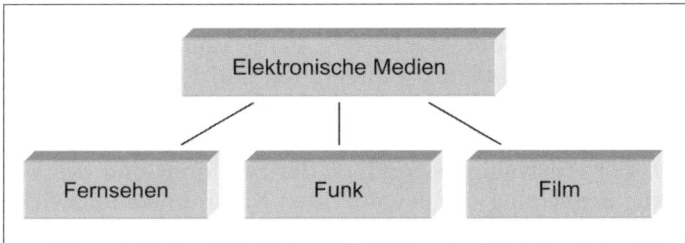

Abbildung 76: Formen elektronischer Medien

6.3.1 Fernsehen

Das Fernsehen stellt eines der bedeutendsten nationalen Trägermedien in Deutschland dar, mit Netto-Werbeeinnahmen von rund 4 Milliarden € pro Jahr und einem Marktanteil von ca. 20% des gesamten Werbevolumens (Quelle ZAW). Das Fernsehen ist ein Massenmedium, welches die Übermittlung audiovisueller Botschaften und bewegter Bilder ermöglicht.

Funktion und Ziele des Kommunikationsmediums

Mit Hilfe des Trägermediums Fernsehen können aktuelle Informationen an die Zielgruppe herangetragen werden. Außerdem stellt das Fernsehen ein Unterhaltungsmedium dar. Dabei werden die Informationen rational und emotional argumentiert, Produkte in ihrer Verwendung demonstriert und in Handlungsabläufe integriert. Die Botschaften können vom Rezipienten dabei multisensorisch in Wort, Bild und Ton wahrgenommen werden.

Kommunikationsmittel

Die klassische Spotwerbung stellt das Kommunikationsmittel im Trägermedium Fernsehen dar. Ein Fernsehspot dauert ca. 7–60 Sekunden und wird meist in Blöcken ausgestrahlt. Je nach Platzierung des Werbeblocks können Unterbrecher-Werbeblöcke (Werbeblock in den Sendepausen einer Sendung), Scharnier-Werbeblöcke (Werbeblock zwischen zwei Sendungen), Narrow Casting (Werbeblock direkt im Anschluss an ein thematisch zugehöriges Programm) und die Split-Screen-Werbung (Werbeblock als Teilbelegung des TV-Bildes; meist bei Sportsendungen) unterschieden werden (Kloss 2003, S. 317).

Neben der klassischen Spotwerbung kann die „programminterne oder programmintegrierte Werbung" (Kloss 2003, S. 313) angeführt werden, die in Form von Product Placement, Sponsorship, Gewinnspielen, Dauerwerbesendungen (Werbequizsendungen, z. B. Glücksrad), Werbeuhr und Teleshopping (meist mit der Möglichkeit des direkten telefonischen Einkaufs) eingesetzt werden kann. Sponsorship beinhaltet dabei eine Form des Sponsorings von Programminhalten oder Sportübertragungen, wobei der Sponsor in einem kurzen Spot zu Beginn der Sendung (ca. 5–7 Sek. vorher) genannt wird. Diese Form ist besonders beliebt und wirksam, da der Spot allein gestellt ist (vgl. Kapitel C.5.1.2 Sponsoring). Bei der Werbeuhr werden Spots meist im Splittscreen-Verfahren parallel zur Nachrichtenuhr eingeblendet.

Die Kommunikationsbotschaft wird in Fernsehspots in Wort, Bild und Ton verschlüsselt. Aufgrund der Möglichkeit Farbe und Bewegung einzusetzen, Produkte in Handlungsabläufe zu integrieren und Personen emotional anzusprechen, kann eine multisensorische Ansprache erreicht und somit die Aufmerksamkeitswirkung sowie die Erinnerungswirkung erhöht werden (Kloss 2003, S. 331). Der Auswahl des Senders, der Sendezeit und des Werbeblocks kommt für die Erreichung der gewünschten Kommunikationswirkung große Bedeutung zu.

Im Rahmen der Fernsehwerbung konnte in den vergangenen Jahren eine deutliche Zunahme der Werbeminuten und Anzahl der gesendeten Spots verzeichnet werden, wodurch unter anderem die Beliebtheit dieses Mediums ausgedrückt wird.

Im Rahmen der Spotwerbung im Fernsehen sind, ebenso wie im Rundfunk, verschiedene Rechte und Richtlinien zu beachten. Darunter fallen z. B. das Gebot der Trennung von Programm und Werbung, die Kennzeichnungspflicht der Werbung, das Gebot der Ausstrahlung in Werbeblöcken das Verbot der Unterbrecherwerbung (Unterbrechung der Übertragung von Gottesdiensten und Kindersendungen ist verboten), das Verbot der Irreführung und das Verbot der Beeinflussung. Außerdem müssen Regelungen zur Sendezeit der Werbung beachtet werden, welche die Werbezeit im öffentlich-rechtlichen Fernsehen auf 20 Min. täglich und max. 12 Min. pro Stunde begrenzt. Ebenso herrscht nach 20 Uhr sowie an Sonn- und Feiertagen im öffentlich-rechtlichen Fernsehen generelles Werbeverbot. Bei privaten Sendern darf die Werbezeit inkl. Sonderwerbeformen wie Dauerwerbesendungen 20 % der täglichen Sendezeit nicht übersteigen und die Spotwerbung darf dabei nicht mehr als 15 % der täglichen Sendezeit ausfüllen. Diese und weitere Regelungen sowie Restriktionen für private und öffentlich-rechtliche Sender sind im Rundfunkstaatsvertrag (RStV) geregelt (Dannenberg 2003, S. 65) (vgl. Kapitel C. 8.6).

„Die Kosten der Fernsehwerbung orientieren sich an der erzielbaren Reichweite", der Sendezeit, dem Sender und der Spotlänge (Kloss 2003, S. 327). Der TKP kann dabei als Maß der Wirtschaftlichkeit der Platzierung eines Fernsehspots angesehen werden und ist pro Werbeblock umso höher, je attraktiver das Programm (geschätzte Einschaltquoten) ist. Aus diesem Grund ist zum Beispiel auch die Ausstrahlung eines Fernsehspots in der Primetime teurer als am Vormittag.

Da der Kontakt der Zielgruppe mit dem Kommunikationsmittel meist sehr gering ist (ca. 30 Sekunden), sollten Spots nur auf einer Idee aufbauen und nicht zu viele verschiedene Argumente beinhalten. Die Handlung des Spots sollte zudem vor allem durch bewegte Bilder mit entsprechender Tonuntermalung ausgedrückt werden, um die Möglichkeit der audiovisuellen Vermittlung der Botschaft auch zu nutzen (Rogge 2004, S. 334).

Zielgruppe des Kommunikationsmediums

Die Zielgruppeneingrenzung bei diesem Medium ist äußerst schwierig, da es sich um ein Massenmedium handelt und generell ein breites Publikum angesprochen wird. Es kann jedoch eine Zielgruppenabgrenzung über die Art des Senders (öffentlich-rechtlich oder privat) und die ausgestrahlten Sendungen (Kindersendung, Musik, Sportsendungen, Filme, ...) erfolgen, da die einzelnen Sender aufgrund der Zusammenstellung und Gestaltung ihres Programms spezifische Zielgruppen ansprechen. Je nach Alter und Geschlecht werden bestimmte Sender, Programme und Sendungen mit spezifischen Themenangeboten wie Musik (MTV, VIVA), Sport (Eurosport, DSF), Nachrichten (N24, n-tv) oder Kindersendungen (Super RTL, KIKA) bevorzugt. Somit können Jugendliche eher über den Sender VIVA oder MTV erreicht werden, ältere Menschen hingegen eher über das ZDF, ARD oder Bayern 3 und Erwachsene je nach Bildung und Interessen über RTL, VOX, Pro7, SAT 1, etc.

Abbildung 77 stellt die Senderlandschaft in Abhängigkeit des Geschlechts und des Alters graphisch dar (Quelle: Hofsäss 2003, S. 289).

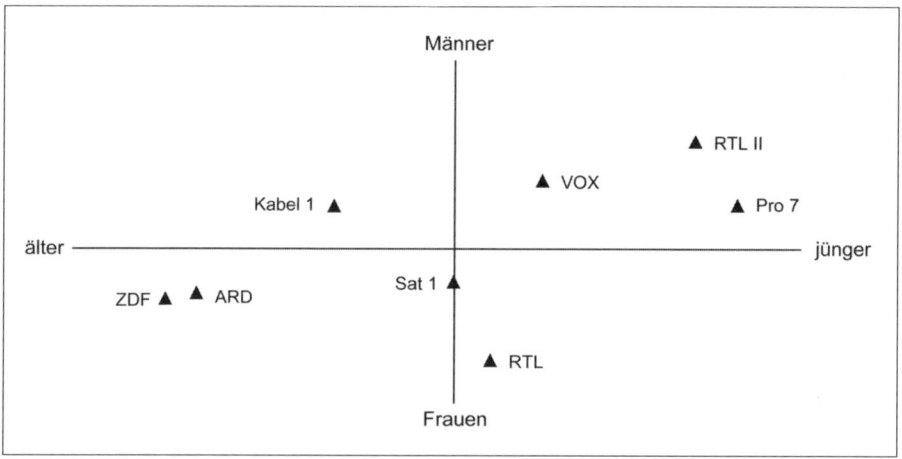

Abbildung 77: Die Senderlandschaft

Aufgrund des Anstiegs der Anzahl der Sender in den letzten Jahren sowie der breiten Programmpalette der Sender wird die gezielte Ansprache immer schwieriger und teurer. Wegen der selektiven TV-Nutzung muss der Auswahl der Sender und Programme daher große Aufmerksamkeit geschenkt werden, um Streuverluste in der Zielgruppenansprache zu vermeiden.

Nutzung des Kommunikationsmediums

Das Medium Fernsehen wird vorwiegend zu Hause in entspannter familiärer Atmosphäre und oft im Beisein mehrerer Personen genutzt. Da das Fernsehen häufig nur als Begleit- und Hintergrundmedium (Nebenbeschäftigung) genutzt wird, die Beschäftigung mit den Spots meist passiv erfolgt und die bewusste Nutzung dieses Mediums eher selten ist, kann die durch Spots erzielte Wirkung sehr gering ausfallen. Nicht erwünschte Werbeblöcke können durch „Zapping" ausgeblendet werden. Die Nutzung erfolgt dabei überwiegend abends, kann jedoch je nach Zielgruppe unterschiedlich verlaufen. Die TV-Nutzung im Tagesverlauf wird in Abbildung 78 graphisch dargestellt (Quelle: Hofsäss 2003, S. 292).

Seit Etablierung der Privatsender stehen den Fernsehzuschauern immer mehr Programme zur Verfügung, was unter anderem dazu beigetragen hat, dass die Sehdauer pro Person kontinuierlich gestiegen ist (1987: 148 Min./Tag; 2002: 215 Min./Tag) (Hofsäss 2003, S. 291).

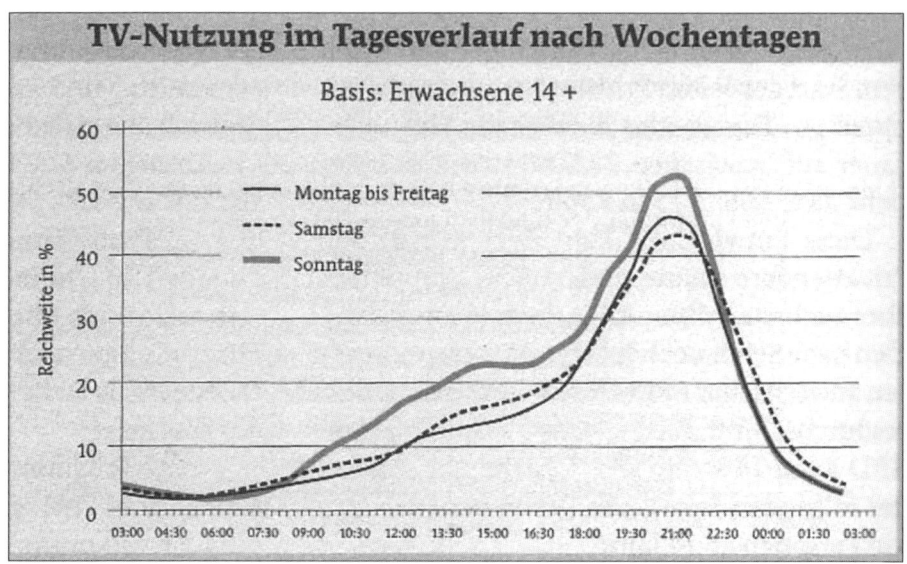

Abbildung 78: TV-Nutzung im Tagesverlauf

Stärken und Schwächen des Fernsehens als Kommunikationsmedium

Das Fernsehen ist als Basismedium ebenso wie Zeitungen für alle Kommunikationsziele und besonders für die schnelle Verbreitung der Botschaft gut geeignet. Als besondere Stärken dieses Mediums können der schnelle Awareness-Aufbau, die Möglichkeit der multisensorischen Ansprache sowie die Möglichkeit der Ansprache der breiten Bevölkerungsschichten angeführt werden (Hofsäss 2003, S. 297). Des Weiteren besteht bei diesem Medium die Möglichkeit, Zielgruppen durch die Selektion zielgruppenspezifischer Programmangebote gezielt anzusprechen und dadurch eine hohe Reichweitenkumulation zu erreichen.

Die Zunahme der Sender und Programme, sowie die flüchtige Werbenutzung im Fernsehen (Zapping) stellen jedoch Schwächen dieses Mediums dar. Außerdem können detaillierte Informationen nur schwer und komplexe Sachverhalte nahezu überhaupt nicht dargestellt werden. Optimale Werbeblöcke sind meist überbucht und zudem sehr teuer und aufgrund der langen Vorlaufzeiten ist eine frühe Buchung der Werbeblöcke erforderlich (Hofsäss 2003, S. 297). Da das Fernsehen nur selten intensiv genutzt wird und die bewusste Informationsaufnahme eher selten ist, wird der Wirkungseffekt der Spotwerbung erheblich eingeschränkt.

6.3.2 Hörfunk

Der Hörfunk stellt ein weiteres Übertragungsmedium dar. Dieses Massenmedium vermittelt tagesaktuelle Informationen an eine große Zielgruppe und wird zudem als Unterhaltungsmedium genutzt. In Deutschland sind gegenwärtig ca. 190 private und 61 öffentlich-rechtliche Sender, bzw. Programme vertreten (Hofsäss 2003, S. 298). Mit ca. 600 Mio. € Netto-Werbeeinnahmen und einem Marktanteil von ca. 3 % (Quelle ZAW) kommt diesem Medium im Vergleich zu Zeitungen und Fernsehen eine geringere Bedeutung zu.

Funktion und Ziel des Kommunikationsmediums

Ebenso wie beim Fernsehen können mit diesem Medium aktuelle Informationen an die Zielgruppe herangetragen werden. Informationen werden rational und emotional argumentiert, können vom Rezipienten jedoch nur akustisch wahrgenommen werden. Eine emotionale Ansprache der Zielpersonen ist daher nur schwer möglich. Der Hörfunk eignet sich besonders gut zur Reaktivierung von Botschaften.

Kommunikationsmittel

Das Kommunikationsmittel zur Übertragung von Informationen sind beim Hörfunk ebenfalls der klassische Spot (Spot-Werbung innerhalb von kurzen Werbeblöcken), das Sponsoring (v. a. beim Wetter, Sport) oder Werbesendungen. Da die Wahrnehmung des Spots nur akustisch erfolgen kann, sollten nur einfach appellierende Botschaften übermittelt werden (Rogge 1996, S. 299), welche einfach aufgebaute Sätze und Worte zum leichten Verständnis enthalten. Der Einsatz von Hintergrundmusik kann die emotionale Wirkung erhöhen und durch das Wiederholen von Kernsätzen und Wörtern kann eine Art Denk- und Gedächtnisstütze zur Erzielung einer besseren Gedächtniswirkung erreicht werden. Generell sind Funkspots relativ unterhaltsam, obwohl die Vermittlung der Botschaft nur akustisch erfolgen kann.

Zielgruppe des Kommunikationsmediums

Der Hörfunk spricht ebenso wie das Fernsehen breite Bevölkerungsschichten an, wobei je nach Sendegebiet und Sendeprogramm andere Personen angesprochen werden. Im Unterschied zum Fernsehen wählen die Personen beim Radio jedoch nicht die Sendungen, sondern den Sender. Diese sind meist lokal oder regional ausgerichtet, können aber auch landesweite und bundesweite Streugebiete haben.

Nutzung des Kommunikationsmediums

Das Medium Hörfunk wird meist in entspannter Atmosphäre, unbewusst, als Hintergrundmedium und oft auch in Anwesenheit mehrerer Personen genutzt. Das Hören von Funkspots stellt eine passive Tätigkeit dar, welche meist nebenbei erfolgt und mit der nur eine geringe intellektuelle Anstrengung verbunden ist. Die Nutzung ist praktisch überall möglich, wobei je nach Tageszeit und Wochentag die Nutzung sehr unterschiedlich ausfallen kann (vgl. Abbildung 79; Hofsäss 2003, S. 301).

Mit Hilfe dieses Mediums können schnell große Reichweiten aufgebaut werden, da das Radio von der überwiegenden Bevölkerungsmehrheit genutzt wird (durchschnittlich 79 % der Deutschen hören Radio am Tag, wobei die durchschnittliche Hördauer pro Tag ca. 202 Minuten beträgt (Hofsäss 2003, S. 300)). Da die Nutzung der Spots wie auch beim Fernsehen (bei Unterbrechung oder Störung) nicht wiederholt werden kann und meist nur nebenbei erfolgt, wird die Wirkung von Hörfunkspots erheblich eingeschränkt. Aus diesem Grund wird dieses Medium auch oft nur als Komplementärmedium eingesetzt.

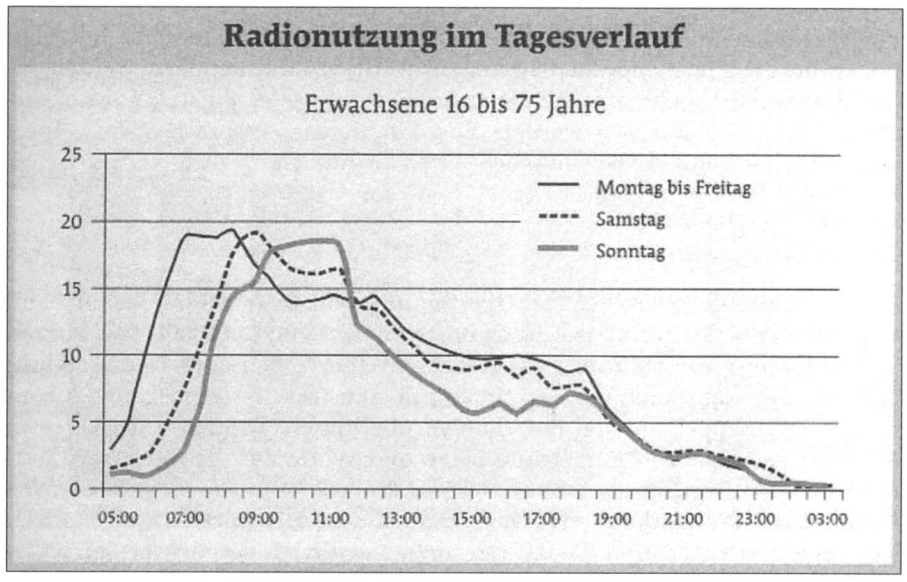

Abbildung 79: Radio-Nutzung im Tagesverlauf

Stärken und Schwächen des Hörfunks als Kommunikationsmedium

Besondere Stärken des Hörfunks sind die schnelle Bekanntmachung von Markennamen, der schnelle Reichweitenaufbau und die hohe Reichweitenkumulation. Außerdem besteht bei diesem Medium die Möglichkeit der regionalen Belegung und Steuerbarkeit. Der Hörfunk ist bestens geeignet zur Aktualisierung und Aktivierung von bereits aus anderen Kommunikationsmaßnahmen gelernten Botschaften und ist daher eher als Ergänzungsmedium zu anderen Medien zu sehen. Als Schwächen dieses Mediums können angeführt werden, dass komplexe und detaillierte Informationen nur schwer vermittelt werden können und bildliche Darstellungen gar nicht möglich sind. Aufgrund der Nutzung des Mediums als Hintergrundmedium, kann nur ein unterdurchschnittlicher Impact erzielt werden und der oberflächliche Kontakt mit der Botschaft begünstigt das schnelle Vergessen der Botschaft. Zudem besteht die Gefahr, dass das Radio zunehmend in seiner Funktion vom Fernsehen ersetzt wird (Musiksender MTV, VIVA).

6.3.3 Film/Kino

Das Kino ist mit ca. 160 Mio. € Netto-Werbeeinnahmen pro Jahr und einem Marktanteil von ca. 1% (Quelle ZAW) im Vergleich zu den anderen Medien eher als Randmedium zu betrachten. Dennoch sind die mit diesem Medium verbundenen Möglichkeiten und Wirkungseffekte nicht zu verachten.

Innerhalb dieser Gattung können das Programmkino, das Autokino, das Familienkino, das Open-Air-Kino, IMAX-Kinos und Multiplex-Kinos unterschieden werden.

Funktion und Ziele des Kommunikationsmediums

Während das Kino früher einen größeren Andrang verzeichnen konnte, ist die Besucherfrequenz in den letzten Jahrzehnten deutlich zurückgegangen. Dies ist damit zu begründen, dass das Fernsehen dieses Medium in ihrer Funktion teilweise ersetzt hat. Das Kino wird heute ausschließlich als reines Unterhaltungsmedium vorwiegend von jungen Menschen zur Freizeitgestaltung genutzt. Aufgrund der geringen Reichweiten wird dieses Medium auch vorwiegend nur als Zusatz-Medium genutzt. Dabei wird das Ziel verfolgt, Stimmungen und Erlebniswelten zu vermitteln. Informationen werden weniger rational, sondern eher emotional argumentiert und demonstriert.

Kommunikationsmittel

Das Übertragungsmittel in diesem Medium stellen Kinospots dar. Dabei können entweder Stand-Kinospots (Dia-Werbung), oder Werbefilme eingesetzt werden. Bei der Dia-Werbung wird ein Bild, das mit einem Diabild vergleichbar ist, für ca. 10 Sekunden auf die Leinwand projiziert. Dazu werden Informationen sprachlich hinzugefügt und wahlweise auch mit Musik untermalt. Die Ausstrahlung von Werbefilmen ist mit einem kurzen Film zu vergleichen. Dieser wird ca. 13–26 Sekunden (wahlweise auch 44–440 Sek.) ausgestrahlt und besitzt dabei die gleiche Qualität wie der Kinofilm.

Aufgrund der audiovisuellen Vermittlung emotionaler Inhalte, der Darstellung sachlicher Informationen und der multisensorischen Einwirkung (Bild, Ton, Bewegung, Musik, Farbe) kann eine überdurchschnittliche Wirkung bei den Rezipienten erzeugt werden. Kinospots wirken, aufgrund der Größe der Darbietungsfläche (Leinwand), im Vergleich zu Fernsehspots zudem meist viel eindrucksvoller. Kinospots sind überwiegend unterhaltend gestaltet und ermöglichen den Einbau vieler Details. Eine „kunterbunte Erlebniswelt" übt auf den aufmerksamen Betrachter eine stimulierende Wirkung und erzielt größte Wirkungseffekte. Zu beachten ist bei der Verwendung dieses Kommunikationsmittels, dass ein Kinospot stets alle wichtigen Argumente beinhalten muss, da der Kontakt der Botschaft mit dem Rezipienten meist nur einmal erfolgt.

Ähnlich wie beim Rundfunk und Fernsehen müssen auch im Rahmen der Kinowerbung bestimmte Restriktionen beachtet werden (z. B. je Vorstellung dürfen höchstens 200 m Werbefilm und 30 Diapositive vorgeführt werden (Pepels 2000, S. 651)).

Bei den Ausstrahlungspreisen von Kinospots werden die Besucherzahlen pro Jahr und saisonelle Schwankungen berücksichtigt und in Staffelgruppen ausgewiesen.

Zielgruppe des Kommunikationsmediums

Das Kino kann nicht als Medium für die Gesamtbevölkerung (Reichweitenmedium) angesehen werden, da die Gesamtreichweite dieses Mediums nur sehr gering ist (ca. 3,9 %) (Kloss 2003, S. 335) und somit nur ein geringer Bevölkerungsanteil erreicht werden kann. Die Zielgruppe dieses Mediums stellen vorwiegend junge Menschen (14–29 Jahre) dar, welche in der Regel positiv gestimmt sind und somit hochmotiviert bei der Aufnahme der Botschaften sind. Diese Tatsache kann dadurch begründet werden, dass sich Kinobesucher bewusst für den Gang ins Kino entscheiden und dafür zahlen. Aufgrund der entspannten Atmosphäre wird die Kommunikation im Kino mit höherer Kontaktintensität aufgenommen.

Nutzung des Kommunikationsmediums

Die Nutzung dieses Mediums erfolgt in der Regel in Begleitung anderer Personen und in entspannter Atmosphäre. Da ein Kinospot nur einmal gesehen wird, müssen im Spot alle wichtigen Argumente enthalten sein und diese überzeugend und aussagekräftig vermittelt werden. Die Informationsaufnahme erfolgt in der Regel intensiv und bewusst (keine Nebenbeschäftigung). Kinowerbung kann vom Besucher nicht abgeschaltet oder umgangen werden (Zapping), wodurch die mit Kinowerbung verbundenen Wirkungseffekte größer sind als bei Fernsehspots.

Die Nutzung des Mediums erfolgt überwiegend am Abend und es kann zudem eine saisonale Schwankung der Besucherzahlen im Jahresverlauf beobachtet werden (im Sommer weniger Besucher, im Winter/Weihnachten Boomzeit).

Stärken und Schwächen des Kinos als Kommunikationsmedium

Eine besondere Stärke dieses Mediums ist die Qualität der Darbietung in höchster Perfektion sowie die multisensorische Kanalqualität. Außerdem erreicht dieses Medium die höchste Affinität und Aufmerksamkeit bei der jungen Zielgruppe (14–29 Jahre). Des Weiteren ist das Zielpublikum positiv eingestellt, interessiert und aufmerksam, wodurch optimale Aufmerksamkeits und Erinnerungswirkungen erzielt werden können. Die gute regionale Streubarkeit der Kommunikation stellt eine weitere Stärke dieses Mediums dar. Bei einigen Konsumgütern, wie zum Beispiel Eis und Süßigkeiten, ist die Kinowerbung außerdem mit der Möglichkeit des direkten Verkaufs verbunden, wodurch die Wirkung der Kommunikation außerdem erhöht wird. Dennoch weist dieses Medium auch einige Schwächen auf (Hofsäss 2003, S. 311/313). Da die Kumulation im Zeitverlauf und die Reichweiten nur gering ausfallen, ist das Kino als Basismedium eher ungeeignet und sollte vorwiegend als Ergänzungsmedium eingesetzt werden. Außerdem ist die Produktion von Kinospots sehr teuer und die Belegung spezieller Filme (und dadurch die Erreichung spezieller Zuschauer) nicht oder nur unter finanziellem Mehraufwand möglich. Saisonale Schwankungen der Besucherzahlen erschweren zudem eine kontinuierliche Kommunikation in diesem Medium. Da Kinowerbung nur durch die Buchung der Ausstrahlungskinos geschaltet wird, ist ein zielgruppenspezifischer Einsatz nicht möglich.

6.4 Medien der Außenwerbung

Neben den Printmedien und elektronischen Medien können außerdem Medien der Außenwerbung als Kommunikationsmedien eingesetzt werden. Die Netto-Werbeeinnahmen für Plakatwerbung betragen ca. 730 Mio. € und der Marktanteil ca. 5%.

Ausprägungsformen des Kommunikationsmediums

Bei den Medien der Außenwerbung können die Plakatkommunikation, die Verkehrsmittelkommunikation sowie die Banden-, Leucht- und Luftkommunikation unterschieden werden. Die Plakatkommunikation eignet sich vor allem für Produkte, die breiteste Zielgruppen flächendeckend ansprechen sollen. Je nach Größe (Basis immer DIN A1-Bogen; 84 cm × 59 cm) und Art der Anschlagstelle können folgende Trägerformen der Plakatkommunikation differenziert werden (vgl. Kloss 2003, S. 340; Hofsäss 2003, S. 345f.).

Großflächen gelten mit einem Anteil von ca. 60% am gesamten Plakatanschlag als das Basismedium der Außenwerbung (Vergossen 2004, S. 204). Sie befinden sich meist auf privatem Grund und stellen mit einem 18/1-Bogen-Format (356 cm × 252 cm) eine der größten Formen von Außenwerbung dar. Die Flächen werden dabei durch Pachtunternehmen von den Grundstückseigentümern gepachtet und mit Plakatträgern (= Kommunikationsträger) versehen, welche dann an Unternehmen vermietet werden. Die Medien der Außenwerbung werden gerne von Brauereien, Automobilherstellern, Handelsorganisationen, Oberbekleidungsherstellern, EDV-Firmen und Finanzdienstleistungsunternehmen genutzt (Dannenberg 2003, S. 50). Großflächen sind nach Dekaden buchbar und einzeln selektierbar, werden pro Stelle nur von einem Unternehmen belegt und eignen sich als Basismedium.

Als **Allgemeinstellen** werden Anschlagsäulen, -tafeln oder -wände auf öffentlichen Plätzen bezeichnet. Diese enthalten Plakate mehrerer verschiedener Unternehmen und beinhalten eine Mischung aus Wirtschaftswerbung, kommunalen Informationen und Veranstaltungshinweisen an einem Ort. Die Ausbringung von Plakaten erfolgt meist im 1/1–6/1-Bogen-Format.

Ganzstellen/Ganzsäulen sind im Gegensatz zu den Allgemeinstellen einem Unternehmen vorbehalten. Sie sind in ihrer Funktion mit den Großflächen zu vergleichen und unterscheiden sich lediglich im Format (6/1-Bogen-Format). Die zylindrischen Säulen gehen auf den Berliner Drucker Ernst Litfaß zurück, welcher im Jahre 1854 mit dieser Erfindung die damals um sich greifende Wildplakatierung stoppen wollte (Vergossen 2004, S. 205). Wie auch Großflächen sind Ganzstellen überwiegend in den Innenstädten von Großstädten vorhanden und einzeln selektierbar. Sie werden gerne als Ergänzung zu Großflächen genutzt.

Eine besondere und neuere Form der Außenwerbung stellen **City-Light-Poster** (CLP) dar. Dabei handelt es sich um hinterleuchtete Plakatvitrinen, die Plakate im 4/1-Bogen-Format (176 cm × 120 cm) beleuchten. CLP stehen hauptsächlich in der Nähe von Haltestellen und Wartehallen des öffentlichen Nahverkehrs sowie in Fußgängerzonen und Bahnhöfen. Besonders in der Nacht erzeugen CLP eine besondere Aufmerksamkeitswirkung bei den Passanten. Im Gegensatz zu den anderen Anschlagstellen werden die Plakate bei den CLP nicht geklebt und die Vitrinen enthalten auch nur einen Bogen, wodurch die Alleinstellung der Kommunikation möglich wird. CLP können nur im Netz belegt werden, die Buchung einzelner Stellen ist nicht möglich. CLP werden bisher nur in Großstädten eingesetzt, können jedoch aufgrund der Wirkungseffekte erheblichen Erfolg beinhalten.

City Light Boards (CLB) ähneln den CLP in ihrer Funktion sehr. Es handelt sich dabei nicht um beleuchtete Vitrinen, sondern um hinterleuchtete und verglaste Großflächen. Aufgrund des megagroßen Formats (18/1 Bogen-Format) ist die Aufmerksamkeitswirkung enorm groß. CLBs werden nur an hochfrequentierten Top-Standorten und meist quer zur Fahrbahn angebracht. Auch hier ist nur eine Netzbelegung möglich und die Einschaltkosten sind sehr hoch.

Die kleinste Form und damit eine Sonderform der Außenwerbung nehmen **Plakataufsteller** ein. Im Gegensatz dazu können **Superposter** (40/1-Bogen-Format (526 cm × 372 cm)) angeführt werden, welche meist an Hauswänden und quer zur Fahrbahn überwiegend in Großstädten eingesetzt werden.

Riesenposter und **Blow-ups** (100–1000 m^2) sind meist an hoch frequentierten Standorten, oftmals an Baugerüsten angebrachte Werbeflächen, die meist zu bestimmten Anlässen extra aufgebaut werden. Oft werden dabei auch aufmerksamkeitssteigernde Sondereffekte wie Licht, Nebel oder 3D (z. B. Figuren in überdimensionaler Größe, die über dem Geschehen schweben) eingesetzt und dadurch die Aufmerksamkeit gesteigert (Vergossen 2004, S. 205).

Elektronische Plakatmedien (Video Boards) sind in jüngster Zeit immer mehr an stark frequentierten Plätzen zu finden. Jedoch ist nicht zu erwarten, dass sich diese Form der Außenwerbung in der Zukunft noch mehr ausdehnt (Vergossen 2004, S. 206).

Info- und Videoscreens ermöglichen die Kommunikation mit bestimmten Zielgruppen während sich diese in einer Wartesituation befinden (z. B. Warten auf die U-Bahn). Nachrichten und Werbung, wie auch Wettermeldungen oder Verkehrsnachrichten mit Regionalbezug werden auf Videoscreens gezeigt und verkürzen den Personen somit die Wartezeit. Die Werbung wird dabei meist nicht als lästig empfunden, sondern wird oft sogar als angenehme Begleiterscheinung zur Ablenkung empfunden (Vergossen 2004, S. 206).

Im Jahr 2004 konnten in Deutschland ungefähr 210.000 Großflächen, 90.000 CLP, 10.000 CLBs, 17.000 Ganzsäulen, 49.000 Allgemeinstellen und 1.200 Superposter gebucht werden.

Verkehrsmittelkommunikation ist an Außen- und Innenflächen von öffentlichen und privaten Verkehrmitteln (Bus, Straßenbahn, U-/S-Bahn, Taxi, Bahn, etc.) angebracht. Sie kann sowohl von Fahrgästen im Inneren als auch von Passanten betrachtet und wahrgenommen werden. Im Gegensatz zu Plakaten wird die Verkehrsmittelkommunikation durch das jeweilige Verkehrsmittel transportiert und kann somit größere Reichweiten und Kontakte erzielen.

Die einzelnen Trägerformen der Außenwerbung sind meist lokal und regional belegbar und können nach Wochen oder Dekaden gebucht werden. Dabei sind die erzielbaren Reichweiten vom Standort der Stelle abhängig.

Funktion und Ziele des Kommunikationsmediums

Die Außenwerbung eignet sich besonders zur Erzeugung von Bekanntheit, Imageschaffung, Vermittlung von Produktinformationen, Markenaktualisierung und Impulssetzung (Hofsäss 2003, S. 353). Dabei werden Informationen kurz und prägnant, rational oder emotional an die Zielgruppe herangetragen.

Kommunikationsmittel

Das mit den Medien der Außenwerbung verbundene Kommunikationsmittel ist das Plakat, welches an verschiedenen Stellen aufgeklebt (aufgehängt) wird und aufgrund der Größe und Darbietungsqualität große Aufmerksamkeit der Zielgruppe auf sich zieht. Im Gegensatz zu anderen Medien spielt das Trägermedium bei der Außenwerbung nur eine untergeordnete Rolle. Damit ein Plakat von den Zielpersonen im Vorbeigehen (Vorbeifahren) überhaupt wahrgenommen wird und die Botschaft trotz der kurzen Wahrnehmungszeit ins Gedächtnis eindringen kann, müssen Plakate auffällig gestaltet sein (Eye Catcher). Dies kann durch den Einsatz von Farben, auffällige und große Bilder sowie eine einfache Typographie und kurze prägnante Botschaften erreicht werden.

Bei der Außenwerbung wird die Plakatplanung meist von Plakatspezialisten übernommen. Zu beachten ist, dass sobald auf öffentlichem Grund geworben wird, ein Nutzungsvertrag mit der Gemeinde abgeschlossen werden muss.

Die Preise der einzelnen Mittel sind vom erzielten G-Wert, den Ortsgrößenklassen des Ausbringungsgebietes und dem Nielsen-Gebiet abhängig.

Zielgruppe des Kommunikationsmediums

Die Zielgruppe der Außenwerbung beinhaltet alle „mobilen" Schichten der Bevölkerung, also Fußgänger/Passanten, Autofahrer, Beifahrer und Fahrgäste öffentlicher Verkehrsmittel. Eine exakte Zielgruppenselektion und -steuerung ist jedoch nicht möglich.

Nutzung des Kommunikationsmediums

Obwohl im Rahmen der Außenwerbung bei der richtigen Standortwahl hohe Kontaktchancen erzielt werden können, erfolgt die Nutzung des Mediums nur unbewusst und der Kontakt ist meist nur zufällig, beiläufig und flüchtig. Informationen werden kurzzeitig wahrgenommen und genutzt, weshalb Plakate aufgrund ihrer Gestaltung auffallen und Aufmerksamkeit erzielen müssen.

Die Wahrnehmung der Botschaft durch den Rezipienten kann dabei grundsätzlich aus drei Perspektiven erfolgen. Je nachdem, ob Außenwerbung von Fußgängern, Autofahrern/Beifahrern oder Fahrgästen öffentlicher Verkehrsmittel betrachtet wird, ist der Wirkungseffekt ein anderer. Auch der Abstand zum Medium kann die Aufmerksamkeitswirkung erhöhen oder mindern. Je nachdem, wie der Rezipient zum Medium ausgerichtet ist, wird die Wahrnehmung aus einem anderen Blickwinkel erfolgen. Generell ist die Nutzung der Medien der Außenwerbung an keine besonderen Zeiten gebunden.

Stärken und Schwächen der Außenwerbung als Kommunikationsmedium

Mit Hilfe der Außenwerbung können durchschnittliche bis hohe kumulierte Reichweiten erzielt werden, wobei das Kosten-Leistungs-Verhältnis durchschnittlich ausgeprägt ist. Die Trägermedien sind regional streubar und können zu einem schnellen Aufbau der Bekanntheit führen. Zudem besteht die Möglichkeit, dass diese Form der Kommunikation rund um die Uhr auf die Zielgruppe einwirkt und von einem großen Personenkreis wahrgenommen wird.

Ein Nachteil der Außenwerbung ist jedoch, dass nur kurze einfache Botschaften übermittelt werden können und meist nur ein unterdurchschnittlicher Impact aufgrund der beiläufigen Wahrnehmung erzielt wird. Zudem müssen bei der Planung lange Vorlaufzeiten in Kauf genommen werden und eine zielgruppengenaue Streuung ist außerdem nicht möglich.

6.5 Internet – Online-Kommunikation

Neben den altbewährten Kommunikationsmedien wird das Internet verstärkt als neue Möglichkeit der Zielgruppenansprache und Medium zur Kommunikation, Interaktion und Transaktion von Unternehmen genutzt (Kloss 2003, S. 348). Die Kommunikation über das Internet verbindet dabei die Individual- mit der Massenkommunikation. Gegenwärtig wird dieses

Medium zwar meist nur als Ergänzungsmedium genutzt, der kontinuierliche Anstieg der Online-Nutzer und Nutzungszeiten in den letzten Jahren hat jedoch zu einem verstärkten Einsatz dieses Mediums zur Kommunikation beigetragen.

Kommunikationsmittel

Als Kommunikationsmittel können im Rahmen der Online-Kommunikation Homepages, Werbebanner, Web-Promotions, E-Mails und Newsletter eingesetzt werden (Kloss 2003, S. 348).

Auf der Homepage eines Unternehmens können die wichtigsten Informationen zum Unternehmen an sich, den Produkten und Marken und sonstigen für den Verbraucher interessanten Informationen zusammenfassend dargestellt werden. Diese Art der Kommunikation beinhaltet das Prinzip des Pull-Marketings, da der Rezipient die Homepage bewusst und meist ohne Aufforderung aufruft und besucht.

Werbebanner werden auf Webseiten anderer Firmen oder Suchmaschinen platziert und integriert und ermöglichen es dem Rezipienten durch einen Link eine direkte Verbindung zur Homepage des Unternehmens aufzubauen (Nieschlag 2002, S. 1137). Da Werbebanner unaufgefordert von selbst erscheinen, liegt eine Form des Push-Marketings vor. Werbebanner werden meist auf denjenigen Webseiten platziert, welche die Erreichung großer Reichweiten ermöglichen, wie zum Beispiel bei Suchmaschinen und Webseiten von Medienunternehmen.

Je nach Format können Voll- und Halb-Banner und Buttons und nach der Funktionalität statische Banner (nur optische Gestaltung, ohne Bewegung), animierte Banner (bewegter Inhalt oder Banner wird bewegt) und interaktive Banner (z. B. HTML-Banner, Scratch-Banner, transaktive Banner, etc.) unterschieden werden. Kombinationen der einzelnen Formen sind dabei auch möglich. Die Größe eines Banners berechnet sich dabei in Breite × Höhe und wird in Pixel gemessen. Die klassischen Bannerformate wurden in letzter Zeit um sogenannte Interactive Marketing Units (IMU) wie z. B. Skyscraper (120 × 600 Pixel) erweitert. Mit Bannern verfolgt ein Unternehmen das Ziel, den Rezipienten weg vom Inhalt der aufgerufenen Webseite hin zur eigenen Webseite zu ziehen.

Eine weitere Form von Kommunikationsmitteln im Rahmen der Kommunikation über das Internet stellen Pop-Ups dar. Pop Ups sind Werbefenster, die sich beim Aufrufen oder Verlassen bestimmter Sites automatisch öffnen und extra geschlossen werden müssen. Damit das Pop-Up nicht sofort nach Erscheinen vom Besucher geschlossen, sondern betrachtet wird, muss es attraktiv gestaltet sein.

Superstitials sind weiterentwickelte Pop-Ups, welche ohne lange Wartezeiten unaufgefordert eingeblendet werden. Sie sind parallel zum Browser aktiv und werden immer dann eingeblendet, wenn der Browser gerade lädt. Der Vorteil für den Betrachter ist, dass mit dem Aufrufen der gewünschten Website die Superstitials im Hintergrund geladen werden und erst mit einem erneuten Klick aktiviert werden.

Das größte Format nehmen die Interstitials ein. Diese nehmen meist die gesamte Bildschirmfläche ein und schließen sich nach einiger Zeit von selbst wieder. Nach dem Schließen ist dann die gewünschte Site sichtbar. Interstitials sollen die Ladezeit der eigentlichen Webseite überbrücken, müssen aber so lange betrachtet werden, bis die eigentliche Website erscheint. Ein Schließen durch die Person selbst ist nicht möglich. Da der Rezipient auf das Erscheinen der eigentlichen Seite wartet, wird dieser Form der Online-Kommunikation meist auch höhere Aufmerksamkeit beigemessen. Ein Nachteil aller dieser Kommunikationsmittel ist, dass sie oft als Belästigung empfunden werden und schnell abgebrochen werden.

Weitere mögliche Kommunikationsmittel stellen Easy-Ads, Streeming Video Ads, E-Mercials, Newsletter, E-Mails, sowie viele neue Formen dar, welche an dieser Stelle nicht explizit erläutert werden sollen.

Neben dem Internet kann die Kommunikation auch über das Medium Online-Radio erfolgen, welches eine Art Brücke zwischen dem Hörfunk und dem Internet bildet und eine Mischform von Kommunikationsformen des konventionellen Radios und internetspezifischer Kommunikationsformen darstellt.

Daten zur Optimierung der Online-Mediaplanung können von Markt-Media-Studien (Daten zur Online-Nutzung und Konsumgewohnheiten), aus Offline-Studien und Online-Studien, Log-File-Analysen, Ad-Server-Analysen, PC-Meter-Messungen und den IVW-Online-Daten erhoben werden.

Im Rahmen der Online-Kommunikation haben sich im Laufe der letzten Jahre sehr viele Veränderungen vollzogen. Dabei konnte unter anderem eine rasche Veralterungsrate der einzelnen Formen und Kommunikationsmittel sowie das Auftreten neuer Formen beobachtet werden. Aus diesem Grund soll an dieser Stelle auch nicht ausführlicher auf die einzelnen Kommunikationsmittel eingegangen werden.

Zielgruppe und Nutzung des Kommunikationsmediums

Als Zielgruppe der Online-Kommunikation kommen vorwiegend jüngere und an neuen Medien interessierte Personen, sowie professionelle Nutzer in Frage. Eine Zielgruppenselektion ist bei diesem Medium jedoch nur begrenzt möglich, da der Zugriff der Rezipienten auf die einzelnen Sites nicht bewusst gesteuert werden kann.

Die Nutzung dieses Mediums kann zu jeder Tageszeit erfolgen und wird vom Rezipienten selbst initiiert. Daher erfolgt die Nutzung auch intensiver als bei anderen Trägerformen, wodurch die Aufmerksamkeitswirkung größer und die mit der Wahrnehmung verbundenen Lerneffekte und Wirkungseffekte besser als bei anderen Medien ausgeprägt ist.

Stärken und Schwächen des Internets als Kommunikationsmedium

Ein Vorteil der Online-Kommunikation ist, dass die Kommunikationsmittel in der Regel bewusst angeklickt werden und vom Unternehmen ständig unter relativ geringen Kosten aktualisiert werden können. Mit dem Einsatz der Online-Kommunikation können zudem große Reichweiten erzielt und eine Individualisierung der Kommunikation sowie eine Beeindruckung durch multisensorische Ansprache und Animation erreicht werden. Aus diesem Grund gewinnt diese Form der Kommunikation auch immer mehr an Bedeutung und wird besonders gerne zur Kundenbindung und Neukundenakquisition eingesetzt. Ein weiterer Vorteil des Internets als Kommunikationsmedium ist, dass Informationen nicht nur passiv empfangen werden, sondern zudem eine aktive Informationssuche und Kontaktaufnahme ermöglicht wird. Durch das damit verbundene höhere Involvement der Zielpersonen werden Informationen bewusster und besser wahrgenommen und verarbeitet. Eine weitere Stärke des Internets als Kommunikationsmedium ist die Interaktivität, welche die individuelle und freie Nutzung der angebotenen Informationen, sowie die Möglichkeit des wechselseitigen Informationsaustausches beinhaltet. Des Weiteren können Informationen unabhängig von der Erreichbarkeit des Kommunikationspartners gesendet oder empfangen (Asynchronität) werden. Die Multifunktionalität lässt klassische Mediagrenzen verschmelzen und durch die Digitalisierung der Daten andere klassische Medien wie Fernseher oder Radio emulieren (Dannenberg 2003, S.3). Ein Nachteil dieses Mediums ist, dass bestimmte Zielgruppen immer noch schwer oder überhaupt nicht zu erreichen sind.

7. Mediaselektion

Im Anschluss an die Kommunikationsmedienplanung folgt die Phase der Mediaplanung und Mediaselektion. Dabei wird der optimale Medienmix zusammengestellt.

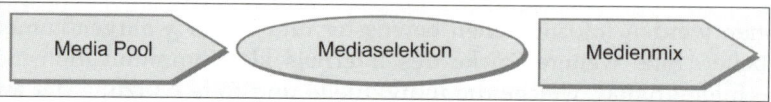

Abbildung 80: Input-Output-Beziehung der Mediaselektion

Die Phase der Mediaplanung und Mediaselektion beinhaltet den Intermediavergleich, den Intramediavergleich, die Mediaselektion und die Zusammenstellung des Medienmix.

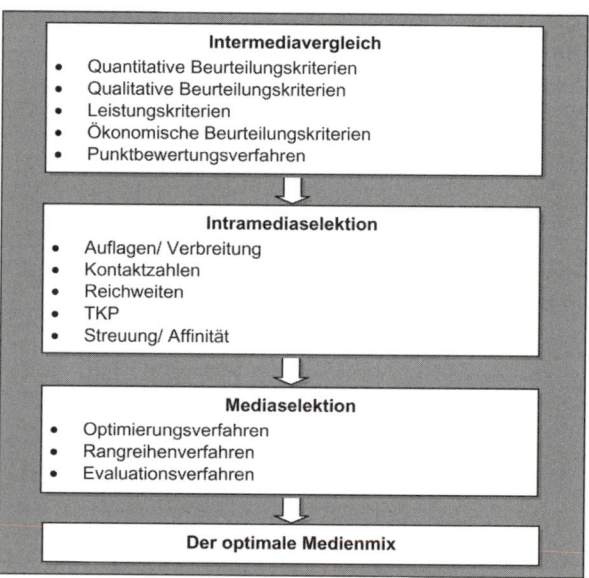

Abbildung 81: Ablaufschema der Mediaselektion

Die Erarbeitung eines optimalen Medienmix hat zum Ziel, diejenigen Kommunikationsmedien und Kommunikationsmittel auszuwählen und zusammenzustellen, welche am besten dazu geeignet sind, die Botschaft an die Zielgruppe heran zu tragen. Durch die Integration kann mit Hilfe des Intermediavergleichs und dem anschließenden Intramediavergleich eine optimale Zusammenstellung des Medienmix erreicht werden.

7.1 Der Intermediavergleich

Beim Intermediavergleich besteht die Hauptaufgabe darin, die zur Auswahl stehenden Mediagattungen zu bewerten und im Hinblick auf die angestrebten Kommunikationsziele zu priorisieren (Pepels 2000, S. 655). Innerhalb des Intramediavergleichs werden dann in einem nächsten Schritt die am besten geeigneten Trägergattungen (z.B. Titel X der Publikumszeitschrift Y) innerhalb einer Mediengattung (z.B. Printmedien) ausgewählt (Kloss 2003, S 217). Dabei ist zu beachten, dass Kommunikationsmedium und Kommunikationsmittel im Augenblick der Streuung als Einheit gesehen werden und daher im Sinne der Integration aufeinander abgestimmt werden müssen. Da konkret gestaltete Kommunikationsmittel immer das dazu passende Medium erfordern, ist die Wahl des Mediums auch immer mit der Wahl des Mittels und umgekehrt verbunden (Rogge 1996, S. 196).

Beim Intermediavergleich beeinflussen verschiedene Faktoren wie die Charakteristika der Zielgruppe, die Struktur des Marktes, der Absatzradius und die Absatzdichte des Distributionssystems, die Eigenschaften des Produktes, die Botschaft, das Konkurrenzverhalten, die Angebotslage, die Flexibilität, die Kommunikationseigenschaften, der zur Verfügung stehende Etat und die Kommunikationsziele die Entscheidung zur Medienauswahl (Rogge 1996, S. 195). Die Struktur des Marktes ist zum Beispiel bestimmend für die Art und Anzahl der nötigen Kontaktaufnahmen mit der Zielgruppe. Die Zielgruppe ist insofern für die Wahl des Mediums bestimmend, da bestimmte Medien bevorzugt von bestimmten Personengruppen genutzt werden und der Informationsbedarf je nach Personengruppe unterschiedlich hoch ist. Der Absatzradius und die Absatzdichte des Distributionssystems können sich auf die regionale Streufähigkeit eines Mediums auswirken und die Beschaffenheit des Produktes erfordert bestimmte Gestaltungsmöglichkeiten und Darstellungsmöglichkeiten, die nur bei bestimmten Medien möglich sind (Rogge 1996, S. 197). Die Art der Botschaft (schwierige Botschaften erfordern meist visuelle und länger wirkende Medien) und das Verhalten der Mitbewerber (Bevorzugung bestimmter Medien) nehmen ebenfalls Einfluss auf die Wahl des Mediums (Rogge 1996, S. 200).

Die Aufgabe des Kommunikationsmediums ist die Kontaktherstellung zwischen der Zielgruppe und der Botschaft. Die Chance und Art der Kontaktaufnahme ist dabei wesentlich von den Kommunikationseigenschaften der jeweiligen Medien abhängig. Somit sollte die Auswahl der Medien in Abhängigkeit der Beschaffenheit der notwendigen Trägereigenschaften erfolgen.

7.2 Beurteilungskriterien im Intermediavergleich

Als gängige Beurteilungskriterien der Medieneignung und zum Vergleich der einzelnen Medien werden meist die Wirkungskomponenten des Mediums, Darbietungs- und Gestaltungsmöglichkeiten des Mediums, die Grundfunktion des Mediums, die Kommunikationsfähigkeit des Mediums, Leistungskriterien wie die Penetration (Reichweite), die regionale Steuerbarkeit und das Expositionsvermögen, die Kosten des Mediums (Produktions- und Streukosten), das Medienumfeld, die Selektionsmöglichkeit, die Verfügbarkeit, das Image und die Glaubwürdigkeit des Mediums beim Rezipienten und die Empfangssituation herangezogen (Rogge 1996, S. 201). Ebenso stellen das Preis-Leistungs-Verhältnis bzw. die Wirtschaftlichkeit sowie das redaktionelle und kommunikative Umfeld wichtige Auswahlkriterien dar. Aufgrund dieser und der folgenden Kriterien kann ein Intermediavergleich sinnvoll durchgeführt werden (vgl. Becker 1998, S. 586; Pepels 1999, S. 399ff.; Hofsäss 2003, S. 214f.).

Funktion des Kommunikationsmediums (für den Nutzer):

Zeitschrift	Unterhaltung; allgemein interessierende und thematisch fest gebundene aktuelle Informationen; Meinungsbildung in globalen Themenbereichen; Hintergrundinformationen
Zeitung	Aktuelle Informationen; Neuigkeiten; Unterhaltung; Bildung
Fernsehen	Unterhaltung; allgemeine und teilweise aktuelle Informationen; Bildung
Kino	Unterhaltung; Faszination; Vermittlung von Emotionen; Erholung
Hörfunk	Unterhaltung; aktuelle Informationen und Nachrichten; Bildung
Außenwerbung	Kurzinformationen

Funktion als Kommunikationsmedium:

Zeitschrift	Auf-, Ausbau und Festigung von Bekanntheitsgrad und Image; durch Detailinformationen gezielte Ansprache der Leser; Sympathiegewinn
Zeitung	Reaktualisierung von Markennamen; Wecken von Aufmerksamkeit und Interesse; Bekanntmachung und Neueinführung von Produkten
Fernsehen	Durch multisensorische Ansprache ideale Möglichkeit zur Darstellung und Erklärung des Produkteinsatzes und Vorstellung neuer Produkte/Marken; emotionale Ansprache (Dramatisierung)
Kino	Multisensorische Ansprache; Kommunikation in entspannter, positiver Atmosphäre; Imageaufbau und Produktdemonstration
Hörfunk	Spontane Appellierung; Bekanntmachung von Produkt und Hersteller v.a. in der Einführungsphase; Reaktualisierung vergessener Botschaften und Verstärkung vorhandener Handlungsbereitschaften
Außenwerbung	Aufbau und Festigung von Bekanntheit; Kurzinformation über das Produkt; Verstärkung vorhandener Kaufbereitschaft

Aufnahmesituation/Nutzungssituation:

Zeitschrift	Inhaltsaufnahme in häuslicher Atmosphäre, in Verkehrsmitteln; meist gezielte Konzentration; oft vertiefte, intensive, wiederholte Nutzung; teilweise Sammeleffekt; ungestörtes Leseverhalten; unterschiedlich im Tagesverlauf
Zeitung	Inhaltsaufnahme in häuslicher Atmosphäre, in Verkehrsmitteln, am Arbeitsplatz; frei wählbar; Nutzung meist vormittags; bewusste Informationsaufnahme
Fernsehen	Inhaltsaufnahme oft in familiärer Atmosphäre und mit mehreren Personen; zeitliche Streuung, meist nachmittags oder abends; Nebenherbeschäftigung
Kino	Inhaltsaufnahme nur im Kino; überwiegend abends und am Wochenende; meist in Begleitung anderer Personen

Hörfunk	Inhaltsaufnahme in häuslicher Freizeit- oder Arbeitsplatzatmosphäre oder im Auto; keine zeitliche Fixierung; selten bewusst wahrgenommen
Außenwerbung	Inhaltsaufnahme auf der Straße; eher zufällig im Vorbeifahren/-gehen; flüchtiger Eindruck

Darstellungsmöglichkeiten/Kommunikationsqualitäten:

Zeitschrift	Statische Darstellung von Bild und Text; Farbe in hoher Druckqualität; thematisch orientiertes; positiv erlebtes Umfeld; für vertiefende, bildorientierte komplexe Botschaften
Zeitung	Statische Darstellung von Bild und Text; vorwiegend schwarz-weiß; evtl. Zusatzfarbe; nur begrenzte Druckqualität; eher für aktuelle Angebote und Intensivkampagnen
Fernsehen	Bewegtes Bild mit Text und Ton; multisensorische Ansprache; wichtige Informationen in kurzer Zeit vermittelbar; Anwendungsdemonstration; optische Attraktivität
Kino	Bewegtes Bild mit Text und Ton; multisensorische Ansprache; Einbettung in sehr emotionalen Rahmen möglich; Farbwirkung
Hörfunk	Nur akustische Kommunikationswirkung durch Sprache und Musik
Außenwerbung	Statische Darstellung mit Bild und Text; Farbwirkung; Schlagworte; Slogans und ganzheitliche Gestaltung notwendig

Art der Ansprache/Lernerfolg:

Zeitschrift	Rationale und/oder emotionale Übermittlung von Sachverhalten; langfristiger und nachhaltig wirksamer Lernerfolg; Imageaufbau
Zeitung	Rationale Übermittlung von Sachverhalten und Argumentation; kurzfristig stimulierender und informierender Lernerfolg
Fernsehen	Rationale und emotionale Handlungsabläufe; Demonstrationen und Argumentationen; kurzfristig, aktualisierender, informierender Lernerfolg; Imageaufbau
Kino	Emotionale Appelle
Hörfunk	Rationale und emotionale Handlungsabläufe und Argumentation; kurzfristig, aktualisierender und unterstützender Lernerfolg
Außenwerbung	Rationale und emotionale Produktdarstellung (in Kurzform); kurzfristig aktualisierender und unterstützender Lernerfolg

Zielgruppenumfeld:

Zeitschrift	Gute Zielgruppenselektion durch Soziodemographie und Interessenbindung vor allem bei Special Interest Titeln
Zeitung	Regionale Selektionsmöglichkeit in eng abzugrenzende Gebiete durch gute Gliederung, dort breit streuende Ansprache
Fernsehen	Stark begrenzte Selektionsmöglichkeit; hohe Streuverluste; Nutzung einzelner Sender/Programme möglich; Alters- und Jugendlastigkeit
Kino	„Junges" Medium; konzentrierte Ansprache einer aktiven mobilen Zielgruppe; sehr gute regionale und lokale Steuerungsmöglichkeiten
Hörfunk	Begrenzte Selektionsmöglichkeiten; Zielgruppenschwerpunkte im Tagesverlauf durch Programmumfeld und Nutzungssituation; regionale und lokale Steuerung möglich
Außenwerbung	Keine soziodemographische Selektionsmöglichkeit; Ansprache mobiler Bevölkerungsgruppen; regionale und lokale Selektion möglich

Nutzung/Nutzungsdauer:

Zeitschrift	Wiederholte und mehrmalige Nutzung möglich; meist mehrere Lesephasen; unbeschränkte Nutzungsdauer
Zeitung	Nutzung während eines Tages; mehrmalige Nutzung möglich
Fernsehen	Nur einmalige Betrachtung zur vorgegebenen Sendezeit; grundsätzlich keine Wiederholbarkeit
Kino	Nur einmalige Betrachtung zur vorgegebenen Vorführzeit; Wiederholbarkeit möglich, aber eher unwahrscheinlich
Hörfunk	Einmaliger Kontakt mit vorgegebenen Sendezeiten; Wiederholung unmöglich
Außenwerbung	Mehrfachnutzung wahrscheinlich; Wiederholung möglich

Verfügbarkeit des Mediums nach Menge, Zeitpunkt und Disposition/Produktionskosten:

Zeitschrift	Nach Menge unbeschränkt; nach Disposition unbeschränkt zu allen Erscheinungsterminen (4–8 Wochen vor Erscheinen); mittlere Produktionskosten
Zeitung	Nach Menge unbeschränkt; nach Disposition unbeschränkt zu allen Erscheinungsterminen (2–3 Tage vor Erscheinen); eher niedrige Produktionskosten
Fernsehen	Begrenzte Verfügbarkeit wegen gesetzlicher Beschränkung der max. Werbezeit bei öffentlich-rechtlichen Sendern (20% pro Sendestd.); fast beliebig bei Privatsendern; Blockung von Werbesendungen (Interferenz); nach Disposition unbeschränkt (Buchung bis Sept. des Jahres für Folgejahr); hohe Produktionskosten
Kino	Begrenzt auf Filmvorführzeiten; hohe Produktionskosten
Hörfunk	Begrenzte Verfügbarkeit durch maximale Werbezeit pro Tag/Block bei öffentlich-rechtlichen Sendern; fast beliebig bei Privatsendern; Blockung; nach Disposition unbeschränkt (Buchung bis Sept. des Jahres für das Folgejahr); niedrige Produktionskosten
Außenwerbung	Beschränkt verfügbar aufgrund begrenzter Stellenanzahl (4–6 Wochen vor Erscheinen); hohe Produktionskosten

Reichweiten, Kontaktdichten (Penetration) und Kontaktchancen:

Zeitschrift	Hohe quantitative Reichweite bei qualitativ interessanten Zielgruppen möglich; hohe Kumulation und Kontaktdichte; bei Special Interest-Titeln Reichweite begrenzt; mittlere Kontaktchancen
Zeitung	Hohe Reichweite; sehr hohe Kontaktdichte; mittlere Kontaktchancen
Fernsehen	Reichweite je Einschaltung relativ niedrig/mittelmäßig, da fluktuierende Zuschauer; jedoch hohe Kumulation nach wenigen Spots; niedrige Kontaktdichte und Kontaktchancen
Kino	Absolut geringe, jedoch qualifizierte Reichweite, wenn junge Zielgruppen interessant sind; höchste Kontaktchancen
Hörfunk	Reichweite je Einschaltung relativ gering, da fluktuierende Hörer, aber hohe Kumulation nach wenigen Spots; sehr niedrige Kontaktdichten
Außenwerbung	Abhängig von Kontaktdichte (Passantenfrequenz) und Kontaktchance (Stellenqualität), daher nicht zu verallgemeinern

Bei der Auswahl bestimmter Kommunikationsmedien oder Kombinationen dieser muss beachtet werden, dass mit der Wahl von bestimmten Medien gleichzeitig immer auch spezifische Kommunikationsmittel verbunden sind, welche die Botschaft letztendlich übermitteln. Die einzelnen Mittelkategorien beinhalten dabei verschiedene Grundfunktionen (Rogge 1996, S. 281).

Während Anzeigen in erster Linie der Übermittlung von Informationen dienen und eine längere Kontaktdauer sowie größere Darbietungsmengen ermöglichen, ist mit der Wahrnehmung von Plakaten, welche meist mit geringen Kontaktzeiten verbunden ist, die Funktion der Aktivierung von Erinnerung verbunden. Ein Fernsehspot dagegen dient der Erläuterung von Funktionsabläufen und kann aufgrund der vielfältigen Einwirkungsmöglichkeiten auf die Sinnesorgane eine positive Stimmung erzeugen. Rundfunkspots können Assoziationen und Erinnerungswirkungen erzeugen, wobei die Menge der übermittelten Informationen jedoch aufgrund der beschränkten Aufnahmekapazitäten bei den Rezipienten und der lediglich akustischen Darbietung, beschränkt ist.

Die Beurteilungskriterien im Rahmen des Intermediavergleichs können in quantitative und qualitative Kriterien sowie Leistungskriterien und ökonomische Kriterien differenziert werden (vgl. Pepels 1999, S. 392ff.; Rogge 1996, S. 211).

7.2.1 Quantitative Beurteilungskriterien

Die Verfügbarkeit eines Mediums stellt ein quantitatives Beurteilungskriterium dar und gibt die Möglichkeit des Zugriffs auf das Medium an. Buchungsfristen geben die Zeitabstände zwischen Buchung und Einschaltung an und sind ein weiteres quantitatives Beurteilungskriterium. Mit der Zielgruppenstreuung wird die Möglichkeit der Feinsteuerung des Mediums auf die Zielgruppe (breit streuendes Medium: z.B. Funk; unspezifisches Medium z.B. Plakat; hochselektives Medium z.B. Fachzeitschriften) ausgedrückt. Die Periodizität dagegen gibt an, wie lange der Nutzungszeitraum bis zur Erneuerung des Kommunikationsmittels ist. Die räumliche Ausbreitung des Mediums (lokal, regional, national, international) wird durch das Streugebiet festgelegt.

7.2.2 Qualitative Beurteilungskriterien

Hinsichtlich der qualitativen Beurteilung verschiedener Medien können die Nähe zum Medium, die mit dem Medium verbundene Glaubwürdigkeit kommunikativer Aussagen, der Neuheitscharakter des Mediums (Aktualität) und der Regionalbezug (lokale Relevanz) als Kriterien zur Beurteilung verwendet werden. Ebenso bilden die Vertrautheit der Zielpersonen mit dem Medium, der übermittelbare Informationsgehalt (Interpretationsfähigkeit des Mediums), die mit dem Medium verbundene Nutzerschaft sowie die Darbietungsmöglichkeiten (monosensorische/multisensorische Ansprache) qualitative Beurteilungskriterien im Intermediavergleich. Auch die tatsächliche Erreichbarkeit der Zielpersonen (Exposition), die Perzeption (Wahrnehmbarkeit eines Kommunikationsmittels), die Apperzeption (tatsächliche Verarbeitung der Botschaft), das Nutzungsausmaß (Regelmäßigkeit der Nutzung), die Nutzungsintensität (Mehrfachkontakte; Mehrfachkontaktchancen), die Aufgeschlossenheit bzgl. der Kommunikation (Akzeptanz von Kommunikationsmedien und -mitteln), der Bildanteil (Empfangsqualität), die Ausstattung (Form, Länge, Farbe, Format, etc.) sowie Platzierungs- und Timingmöglichkeiten stellen qualitative Kriterien dar. Der Produktcharakter (Harmonie mit dem Mediencharakter), die Funktion des Kommunikationsmediums, das Nutzungsumfeld (Ort, Zeitpunkt, Zeitraum), das Umfeld des Kommunikationsmittels und die Nutzungssituation von Medien unterscheiden sich untereinander und stellen geeignete Kriterien zur Beurteilung der qualitativen Eignung dar. Auch das redaktionelle Umfeld eines Mediums stellt ein Bewertungskriterium dar, wobei Präferenzen der Zielgruppe hinsichtlich der Platzierung von Kommunikationsmitteln (z. B. Sendung um einen Werbeblock) bei der Mediawahl betrachtet werden. Ein weiteres qualitatives Beurteilungskriterium der Medienselektion ist die mit dem Medium verbundene und realisierbare Kommunikationsqualität. Je nachdem, welche Möglichkeiten ein Medium beinhaltet, Informationen zu vermitteln (auditiv, visuell oder audiovisuell) können je nach Kommunikationsziel, Art der Übermittlung und Bedarf unterschiedliche Medien ausgewählt werden. Auch Darbietungsmöglichkeiten bezüglich der Vermittlung und Darstellung von Inhalten durch Bild (Optik, Farbe), Ton (Akustik), Bewegung und Größe variieren von Medium zu Medium und müssen bei der Mediaselektion beachtet werden.

7.2.3 Leistungskriterien

Medienkapazitäten können außerdem anhand von Leistungskriterien beurteilt werden. Ein Leistungskriterium stellt dabei die Quantität des Kommunikationsmediums (Menge) in Form der Penetration des Kommunikationsmittels (Verbreitung) dar. Die Erreichbarkeit eines Mediums gibt die Verbreitung innerhalb einer definierten Zielgruppe an und stellt ein weiteres Leistungskriterium dar. Die Erreichbarkeit hängt von der Penetration (potenzieller Druck), von der Selektivität und der Aufnahmebereitschaft der Mediennutzer ab. Weitere Leistungskriterien sind die Reichweite pro Einschaltung, die Kumulierung (Möglichkeit des Aufbaus von Mehrfachkontakten) und die Kontaktdichte (Überschneidung einer Mediengattung mit anderen). Medien, welche die Wiederholbarkeit des Kontaktes (und Chance beliebiger Kontakte) ermöglichen und eine schnelle Penetration (Geschwindigkeit des Kontaktaufbaus) aufweisen, werden leistungsfähiger als andere vergleichbare Medien beurteilt.

7.2.4 Ökonomische Beurteilungskriterien

Als ökonomische Kriterien werden meist Einschaltkosten (Tarifpreise der Medien), Produktionskosten, Streukosten, die Kostenhöhe (absolut), sowie Tausender-Preise (TP; TKP) zur Beurteilung der Eignung und Bewertung der Alternativen angeführt. Ein weiteres ökonomisches Kriterium stellt das Preis-Leistungs-Verhältnis dar, welches angibt, wie viele Spots, Anzeigen, usw. mit einem bestimmten Mitteleinsatz möglich sind. Da absolute Kosten der einzelnen Mediagattungen je nach Größe des Kommunikationsmediums

(Auflage) und des Kommunikationsmittels (Größe der Anzeige) sehr unterschiedlich sind, werden meist relative Kosten (Verhältnis der Kosten pro Belegungseinheit zur Größe der erreichten Personengruppe) in Form des TKP zum Vergleich der Gattungen herangezogen.

7.2.5 Mediaselektion in Abhängigkeit des Kommunikationsziels

Die Medienauswahl und Medienkombination muss immer in Abhängigkeit von den Kommunikationszielen erfolgen (Dannenberg 2003, S. 196 ff.). Je nachdem, welches Kommunikationsziel festgesetzt wurde, sind einige Mediengattungen zur Erreichung der Ziele gut geeignet, während andere wiederum ungeeignet sind. So sind zum Beispiel für eine schnelle Bekanntmachung und Schaffung von Präsenz einer Marke tagesaktuelle oder wöchentlich erscheinende Medien erforderlich, während es für die Veränderung von Einstellungen zu erklärungsbedürftigen Produkten oder einer angestrebten Imageänderung nachhaltig wirksamer Kommunikationsmedien bedarf. Für die Markenaktualisierung und Ad-hoc-Motivation zum Kauf sind wiederum aktuelle und schnell wirkende Medien erforderlich. Zur Erreichung eines schnellen Reichweitenaufbaus und zur Erzielung starker Aufmerksamkeitswirkung ist die Außenwerbung gut geeignet, während das Radio für die Erreichung dieser Ziele eher ungeeignet ist, da es nur auditive Reize übermittelt und keine „Eye Catcher" bereitstellen kann. Ein weiteres Bespiel ist, dass zur Schaffung von Emotionalität das Fernsehen aufgrund der audiovisuellen und multisensorischen Wirkung sehr gut geeignet ist, aber zur Vermittlung sachlicher Informationen eher ungeeignet (ausführliche Erklärung sachlicher Informationen aufgrund hoher Spotpreise ungeeignet). Außerdem sind rationale Erklärungen in Unterhaltungsmedien vom Zielpublikum eher unerwünscht. Gut geeignet für die sachliche Übermittlung von Informationen ist dagegen die Anzeigenwerbung in Zeitschriften oder Zeitungen. Somit wird ersichtlich, dass je nach Kommunikationsziel verschiedene Medien besser zur Erreichung dieser Ziele geeignet sind und andere hingegen eher weniger. Somit kommt der Bewertung der Eignung und Integration große Bedeutung zu.

7.2.6 Mediaselektion in Abhängigkeit der Zielgruppe

Die Auswahl der Medien sollte immer in Abhängigkeit der Zielgruppe und deren Nutzungsverhalten der einzelnen Medien erfolgen. So werden zum Beispiel Kino und Fernsehen gerne von der jüngeren Bevölkerungsschicht genutzt, währenddessen Manager zum Beispiel Zeitungen und Fachzeitschriften zur Informationsgewinnung nutzen. Das Nutzungsverhalten der Zielgruppen bezüglich der verschiedenen Medien wird von diversen Marktforschungsinstituten in Abhängigkeit von soziodemographischen Faktoren erhoben und bereitgestellt.

7.3 Medienbewertung durch das Punktbewertungsverfahren

Die einzelnen Medien werden anhand der verschiedenen Beurteilungskriterien bewertet und anschließend in einer Gesamtbeurteilung zusammengefasst und miteinander verglichen. Ein gängiges Verfahren dabei ist das Punktbewertungsverfahren (Rogge 1996, S. 201 f.). Bei dieser Methode wird jedem Kriterium ein bestimmter Punktwert zugeordnet und die Gesamtbeurteilung durch Addition der einzelnen Punktwerte vorgenommen.

Die Bewertung bei diesem Verfahren ist naturgemäß subjektiv, wodurch allgemeine Aussagen bezüglich der Eignung eines Mediums nicht möglich sind. Durch die Multiplikation mit einem Gewichtungsfaktor kann einzelnen Kriterien, welche besondere Bedeutung besitzen, eine zusätzliche Gewichtung beigemessen werden.

Das Beispiel in Tabelle 24 zeigt mögliche Beurteilungskriterien der Medieneignung bezüglich der Kommunikationseigenschaften (vgl. Rogge 1996, S. 201 ff.) und deren Bewertung durch das Punktbewertungsverfahren.

Eigenschaften	Mediagruppen					
	Zeitungen	Zeitschriften	Fernsehen	Hörfunk	Kino	Plakat
Inhaltsbreite	10	10	6	6	8	2
Gestaltungsmöglichkeit	6	7	10	3	10	4
Grundfunktion	10	5–10	5	5	2	10
Penetrationskraft	9	7	5	5	2	10
Kostensituation	6	10	9	10	2	8
Regionale Steuerbarkeit	9	0–5	6	5	10	10
Verfügbarkeit	10	10	2	4	10	6
Umfeldbedingungen	5	5–10	0	0	0	0
Wertschätzung	10	5–10	6	5	3	2
Selektivität	2	2–10	2	5	8	2
Empfangssituation	8	5	8	5	10	2

Punktbewertung: 0 = Eigenschaft trifft überhaupt nicht zu
10 = Eigenschaft trifft in sehr starkem Maße zu

Tabelle 24: Das Punktbewertungsverfahren

Die Inhaltsbreite eines Mediums ist dabei definiert als die Fähigkeit des Mediums auf kommunikative Informationen einzugehen und diese weiterzugeben. Die Gestaltungsmöglichkeit beinhaltet die Art der Darbietung der Informationen (multisensorische/monosensorische Ansprache, optische/akustische Einwirkungen, Farbe). Unter der Grundfunktion wird die Übereinstimmungswirkung der allgemeinen Funktionen (z. B. Unterhaltungsfunktion) des Kommunikationsmediums mit der Kommunikationsfunktion verstanden. Die Penetrationskraft ist vergleichbar mit der relativen Reichweite eines Mediums und ermittelt die Kontaktherstellung mit der Zielgruppe. Bei der Kostensituation eines Mediums wird bewertet, welche Kosten für den Einsatz der Medien aufgewendet werden müssen (absolute/relative Kosten, Kosten der Vorbereitung des Medieneinsatzes). Unter der regionalen Steuerbarkeit wird die Streubarkeit innerhalb von Regionen verstanden. Die Verfügbarkeit gibt Aussagen über die Aufnahmekapazität des Marktes an Kommunikationsmedien hinsichtlich Raum und Zeit. Bei den Umfeldbedingungen werden die Zusammenhänge mit anderen Informationsimpulsen bewertet. Die Wertschätzung gibt die Einstellung der Zielgruppe zu dem jeweiligen Medium wieder. Die Ablenkungsmöglichkeit während des Kontaktes wird durch die Empfangssituation beurteilt.

Dem Unternehmen bleibt natürlich immer selbst überlassen, welche Kriterien zur Medienbewertung und Auswahl herangezogen werden. Die Entscheidung für eine bestimmte Mediagattung sollte aber immer gemäß der individuellen Zielsetzung und unter Berücksichtigung dafür geeigneter Kriterien getroffen werden (Vergossen 2004, S. 73ff.). Obwohl die Beurteilung der Eignung dabei immer selektiv ist, kann ein geeigneter Kriterienkatalog bei der Beurteilung der Eignung sehr hilfreich sein. Tabelle 25 stellt einen Kriterienkatalog vor.

Kriterienkatalog zur Auswahl von Mediagattungen	
Ebenen der Beurteilung	**Anforderungen/Kriterien**
Kommunikationserfordernisse seitens Produkt und Botschaft	• Welche Anforderungen werden an die Präsentation aus der Art des Produktes oder der Botschaft gestellt? • Welche Art von Produkt liegt vor? • Welcher Eindruck soll vermittelt werden? • Welche Darstellungsmöglichkeiten bietet das Medium? • Wie soll die Botschaft vermittelt werden?
Erreichbarkeit der Zielgruppe durch die Mediagattung	• In Abhängigkeit welcher Nutzungsgewohnheiten werden welche Medien von welcher Zielgruppe genutzt? • Welche Zielgruppe muss mit welchem Medium angesprochen werden? • Welche Reichweiten können mit welchen Medien in welchen Zielgruppen realisiert werden? • In welcher Situation treten die Personen mit dem Medium in Kontakt? • Welche Nutzungszeiten sind mit dem Medium verbunden? • In welcher Situation und in welchem Umfeld nutzen die Zielpersonen das Medium? • Wie lange nutzen die Personen in der Regel das Medium? • Welche Kontaktchancen bieten die einzelnen Medien?
Geschwindigkeit des Kontaktaufbaus	• Wie schnell kann der Kommunikationsdruck aufgebaut werden? • Wie lange dauert die Bekanntmachung mit dem Medium? • Wie schnell ist der Kontaktaufbau mit dem Medium?
Qualität und Intensität des Kontaktes	• Wie ist der Kontakt mit dem Medium beschaffen? • Wie ist das Kommunikationsumfeld beschaffen? • Wie intensiv ist der Kontakt mit dem Medium? • Ist der Kontakt mit dem Medium wiederholbar? • Ist das Medium glaubwürdig?
Kostenstrukturen und Wirtschaftlichkeit	• Wie hoch sind die Produktionskosten des Kommunikationsmittels im Medium? • Wie hoch sind die mit dem Medium verbundenen Streukosten? • Wie hoch sind die mit dem Medium verbundenen Schaltkosten? • Wie hoch ist der mit dem Medium verbundene TKP?
Berücksichtigung geographischer Aspekte	• Wie ist die räumliche Ausdehnung des Mediums? • Wie sind die Selektionsmöglichkeiten des Mediums?

Ebenen der Beurteilung	Anforderungen/Kriterien
	• Wie groß ist das Streugebiet des Mediums? • Wie groß sind die erreichbaren Reichweiten? • Wie ist die Streufähigkeit des Mediums ausgeprägt? • Wie ist die Penetration des Mediums beschaffen?
Einflussnahme auf die Platzierung	• Kann die Reihenfolge der Schaltung/Platzierung bestimmt werden?
Verfügbarkeit des Mediums/ Flexibilität	• Wie ist die Verfügbarkeit des Mediums nach Menge, Zeit und Kosten? • Wie ist die zeitliche Disponierbarkeit des Mediums (Buchungsfristen, Vorlaufzeiten)? • Besteht die Möglichkeit der Feinsteuerung? • In welchen Zeiträumen erscheint das Medium?
Qualitative Aspekte	• Wie glaubwürdig ist das Medium? • Wie aktuell ist das Medium? • Wie groß ist die Interpretationsfähigkeit des Mediums? • Welche Darbietungsmöglichkeiten bringt das Medium mit sich? • Wie groß ist der Bildanteil im Medium?
Nähe zur Kaufentscheidung	• Wann kommt der Kunde mit dem Medium in Kontakt? • Wie weit befindet er sich dabei vom POS entfernt?

Tabelle 25: Kriterienkatalog zur Auswahl von Mediagattungen

7.4 Intramediaselektion

Im Rahmen der Intramediaselektion werden im Anschluss an den Intermediavergleich innerhalb einer Mediengattung die am besten geeigneten Mediengattungen (z. B. Titel X der Zeitschrift Y) innerhalb einer Mediengattung (z. B. Printmedien) ausgewählt, da eine Gesamtbelegung aus Kosten- und Effektivitätsgründen nicht sinnvoll erscheint. Im Rahmen der Intramediaselektion wird das Ziel angestrebt, Kommunikationsmedien zielgruppengerecht auszuwählen, die für die Erreichung der Ziele notwendigen Kontakte sowie die Intensität zu den geringsten Kosten sicherzustellen und eine möglichst hohe Affinität zwischen der Zielgruppe und den Mediennutzern zu erreichen. Die kosteneffektivsten und leistungsstärksten Medien (Kombinationen) und die zugehörigen Mittel können unter Beachtung von Auflagen, Reichweiten, Kontakten, Kosten und Streuung ermittelt und ausgewählt werden.

7.4.1 Auflagen/Verbreitung

Die Bewertung der Leistung einer Trägergattung und die damit verbundene Wirkung kann im Zusammenhang mit Verbreitungsmaßzahlen sehr gut erfolgen. Je höher die Verbreitungszahlen einer Trägergattung (z. B. Auflagenzahl der Zeitschrift Stern) ausfallen, desto leistungsfähiger wird das Trägermedium bewertet.

Dabei können Auflagenzahlen bei Printmedien, Anzahl der Fernseh- und Rundfunkteilnehmer bei Funkmedien, Sitzplatzkapazitäten in Kinos oder die Anzahl der Anschlagstellen für Außenwerbung herangezogen werden (Rogge 1996, S. 228).

Bei den Verbreitungszahlen bei Printmedien müssen die Druckauflage und die verbreitete Auflage (kostenlos verteilte/gekaufte Exemplare, Abonnement/Einzelbezug) unterschieden werden. Die tatsächlich verbreitete Auflage lässt sich folgendermaßen berechnen:

> Abonnierte Exemplare + Einzelverkauf + sonstiger Verkauf (einschl. Lesezirkel) – Remittenden = verkaufte Auflage + Freistücke = tatsächlich verbreitete Auflage

Die Zahl der Kontakte ist in der Realität meist größer als die Auflage, da eine Ausgabe meist von mehreren Personen genutzt wird. Die verbreitete Auflage bildet dabei das Kriterium für die Festlegung der Anzeigenpreise.

Verbreitungsdaten lassen sich relativ einfach und problemlos erheben und können statistischen Veröffentlichungen entnommen werden (z.B. IVW, Plakat-Media-Analyse).

Auflagenzahlen stellen zwar eine Maßzahl für die Verbreitung von Kommunikationsmedien dar, lassen aber keinen Rückschluss auf die Zahl der erreichten Zielpersonen oder Kontakte zu (Kauf – Lesen – Mitlesen). Somit müssen als weitere Beurteilungskriterien der Leistung und Eignung Kontakte und Reichweiten herangezogen werden.

7.4.2 Kontaktzahlen

Zur Erreichung der gewünschten Kommunikationswirkung ist der Kontakt zwischen der Botschaft und der Zielperson eine Grundvoraussetzung. Ein geeignetes Medium zeichnet sich dadurch aus, dass die Kontaktzahl zwischen Zielgruppe und Kommunikationsmedium/-mittel möglichst hoch ist und zudem die erreichten Personen der Zielgruppe angehören.

Als Zielgröße wird dabei oft die gewichtete Kontaktsumme herangezogen. Die gewichtete Kontaktsumme beinhaltet dabei alle Kontakte (Mehrfachkontakte) aller Personen mit einem Medium, gewichtet mit den Faktoren Mediagewicht, Personengewicht und Mehrfachkontaktgewicht und lässt sich folgendermaßen berechnen:

Mediagewicht		Personengewicht		Mehrfachkontakt-gewicht		Personenzahl aus dem Segment
φ_i	$\times$	ψ_l	$\times$	δ_{ilm}	$\times$	N_{ilm}
Seitenkontakt-wahrscheinlich-keit		Kauf-wahrscheinlich-keit		Wirkungs-funktion		Aus Segment l, die m-mal von Mittel i erreicht wurden

Die Wertigkeit des Trägerkontaktes wird durch das Mediagewicht zum Ausdruck gebracht, wodurch die unterschiedlichen Kontaktqualitäten der Kommunikationsmittelkontakte sowie die Seitenkontaktwahrscheinlichkeiten der einzelnen Medien berücksichtigt und gewichtet werden. Bei der Gewichtung über das Personengewicht soll die Zielgruppeneignung der Rezipienten zum Ausdruck gebracht werden und mit dem Mehrfachkontaktgewicht wird die relative Wirkung infolge einer Variation der Anzahl der Kontakte zum Ausdruck gebracht (Böcker 1996, S. 413f.).

Die in der gewichteten Kontaktsumme berücksichtigten Mehrfachkontakte ergeben sich durch parallele oder zeitlich aufeinanderfolgende Einschaltungen und wirken sich in unterschiedlicher Weise auf die Rezipienten aus (Rogge 1996, S. 239).

Kontakte geben grundsätzlich die Häufigkeit an, mit denen die Zielpersonen erreicht werden. Man unterscheidet dabei zwischen dem Kommunikationsmedien-Kontakt, der Kommunikationsmittel-Kontaktchance und dem Kommunikationsmittel-Kontakt.

Die verschiedenen Kontaktdefinitionen werden in Tabelle 26 erläutert (Kloss 2003, S. 282).

	Kommunikationsmedien-Kontakt	**Kommunikationsmittel-Kontaktchance**
Print	Wahrscheinlichkeit, eine durchschnittliche Ausgabe in die Hand zu nehmen, um darin zu lesen oder zu blättern.	Wahrscheinlichkeit, eine durchschnittliche Seite einer durchschnittlichen Ausgabe aufzuschlagen, um darauf etwas anzusehen oder zu lesen.
Hörfunk	Wahrscheinlichkeit, in einer durchschnittlichen Stunde mit Werbung zu einer bestimmten Tageszeit den Sender zu hören.	Wahrscheinlichkeit, in einer durchschnittlichen Viertelstunde in einer Stunde mit Werbung zu einer bestimmten Tageszeit den Sender zu hören.
TV	Wahrscheinlichkeit, in einer durchschnittlichen halben Stunde mit Werbung zu einer bestimmten Tageszeit den Sender zu sehen.	Wahrscheinlichkeit, während einer durchschnittlichen Minute in einer durchschnittlichen halben Stunde mit Werbung zu einer bestimmten Tageszeit den Sender zu sehen.

Tabelle 26: Kontaktdefinitionen in den Medien

Als gängige Kontaktzahlen bei Printmedien können der LpN-Wert, der LpA-Wert, der LpS-Wert und der LpWS-Wert herangezogen werden, welche wie folgt definiert sind (Rogge 1996, S. 230f.).

Der LpN-Wert (Leser pro Nummer) gibt an, wie viele Personen von einer durchschnittlichen Ausgabe erreicht werden und wie viele Personen eine Ausgabe im Durchschnitt nutzen. Der durch Befragung erhobene Wert beinhaltet demnach die Gesamtzahl der Personen, welche eine durchschnittliche Ausgabe einer Zeitschrift/Zeitung lesen oder durchblättern (auch nach der Erscheinungsperiode) und ist mit dem Wert gleichzusetzen, welcher die Hörer/Seher pro Tag (Fernsehen/Hörfunk) bzw. die Besucher pro Woche (Kino) angibt.

Beim LpA-Wert (Leser pro Ausgabe) wird der Kommunikationsträgerkontakt ermittelt. Der LpA-Wert beinhaltet diejenigen „Personen, die die betreffende Ausgabe eines Titels in der Hand hatten, um darin zu blättern oder zu lesen" (Hofsäss 2003, S. 102). Dieser Wert kann mit der durchschnittlichen

Hörerzahl pro Stunde Hörfunkprogramm bzw. Seherzahl während einer halben Stunde Fernsehprogramm verglichen werden.

Beim LpS-Wert (Leser pro Seite) wird die Kommunikationsmittel-Kontaktchance ermittelt und somit die „Wahrscheinlichkeit, in einer Ausgabe eines Titels eine durchschnittliche Seite aufzuschlagen, um darauf zu schauen oder zu lesen" (Hofsäss 2003, S. 102).

Der Kommunikationsmittelkontakt wird durch den LpWS-Wert (Leser pro Werbung führende Seite) verdeutlicht und gibt die Wahrscheinlichkeit an, „in einer Ausgabe eines Titels eine durchschnittliche Anzeigenseite aufzuschlagen, um sie zu lesen" (Hofsäss 2003, S. 102).

Eine Möglichkeit der Kontaktmessung beim Medium Fernsehen bringt das GfK-Meter mit sich. Das GfK-Meter misst den tatsächlichen Kommunikationsmittelkontakt, indem es „die TV-Nutzung, Einschalt- und Umschaltvorgänge im Sekundentakt für alle Zuschauer" registriert und aufzeichnet (Hofsäss 2003, S. 121). Neben dem Kommunikationsmittelkontakt werden zudem demographische und konsumspezifische Variablen der Teilnehmer erhoben (zur Vertiefung vgl. Hofsäss 2003, S. 122 ff.).

Kontakte im Rahmen der Außenwerbung werden im G-Wert berücksichtigt. Der G-Wert ist ein Leistungsindex zur Bewertung von Großflächen. Dabei fließen die Kriterien Frequentierung, Kontaktchancendauer, Entfernung, Sichthindernisse, Umfeldkomplexität, parallele Werbeflächen, Situationskomplexität, Höhe der Werbefläche, Blickwinkel und Beleuchtungsverhältnisse in die Bewertung mit ein (Dannenberg 2003, S. 126).

Zur Messung der Kontakte im Rahmen der Online-Kommunikation können folgende Messkriterien angewendet werden (Pepels 2002, S. 220f.):

- **Visit**: Zusammenhängender Nutzungsvorgang eines WWW-Angebots als Trägerkontakt, wobei ein Nutzungsvorgang ein technisch erfolgreicher Seitenkontakt eines Internet-Browsers auf das aktuelle Angebot darstellt.
- **PageImpression**: Anzahl der Sichtkontakte und Zugriffe beliebiger Nutzer mit einer potenziell werbeführenden HTML-Seite als Maß für die Nutzung der einzelnen Seiten.
- **Visit Length**: Dauer vom ersten bis zum letzten Seitenaufruf innerhalb eines Visits.
- **AdImpression**: Potenzieller Kommunikationsmittelkontakt als Anzahl der vom Browser der Nutzer abgerufenen Mittel vom Server eines Trägers (analog Nettoreichweite).
- **AdClicks**: Anzahl der Klicks auf einen werbungtragenden Hyperlink, der zur Website des Werbetreibenden führt.
- **AdClickRate**: Anteil der Nutzer, die auf ein Banner geklickt haben, der zu einem Produktangebot führt, an allen Nutzern des Internet-Angebots.
- **Hit**: Kontakt zu einer werbetragenden Datei.

Bei der Ermittlung von Kontakten ist zu beachten, dass sich Kontakte in ihrer Qualität erheblich unterscheiden können. Leser einer Zeitung z. B. unterscheiden sich in der Kontaktqualität von denjenigen Personen, welche die Zeitung nur durchblättern.

Ein intermedialer Vergleich der Kontakte ist zudem nur schwer möglich, da bei TV und Print der Kommunikationsmittelkontakt, bei Hörfunk die Kommunikationsmittelkontaktchance und bei Plakaten der Kommunikationsträgerkontakt betrachtet wird (Hofsäss 2003, S. 216). Um einen Vergleich dennoch zu ermöglichen, wird eine Gewichtung des Kommunikationsmittelkontaktes verwendet.

Des Weiteren kann zur Beurteilung der Medien der Durchschnittskontakt herangezogen werden, welcher die Anzahl der Kontakte angibt, die durchschnittlich auf jede einzelne erreichte Person entfallen (Hofsäss 2003, S. 273). Der Durchschnittskontakt wird bei visuellen Medien auch als Opportunity to see (OTS) und bei auditiven Medien als Opportunity to hear (OTH) bezeichnet und ist folgendermaßen definiert:

$$\text{Durchschnittskontakt} = \frac{\text{Kontaktsumme}}{\text{(Netto-)Reichweite}}$$

Zur Beurteilung der Effektivität einer Trägergattung stellen die Kontaktstreuung und die Kontaktverteilung zudem wichtige Kontaktzahlen dar. Die Kontaktstreuung verdeutlicht, innerhalb welcher Zeiträume wie viele Personen kontaktiert werden und die „Kontaktverteilung gibt an, wie sich die Zahl der Kontakte über alle erreichten Personen nach Häufigkeit verteilt und nach Kontaktklassen um den Durchschnittswert streut" (Pepels 1999, S. 427). Die Kontaktdosis gibt die gewünschte Mindestzahl von Kontakten mit der Zielgruppe an.

Zwischen dem Kontakt und der Reichweite besteht ein enger Zusammenhang, da für die Erreichung bestimmter Reichweiten eine bestimmte Anzahl von Kontakten vorliegen muss.

7.4.3 Reichweiten

Die Reichweite stellt ein weiteres Beurteilungskriterium der Leistungsfähigkeit eines Mediums dar und ist je nach Trägergattung unterschiedlich ausgeprägt. Die Reichweite gibt an, wie viele Personen insgesamt bzw. innerhalb einer Bevölkerungsgruppe (Zielgruppe) durch eine Schaltung mit einem Medium erreicht werden (Kloss 2003, S. 226). In Abhängigkeit der Anzahl der verwendeten Medien und Einschaltungen können verschiedene Arten von Reichweiten unterschieden werden (Behrens 1996, S. 229; Böcker 1996, S. 405).

- **Einfache Reichweite**: Reichweite einer Einschaltung in einem Medium.
- **Bruttoreichweite**: Summe aller Kontakte, die durch alle Einschaltungen erreicht werden (inkl. Überschneidungen und Mehrfachkontakte). Bei einer einzigen Schaltung in nur einem Medium sind Brutto- und Nettoreichweite gleich groß.
- **GRPs** oder Bruttoreichweite in Prozent, Bruttokontaktsumme: Summe der prozentualen Einzelreichweiten bei mehrmaliger Belegung eines Titels oder der Belegung verschiedener Kommunikationsmedien (Hofsäss 2003, S. 274).

GRP = Nettoreichweite in % × ∅-Kontakt

Beispiel: 1% Nettoreichweite × 1 Kontakt = 1 GRP
             100% Nettoreichweite × 1 Kontakt = 100 GRPs

100 GRPs sagen aus, dass die Zielgruppe einmal komplett erreicht wurde oder 50%
der Zielgruppe zweimal erreicht wurden (vgl. Hofsäss 2003, S. 274).

- **Kumulierte Reichweite**: Reichweite mehrerer Schaltungen in einem Medium.
- **Nettoreichweite**: Reichweite von je einer Einschaltung in mehreren Medien (bereinigt von Mehrfachkontakten/Überschneidungen). Die Nettoreichweite bezeichnet die Anzahl der Zielpersonen, die von einem Kommunikationsmedium oder einer Trägerkombination mindestens 1 × erreicht werden (Hofsäss 2003, S. 269). Die Nettoreichweite wird in der Praxis entweder in Prozent oder absolut angegeben und beträgt bei einer guten Kampagne ca. 70–75%.
- **Kombinierte Reichweite**: Reichweite von mehreren Einschaltungen in mehreren Medien (Quantuplikation).

Bei der Reichweitenermittlung wird unterstellt, dass ein Adressat das Medium nutzt und gleichzeitig auch die darin enthaltene Botschaft wahrnimmt (Bruhn 1997, S. 297).

Die einzelnen Reichweiten und deren Zusammenhang wird in Tabelle 27 zusammenfassend dargestellt (Nieschlag 2002, S. 1090).

	Einfachbelegung	Mehrfachbelegung
Ein Medium	Einzelreichweite	Kumulierte Reichweite = Bruttoreichweite – interne Überschneidungen
Mehrere Medien	Nettoreichweite = Bruttoreichweite – externe Überschneidungen	Kombinierte Reichweite = Bruttoreichweite – interne Überschneidungen – externe Überschneidungen

Tabelle 27: Quantitative Reichweiten

Unter externen Überschneidungen versteht man die Anzahl der mehrfachen Kontakte durch verschiedene Medien (Böcker 1996, S. 405) (parallele Kommunikationsmediennutzung im Zeitintervall). Interne Überschneidungen beinhalten die Anzahl der mehrfachen Kontakte mit einem Medium und ergeben sich bei Nutzung mehrerer, verschiedener Ausgaben desselben Mediums.

Daten zur Reichweite der einzelnen Medien sowie zu Kommunikationsträgerkontakten und Mittelkontakten können z. B. aus der Media-Analyse, der Allensbacher Werbeträgeranalyse und aus den Erhebungen der GfK gewonnen werden.

Neben der Reichweite kann zudem die Reichweiten- und Kontakt-Kumulation betrachtet werden, welche den Zuwachs an Reichweite oder Kontakten, der durch mehrere Einschaltungen erzielt wird, angibt (Hofsäss 2003, S. 269). Dabei kann ein degressiver Verlauf der Reichweitenkumulation bei mehreren Einschaltungen beobachtet werden, da bei wiederholter Schaltung auch immer Personen erreicht werden, die zuvor schon erreicht wurden.

Die Reichweite im Medium Fernsehen und Hörfunk gibt die durchschnittliche Einschaltquote, gestaffelt nach Sendezeiten an, währenddessen die Nettoreichweite beim Fernsehen und Hörfunk die Zahl der Zuschauer/Zuhörer angibt, die ein Programm mindestens eine Minute gesehen haben. TV-Reichweiten werden wie folgt berechnet (Hofsäss 2003, S. 124):

$$\frac{\text{genutzte Zeit}}{\text{gesamtmögliche Nutzungsdauer}} = \frac{\text{Summe gesamte Sehdauer im Zeitraum}}{\text{Summe max. mögliche Sehdauer im Zeitraum}} \times 100 = \text{Einschaltquote \%} = \text{Reichweite \%}$$

Ein Medium, welches große Reichweiten erzielt, ermöglicht eine gute Verbreitung der Botschaft in der Zielgruppe und ist somit leistungsfähiger als ein Medium mit geringer Reichweite zu bewerten.

7.4.4 Kosten-Leistungs-Verhältnis

Beim Kosten-Leistungs-Verhältnis werden die Einschaltkosten ins Verhältnis zur Medialeistung gesetzt. Der Tausenderpreis (auch Tausend-Kontakt-Preis (TKP)) ermöglicht den Vergleich der einzelnen Medien bezüglich deren Wirtschaftlichkeit (Effizienz) und „beziffert den Betrag, der aufzuwenden ist, um 1000 Kontakte in der anvisierten Zielgruppe zu erzielen" (Kloss 2003, S.239). Dabei werden die Kosten je 1000 mindestens einmal erreichten Zielpersonen (Leser/Hörer/Seher) bzw. je 1000 realisierte Kontakte in der Zielgruppe ausgewiesen.

Der Tausenderpreis kann auf Basis der Brutto- oder Nettoreichweite berechnet werden und ist folgendermaßen definiert (Böcker 1996, S. 412):

$$\text{Tausenderpreis auf Basis der Bruttoreichweite} = \frac{\text{Kosten in €}}{\text{Bruttoreichweite}} \times 1000$$

$$\text{Tausenderpreis auf Basis der Nettoreichweite} = \frac{\text{Kosten in €}}{\text{Nettoreichweite}} \times 1000$$

Bei der Gegenüberstellung quantitativer Reichweiten und dem Tausenderpreis werden jedoch Unterschiede hinsichtlich der Qualität der durch die Medien hergestellten Kontakte und der durch die Medien erreichten Personengruppen nicht genügend berücksichtigt (Böcker 1996, S. 412). Dieses Problem kann durch eine Gewichtung mittels Mediagewicht und Werbeerreichtengewicht umgangen werden.

Zudem kann der TKP unter Berücksichtigung der Kontaktsumme oder Auflage folgendermaßen berechnet werden:

$$\text{TKP} = \frac{\text{Einschaltkosten in €}}{\text{Kontaktsumme}} \times 1000$$

$$\text{TKP} = \frac{\text{Preis pro Einschaltung in €}}{\text{Auflage}} \times 1000$$

Dabei ist zu beachten, dass der TKP nur ein Vergleichsmaß darstellt und lediglich eine quantitative Bewertung zulässt. Aussagen bezüglich der Kontaktqualität können dabei nicht gemacht werden. In der Praxis werden die Kosten einer Einschaltung bei Zeitungen mit dem Seitenpreis angegeben und bei Zeitschriften mit dem Seitenpreis für schwarzweiße und den für farbige Anzeigen. Beim Fernsehen werden die Kosten mit dem Preis für einen 30-Sekunden-Spot und bei Plakatanschlägen mit dem Preis für eine Ganzstelle pro Tag beziffert (Böcker 1996, S. 412).

Weitere Maßzahlen zur Wirtschaftlichkeit sind der Preis pro 1% Reichweite in der Zielgruppe, die Kontaktzahl pro 1000 € Budget, die Kosten pro 1000 Nutzer bei wirksamer Reichweite (Pepels 2000, S. 671) und die Cost per Rating (CpR) (Einschaltkosten in € pro GRP).

7.4.5 Streuung/Affinität

Ein weiteres Beurteilungskriterium der Leistungsfähigkeit eines Mediums ist die zielgruppengenaue Streuung. Wenn mit einem Medium Personen erreicht werden, welche nicht der Zielgruppe angehören, spricht man von Streuverlusten.

Die Zielgruppenaffinität ist dabei ein Maß zur Ermittlung der Streugenauigkeit (Zielgruppengenauigkeit) eines Mediums und gibt den Anteil der Zielgruppe an der Nutzerschaft eines Mediums an. Der Affinitätsindex gibt den prozentualen Anteil der Zielgruppe an der gesamten Nutzerschaft des Mediums an und spiegelt somit das Verhältnis der Reichweite eines Mediums in der Zielgruppe im Vergleich zur Reichweite in der Gesamtbevölkerung wider (Hofsäss 2003, S. 278). Die Affinität stellt somit ein Maß für die Fehlstreuung eines Mediums dar (Streuverluste durch Kontakte mit Personen, die nicht der Zielgruppe angehören).

Die Affinität berechnet sich folgendermaßen:

$$\text{Affinität} = \frac{\text{prozentuale Reichweite eines Mediums in der Zielgruppe}}{\text{prozentuale Reichweite eines Mediums in der Gesamtbevölkerung}} \times 100$$

Der Wert der Affinität wird dann in Relation zum Anteil der Zielgruppe an der Gesamtbevölkerung ausgewiesen (Pepels 1996, S. 228). Je höher der ermittelte Affinitätsindex dabei ausfällt, desto besser wird die Zielgruppe von einem Medium erreicht und desto geringer ist der Streuverlust. Ein Index von 100 beinhaltet eine durchschnittliche Erreichung der Zielgruppe, ein Index > 100 eine überdurchschnittliche (hohe Zielgruppenabdeckung und niedriger Streuverlust) und ein Index < 100 eine unterdurchschnittliche Erreichung.

Das Zusammenspiel der einzelnen Kennziffern bei der Beurteilung der Medien der soll an folgendem Beispiel illustriert werden (Abbildung 82; Quelle: Winkelmann 2004, S. 434).

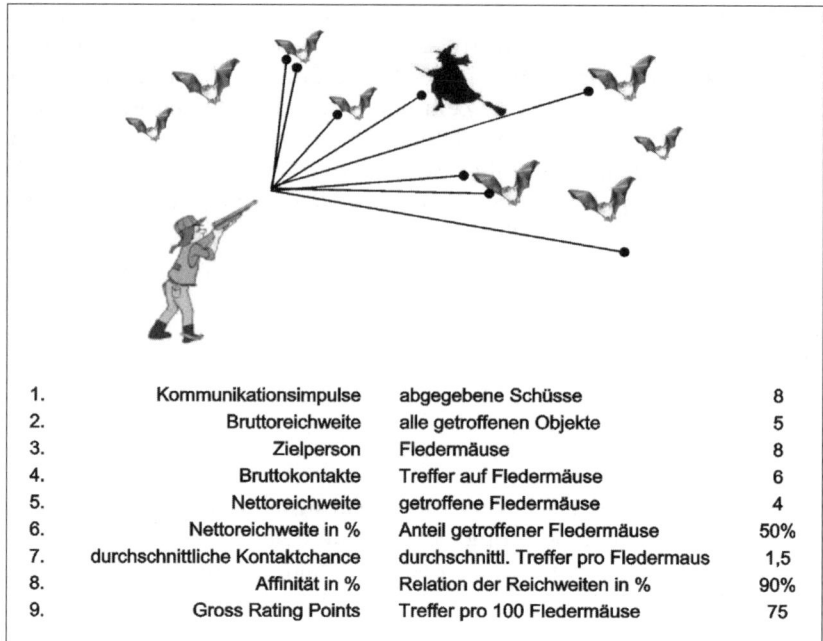

1.	Kommunikationsimpulse	abgegebene Schüsse	8
2.	Bruttoreichweite	alle getroffenen Objekte	5
3.	Zielperson	Fledermäuse	8
4.	Bruttokontakte	Treffer auf Fledermäuse	6
5.	Nettoreichweite	getroffene Fledermäuse	4
6.	Nettoreichweite in %	Anteil getroffener Fledermäuse	50%
7.	durchschnittliche Kontaktchance	durchschnittl. Treffer pro Fledermaus	1,5
8.	Affinität in %	Relation der Reichweiten in %	90%
9.	Gross Rating Points	Treffer pro 100 Fledermäuse	75

Abbildung 82: Kennziffern zur Beurteilung der Medienleistung

7.5 Datenquellen zum Inter- und Intramediavergleich

Für die Mediaselektion werden eine Vielzahl von Daten über das Medienverhalten und die Mediennutzung unterschiedlicher Personengruppen benötigt, um eine geeignete und gute Auswahl an Medien treffen zu können. Hilfreiche Daten werden dabei z. B. von Marktforschungsinstituten (A.C. Nielsen), im Rahmen von Media-Analysen (MA), Markt-Media-Analysen und Erhebungen der GfK und IVW den Agenturen und Unternehmen zur Verfügung gestellt.

Die **Media-Analyse (MA)** wird jährlich von der Arbeitsgemeinschaft Media-Analyse e.V., welche ein Zusammenschluss von mehr als 250 Unternehmen aus den Bereichen Medien, Agenturen sowie Werbetreibenden zur Förderung wissenschaftlicher Erforschung der Massenkommunikation ist, durchgeführt (Vergossen 2004, S. 80). Auf Basis von standardisierten Interviews im Quotaverfahren (ca. 19.000 Befragungen pro Jahr) werden in der MA neben dem Mediennutzungsverhalten auch demographische Daten der Personen und Merkmale des Einkaufs-, Konsum- und Freizeitverhaltens (**Markt-Media-Analysen**) erhoben und miteinander kombiniert und abgebildet (Vergossen 2004, S. 80). In der Media-Analyse werden die Medien Hörfunk und Kino sowie Tageszeitungen und Zeitschriften mit einbezogen und auf Basis eines Prognosemodells die Nutzungswahrscheinlichkeiten für die einzelnen Medien errechnet und abgebildet.

Die **Allensbacher Markt- und Werbeträger-Analyse (AWA)** wird jährlich im Auftrag von etwa 100 Verlagen und TV Sendern vom Institut für Demoskopie in Allensbach durchgeführt. Dabei werden in Interviews (ca. 21.100 pro Jahr) alle klassischen Medien (auch das Fernsehen) mit einbezogen und Konsumgewohnheiten, Lebenseinstellungen und die Mediennutzung transparent gemacht (Vergossen 2004, S. 80).

Bei der **Typologie der Wünsche Intermedia (TdWI),** welche jährlich im Auftrag des Burda-Advertising Centers durchgeführt wird, sollen die verschiedenen Lebensstile in der Gesellschaft in einen Kontext mit den differenzierten Konsum- und Mediengewohnheiten gestellt werden (Vergossen 2004, S. 80). Dazu werden in der TdWI jährlich ca. 20.000 Personen ab 14 Jahren zur Nutzung von Publikumszeitschriften und Fernsehen sowie nach dem Konsumverhalten in verschiedenen Warenbereichen und nach psychologischen Merkmalen befragt (Vergossen 2004, S. 81).

Die **Verbraucher-Analyse (VA)** ist eine Markt-Media-Studie, die jährlich im Auftrag der Verlage Axel Springer und Heinrich Bauer durchgeführt wird und das Mediennutzungsverhalten für klassische Kommunikationsinstrumente, das Konsum- und Freizeitverhalten der Zielgruppe, sowie demographische Daten, Einstellungen und Daten zur Produkt- und Markenbekanntheit und Markenvertrautheit der Personen untersucht und ermittelt (Vergossen 2004, S. 81). Aufgrund dieser in ca. 14.000 Befragungen gewonnenen zusätzlichen Informationen ist die VA eine sinnvolle Ergänzung zu den Daten der MA.

Die **Verbrauchs- und Medienanalyse (VuMA)** ist ein Planungssystem für elektronische Medien und ermittelt in ca. 24.000 Interviews im Jahr die Reichweiten von Radio und Fernsehen und verknüpft diese mit Kauf- und Verwendungsgewohnheiten der Bevölkerung.

Die **Informationsgemeinschaft zur Feststellung der Verbreitung von Werbeträgern e.V. (IVW)** ist eine neutrale Einrichtung, die von Medien, Agenturen und kommunizierenden Unternehmen getragen wird und die Auflagen- und Verbreitungsdaten von periodischen Druckerzeugnissen, außerdem Plakatanschlag, Besucherzahlen im Kino, ordnungsgemäße Hörfunk- und Fernsehspot-Ausstrahlung und Online-Medien (Pepels 1999, S. 389) ermittelt, kontrolliert und publiziert und somit die Verbreitung von Kommunikationsmedien feststellt (Behrens 1996, S. 226). Die IVW informiert Kommunikations- und Mediaplaner über objektive Verbreitungsdaten der Medien und stellt somit die Datenbasis für die Mediaplanung zur Verfügung (Bruhn 1997, S. 209). Die IVW hat Mitglieder aus Verlagen, Rundfunksendern, Plakatanschlagunternehmen, Agenturen, Anbieter von Online-Kommunikation und Unternehmen, welche sich verpflichten, pro Quartal die Auflagenzahlen der IVW zu melden.

Zudem werden im Rahmen der Fernseh-, Hörfunk- und Plakatforschung wichtige Daten erhoben und aufbereitet. Die **GfK-Fernsehforschung** versucht die „deutsche Fernsehlandschaft in ihrer gesamten Komplexität abzubilden" (Hofsäss 2003, S. 120), indem Informationen zur Fernsehnutzung, wie zum

Beispiel Einschaltquoten je Sendung und Werbespot, Sehzeiten und Sehdauer sowie senderspezifische Marktanteile und Empfangspotenziale, erhoben werden. Dabei beauftragt die Arbeitsgemeinschaft Fernsehforschung (AGF) die GfK mit der Durchführung der Forschung und Erhebung der Daten zur Fernsehnutzung. Die von der GfK (Gesellschaft für Konsumforschung) durchgeführten Panels repräsentieren die Fernsehnutzung von ca. 73 Mio. Personen ab 3 Jahren bzw. von ca. 34,4 Mio. Haushalten in Deutschland (Vergossen 2004, S. 79). Die Ergebnisse dieser Panels sind stets aktuell und können sehr gut für die Planung von Fernsehkampagnen eingesetzt werden.

Im Rahmen der **Hörfunkforschung** wird die Hörfunknutzung ermittelt. Dabei werden Daten der Media-Analyse herangezogen und außerdem die Nutzungsdaten pro Viertelstunde (kleinste Zeiteinheit) erhoben. Die Anzahl der Hörer pro Viertelstunde wird dann kumuliert für jede einzelne Stunde von 6–18 Uhr, woraus die Nettoreichweite pro durchschnittliche Stunde (Kommunikationsträgerkontakt) resultiert (Hofsäss 2003, S. 130). Die MA-Daten zum Hörfunk werden durch Daten der Verbraucher- und Medienanalyse (VuMA) ergänzt, welche auch für die Fernsehforschung genutzt werden (Hofsäss 2003, S. 131).

Im Rahmen der Plakatforschung ermittelt die **Plakat-Media-Analyse (PMA)** Reichweiten, Kontakte pro Person, Kontaktverteilungen und GRPs für Großflächen bei standardisierten Belegungsdichten. Eine gängige Methode dabei ist es (Hofsäss 2003, S. 132f.), Personen zu befragen, welche Strecke/Wege sie zu welchem Anlass in der letzten Woche zurückgelegt haben, wie viele Anschlagstellen sich auf diesem Weg befinden und wie viele davon betrachtet/ gesehen wurden. Aufgrund dieser Angaben können dann Reichweiten ermittelt werden, wobei immer von einer Vollbelegung ausgegangen wird. Durch die zusätzliche Angabe wie oft der Weg zurückgelegt wurde, kann auf die Anzahl der Kontakte geschlossen werden. Die Reichweite pro Woche wird dann auf eine Dekade übertragen. Bei der Verwendung der Daten der Plakatforschung ist zu beachten, dass die Plakatwirkung abhängig ist von der Standortqualität, dem Winkel zum Verkehr, der Verdecktheit und Entfernung vom Verkehrsstrom, der Kontaktchancendauer, der Komplexität des visuellen Umfeldes, der Situationskomplexität und der Anzahl der Anschlagstellen an einem Standort.

7.6 Mediaselektionsmodelle und Bildung eines optimalen Medienmix

Im Rahmen der Mediaselektion werden nicht nur die am besten geeignet erscheinenden Kommunikationsmedien und Mediengattungen ermittelt, sondern außerdem die optimale Kombination mehrerer Medien und Mittel als Medienmix erarbeitet.

Da zur Erreichung der Kommunikationsziele die Schaltung nur eines Mediums oft nicht ausreichend ist, werden meist Kombinationen aus mehreren Medien und Kommunikationsmitteln verwendet. Der optimale Medienmix zeichnet sich dadurch aus, dass die Medien so ausgewählt und kombiniert worden sind, dass keine andere Kombination sinnvoller und geeigneter erscheint, um das Kommunikationsziel schneller, preiswerter und effektiver zu erreichen (Hartleben 2001, S. 178).

Als gängige Mediaselektionsmodelle zur Auswahl der Medien und Medienkombination werden in der Praxis das Optimierungsverfahren, das Rangreihenverfahren und das Evaluierungsverfahren angewendet.

Optimierungsverfahren verfolgen das Ziel, optimale Streupläne im Hinblick auf vorgegebene Zielfunktionen und unter Beachtung von Nebenbedingungen zu erstellen. Das Optimum wird dabei entweder durch ständige Verbesserung bestehender Streupläne oder mit Hilfe von Lösungsalgorithmen erreicht (Beispiel: lineare Programmierung). Die Annahme eines linearen Verlaufs bei dieser Methode ist jedoch realitätsfern, wodurch diese Methode in der Praxis auch nicht sehr verbreitet ist.

Durch die Bildung von Rangreihen kann des Weiteren ein optimaler Medienmix erarbeitet werden. Zur Feststellung der günstigsten, reichweitenstarken und zielgruppenaffinen Kommunikationsmedien und Kombinationen werden Rangreihen (Rankings) gebildet, in denen alle Medien enthalten sind, die in der jeweiligen Mediengattung interessieren (Hofsäss 2003, S. 221).

Die einzelnen Mediengattungen oder Kombinationen mehrerer Medien werden dabei entweder aufsteigend oder absteigend nach bestimmten Selektionskriterien sortiert und in eine Rangfolge gebracht. Als gängige Selektionskriterien werden meist die Reichweite (in Prozent und absolut), das Kosten-Leistungs-Verhältnis (Tausend-Kontakt-Preis) und der Affinitätsindex verwendet. Mit Hilfe von Rangreihen kann ein Unternehmen (die Mediaagentur) Aufschluss darüber gewinnen, welche Medien am besten geeignet erscheinen und welche Kombination dabei am effektivsten ist.

Beim Evaluierungsverfahren werden mit speziellen Evaluierungsprogrammen Streuplanalternativen erstellt und somit versucht, nicht den optimalen, sondern für das jeweilige Anliegen akzeptabelsten Mediaplan zu ermitteln. Dabei werden alternative Mediapläne erstellt, welche sich hinsichtlich der ausgewählten Medien unterscheiden, und diese mit Computerprogrammen anhand verschiedener Kriterien wie Reichweite, Zielgruppeneignung, Tausenderpreis evaluiert und bewertet (Nieschlag 2002, S. 1096). Diesen Bewertungen werden anschließend die Schaltkosten der verschiedenen Streupläne gegenübergestellt und anhand von Kosten-Nutzen-Aspekten der beste Plan ausgewählt.

Bei der Erarbeitung eines optimalen Mediamix werden anschließend die geeigneten Medien und Mediengattungen miteinander kombiniert, um dadurch größere Reichweiten zu erzielen. Somit können Rezipienten über verschiedene Wahrnehmungskanäle angesprochen werden und dadurch ein besserer Lernerfolg und eine größere Wirkung erzielt werden. Dabei müssen die einzelnen Medien und Kommunikationsmittel so aufeinander abgestimmt werden (Gestaltung, Botschaft, Inhalt, etc.), dass sie sich gegenseitig in ihrer Wirkung verstärken.

Bei der Zusammenstellung des Mediamix können verschiedene Mediamix-Strategien angewendet werden, welche in Abhängigkeit der zu erreichenden Ziele gewählt werden sollten (Hofsäss 2003, S. 211):

- **Reminder-Strategie**: TV als starkes visuell-auditives Medium zum Imageaufbau; dann kurzer Reminder durch Plakat oder Tageszeitung.
- **Reichweitensteigerung**: Generierung höherer Bruttokontakte durch Einsatz mehrerer Mediengattungen; Synergieeffekte durch mehrkanalige Ansprache.
- **Flight-Verlängerung**: Print- oder Radio-Kampagne im Anschluss an TV-Flight, um Wirkung der TV-Spots zu verlängern.
- **Multiplying-Strategie**: Zielgruppe wird über mehr als ein Medium gleichzeitig angesprochen (qualitative Leistungssteigerung).
- **Ergänzungsstrategie**: Weitere Mediengattungen sprechen neue Zielgruppen/Segmente an, die ein anderes Mediennutzungsverhalten zeigen.
- **Regionale Aussteuerung**: Nationale Kampagne wird z. B. in einem bestimmten Gebiet, das besonders interessant ist, durch regionale Medien ergänzt.

Im Rahmen der Mediaselektion müssen immer die mit dem jeweiligen Medium verbundene Zielgruppenerreichbarkeit, das Nutzungsverhalten der Zielpersonen bezüglich der verschiedenen Medien, sowie das Mediamix-Verhalten der jeweiligen Zielgruppe beachtet werden, um einen optimalen und zielführenden Mediamix zusammenstellen zu können. Die zielgruppenspezifische Auswahl optimaler Medien zur Übermittlung von Botschaften ist eine zwingende Voraussetzung, um die gewünschten Kontakte mit den Rezipienten zu erreichen und somit die Wirkungsziele zu erreichen (Hofsäss 2003, S. 25).

Um den Erfolg der Kommunikation zu gewährleisten, sollte bei der Mediaselektion außerdem beachtet werden, dass die Nutzerschaft der einzelnen Medien möglichst genau die Zielgruppe abdeckt, möglichst alle Zielpersonen mit dem Medium erreicht werden können (hohe Reichweite) und ein häufiger Kontakt der Zielpersonen mit dem Medium besteht (Kontaktintensität). Zudem sollte sich das Unternehmen (Mediaagentur) bei der Mediaselektion nicht von günstigen Preisen und schnellen Reichweitenerfolgen mancher Medien verlocken lassen, sondern die Mediaplanung anhand geeigneter Beurteilungskriterien vornehmen.

Die Handlungsspielräume bei der Mediaselektion sowie die Möglichkeiten der Zusammenstellung des Mediamix sind sehr groß und umfassend. Abbildung 83 soll einen Einblick in diese Handlungsspielräume bei der Mediaplanung geben (Meyer/Davidson 2001, S. 589).

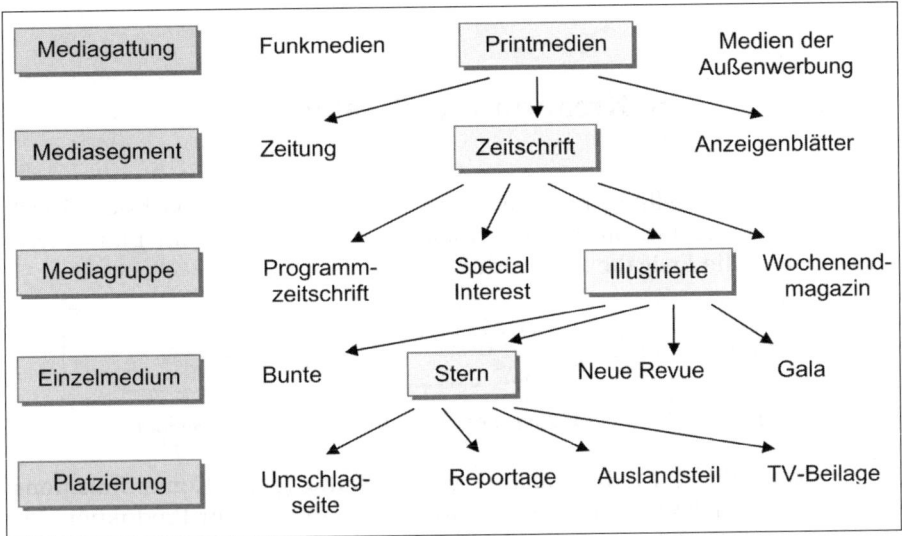

Abbildung 83: Handlungsspielräume beim Inter- und Intramediavergleich

8. Kreation und Gestaltung

Nach Zusammenstellung des Medienmix erfolgt in einem nächsten Schritt die Kreation und Gestaltung der Kommunikationsmittel. Am Ende dieser Phase erfolgt die Freigabe zur Produktion.

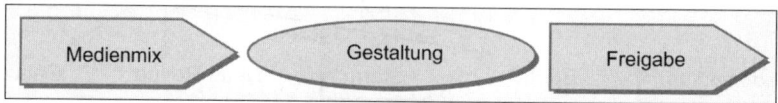

Abbildung 84: Input-Output-Beziehung der Kreation und Gestaltung

Inhalt dieser Phase ist die Kreation und Gestaltung der Kommunikations-mittel sowie der Pretest und die anschließende Freigabe zur Produktion. Die Kreation und Gestaltung kann dabei durch geeignete Agenturen geleistet werden.

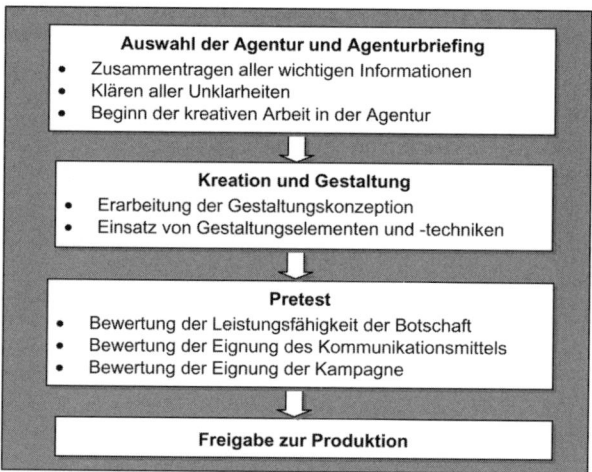

Abbildung 85: Ablaufschema Kreation und Gestaltung

8.1 Aufgaben und Arbeitsweise von Agenturen

Die spezielle Aufgabenstellung und die Komplexität der Themen in der Marketing-Kommunikation können es erforderlich machen, dass vor allem in der Phase der Gestaltung Agenturen beauftragt werden. Agenturen sind meist in die Bereiche Beratung, Gestaltung und Umsetzung untergliedert (Kloss 2003, S. 195ff.). Die Beratung übernimmt die strategische Planung und der Bereich Gestaltung und Kreation beschäftigt Texter und Graphiker, die sich mit der Ideenentwicklung, der bildhaften Darstellung und der Pro-duktion auseinandersetzen. Der Bereich der Vermittlung und Durchführung wählt die Medien aus und ist zudem mit der Schaltung der Kommunikationsmedien beauftragt. Die Kerngruppe einer Agentur besteht meist aus den folgenden Personen (Vergossen 2004, S. 363). Der Kontakter ist der Kundenberater der Agentur, welcher sowohl für den Kontakt als auch für die Beratung der Kunden zuständig ist. Er nimmt das Briefing des Kunden entgegen, arbeitet die Aufgabenfelder und Wünsche des Kunden heraus, koordiniert die Aufgabenbearbeitung in der Agentur, erstellt die Konzeption und präsentiert diese Ergebnisse. Der Etat Director ist dabei verantwortlich für die Erstellung der Kundenetats. Der Creative Director ist im Rahmen der Gestaltung für die Visualisierung und Verbalisierung der Botschaft verantwortlich. Der Art Director ist für die kreative Arbeit zuständig und unterstützt den Creative Director bei der optischen Gestaltung, indem er Kontakte zu weiteren Dienstleistern (wie z.B. Fotografie) herstellt und Vorschläge für die bildliche und typographische Umsetzung der Konzeption darlegt. Der Texter entwickelt die sprachliche Umsetzung der Botschaft und ist zudem in die Strategieentwicklung eingebunden, während der Grafik-Designer die Kommunikationsmittel gestaltet. Texter und Grafik-Designer können dabei auch selbstständig tätig sein und von der Agentur lediglich engagiert werden. Für die Produktion der Kommunikationsmittel ist der Producer zuständig, welcher die Herstellung von Druckvorlagen kontrolliert und Reinzeichnungen und Andrucke abnimmt. Der strategische Planer unterstützt die Agenturmitarbeiter insofern, indem er die nötigen Erkenntnisse und Trends auf dem Markt analysiert und zur Verfügung stellt.

Eine besondere Agenturform stellt die Full-Service-Agentur dar, welche sich um mehrere Aufgaben kümmert und es dem Unternehmen ermöglicht, diese Phase des Kommunikationsprozesses nahezu völlig auszugliedern. Die Full-Service-Agentur übernimmt dabei alle Aufgaben von der Strategieerstellung über die kreative Idee bis hin zur Umsetzung, Produktion, Durchführung und Abwicklung der Kampagne. Eine Full-Service-Agentur ist dabei meist in die Bereiche Vorbereitung, Kundenberatung, Gestaltungsabteilung und Mediaabteilung untergliedert (Bruhn 1997, S. 222ff.). Der Bereich Vorbereitung beschäftigt sich vorrangig mit der Markt- und Motivforschung und ist mit der Erhebung quantitativer und qualitativer Daten über erfolgreiche Kampagnen und Entwicklungstendenzen beauftragt. Außerdem unterstützt diese Abteilung den Kunden bei produkt-, preis-, und distributionspolitischen Fragestellungen der Kampagne. Der Bereich Kundenberatung diskutiert mit dem Kunden die einzelnen Phasen des Planungsprozesses und unterstützt den Kunden bei Entscheidungen. Die Aufgabe der Gestaltungsabteilung ist es, Kundenwünsche adäquat umzusetzen und die Gestaltung der Kommunikationsmittel sowie deren Produktion (Herstellung der konzipierten Mittel bis zur Schaltreife) im Sinne des Kunden abzuwickeln. In diesem Bereich sind Grafiker, Texter und Layouter beschäftigt. Der Mediabereich ist mit der Mediaforschung, der Mediaplanung, dem Mediaeinkauf und der Mediaabwicklung beauftragt.

Eine weitere Agenturform stellt die Kreativ-Agentur dar, welche sich im Gegensatz zur Full-Service-Agentur ausschließlich mit der Strategie und Kreation beschäftigt.

Mediaagenturen kennen alle Kommunikationsmedien auf dem Markt sowie die Entwicklungen und Trends bestens und stellen eine Spezialform dar. Sie beobachten die einzelnen Mediagattungen und deren Entwicklung auf dem Markt äußerst genau und sind darauf spezialisiert, die richtigen Medien für spezielle Zielgruppenansprachen auszuwählen und Fläche (bei Print) bzw. Zeit (bei elektronischen Medien) für die Kommunikationsmittel-Präsenz bei den Medienanbietern einzukaufen und den Einsatz zu planen (Hofsäss 2003, S. 25).

Die Ausgliederung der Prozessphase Gestaltung und die Beschäftigung einer Agentur sollte genau überdacht und die Wahl der Agentur mit größter Sorgfalt vorgenommen werden, da sonst Geld und Zeit verschwendet werden können oder auch der Erfolg der Kommunikation darunter leidet. Die Auswahl einer Agentur sollte daher anhand bestimmter Auswahlkriterien wie zum Beispiel Leitung der Agentur, Agenturphilosophie, Leistungsangebot der Agentur, Größe, Agenturstandort, bestehender Kundenkreis, Erfahrungspotenzial und Know-how, Preis-/Kostentransparenz/Kalkulation/Angebotsverhalten, besondere Stärken, Ruf der Agentur, strategische und kreative Kompetenz, Termintreue, Arbeitsqualität, internationale Präsenz und Services (Bruhn 1997, S. 226; Hartleben 2001, S. 196) vorgenommen werden. Dabei wird meist eine Liste mit der in Betracht kommenden Agenturen zusammengestellt und dann aufgrund spezifischer Auswahlkriterien die Menge auf eine überschaubare Anzahl an in Frage kommenden Agenturen reduziert. Danach können eventuell Präsentationen einzelner Agenturen (Pitches) eingeholt werden. Nachdem die Agentur anschließend kennen gelernt werden konnte und detailliertere Informationen eingeholt worden sind, wird diejenige Agentur ausgewählt, welche nach fachlichen und personellen Faktoren am besten zum Unternehmen und der jeweiligen Aufgabe passt. Dabei sollten personelle Faktoren nicht unterschätzt werden, da eine gute Zusammenarbeit zwischen Agentur und Unternehmen und der Erfolg der Kommunikation nur gewährleistet ist, wenn auch die „Chemie" zwischen den Personen stimmt.

Die Beschäftigung einer Agentur verlangt eine exakte Planung der Zusammenarbeit. Dabei muss als erstes entschieden werden, wie die Agentur ausgewählt wird, welche Personen mit den Agenturmitarbeitern zusammenarbeiten und ob externe Berater hinzugezogen werden müssen. Die Vergütung der Arbeit der Agentur kann nach vielerlei Methoden erfolgen, soll aber an dieser Stelle nicht explizit beschrieben werden. Die Zusammenarbeit mit der Agentur sollte in jedem Fall in einem Vertrag schriftlich festgelegt werden.

8.2 Das Agenturbriefing

Im Agenturbriefing werden alle relevanten Informationen bezüglich der Anforderungen an die Kreation und Gestaltung der Kommunikation vom Unternehmen zusammengefasst, um der Agentur ein realistisches Gesamtbild vermitteln zu können und die Bedingungen darzulegen. Zudem werden Informationen über das Unternehmen an sich (Stellung im Markt, Image, Marketingziele, etc.), Informationen über den Markt (Größe, Entwicklung, Wettbewerber, Kommunikation der Konkurrenz, Marktsituation, etc.), Informationen über die Zielpersonen (Konsumenten, Verwender, Einstellungen, Verhaltensweisen, etc.), Informationen über bisherige Kommunikationsmaßnahmen (Aufwendungen, Akzeptanz der Kommunikation, Kommunikationsziele, etc.), Informationen über das zu bewerbende Produkt (Eigenschaften, Nutzen, Image, Verwendung, Bekanntheitsgrad, Besonderheiten, etc.) (vgl. Kapitel C.1) sowie Informationen über Marketingziele und das zur Verfügung stehende Budget (vgl. Kapitel C.4) zusammengestellt (Kloss 2003, S. 193f.). Tabelle 28 gibt ein Beispiel für eine Briefing-Checkliste mit den wichtigsten Punkten (vgl. Hofsäss 2003, S. 168ff.; Bruhn 1997, S. 268).

Checkliste Briefing

- Konkrete Aufgabenstellung vor dem Hintergrund der Marketing- und formulierten Kommunikationsziele
- Situationsdarstellung (Informationen zum Markt, Unternehmen, etc.)
- Konkurrenzumfeld: wichtigste Wettbewerber, Marktanteile, Positionierung und Kommunikationsaktivitäten
- Marketing- und Kommunikationsstrategie
- Zielgruppen und deren Beschreibung hinsichtlich Kenntnisse, Interessen, Einstellungen, Absichten, Informations-, Kauf-, und Verwenderverhalten
- Informationen über das Kommunikationsobjekt (Eigenschaften, Nutzen, Image, Verwendung, Bekanntheitsgrad, Besonderheiten, etc.)
- Zentrale Botschaft und angestrebte UCP
- Zu wahrende Stilelemente (Farben, Zeichen, Logos)
- Zur Verfügung stehendes Budget
- Einzuhaltende Termine
- Darstellung durchgeführter Kommunikationsaktivitäten in der Vergangenheit
- Spezielle Vorgaben wie z.B. Kommunikationszeitraum, Budget, Region, Kommunikationsmedienpräferenzen, gestalterische Aspekte, etc.

Tabelle 28: Briefing-Checkliste

Je detaillierter und genauer dabei die Informationen im Briefing zusammengetragen werden, desto besser kann sich die Agentur in das Unternehmen und dessen Situation hineinversetzen und desto besser wird das Ergebnis ausfallen. Wenn zu wenige Informationen zur Verfügung stehen oder wenn wichtige Informationen verschwiegen werden, kann die Agentur sicherlich kein zufriedenstellendes Ergebnis liefern.

Das Agenturbriefing beinhaltet die konkrete Aufgabenstellung für die Kampagne und stellt den Beginn der Zusammenarbeit der Agentur mit dem Unternehmen dar. Es sichert den Kampagnenerfolg, verhindert Missverständnisse und doppelte Arbeit und muss daher immer vollständig sein und schriftlich fixiert werden.

Im Anschluss an das Briefing wird in der Beratungsphase intensiv über die Vorgehensweise diskutiert, Unklarheiten beseitigt und das Ziel der Kampagne vereinbart. Darauf beginnt die eigentliche Agenturarbeit, indem Ideen und Vorschläge kreiert und in Form eines Gestaltungskonzeptes ausgearbeitet werden. Die Entwicklung von einzigartigen und kreativen Ideen erfolgt dabei meist mit Hilfe verschiedener Kreativitätstechniken wie dem Brainstorming, dem Mindmapping, Kombinationstechniken, der Reizworttechnik, der Bildanalogie, der morphologischen Matrix, der Osborn-Methode und vieler anderer Techniken.

Das Gestaltungskonzept wird nach Fertigstellung dann dem Unternehmen präsentiert und wenn der Kunde mit der Kreativkampagne zufrieden ist, kann die Produktion der Kommunikationsmittel beginnen.

8.3 Gestaltungskonzeption

Der erste Schritt der Gestaltung von Kommunikationsmitteln ist die Erarbeitung einer Gestaltungskonzeption. Dabei wird zu Beginn der Kampagne der Kommunikationsinhalt der Kampagne schriftlich formuliert, um „eine für alle an der Umsetzung beteiligten schöpferischen Kräfte verbindliche Aufgabenstellung zu fixieren" und „in den einzelnen Stadien der Umsetzung zu überprüfen, ob die entwickelten Lösungen zielgerecht sind" (Lötters 1993, S. 237). Dabei wird schriftlich festgehalten, welches Kommunikationsobjekt kommuniziert werden soll, welche Zielgruppe durch die Kampagne erreicht werden soll, aus welchem Grund die Botschaft kommuniziert werden soll und wie der Kommunikationsinhalt vermittelt werden kann. Außerdem werden Präferenzen und Wünsche des Kunden und erste Vorschläge und Gedanken bezüglich der Medien festgehalten (Lötters 1993, S. 238). Durch die Funktion der Integration soll eine zielorientierte Gestaltung sichergestellt werden.

Im Anschluss daran wird die kreative Plattform erarbeitet. Die kreative Plattform beinhaltet die Formulierung der Ausgangsbasis für die kreative Umsetzung und kann am Ende zur Bewertung des Kampagnenerfolgs herangezogen werden. Das kreative Ergebnis sollte dabei immer der festgelegten Zielsetzung entsprechen. Die kreative Plattform setzt sich aus den vier Elementen Creative Objective, Creative Strategy, Reason Why und dem Customer Benefit zusammen (Lötters 1993, S. 239ff.). Das Creative Objective legt die Zielsetzung und den Inhalt der Kampagne fest, der durch die Gestaltung zum Ausdruck gebracht werden soll. Die Creative Strategy beschreibt den Weg (die Strategie), wie dieses Ziel erreicht werden soll, der Reason Why begründet die Strategie und im Customer Benefit wird der Nutzen herausgestellt.

Die anschließende visuelle und verbale Umsetzung erfolgt auf Basis der kreativen Plattform durch Texter und Grafiker. Eine erfolgreiche Gestaltung der Botschaft beinhaltet dabei immer das Design (ästhetische Aufmachung der Botschaft), den Inhalt (Kernaussage) und das Thema (Rahmen, mit dem die Kernaussage transportiert werden soll). Der Texter entwickelt dabei die Copy-Plattform mit Headline, Baseline und Bodycopy (Lötters 1993, S. 241) und der Art Director ist mit der graphischen Umsetzung beauftragt. Dabei werden in der Scribble-Phase erste Gedanken der kreativen Gestaltung entwickelt, in der Layout-Phase die Konzeptumsetzung im Detail erarbeitet und in der Reinlayout-Phase die Umsetzung des Gestaltungskonzeptes, das später dem Kunden vorgestellt wird, realisiert.

Die Gestaltungskonzeption wird zwischendurch und am Ende überprüft und kontrolliert, ob es den Vorgaben gerecht wird. Die Überprüfung des Gestaltungskonzeptes erfolgt meist durch ein agenturinternes Team oder/und externe Testpersonen. Dabei kann das Konzept im Ganzen oder nur Teile daraus geprüft werden. Mögliche Fragestellungen, welche zur Überprüfung des Gestaltungskonzeptes herangezogen werden, sind in Tabelle 29 dargestellt (Lötters 1993, S. 242f.).

Checkliste zur Überprüfung des Gestaltungskonzeptes

- Entspricht die Sprache dem Stil der Zielpersonen, erweckt sie Vertrauen, wirkt sie glaubhaft?
- Vermittelt die Aussage die beabsichtigten Inhalte, macht sie die Inhalte begreifbar und erlernbar, sind die Aussagen für die Zielgruppe relevant?
- Entspricht die Gestaltung dem Produkt, dem Medium und der Zielgruppe?
- Ist das Produktumfeld im Kommunikationsmittel produkt- und zielgruppenadäquat?
- Vermeidet das Kommunikationsmittel „Vampir-Bilder" und „Vampireffekte"?
- Selektiert das Kommunikationsmittel seine Zielgruppe, ist es derart gestaltet, dass die Zielgruppe auf den ersten Blick erkennt, dass sie angesprochen ist?
- Ist der zielgruppenspezifische Produktnutzen deutlich erkennbar?
- Decken sich Produktversprechen und Verbrauchererwartungen?
- Differenzieren das Produktversprechen, die Produktdarstellung und die Produktumgebung das Produkt deutlich von den Wettbewerbsangeboten?

Tabelle 29: Checkliste zur Überprüfung des Gestaltungskonzeptes

8.4 Gestaltungselemente und Gestaltungstechniken

Bei der Gestaltung von Kommunikationsmitteln spielt die „Verpackungsmöglichkeit" der Botschaft in Text, Bild, Farbe sowie Musik und Ton (Modalitäten) die entscheidende Rolle. Durch den Einsatz dieser Modalitäten und deren unterschiedliche Dosierung und Kombination können unterschiedliche Wirkungen bei den Rezipienten erzeugt werden. Im Rahmen der Kreation und Gestaltung der Kommunikationsmittel sollen Möglichkeiten gefunden werden, wie die Botschaft zieladäquat in Wort und Bild umgesetzt werden kann, welche Farben, Schriftgrößen usw. dazu förderlich sind und durch welche Gestaltungstechniken die Botschaft möglichst überzeugend an den Kunden kommuniziert werden kann.

Aufgrund der Informationsüberlastung und dem zunehmenden Desinteresse der Rezipienten gegenüber der „Werbung" muss die Botschaft besonders aufmerksamkeitsstark, aktivierend, auffallend, einfach und bildbetont gestaltet werden (vgl. Kapitel B.5), um sich abheben zu können. Zudem sollte der Inhalt kurz und überzeugend dargestellt werden und der versprochene Nutzen glaubwürdig argumentiert werden. Die Gestaltung muss sich dabei an den Bedürfnissen und Eigenschaften der Zielgruppenmitglieder, dem Produkt (Produkteigenschaften) und den Eigenschaften der Kommunikationsmittel orientieren und ausrichten.

8.4.1 Gestaltungselemente

Die Kommunikationsbotschaft kann in Verbindung mit den verschiedenen Kommunikationsmitteln durch abgestimmte Modalitäten und deren Elementen gestaltet werden (Rogge 1996, S. 292). Dabei bieten sich für optische Einwirkungen die visuellen Gestaltungselemente Wort/Text, Typographie, Bildelemente und Farbe an. Als auditive Gestaltungselemente für akustische Einwirkungen können der Slogan, Töne, Geräusche und Musik verwendet werden, um eine höhere Aufmerksamkeits- und Gedächtniswirkung zu erzeugen.

Wort/Text

Texte dienen meist der Darstellung und Vermittlung sachlicher Informationen. Schwer verständliche Informationen und detaillierte Sachverhalte können durch Textelemente in einfacher Weise gut verständlich dargestellt und vermittelt werden. Das Wort bildet als Bestandteil der menschlichen Sprache das elementare Übertragungsmittel von Botschaften. Die Denotation eines Wortes beinhaltet dabei die Hauptbedeutung (Kernbedeutung) und den eigentlichen Sachverhalt, während die Konnotation die emotionale Nebenbedeutung beinhaltet. Wörter sind dabei nicht nur in der Lage, Gefühlswerte zu transportieren (emotionale Nebenbedeutung), sondern besitzen zudem einen hohen Vorstellungswert, wodurch die Anschaulichkeit begünstigt und die Weckung innerer Bilder für ein schnelleres Lernen ermöglicht wird. Beim Einsatz von Wörtern muss stets auch das assoziative Umfeld von Wörtern (welche anderen Begriffe werden assoziiert?) beachtet werden (vgl. Kapitel B.2.6).

Bei der Gestaltung von Textelementen sollte darauf geachtet werden, dass sie für die Zielgruppe verständlich formuliert werden und kurz und prägnant gehalten werden (kurze Sätze, bildhafte Wörter, keine verschachtelten Sätze, etc.) und die Wortwahl und Ausdrucksweise auf die Zielgruppe abgestimmt ist.

Der **Typographie** (Schriftart/-größe/-anordnung) kommt innerhalb der Gestaltung von Textelementen große Bedeutung zu, da mit Hilfe der Schrift unterschiedliche Assoziationen, Gefühle und Wirkungen erzeugt werden können. Während dünne, filigrane Schriftarten modern, seriös und edel wirken, erinnern verschnörkelte Schriftarten eher an die Vergangenheit (altmodisch). Dabei wird beim Betrachter je nach Schriftart ein anderes Gefühl ausgelöst (Wärme, Beschwingtheit, Linienbetontheit, etc.). Die Schriftart sollte dabei auf jeden Fall mit der inhaltlichen Aussage übereinstimmen und dem Unternehmensimage entsprechend ausgewählt werden. Neben der Schriftart nehmen die Schriftgröße und die Anordnung zudem im Rahmen der Gestaltung von Botschaften eine bedeutende Rolle ein. Die Mikrotypographie legt dabei Schriftgröße, Zeilenabstand, Serife, Formgebung, Ästhetik und Lesbarkeit fest und die Makrotypographie beschäftigt sich mit der inhaltlichen Gliederung durch Gestaltung der Textanordnung und Verbesserung der Lesbarkeit (z. B. Zeilenanordnung, Zeilenlänge, Umbrüche, Blockbildung, Zeichensetzung, Groß- und Kleinschreibung).

Dem **Slogan** kommt im Rahmen der Kommunikation eine besondere Bedeutung zu. Slogans vermitteln in komprimierter Form die Werte und den Anspruch einer Marke und sind somit grundlegender Teil des langfristigen Imageaufbaus. Oft sind Slogans sogar so originell gestaltet, dass sie auch losgelöst vom Produkt im Gedächtnis bleiben und zu Worten der Alltagssprache werden (z. B. „Nicht immer, aber immer öfter"). Slogans sollten kurz und prägnant gestaltet werden und in alltäglicher Sprache formuliert sein. Außerdem sollte der Slogan das Thema und die Inhalte, die kommuniziert werden sollen, prägnant treffen, eine direkte Assoziation mit dem Unternehmen hervorrufen und im Vergleich zur Konkurrenzkommunikation ausreichend differenziert sein. Zudem sollte ein Slogan gut klingen und dadurch einprägsam sein und zudem sprachlich verständlich sein (Winkelmann 2004, S. 430). Außerdem sollte ein Slogan nicht nur der externen, sondern auch der internen Kommunikation und Identifikation dienen. Bekannte Slogans sind „Freude am Fahren" (BMW), „Vorsprung durch Technik" (AUDI), „Nichts ist unmöglich" (Toyota), „We make sure" (Fujitsu Siemens), „You make it a Sony" (Sony), „Imagination at work" (GE), etc.

Bildelemente/Farbe

Bildelemente (Hauptbildkomponenten oder ergänzende Bildkomponenten) sind als Gestaltungselemente von großer Bedeutung, da sie als Blickfang dienen („Eye Catcher"), Aufmerksamkeit erregen und Assoziationen hervorrufen können (vgl. Kapitel B.5.3). Bilder erzeugen im Gegensatz zu Texten meist größere Aufmerksamkeit, wirken aktivierender und fallen eher auf. Zudem werden Bildinformationen schneller aufgenommen und verarbeitet (Kroeber-Riel 1993, S.17f). Bildelemente werden nicht nur länger betrachtet, schneller wahrgenommen und inhaltlich erfasst, sie werden auch mit geringerer gedanklicher Anstrengung verarbeitet als sprachliche Informationen, besser und schneller gespeichert und besitzen zudem eine höhere Beeinflussungskraft. Während sich die Sprache zur rationalen Argumentation besonders gut eignet, sind Bilder hingegen prädestiniert, um emotional zu beeindrucken (Dannenberg 2003, S. 26). Bilder bleiben gut im Gedächtnis, können komplexe Sachverhalte anschaulich darstellen und somit zu einem besseren Verständnis beitragen.

Durch einen aussagekräftigen Bildanteil eines Kommunikationsmittels kann daher die Aufmerksamkeitswirkung der Probanden erhöht werden. Bildbetonte Kommunikation kann sowohl informieren als auch Erlebnisse vermitteln und zur Bildung von „Gedächtnisbildern" (visuelle Vorstellungen, die auftauchen, wenn man an einen Gegenstand denkt) beitragen (Busch 1997, S. 340). Bilder können zudem die Textverständlichkeit verbessern, können jedoch auch vom Text ablenken. Die Gestaltung von Kommunikationsmitteln mit Bildern und Texten erzeugt beim Betrachter auf jeden Fall eine größere Wirkung, da beide Gehirnhälften aktiviert und angesprochen werden.

Aufgrund der Informationsüberflutung und der damit verbundenen reduzierten Konzentrationsfähigkeit bei den Rezipienten, sowie aufgrund der meist nur oberflächlichen Mediennutzung und dem geringen Involvement gegenüber den Botschaften, wird der verstärkte Einsatz bildbetonter Kommunikation immer bedeutender. Ein weiterer Grund für den verstärkten Einsatz von Bildern in der Kommunikation ist das flüchtige und selektive Informationsverhalten der Personen. Da nur knapp 2% der in den Medien dargebotenen Informationen auch wirklich beachtet wird, kommt den Bildinformationen, welche sich auf den ersten Blick von der Informationsflut abheben und besonders schnell aufgenommen und gedanklich verarbeitet werden, eine immer bedeutendere Rolle zu (Kroeber-Riel 1993, S. 7).

Bildelemente sind in der Lage zu informieren (z.B. über sprachlich schwer vermittelbare Sachverhalte), zu unterhalten, Erlebnisse zu vermitteln, zu emotionalisieren (Gefühle auslösen) und ein Engagement beim Betrachter auszulösen (Interpretation) (Winkelmann 2004, S. 429). Dabei kann die Vermittlung von Informationen direkt oder indirekt umgesetzt werden. Durch die Vermittlung von Emotionen wird verstärkt versucht, die subjektive Wahrnehmung zu beeinflussen und eine emotionale Konditionierung zu erreichen.

Beim Einsatz von Bildelementen können sowohl Zeichnungen, Skizzen, gemalte Bilder, als auch Fotos verwendet werden. Durch Farbkontraste, Bildschärfe und Umrahmungen können bestimmte Bildelemente hervorgehoben und betont werden. Der Erfolg bildhafter Kommunikation hängt dabei immer von der Gestaltung der Bilder ab.

Im Rahmen der Bildwirkung kommt dem Einsatz von **Farben** besondere Bedeutung zu. Farben können die Unterscheidbarkeit und Erinnerungsfähigkeit unterstützen, Assoziationen hervorrufen, aktivierend wirken und einzelne Bestandteile hervorheben. Außerdem können Farben mit Gefühlswerten verbunden sein, welche häufig im Unterbewusstsein mit ganz bestimmten Dingen und Eigenschaften verbunden sind (Lötters 1993, S. 53). Außerdem können durch den Einsatz von Farben Gegenstände oder Produkte realitätsnäher dargestellt werden, in einer gewissen Atmosphäre präsentiert werden und mit einem bestimmten „Flair" versehen werden. Die psychische Wirkung von Farben sowie die verschiedenen Eigenschaften, Funktionen und Assoziationen der einzelnen Farben können dabei gezielt eingesetzt werden, um bestimmte Wirkungen bei den Betrachtern zu erzeugen. Warme Farben (rot, orange, gelb) wecken dabei verstärkt die Aufmerksamkeit, können Gefahr signalisieren oder auf etwas Bedeutsames hinweisen, während kalte Farben (blau, grün) eher kühl und seriös wirken. Rote Farben wirken dabei oft „aktiv, abenteuerlich, heiß und kräftig", während rosa eher mit Adjektiven wie „zart, schön, mädchenhaft und duftig" umschrieben wird. Grün bedeutet oft „ergeben, sicher, bequem, ruhig und friedlich", während blaue Töne eher „passiv, kalt, nass und fern" wirken. Mit Schwarz werden Assoziationen verbunden wie „traurig, seriös und edel" und mit violett „tief, samtig und süß". Einen Überblick über die Bedeutung der Farben und Ihre Wirkung gibt Tabelle 30 (Heller 1998, S. 103):

Farbe	Bedeutung	Wirkung
Rot	Aktivität, Feuer, Gefahr, Achtung, Wärme, Blut	erregend, leidenschaftlich, laut, aggressiv
Orange	Lust, Freude, Genuss	aufdringlich, energisch, fröhlich
Gelb	Beweglichkeit, Neid, Neugier, Nervosität	hell, klar, leicht, sauber
Blau	Beständigkeit, Traum, Ernst, Sehnsucht	kühl, passiv, friedlich
Grün	Hoffnung, Zufriedenheit, Gelassenheit, Sicherheit	beruhigend, anregend
Violett	Unlust, Unzufriedenheit, Eitelkeit, Demut, Extravaganz, Originalität	beunruhigend, spannend, extravagant
Schwarz	Trauer, Tod, Nacht	verschlossen, machtvoll, elegant
Weiß	Unschuld, Reinheit	kalt, sauber, steril

Tabelle 30: Bedeutung und Wirkung von Farben

Durch eine harmonische Farbgestaltung kann ein positives Gesamtbild erzeugt werden. Mit Farbkontrasten können Unterschiede verdeutlicht, Aufmerksamkeit geweckt und Spannung erzeugt werden.

Durch den Einsatz von Bildelementen und die visuelle Gestaltung durch Helligkeit und Farbigkeit kann eine größere Reizintensität und Aktivierungswirkung erreicht werden, womit eine intensivere Aufnahme, Verarbeitung und Erinnerung verbunden ist. Neben der Erzeugung von Aktivierungswirkung durch physische Reize (Aktivierung durch Farbe) können außerdem emotionale Reize (z.B. erotische Reize, „Kindchenschema") und kognitive Reize (z.B. Spannungsaufbau durch konträre Begriffe) eingesetzt werden um Aktivierungswirkungen zu erzeugen (Dannenberg 2003, S. 32f.).

Logos nehmen im Rahmen von Bildelementen eine besondere Stellung ein. Logos sind „Bilder für den Kopf", welche dafür sorgen, dass sich Marken besonders gut einprägen, Personen immer wieder auf das „richtige Produkt" zurückgreifen, die Identifikation des Unternehmens und/oder der Marke gefördert wird und Aufmerksamkeit erzeugt wird.

Wenn die Gestaltung des Mittels sowohl Text- als auch Bildelemente beinhaltet, ist das Zusammenspiel der beiden Modalitäten meist folgendermaßen aufgeteilt (Kloss 2003, S. 184ff.). Die Headline beinhaltet als zentrales Textelement den Aufhänger und den Benefit der Botschaft. Sie soll eine erste Orientierung über die Aussage geben, Aufmerksamkeit erregen und Anreize zur weiteren Betrachtung schaffen. Dabei muss die Überschrift derart gestaltet sein, dass sie auf den ersten Blick verstanden werden kann. In der Subheadline finden sich Ergänzungen oder Erklärungen zur Headline, welche oft mit einer Art Aufforderungscharakter gestützt sind. Das Key Visual bildet das Bildelement, welches als zentraler Blickfang im Kommunikationsmittel fungiert. Das Bild nimmt in den meisten Kommunikationsmitteln die zentrale und dominierende Funktion ein, während Textelemente häufig nur eine Nebenfunktion einnehmen und bevorzugt zur Erläuterung der Überschrift oder des Bildteils eingesetzt werden. Dies kann dadurch begründet werden, dass Bilder schneller und stärker wahrgenommen werden als Texte und bessere Wirkungseffekte erzielen. Meist soll durch das Bildelement die Aussage der Headline visualisiert, erklärt und/oder ergänzt werden. Im Bodycopy wird durch einen Fließtext der Reason Why zum in der Headline behaupteten Benefit dargestellt und detaillierte Erläuterungen gegeben. Die Baseline beinhaltet meist den Slogan oder Claim und rundet das Ganze ab.

Als Grundtypen der Headline-Gestaltung werden in der Praxis sieben Formen unterschieden (Winkelmann 2004, S. 428): der Nachrichtenstil (Ford-Nachrichten), der Fragestil („Haben Sie heute schon geschweppt?"), der Erzählstil (Ka-Werbung), der Aufforderungsstil („Ruf doch mal an!"), der Drohstil („Wer jetzt nicht kauft, wird folgende Nachteile haben …"), der 1-2-3-Stil (99 Tricks für Mailing Briefe) und der Wie-was-warum-Stil („Wie Sie mehr aus ihrer Rente machen").

Musik/Ton

Neben visuellen Gestaltungselementen können im Rahmen der Gestaltung von Kommunikationsmitteln außerdem akustische Elemente (Musik, Ton, Geräusche) eingesetzt werden. Durch den Einsatz von Musik können neben einer positiven Einstellungsänderung auch weniger involvierte Kunden dazu veranlasst werden, sich dem Kommunikationsmittel überhaupt zuzuwenden (Busch 1997, S. 338). Zudem ist Musik in der Lage, Personen in eine bestimmte Stimmung zu versetzen und entsprechende Emotionen hervorzurufen und die Aufmerksamkeit gegenüber der Botschaft zu steigern. Akustische Elemente begünstigen generell die Aktivierung der Zielpersonen und unterstützen die Wiedererkennbarkeit und Einprägsamkeit der Botschaft. Dabei kann die Lautstärke, Betonung, der Dialekt, die Stimmlage und die Sprechgeschwindigkeit/Tempo dazu beitragen, dass eine positive Stimmung beim Zuschauer bzw. Hörer erzeugt wird. Besonders Jingles dienen der Wiedererkennbarkeit der Marke/des Unternehmens.

Die einzelnen Gestaltungsfaktoren der verschiedenen Modalitäten werden in Tabelle 31 zusammenfassend dargestellt (Bruhn 1997, S. 316).

	Text	Bild	Ton
Generell	Wortwahl, Satzlänge, Satzart, Argumentationstypik, Dialog, Eindeutigkeit/Doppeldeutigkeit, Slogan, Reime, …	Bildmotiv, Zeichnung, Foto, Hinweiszeichen, Beleuchtung, Farben, Helligkeit, Symbole, Perspektive, …	Lautstärke, …
Speziell	Geschriebener Text: Orthographie, Schrifttyp, Textform, Schriftgrad, Positiv-/Negativschrift, … Gesprochener Text: Tempo, Dialekt, Betonung	Ruhende Bilder: Bildaufteilung, Verzerrung,… Bewegte Bilder: Tempo des Szenenwechsels, Zusammenhang der Passagen, Mimik und Gestik der Personen, …	Speziell für die Musik: Tonart, Rhythmus, Gesang, Instrumente, … Speziell für die Stimme: Stimmklang, Sprechdynamik, Stimmkontraste, …

Tabelle 31: Modalitätsabhängige Faktoren der Kommunikationsmittelgestaltung

8.4.2 Gestaltungstechniken

Die Übermittlung des Botschaftsinhaltes kann je nach Zugrundelegung verschiedener Gestaltungsvarianten und Umsetzungstechniken in unterschiedlicher Weise erfolgen (Bruhn 1997, S. 316). Bei der Gestaltung kann zum einen ein innerer Zusammenhang zwischen der Story und dem beworbenen Produkt hergestellt werden („borrowed interest") oder die Gestaltung kann sich zum anderen auf das beworbene Produkt („Produktzentriertheit"), beziehungsweise auf wenige Gestaltungselemente („Prägnanz") konzentrieren. Ebenso kann die Neuartigkeit der Darstellung („Originalität") herausgestellt werden.

Des Weiteren können folgende Umsetzungstechniken zur Übermittlung der Botschaftsinhalte eingesetzt werden (vgl. Pepels 2000, S. 637 ff./Kloss 2003, S. 188 ff.):

- **Systemvergleich**: Side by Side (anonyme Angebote parallel miteinander vergleichen) oder Vorher-nachher-Situation (Dramatisierung des Nutzens).
- **Härtetest**: Produkt wird extremen Anforderungen ausgesetzt.
- **Beispieltechnik**: Exemplarischer Beweis des Nutzens wird an einem Beispielprodukt aus dem Programm vorgeführt.
- **Product in Use-Technik**: Aufzeigen, was das Produkt alles kann.
- **Symbolic Demonstration**: Dramatisierung eines Produktes im übertragenen Sinne in einer meist verfremdeten Situation.
- **Bigger than life**: Überziehen des Angebotsnutzens.
- **Slice of life**: Präsentation des Produktes in einer alltäglichen, glaubwürdigen Szene aus dem Alltag (Rama-Familie; Melitta-Werbung).
- **Star-Testimonial**: Prominente Personen bekennen sich zum Produkt und berichten aus eigener Erfahrung darüber.
- **Experten-Testimonial**: Experten stellen ein Produkt vor und preisen die Produktvorteile an (Dr. Best als Experte für Zahnbürsten). Durch die Behauptung des Experten soll die Glaubwürdigkeit der Aussage gesteigert werden.
- **Erzählung**: Eine Person berichtet über ihr Produkterlebnis und die Reaktion ihrer Umgebung darauf.
- **Celebrity-Technik**: Einsatz prominenter Personen als Testimonials.
- **Präsenter-Technik**: Ein „Verkäufer" preist ein Produkt an und lobt die Vorteile der Leistung (z. B. Calgon-Werbung).
- **Lifestyle-Technik**: Darstellung der Zielgruppe und Aufzeigen des Nutzens sowie Betonung des Prestige- und Statuswertes bestimmter Produkte.
- **Wissenschafts-Technik**: Distanzierte/technokratische Tonalität der Darstellung.
- **Humor**: Zur Förderung des Verständnisses der Botschaft und Weckung von Sympathie mit dem Absender.
- **Erotik**: „Sex in der Werbung".
- **Teaser**: Weder das Produkt noch der Hersteller sind identifizierbar; nur unzureichende Informationen; Ziel: Neugierde wecken und Erwartungsdruck aufbauen (z. B. Eon mit roter Seite ohne Text und Bilder).

- Einsatz von **Symbolfiguren** (z. B. Michelin-Männchen, Milka-Kuh, Lacoste-Krokodil); reale Personen oder/und Comicfiguren.

Bei der Gestaltung von Botschaften ist zu beachten, dass sich eine einheitliche Stilkonstante über den gesamten Medienmix hindurchzieht, um die Wiedererkennbarkeit zu fördern und die Kontinuität in der Darstellung zu gewährleisten.

Meist werden bei der Gestaltung von Kommunikationsmitteln mehrere Modalitäten kombiniert, um die Wirkung zu verstärken und mehrere Ansprachemöglichkeiten gleichzeitig zu nutzen. Wenn die Modalitäten Bild und Text in Kombination eingesetzt werden, können als Techniken der Kombination die Duplikation, die Assoziation, die Präzision, die Gradation, die Argumentation, die Synektik, die Synekdoche, die Summation, der Kontakt und die Analogie angewendet werden (vgl. Pepels 1999, S. 303ff.; vgl. auch Kapitel B.5.3.2). Dabei ist zu beachten, dass die einzelnen kommunikativen Elemente und Modalitäten nicht isoliert voneinander gestaltet werden dürfen, da die Integrierte Marketing-Kommunikation die Integration aller kommunikativen Elemente fordert (Winkelmann 2004, S. 431).

Der Entscheidungsspielraum der Kreation und Gestaltung wird durch die Wahl des Mediums und das zur Verfügung stehende Budget eingeschränkt. So ist zum Beispiel die Gestaltung mit Musik nur bei Hörfunk-/TV-Spots möglich und der Einsatz bewegter Bilder mit Tonuntermalung nur in TV- und Kino-Spots. Welche konkreten Anforderungen dabei die einzelnen Medien und Kommunikationsmittel an die Gestaltung stellen, kann aus den Eigenschaften und Beschaffenheiten dieser abgeleitet werden.

8.4.3 Wahl der Größe/Form des Kommunikationsmittels

Eine weitere Gestaltungsanforderung ist die richtige Wahl der Größe einer Anzeige/eines Plakates oder der Länge eines Spots. Dieser Entscheidung kommt eine große Bedeutung zu, da mit zunehmender Größe/Länge auch die Reizgröße zunimmt und dadurch die Wahrnehmungsintensität und Aufmerksamkeitswirkung vergrößert wird. Die Kontaktchance eines Kommunikationsmittels nimmt nämlich mit der Größe des Kommunikationsmittels (zeitliche Länge, räumliche Größe) meist zu, was durch die Möglichkeit der intensiveren Auseinandersetzung mit dem Mittel und dem Inhalt begründet werden kann.

Der Vergleich der Wirkung verschiedener Größen ist dabei nur innerhalb einer Gattung sinnvoll. Auch sollten bei der Festlegung der Größe die dadurch steigenden Kosten berücksichtigt werden.

Die Größe eines Kommunikationsmittels sollte sich immer auch an dessen Umfeld orientieren und entsprechend gewählt werden. Die Wirkung eines Kommunikationsmittels ist dabei immer umso größer, je mehr es sich von seinem Umfeld abhebt. Bei einem homogenen Umfeld können selbst kleine Änderungen große Wirkungsunterschiede erzeugen, während in einem heterogenen Umfeld größere Abhebungen nötig sind (Inhalt, Gestaltung, Größe).

8.4.4 *Anforderungen und Empfehlungen an eine erfolgreiche Gestaltung*

Eine erfolgreiche Gestaltung beinhaltet meist den Einsatz verschiedener Techniken und die Berücksichtigung der Erkenntnisse aus der verhaltens- und sozialwissenschaftlichen Forschung bezüglich menschlicher Reizwahrnehmung. Um zudem eine aktivierende Wirkung (Aufmerksamkeit) zu erreichen, sollte an die Motive menschlichen Handelns angeknüpft werden (z. B. Ansprache des Nahrungstriebes/Sexualtriebes) (Böcker 1996, S. 397).

Zudem sollte sich die Gestaltung an folgenden Kriterien orientieren, um eine erfolgreiche Umsetzung zu ermöglichen und die gewünschten Wirkungen zu erzielen (Bruhn 1997, S. 323ff./Dannenberg 2000, S. 42ff./Pepels 1999, S. 300ff.).

- Prägnanz des Kommunikationsmittels (Mittel muss durch starke Simplifikationen auch ohne großen Aufwand erkannt werden).
- Begünstigung einer leichten gedanklichen Wahrnehmung durch Regelmäßigkeit, Symmetrie, Geschlossenheit, Einheitlichkeit, Ausgeglichenheit, maximale Einfachheit und Knappheit.
- Kombination gleichartiger Gestaltungselemente innerhalb des Mittels.
- Wahrung eines einheitlichen Erscheinungsbildes im Rahmen der inhaltlichen und formalen Gestaltung.
- Erzeugung von Einzigartigkeit, um sich von der Konkurrenz abzuheben.
- Aufmerksamkeitsstarker Ausdruck, um aufzufallen und zu aktivieren.
- Eigenständigkeit der Kommunikation, um das Angebot vom Wettbewerb zu differenzieren und eine Verwechslung mit dem Konkurrenzangebot auszuschließen.
- Erzeugung von Eingängigkeit (um eine langfristige Speicherung zu ermöglichen), Konsistenz und Stimmigkeit.
- Schaffung eines Unterhaltungswertes.
- Ausrichtung und Orientierung an den psychologischen Eigenschaften der Zielgruppenmitglieder.
- Ausrichtung an den besonderen Eigenarten der Kommunikationsmittelkategorien und mediengerechte Gestaltung.
- Dramatisierung oder Verfremdung normaler Situationen: Das Alltägliche ist langweilig, das Überraschende schafft Aufmerksamkeit.
- Reduzierung auf das Wesentliche.

Aufgrund des verschärften Kommunikationswettbewerbs und der veränderten Umfeldbedingungen wird die emotionale, bildbetonte, innovative, kreative und integrative Ausrichtung der Kommunikation immer wichtiger, um dauerhafte Wettbewerbsvorteile aufbauen und halten zu können (Bruhn 1997, S. 382ff.). Durch die Vermittlung emotionaler Erlebniswerte sollen dem Rezipienten „sinnliche Produkterlebnisse oder emotionale Konsumerlebnisse, die in der Gefühls- und Erfahrungswelt des Konsumenten verankert sind und einen realen Beitrag zur Lebensqualität leisten" (Busch 1997, S. 336) vermittelt werden und somit die Abgrenzung vom Wettbewerb und kommunikative Alleinstellung sowie die Schaffung eines unikaten Kundenwertes ermöglicht werden. Mit einer innovativeren Ausrichtung der Kommunikation können neue Wege der Kommunikation beschritten werden.

Abschließend gibt Tabelle 32 wichtige Beurteilungskriterien für die Gestaltung der Kommunikationsmittel (in Anlehnung an Rogge 2004, S. 344 f. und 357 ff.).

Inhaltskriterium	Beurteilungsfaktoren
Aufmerksamkeit	• Wird das Kommunikationsmittel von einer genügend großen Anzahl an Zielgruppenmitgliedern bemerkt? • Erregt das Kommunikationsmittel im Vergleich zu den konkurrierenden Kommunikationsmitteln genügend große Aufmerksamkeit? • Erregt das Kommunikationsmittel Interesse?
Wahrnehmung	• Wie lange wendet sich der Rezipient dem Kommunikationsmittel zu? • Gibt es Schwerpunkte bei der Wahrnehmung der Botschaft und wo liegen diese? • Wie lange dauert es, bis die wesentlichen Aspekte der Botschaft erkannt werden? • Bleiben bestimmte Teile des Kommunikationsmittels unbeachtet?
Erinnerung	• Welche Aussagen oder Gestaltungselemente werden besonders stark erinnert? • Wie häufig und genau werden die wesentlichen Merkmale erinnert? • Welche Texte/Bildinhalte werden mit welcher Genauigkeit erinnert? • Wie hoch sind die Erinnerungswerte des Kommunikationsmittels im Vergleich mit den konkurrierenden Mitteln der gleichen Art?
Assoziations-Spektrum	• Gibt es spontane Assoziationen aufgrund des Kommunikationsmittelkontaktes? • Sind die Zuordnungen zum Produkt, zur Produktgattung oder zum Anwendungsfeld richtig bzw. eindeutig? • Gibt es Zusammenhänge zwischen den Fehlassoziationen und bestimmten Gestaltungselementen?
Anmutung und Stimmungsgehalt	• Sind besondere spontane Gefühle mit der Auseinandersetzung mit dem Kommunikationsmittel verbunden? • Welche erlebnismäßigen Eindrücke ruft das Kommunikationsmittel hervor? • Stehen die einzelnen Gestaltungselemente in einer Stimmungsharmonie oder stehen die Einzelelemente anmutungsmäßig im Widerspruch?
Verständnis der Botschaft	• Deutet die Botschaft auf einen Produktvorteil oder etwas Neues hin? • Sind die Aussagen glaubhaft und überzeugend? • Entspricht die Art der Botschaft der Zielgruppe? • Wird der Nutzen der Leistung als genügend attraktiv und interessant empfunden? • Differenziert die Botschaft die Leistung genügend stark von der Konkurrenz?
Text- und Bildbeurteilung	• Ist der Text auf den ersten Eindruck leicht und eindeutig verständlich? • Ist der Text klar und einprägsam? • Ist der Informationsgehalt genügend groß? • Haben die Bildteile eine genügend starke Aussagekraft? • Ist das Verständnis von Bild- und Textteilen bezogen auf die Gesamtaussage und die Zielgruppe ausgewogen? • Bietet das Kommunikationsmittel einen Blickfang (Key Visual, starke Farben, etc.)? • Vermittelt das Bild die Schlüsselbotschaft?
Akzeptanz und Identifikation	• Identifizieren sich die Rezipienten mit der dargestellten Situation? • Werden die dargestellte Situation und Personen als natürlich empfunden? • Enthält das Kommunikationsmittel Elemente, welche ablenken könnten oder zu viel geistige Arbeit erfordern?
Kaufbereitschaft	• Wird die Absicht, das Produkt zu erwerben, durch die Auseinandersetzung mit dem Kommunikationsmittel beeinflusst?

Inhaltskriterium	Beurteilungsfaktoren
Attraktivität und Akzeptanz der Gesamtwirkung	• Wird das Kommunikationsmittel in seiner Gesamtheit als Einheit empfunden? • Entspricht das Kommunikationsmittel in seiner Gesamtheit der Zielsetzung, d.h. wird es generell akzeptiert oder abgelehnt?

Tabelle 32: Beurteilungskriterien für die Gestaltung von Kommunikationsmitteln

8.5 Pretest

Die gestalteten Kommunikationsmittel werden vor der Produktion und Schaltung in einem Pretest bezüglich ihrer Eignung und Wirkung getestet, um Schwachstellen aufzudecken und Detailverbesserungen vornehmen zu können. Obwohl Pretests keine Erfolgsgarantie geben können, können dennoch Fehler aufgedeckt werden, Verbesserungsmöglichkeiten erarbeitet und die Wahrscheinlichkeit eines Misserfolges eingeschränkt werden.

Bei Pretests können grundsätzlich verschiedene Arten unterschieden werden. Im Rahmen von Copy-Tests wird die kommunikative Leistungsfähigkeit von Botschaften beurteilt. Dabei wird geprüft, ob die Botschaft von den Zielpersonen adäquat umgesetzt und verstanden werden kann, wie die Idee auf die Probanden wirkt und wie erste Rohentwürfe bewertet werden (vgl. Tabelle 33; Quelle: Vergossen 2004, S. 123). Mit Hilfe von Befragungen, apparativen Messverfahren oder Beobachtungen kann die Wirkung der Botschaft auf Probanden erhoben werden und somit ein Urteil über die Eignung der Botschaft gewonnen werden. Dabei werden den Probanden meist mehrere Alternativen vorgelegt, um Eindrücke und Wirkungseffekte zu testen und Präferenzen zu erkennen.

Kommunikationswirkungsdimension	Die Anzeige ...	⊗
Anmutung	• gefällt mir! • ist gut getextet! • hat eine gute Aufmachung! • ist originell!	○ ○ ○ ○
Information	• ist leicht verständlich! • ist informativ! • ist sachlich! • ist präzise!	○ ○ ○ ○
Irritation	• ist aufdringlich! • ist langweilig! • ist fragwürdig • ist missverständlich!	○ ○ ○ ○
Aufmerksamkeit	• hebt sich von anderen Anzeigen ab! • überblättert man nicht so leicht! • weckt mein Interesse! • ist attraktiv!	○ ○ ○ ○

Tabelle 33: Mögliche Kommunikationswirkungsdimensionen im Rahmen des Copy-Tests

Neben der kommunikativen Leistungsfähigkeit von Botschaften kann mit Hilfe von Pretests auch die Kommunikationsmittelgestaltung sowie die gesamte Kampagne auf deren Eignung geprüft werden. Bei Gestaltungstests werden einzelne Elemente des Kommunikationsmittels und/oder die Gesamtwirkung der Elemente bezüglich der Aufmerksamkeitswirkung, der Wahrnehmung und Erinnerung bewertet. Anmutungs- und Stimmungsgehalt (Gefühle, Eindrücke, Stimmungen), das Verständnis der Botschaft, die Text- und Bildbeurteilung sowie die Akzeptanz und Identifikation geben dabei Aufschluss auf die Eignung des Mittels (Rogge 1996, S. 321 ff.).

Bei Pretests können subjektive und objektive Verfahren unterschieden werden. Während bei subjektiven Verfahren Individuen (Fachleute, Experten oder Laien) zur Begutachtung von Kommunikationsmitteln und/oder Kampagnen herangezogen werden, werden bei objektiven Verfahren durch Teil- oder Ganzprüfungen psychische Wirkungsvorgänge ermittelt und somit auf die Qualität des Kommunikationsmittels/der Kampagne geschlossen.

Gängige Erhebungsinstrumente im Rahmen von Pretests sind Experimente, Gebiets- und Verkaufstests, Testmarktsimulationen, Markttests u.v.m. (vgl. Kapitel C.11.6). Die Prognose der Kommunikationswirkung kann außerdem mit Hilfe explorativer Verfahren (Befragung, Gruppendiskussion) und apparativer Verfahren erfolgen. Apparative Verfahren werden dabei in aktualgenetische Verfahren (Tachistoskop, Anglemeter, Perimeter, Sichtspaltdeformator, Schnellgreifbühne, Nyktoskop, Tacho-Akustoskop), psychomotorische Testverfahren (Pupillometer, Psychogalvanometer, Gehirnstrommesser, Atemvolumenmesser, Pulsfrequenzmesser, Blutdruckmesser, Polygraph, Stimmspektrometer, Speichelflussmesser, Lidschlagmesser, Thermographiegerät) und mechanische Testverfahren (Blickregistrierungsgerät, Lichtschranke, Einwegspiegel, Programmanalysator, Daktyloskop) untergliedert.

Als gängige Verfahren zur Bewertung der Mittelgestaltung und Botschaftsgestaltung werden projektiv-assoziative Verfahren wie thematische Apperzeptions-Tests, Picture-Frustrations-Tests, Personenzuordnungstests, Rollenspiele, Zeichentests oder Farbtests verwendet.

Die Beurteilung der Konzeption und Gestaltung wird meist mit Hilfe psychographischer Tests durchgeführt (Theatre-Test, Studio-Test, Storyboard-Test, Advantage-Test, Impact-Test) (vgl. Pepels 2000, S. 712 ff.).

Ein Problem im Rahmen von Pretests ist die Tatsache, dass aus Zeit- und Kostengründen oft nur ein Sujet einer Kampagne in den Pretest miteinbezogen wird. Dies führt zu Verzerrungen und gibt das Ergebnis oft verfälscht wieder. Zudem zeigen Personen aufgrund künstlicher Laborsituationen oft ein verändertes, nicht wirklichkeitsgetreues und unnatürliches Verhalten.

Nach Prüfung der Kommunikationsmittel im Pretest und einer eventuellen Umgestaltung werden die Kommunikationsmittel zur Produktion freigegeben.

8.6 Beachtung rechtlicher Rahmenbedingungen

Nicht alle kommunikationspolitischen Entscheidungen können von Unternehmen frei getroffen werden. Vielmehr wird der Entscheidungsspielraum, vor allem in den Phasen Gestaltung, Produktion und Aussendung, durch Regulierungs- und Überwachungsbereiche wie zum Beispiel durch Richtlinien (z.B. EU-Richtlinien), Gesetze und rechtliche Bestimmungen (z.B. Wettbewerbsrecht), sowie ethische Maßstäbe und Wertesysteme eingeschränkt (Hartleben 2001, S. 85). Abbildung 86 gibt einen Überblick über die Bereiche, welche kommunikationspolitische Entscheidungen einschränken (Bruhn 1997, S. 959).

Die Regulierung und Überwachung der Kommunikation kann dabei im Rahmen der Fremdregulierung, der Selbstregulierung oder der externen Überwachung erfolgen.

Abbildung 86: Regulierungsbereiche kommunikationspolitischer Entscheidungen

Die Fremdregulierung beinhaltet Verhaltensrichtlinien auf Basis von nationalen Gesetzen und Verordnungen sowie international festgelegte Richtlinien und Verhaltensregeln (Bruhn 1997, S. 960), welche kommunikationspolitische Aktivitäten von Unternehmen regeln. Dabei können zum einen Gestaltungsfreiräume eingeschränkt werden, aber auch kommunikationspolitische Schutzpositionen vermittelt werden, welche die Marken- und Kommunikationsstrategien vor Übernahme und Nachahmung (z.B. MarkenG) absichern.

Restriktiv wirkende Regelungen können Einfluss auf die Gestaltung des Kommunikationsstils und der Botschaft, die Auswahl der Medien und Kommunikationsmittel und die Auswahl der Adressaten nehmen.

Im Rahmen der Einflussnahme auf den Gestaltungsspielraum von Stil und Botschaft spielt das Gesetz gegen den unlauteren Wettbewerb eine bedeutende Rolle. Das Gesetz gegen den unlauteren Wettbewerb (UWG) vom

7. Juni 1909 in der Fassung vom 7. 7. 2004 ist als zentrales Gesetz der Kommunikation und des Wettbewerbs für die Gestaltung des Kommunikationsstils und der Botschaft von elementarer Bedeutung. Der § 1 UWG enthält eine Schutzzweckbestimmung und dient „dem Schutz der Mitbewerber, der Verbraucherinnen und der Verbraucher sowie der sonstigen Marktteilnehmer vor unlauterem Wettbewerb. Es schützt zugleich das Interesse der Allgemeinheit an einem unverfälschten Wettbewerb."

In § 2 UWG werden einige Definitionen zu wesentlichen Begriffen des Gesetzes vorangestellt. Im Einzelnen sind dies „Wettbewerbshandlung", „Marktteilnehmer", „Mitbewerber" und „Nachricht". Beim Verbraucher- und Unternehmerbegriff wird auf das Bürgerliche Gesetzbuch zurückgegriffen. Wesentliche Begriffe wie „Werbung" oder „Direktwerbung" werden allerdings nicht definiert.

Das Kernstück des Gesetzes bildet § 3 UWG mit der Generalklausel „Verbot unlauteren Wettbewerbs". Hier tritt die Unlauterkeit an die Stelle der Sittenwidrigkeit, wodurch aber die bisherigen Wertmaßstäbe nicht verändert werden. In den §§ 4 bis 7 UWG wird ein nicht abschließender Katalog von Beispielen unlauteren Wettbewerbs aufgelistet, wodurch die Generalklausel näher erläutert und die Anwendung transparent gemacht werden soll. Im Einzelnen sind dies in § 4 UWG „Beispiele unlauteren Wettbewerbs", in § 5 UWG „Irreführende Werbung", in § 6 UWG „Vergleichende Werbung" und in § 7 „Unzumutbare Belästigungen". In § 4 UWG sind elf Tatbestände aufgelistet, die die Generalklausel konkretisieren und für die Beurteilung der Unlauterkeit herangezogen werden.

Bei der Beurteilung der Frage, ob eine Werbung irreführend ist, sind nach § 5 Abs. 2 UWG „alle ihre Bestandteile zu berücksichtigen, insbesondere in ihr enthaltene Angaben über

1. die Merkmale der Waren oder Dienstleistungen wie Verfügbarkeit, Art, Ausführung, Zusammensetzung, Verfahren und Zeitpunkt der Herstellung oder Erbringung, die Zwecktauglichkeit, Verwendungsmöglichkeit, Menge, Beschaffenheit, die geografische oder betriebliche Herkunft oder die von der Verwendung zu erwartenden Ergebnisse oder die Ergebnisse und wesentlichen Bestandteile von Tests der Waren oder Dienstleistungen;
2. den Anlass des Verkaufs und den Preis oder die Art und Weise. in der er berechnet wird, und die Bedingungen, unter denen die Waren geliefert oder die Dienstleistungen erbracht werden;
3. die geschäftlichen Verhältnisse, insbesondere die Art, die Eigenschaften und die Rechte des Werbenden, wie seine Identität und sein Vermögen, seine geistigen Eigentumsrechte, seine Befähigung oder seine Auszeichnungen oder Ehrungen."

Nach § 6 Abs. 2 UWG handelt unlauter im Sinne von § 3 UWG, „wer vergleichend wirbt, wenn der Vergleich

1. sich nicht auf Waren oder Dienstleistungen für den gleichen Bedarf oder dieselbe Zweckbestimmung bezieht,
2. nicht objektiv auf eine oder mehrere wesentliche, relevante, nachprüfbare und typische Eigenschaften oder den Preis dieser Waren oder Dienstleistungen bezogen ist,
3. im geschäftlichen Verkehr zu Verwechslungen zwischen dem Werbenden und einem Mitbewerber oder zwischen den von diesen angebotenen Waren oder Dienstleistungen oder den von ihnen verwendeten Kennzeichen führt,

4. die Wertschätzung des von einem Mitbewerber verwendeten Kennzeichens in unlauterer Weise ausnutzt oder beeinträchtigt,
5. die Waren, Dienstleistungen, Tätigkeiten oder persönlichen oder geschäftlichen Verhältnisse eines Mitbewerbers herabsetzt oder verunglimpft oder
6. eine Ware oder Dienstleistung als Imitation oder Nachahmung einer unter einem geschützten Kennzeichen vertriebenen Ware oder Dienstleistung darstellt."

Eine unzumutbare Belästigung ist nach § 7 Abs. 2 UWG „anzunehmen

1. bei einer Werbung, obwohl erkennbar ist, dass der Empfänger diese Werbung nicht wünscht;
2. bei einer Werbung mit Telefonanrufen gegenüber Verbrauchern ohne deren Einwilligung oder gegenüber sonstigen Marktteilnehmern ohne deren zumindest mutmaßliche Einwilligung;
3. bei einer Werbung unter Verwendung von automatischen Anrufmaschinen, Faxgeräten oder elektronischer Post, ohne dass eine Einwilligung der Adressaten vorliegt;
4. bei einer Werbung mit Nachrichten, bei der die Identität des Absenders, in dessen Auftrag die Nachricht übermittelt wird, verschleiert oder verheimlicht wird oder bei der keine gültige Adresse vorhanden ist, an die der Empfänger eine Aufforderung zur Einstellung solcher Nachrichten richten kann, ohne dass hierfür andere als die Übermittlungskosten nach den Basistarifen entstehen."

Die zentralen Anspruchsgrundlagen sind in § 8 UWG „Beseitigung und Unterlassung" und in § 9 UWG „Schadensersatz" geregelt. In § 10 UWG ist die Möglichkeit zur „Gewinnabschöpfung" an den Bundeshaushalt geregelt.

Neben dem UWG sind bei der Gestaltung der Marketing-Kommunikation zahlreiche Gesetze wie z. B. das Lebensmittel- und Bedarfsgegenständegesetz (LMBG), das Gesetz über die Werbung auf dem Gebiet des Heilwesens (HWG), das Arzneimittelgesetz (AMG), die Preisangabeverordnung (PAngV) usw. zu beachten. Als eine weitere rechtliche Einschränkung der Freiheit kommunikationspolitischer Entscheidungen kann die gesetzliche Beeinflussung der Auswahl von Kommunikationsmedien und Mittel genannt werden. Diese wird durch das Lebensmittel- und Bedarfsgegenständegesetz (LMBG) (z. B. Verbot der Werbung für Tabakerzeugnisse in Rundfunk und Fernsehen), das Landespressegesetz (LPG) (Gebot der Trennung von redaktionellen Beiträgen und Werbung), die Landesrundfunkgesetze und Landesmediengesetze (Gebot der Trennung von Werbung und Programm und Regelungen der Sendezeiten), das Bauordnungsrecht (Reglementierung der Ausmaße und Gestaltung von Außenwerbung) und die Straßenverkehrsordnung (StVO) (Ausschluss der Gefährdung des Straßenverkehrs im Rahmen der Werbung) beeinflusst. Außerdem können Rechtslagen des Rundfunk- und Fernsehrechts angeführt werden, welche den Staatsvertrag über den Rundfunk im vereinten Deutschland, Richtlinien der Rundfunkanstalten, die Landesrundfunk- und Landesmediengesetze, Rundfunkurteile des Bundesverfassungsgerichts sowie europäische Rechtsvorschriften beinhalten. Im Rahmen des Rundfunkstaatsvertrages schränken das Trennungsgebot (§ 7 Abs. 3 RStV: Trennung der Werbung und des normalen Programms), das Kennzeichnungsgebot der Werbung, das Beeinflussungsgebot, das Blockwerbegebot (Werbung darf nur in Blöcken ausgestrahlt werden) und das Verbot der Unterbrecherwerbung die Freiheiten von Unternehmen ein.

Neben der Beschränkung der Freiheit in der Auswahl von Medien und Kommunikationsmitteln bestehen zudem gesetzliche Bestimmungen, welche die Auswahl von Adressaten beeinflussen (Gesetz über die Verbreitung jungendgefährdender Schriften, Gesetz über die Werbung auf dem Gebiet des Heilwesens und Arzneimittelgesetz) (Bruhn 1997, S. 987).

Im Rahmen des Umsetzungs- und Realisierungsprozesses sind das Urheberrecht (UrhR), das Markengesetz sowie Nutzungsrechte, Lizenzen und generelle Bestimmungen des Grundgesetzes, des bürgerlichen und öffentlichen Rechts, des Strafgesetzes, der Gewerbeordnung und weiteren besonders relevant (Hartleben 2001, S. 86).

Die zahlreichen nationalen Gesetze und Verordnungen werden durch internationale Richtlinien und Verhaltensregeln ergänzt, um die divergierenden Rechtsregeln der verschiedenen Länder der EU aneinander anzugleichen und dadurch den internationalen Warenverkehr zu fördern (Bruhn 1997, S. 989).

Neben der Fremdregulierung kann die Selbstregulierung als freiwillige Selbstkontrolle kommunikationspolitischer Maßnahmen durch die Branche, einzelne Unternehmen und den deutschen Werberat mit festgelegten Verhaltensregeln (Bruhn 1997, S. 960) im Rahmen der Regulierung und Überwachung der Kommunikation angeführt werden. Die Selbstregulierung, welche meist der Fremdregulierung vorzugreifen versucht, hat den Verbraucherschutz und die Unterbindung von Gründen für Beschwerden und Unzufriedenheiten zum Ziel. Im Unterschied zur Fremdregulierung treten bei Verstößen der Selbstregulierung keine rechtlichen Sanktionen in Kraft (Bruhn 1997, S. 993).

Den Verhaltensregeln des deutschen Werberates kommt im Rahmen der Selbstregulierung besondere Bedeutung zu. Hauptaufgabe des deutschen Werberates ist die Förderung der Selbstdisziplin und Selbstregulierung der Unternehmen und Agenturen (Baumbach/Hefermehl 1995, S. 125). Als schwerpunktmäßige Arbeitsbereiche können die Behandlung von Beschwerden, die Entwicklung von Verhaltensregeln sowie die Information definiert werden. Die Behandlung von Beschwerden soll dazu beitragen, Konflikte zu schlichten. Im Rahmen der Entwicklung von Verhaltensregeln ist es die Aufgabe des deutschen Werberates, „Leitlinien und Verhaltensnormen hinsichtlich der Kommunikationspolitik der Werbetreibenden zu erarbeiten und deren Einhaltung zu überwachen" (Bruhn 1997, S. 995). Diese Verhaltensregeln klären nicht Verstöße gegen geltendes Recht, sondern sollen dazu beitragen, Fehlentwicklungen der Gestaltung zu verhindern und verbrauchergerechte Kommunikation zu fördern (Baumbach/Hefermehl 1995, S. 125). Eine weitere Aufgabe des Werberates besteht in der Information aller Gruppierungen der Werbewirtschaft über werberechtliche Urteile der Gerichte und Entscheidungen des Werberates sowie über neue Entwicklungen, Auffassungen und Forderungen im Rahmen der Selbstkontrolle (Bruhn 1997, S. 995). Die vom deutschen Werberat verabschiedeten Verhaltensnormen und Verhaltensrichtlinien umfassen den Bereich Werbung mit und vor Kindern in Werbefunk und Werbefernsehen, den Bereich Werbung für alkoholische Getränke und Werbung mit unfallriskanten Bildmotiven sowie die Bereiche Reifenwerbung und Herabwürdigung und Diskriminierung von Personen (Baumbach/Hefermehl 1995, S. 1081).

Neben den Verhaltensregeln des deutschen Werberates bilden die freiwilligen Selbstbeschränkungsabkommen der Wirtschaft einen weiteren Bereich der Selbstregulierung. Eine Vielzahl an Organisationen, Verbänden und Branchen haben eigene Verhaltens- und Wettbewerbsregeln aufgestellt, wie z. B. die Verhaltensweisen der Organisation der gewerblichen Wirtschaft, die Regeln des Markenverbandes, die Werbeselbstbeschränkungen der deutschen Zigarettenindustrie, die Werbeselbstbeschränkungen im Bereich der Heilmittelwerbung und internationale Werbeselbstbeschränkungen, um kommunikationspolitische Entscheidungen zu reglementieren und zu überwachen.

Eine dritte Form der Regulierung und Überwachung der Kommunikation stellt die externe Überwachung durch Wettbewerber, Institutionen der Verbraucherpolitik und Wirtschaftsverbände dar, welche die Kommunikationspolitik der Unternehmen überwachen.

9. Umsetzung

Sobald die Freigabe der Gestaltungskonzeption erfolgt ist, beginnt die Phase der Umsetzung und Produktion der Kommunikationsmittel. Am Ende erfolgt die Abnahme.

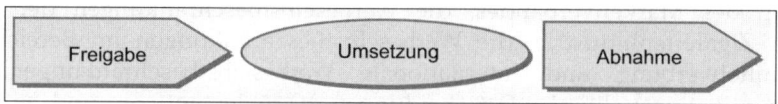

Abbildung 87: Input-Output-Beziehung der Umsetzung

In der Phase der Umsetzung wird die Produktion vorbereitet, Vorlagen erstellt, Aufträge erteilt und schließlich die Kommunikationsmittel produziert.

Abbildung 88: Ablaufschema der Umsetzung

9.1 Medienkommunikation

9.1.1 Vorbereitung der Produktion

In der Produktionsphase wird das Kommunikationsmittel in der richtigen Ausführung hergestellt. Diesem Vorgang vorgeschaltet ist die Erstellung eines Zeitplans, die Erstellung eines Ausführungsplans und die Erarbeitung eines Kostenplans für die Produktion. Die Integration in den Gesamtmanagementprozess ist auch in dieser Phase wichtig.

9.1.1.1 Erstellung eines Zeitplans

Die Erarbeitung eines Zeitplans für die Produktion ist von wesentlicher Bedeutung, um Produktionsabläufe und Abhängigkeiten darzustellen und zu koordinieren und rechtzeitig Produktionsengpässe aufzeigen zu können und die Beseitigung dieser zu ermöglichen (Lötters 1993, S. 247). Der Endtermin im Zeitplan ist meist der Erscheinungstermin/Einschalttermin des jeweiligen Mittels, kann aber auch schon früher festgelegt werden. Der Zeitplan kann sowohl als Terminliste oder als Netzplan erstellt werden. Bei der Erarbeitung sollte darauf geachtet werden, dass dieser immer Reservezeiten enthält, um fehlerhafte Elemente noch korrigieren zu können oder Prozesse gegebenenfalls wiederholen zu können. Wenn im Zeitplan der Produktion keine Reservezeiten eingeplant worden sind, müssten notfalls auch falsche oder schlechte „Materialien" akzeptiert werden. Der Zeitplan sollte neben den produktionstechnischen Abläufen außerdem Genehmigungsverfahren sowie Produktionsabläufe der Zulieferer berücksichtigen.

9.1.1.2 Erarbeitung eines Ausführungsplans

Neben der Erstellung eines Zeitplans für die Produktion sollte zudem ein Ausführungsplan erarbeitet werden. Im Ausführungsplan werden sowohl alle produktionsrelevanten Details festgelegt als auch die Gestaltungskonzeption auf ihre Realisierbarkeit überprüft.

Die schriftliche Fixierung aller produktionstechnischen Details der zu produzierenden Kommunikationsmittel kann folgende Kriterien beinhalten (Lötters 1993, S. 247ff.):

- Festlegung des Formats (Größe) einer Drucksache
- Umfang einer Drucksache, Länge eines Films/Spots
- Auflage einer Drucksache, Kopienzahl eines Films, Anzahl an Reinzeichnungsduplikaten
- Material (Papierqualität: glatt, matt, rau, satiniert, gestrichen, geprägt, geleimt)
- Farbe (Welche Farben sollen verwendet werden? Können vorher festgelegte Farben reproduziert werden?)
- Druckverfahren: Bestimmung der Art der zu erstellenden Druckvorlagen und Überprüfung der Realisierbarkeit der visuellen Konzeptionsumsetzung

- Versandart/Verpackung
- Qualitative Normen: Festlegung von qualitativen Normen, um sicherzustellen, dass Kommunikationsmittel dem konzeptionellen Anspruch gerecht werden

Neben produktionstechnischen Details werden im Ausführungsplan außerdem Gestaltungsvorgaben fixiert. Diese Gestaltungsvorgaben wurden zwar meist schon in der vorgehenden Phase bei der verbalen und visuellen Umsetzung festgelegt, sollen aber im Ausführungsplan zusammenhängend schriftlich fixiert werden. Dabei werden meist folgende Ausprägungen festgehalten:

- Fotos, Illustrationen
- Fotograf
- Location
- Modelle
- Aufnahmematerial (Umkehrfilm/Negativfilm)
- Aufnahmeformat
- Schriften (Schriftart, Schrifttyp, Schriftgröße, Schriftumfang)
- Gestaltungskonstanten (Markenzeichen-Größe, Standardformulierungen, Umbruch- und Layout-Konstanten)

9.1.1.3 Erarbeitung eines Kostenplans

Auf Basis des Ausführungsplans und des Zeitplans wird im Anschluss der Kostenplan der Produktion erarbeitet. Dabei wird sowohl der Ausführungs- als auch Zeitplan durchleuchtet und zwischen verschiedenen Alternativen abgewogen, um die Kosten verschiedener Anbieter zu vergleichen. Der Kostenplan kann dabei aufdecken, dass durch Umstellungen im Herstellungsverfahren oder im Materialeinsatz Kosten gespart werden können oder durch Alternativvorschläge eine kostengünstigere Produktion realisiert werden könnte.

Die Erarbeitung des Kostenplans ist auch immer mit Veränderungen im Zeitplan und Ausführungsplan verbunden, weil durch die Erarbeitung kostengünstigerer Vorschläge diese meist verändert werden müssen.

9.1.2 Vorlagenerstellung und Auftragserteilung

Im Anschluss an die Vorbereitung der Produktion folgt die Anfertigung derjenigen Unterlagen, mit denen die Produktion der Kommunikationsmittel fehlerfrei erfolgen kann. Dabei können verschiedene Vorlagen erstellt werden (Lötters 1993, S. 254ff.):

- Reinzeichnungen für Anzeigen
- Textmanuskripte, Bildvorlagen, Standskizzen für Prospekte
- Story-Boards, Timings für TV- und Kino-Spots
- Technische Zeichnungen für Messestände
- Dreidimensionale Muster und technische Zeichnungen für Displaymaterial etc.

Die anschließende Herstellung und Produktion der Kommunikationsmittel muss allein aufgrund dieser Vorlagen möglich sein. Um dabei eine möglichst fehlerfreie Produktion zu gewährleisten, sollte der Ermessensspielraum der Hersteller möglichst klein gehalten werden (ungünstig ist z. B. die Formulierung: „Druck gemäß Vorlage, nur das Rot im Hintergrund sollte etwas dunkler sein") und Vorlagen so erstellt werden, dass Anweisungen überflüssig werden und trotzdem nichts falsch gemacht werden kann.

Die produktionsreife Vorlage bildet dann die Grundlage für die Erteilung des Auftrages an die Druckerei/die Produktionsfirma. Der Auftrag wird schriftlich erteilt und legt sowohl Auflagen, Ausführungen und Termine fest.

Die geschilderte Vorgehensweise zur Vorbereitung der Produktion gilt im Prinzip für alle Kommunikationselemente. Im Folgenden werden exemplarisch Print und Film ausführlicher dargestellt.

9.1.2.1 Druckvorlagenerstellung und Druck von Printmedien

Druckvorlagenerstellung

Bevor mit dem Druck des Printmittels begonnen werden kann, muss die Reinzeichnung (Format mit Bild- und Textteil, Bildelemente im Umriss oder Bildvorlagen als Dia oder Illustration/Foto) vorliegen und das Format, der Satzspiegel und die typographischen Formate festgelegt werden.

Bei der Festlegung des Formates kann zwischen vielen gängigen Formaten gewählt werden, welche in Abbildung 89 (Quelle: Lötters 1993, S. 324) dargestellt sind.

Die Festlegung des Satzspiegels beinhaltet Entscheidungen zur Aufteilung von Textspalten, Bildgrößen und Rändern innerhalb des gewählten Formates. Bei der Wahl des typographischen Formates werden Schrifttypen und Auszeichnungen (Schriftart, Größe, Schnitt) festgelegt.

Bevor der Text in einem nächsten Schritt gesetzt wird, muss im Manuskript festgehalten werden, in welcher Schrift, Schriftgröße, Schriftschnitt, Farbe, etc. der Text gesetzt werden soll (Auszeichnung). Außerdem muss der Text in seiner vollständigen Form vorliegen und sämtliche Autorenkorrekturen müssen abgeschlossen sein. Danach wird die Reinzeichnung abgezeichnet und freigegeben. Der Graphiker zeichnet die gestalterische Richtigkeit der Vorlage ab (Umbruch, Laufbreite, Länge und Typographie), der Texter die Korrektheit des Satzes laut letzter Korrektur, der Kontakter die Richtigkeit der Inhalte und bei der Reinzeichnung wird die technische Exaktheit der Ausführung abgezeichnet (Pepels 1999, S. 698). Darauf wird der Text gesetzt und im Anschluss der Ausdruck meist 3-fach Korrektur gelesen. Der Autor korrigiert die Richtigkeit, der Setzer korrigiert auf Satzfehler und ein unabhängiger Korrektor korrigiert die Orthographie.

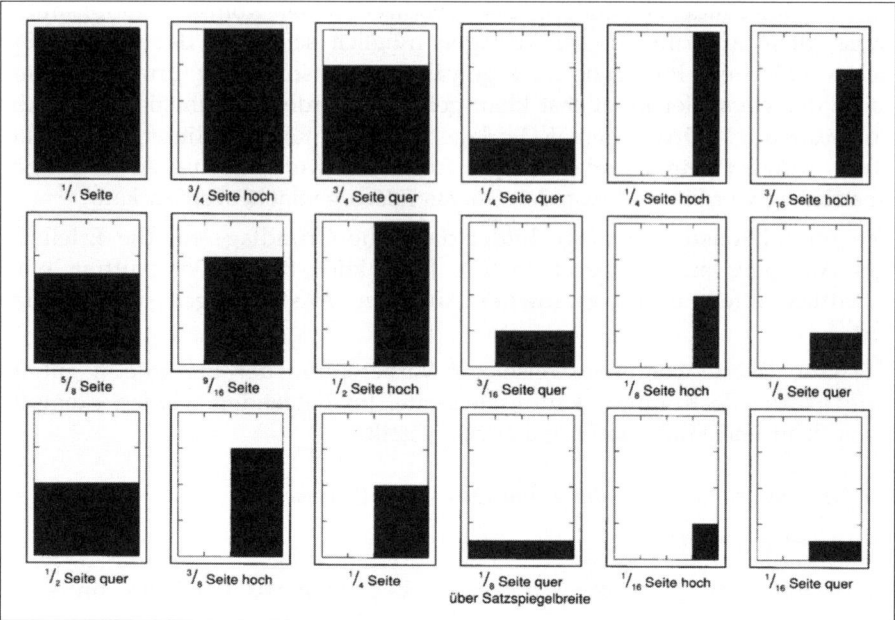

Abbildung 89: Gängige Anzeigenformate

Die fertige Satzdatei wird zusammen mit den eingebundenen Bilddateien auf einem Datenträger gespeichert und an ein Filmbelichtungs- oder Reprostudio geschickt. Dort erfolgt dann die anschließende Belichtung der Daten auf Film (Nalepka 2000, S. 43). Jedem Belichtungsauftrag werden dabei ein Layoutausdruck und ein Formular mit den wichtigsten Angaben (Auftraggeber, Produkt, Motiv, Auftragsnummer, Datum) beigelegt.

Für Satzherstellung, Layout und Bildbearbeitung in der Druckvorstufe werden meist nur noch DTP-Systeme eingesetzt. Dadurch werden Kosten und Zeit gespart und Korrekturen sind jederzeit möglich (Nalepka 2000, S. 43).

Ein möglicher Zwischenschritt vor der Belichtung ist die Repro. Dieser Schritt wird notwendig, wenn vor der Belichtung bei Abbildungen noch geringe Retuschen oder Korrekturen vorgenommen werden müssen (z.B. Farbkorrekturen, Größe, Einkopieren von Bildteilen, Schrift drehen oder spiegeln, etc.). Die vermaßten und ausgezeichneten Originalabbildungen werden meist zusammen mit einem Computerausdruck an die Reprofirma geliefert und Angaben zur Bearbeitung gemacht. Dabei können Angaben zur Sollgröße des Bildes, dem Druckverfahren, der Art der Reprofilme (positiv, negativ, seitenverkehrt), der Anzahl der Farbabzüge, der Rasterweite und Art des Rasters, der Anzahl der Proofs/Andrucke oder Farbausdrucke sowie Angaben zur Weiterverarbeitung gemacht werden. Der Reprobetrieb führt dann die fotografischen oder elektronischen Reproduktionen durch (Andruck oder Proofs als Ergebnis) und belichtet die Reprofilme.

Im Anschluss an die Belichtung werden die Filme entweder vom Auftraggeber oder der Druckvorstufe an die Druckerei zum Druck versandt.

Druck

Der erste Schritt beim eigentlichen Druck ist die Auswahl eines Druckverfahrens. Als gängige Druckverfahren können der Offsetdruck, der Hochdruck, der Tiefdruck, der Siebdruck und der digitale Druck angewendet werden.

Der Offsetdruck (Flachdruckverfahren) ist dabei das gebräuchlichste Druckverfahren. Es handelt sich dabei um ein indirektes Druckverfahren, bei dem sowohl die druckenden als auch die nichtdruckenden Partien in einer Ebene liegen. Da mit diesem Verfahren fast alle Papiere und Kartons bedruckt werden können, ist der Offsetdruck sowohl für den Druck von Zeitungen, Prospekten, Plakaten, Zeitschriften, etc. geeignet und somit vielseitig einsetzbar.

Der Hochdruck ist ein mechanisches Druckverfahren, bei dem die druckenden Teile erhöht liegen. Bei diesem direkten Druckverfahren wird das spiegelverkehrte Druckbild eingefärbt und gegen den Bedruckstoff gepresst. Da der Hochdruck sehr material- und zeitaufwändig ist, wird er eher selten eingesetzt.

Beim Tiefdruck liegen die druckenden Teile vertieft in der Druckform. Dieses relativ teure Verfahren lohnt sich erst ab einer hohen Auflage und wird hauptsächlich für den Druck von Illustrierten und Magazinen verwendet.

Weitere Druckverfahren sind der Siebdruck und der Digitaldruck (elektrofotografische Druckverfahren oder Druckmaschinen mit Flüssigtoner).

Nachdem ein Druckverfahren festgelegt wurde, erfolgt die Anfrage an verschiedene Druckereien bezüglich deren Preise und Leistungen. Dabei setzen sich die Kosten des Drucks aus den Materialkosten, den Fertigungskosten und den Maschinenkosten zusammen. Nach der Auswahl der Druckerei wird an diese der Druckauftrag schriftlich erteilt. Dabei werden sowohl die Termine für den Erstdruck, die Druckkontrolle und die Fertigstellung vereinbart, sowie die Lieferbedingungen festgehalten.

Der Auftrag wird dann zusammen mit den Satz- und Reprofilmen, dem Papierlayout (Dummy) und den Andrucken oder Proofs für den Farbdruck an die Druckerei übergeben.

In der Druckerei erfolgen dann die Filmmontage und das Ausschießen (Anordnen der einzelnen Seitenfilme auf Montagefolien zur Ausfüllung des Rohbogenformats). Anschließend werden die ersten Andrucke erstellt. Diese werden bezüglich bestimmter Kriterien (z. B. Farbgebung, Passgenauigkeit, Duplikation, etc.) geprüft. Daran schließt sich die Druckformerstellung und das Einrichten der Druckmaschinen an. Die ersten Drucke werden im Anschluss daran gemacht, welche wiederum in der Druckkorrektur geprüft werden. Erst wenn die Prüfung der ersten Drucke erfolgreich war, kann der Auflagendruck erfolgen. In einem letzten Schritt erfolgt dann die Druckweiterverarbeitung (Schneiden, Falzen, Zusammentragen und Binden; eventuell auch Perforieren, Kaschieren, Stanzen, Lochen).

9.1.2.2 Erstellung und Produktion von Sendevorlagen für TV-/Kino-Spots

Die Vorlagenerstellung bei Kino-Spots und TV-Spots unterscheidet sich grundlegend von der Druckvorlagenerstellung bei Printmedien. Am Anfang steht bei beiden Arten die schöpferische Idee, welche filmisch umgesetzt werden soll. Diese Idee sollte sich durch Originalität auszeichnen und nach dem SIRV-Prinzip (simple, interesting, relevant, visual) (Pepels 1999, S. 715) gehalten sein.

Im Anschluss daran wird der Handlungsablauf des TV- bzw. Kino-Spots beschrieben (Exposé). Darauf wird ein ausführlicher Konzeptentwurf mit grober Aufteilung des Handlungsablaufs in einzelne Szenen mit Angaben zum bildlichen und textlichen Inhalt des Films erarbeitet und genehmigt. Im Anschluss daran wird das Storyboard erarbeitet. Dabei wird ein „konkretisierter Ablauf mit einzelnen Bildausschnitten sowie jeweils zugeordneter, exakter Beschreibung der Handlung und des Tons (Sprache, Musik, Geräusche)" (Pepels 1999, S. 715) erstellt. Außerdem werden zu jeder Szene Regieanweisungen und Angaben zu Szenerie und den Darstellern erarbeitet und festgehalten.

Anschließend werden Produktionsfirmen angesprochen und angeschrieben und Kostenvoranschläge zur Produktion eingeholt. Gleichzeitig entsteht das Drehbuch als „Arbeitsanweisung zur Produktion eines Films mit operationalisierten Vorgaben zum kompletten Procedere für Technik, Darsteller, Mitarbeiter, Kamerafahrten, Tonelementen, Location, Requisiten etc." (Pepels 1999, S. 716). Im Pre Production Meeting (PPM) legen Werbeagentur, Produktionsfirma und Auftraggeber die Anforderungen und Erwartungen an die Produktion und Organisation fest.

Nach dem PPM wird der Drehplan erstellt und die Dreharbeiten beginnen. Nach den Dreharbeiten werden die Aufzeichnungen im Studio entwickelt, geschnitten und gemischt und die Einkopierung und Vertonung vorgenommen. Nach Freigabe der Arbeitskopie erfolgt der Feinschnitt. Die Zweibandabnahme (nur wenn Ton und Bild getrennt aufgenommen worden sind) oder Nullkopie auf magnetischer/elektronischer Aufzeichnung stellt die endgültige freizugebende Version dar, von der Sendekopien gezogen werden. Die Kopien werden dann an die verschiedenen Sender geschickt und die Nullkopie wird archiviert.

9.2 Direktkommunikation

Kennzeichen der Integrierten Marketing-Kommunikation ist, dass neben der Massenkommunikation auch der Einsatz der Direktkommunikation mit Instrumenten des Direktmarketing erfolgt. Das Direktmarketing umfasst dabei alle Maßnahmen zur gezielten Ansprache einer größeren Anzahl von potenziellen Kunden. Diese sollen mittels Telefon, Mail, SMS, Brief, Coupon oder weiteren Responseelementen angesprochen werden. Direktmarketing zielt auf die persönliche Ansprache zur Generierung eines individuellen Dialoges mit dem Rezipienten. Winkelmann (2004, S. 441) sieht in dieser Definition folgende Vorteile:

1. Direktmarketing löst den persönlichen Verkauf als eigenständiges Marketinginstrument nicht ab, sondern stellt eher eine Vorstufe des persönlichen Verkaufs dar.
2. Direktmarketing im Sinne von Direktkommunikation grenzt hier auch die Instrumente Public Relations und Verkaufsförderung ab.

Die Direktansprache findet sowohl im B-to-B Bereich als auch im B-to-C Bereich Anwendung. Die verkaufsorientierte Definition des Direktmarketing umfasst alle Maßnahmen, die auf Basis der Kommunikationsmedien Brief, Telefon, Fax oder Internet Kaufabschlüsse herbeiführen sollen. Der personalintensive Außendiensteinsatz soll hierbei ersetzt oder zumindest vorselektiert werden.

Damit sollen die Nachteile der unpersönlichen Massenkommunikation mit doch meist hohen Streuverlusten vermieden werden. Zudem können die Zielpersonen gezielter und individueller im Hinblick auf ihre Bedürfnisse angesprochen werden. Ein entscheidender Vorteil bei der Direktkommunikation ist die Möglichkeit des Dialoges.

Folgende Instrumente kommen beim Direktmarketing speziell zum Einsatz (Winkelmann 2004, S. 442):

(1) **Direktmailing-Verfahren** (Direct Mails) zur schriftlichen Ansprache einer großen Anzahl an Kunden (schriftliches Dialogmarketing).

(2) **Telefonmarketing** (Telemarketing) als telefonische Direktansprache, welche entweder in einem internen oder externen Call-Center institutionalisiert ist.

(3) **E-Mailings** und **Internet-Kontaktprogramme** zur Kundenansprache per Computer.

(4) **Hotline-Marketing** als Instrument zur aktiven Kundenansprache und Kundenbindung.

(5) **Direct-Response-Marketing**, in Form von Printanzeigen mit Responseträgern oder TV-Spots mit Responsegenerierung

(6) **Tele-Shopping** mit Forcierung von Kundenrückrufen.

Neben dem direkten Verkauf können mit diesen Instrumenten folgende Aufgaben erfüllt werden (Winkelmann 2004, S. 442):

• Marktforschung, Zielgruppenbestimmung, Kundenqualifizierung
• Gewinnung von Interessenten und Neukunden
• Erhebung von Kundenmeinungen (Responses)
• Aufbau eines Dialogs mit dem Kunden/Kundenbindung
• Individualisierung der Kommunikation
• Hotlines und Servicedienste für Interessenten und Kunden
• Suche nach Leads, d.h. herausfiltern echter Interessenten aus der Menge von Kontaktadressen zur Unterstützung des Verkaufs

- Kundenbedarfsanalysen mit Hinweisen an den Außendienst, wo sich Besuche lohnen und evtl. Vereinbarung von Außendienstbesuchen (Terminplanung)
- Gezielte Einladung von Interessenten und Kunden zu Veranstaltungen
- Kundenansprache zur Unterstützung von Handelspartnern
- Auftragsgewinnung, insbesondere im Versandhandel und Ticket Service

9.2.1 Telefonmarketing

Das Telefonmarketing stellt eine bedeutende Form der Direktkommunikation dar und beinhaltet die persönliche Kommunikation mit ausgewählten Zielpersonen über das Medium Telefon. Kernaufgabe ist der Aufbau und die Pflege von Kundenkontakten durch einen unmittelbaren und gezielten Austausch von Informationen (Bruhn 2003, S. 307). Des Weiteren können folgende wichtige Funktionen des Telefonmarketings angeführt werden (vgl. Winkelmann 2004, S. 453):

- Responseannahme nach Mailings, Anzeigenkampagnen oder TV- bzw. Hörfunk-Spots
- Qualifizierung von Adressen
- Allgemeine Markt- und Meinungsforschung
- Weckung von Kaufinteresse für beworbene Produkte
- Kundenakquisition und Generierung von Verkäufen
- Standardisierte Beratung, Kundenservice und Hotline-Service, Informationssystem
- Weitervermittlung von Anrufern an die für ein Thema zuständigen Spezialisten
- Auftragsannahme und Auftragsabwicklung
- Vereinbarung von Besuchsterminen für den Außendienst
- Beschwerdemanagement

Das Telefonmarketing ermöglicht eine schnelle und präzise Kontaktaufnahme, ein flexibles Eingehen auf Kundenreaktionen (Interaktion), eine stärkere Kundenbindung und Neukundengewinnung. Oft erfolgt das Telefonmarketing unter Einschaltung sogenannter Call-Center, die entweder zum Unternehmen selbst gehören oder externe Dienstleister sind.

Generell kann zwischen dem passiven Telefonmarketing (Inbound-Marketing) und dem aktiven Telefonmarketing (Outbound-Marketing) unterschieden werden. Während beim passiven Telefonmarketing die Initiative vom Kunden ausgeht und dieser zum Beispiel wegen einer Beschwerde anruft oder vom Servicetelefon oder einem kostenlosen Bestellservice Gebrauch macht, stellt das aktive Telefonmarketing eine Form der individualisierten Kundenansprache dar, wobei ausgesuchte Zielpersonen mit dem Ziel kontaktiert werden, Produkte oder Serviceleistungen anzubieten bzw. Informationen zu erfragen.

Erfolgreiche Telemarketing-Kampagnen sollten in folgenden Schritten geplant werden (Winkelmann 2004, S. 255):

(1) Entscheidung über die Zielgruppe einer Kampagne,
(2) Definition der Zielgruppe,
(3) Anmietung des Adressmaterials,
(4) Selektion und Überprüfung der Adressen (Adressenqualifizierung),
(5) Klärung der Hardware (Telefonanlage und Peripherie),
(6) Erstellung eines Telefon-Scripts (Telefonat-Drehbuch),
(7) Telefontraining und Einsprechen der Mitarbeiter,
(8) Durchführung der Calls,
(9) Call-Protokollierung (Telefonprotokolle),
(10) Erfolgsauswertung nach der Durchführung der Kampagne
(11) Follow-up-Aktionen für die gewonnenen Leads

9.2.2 Direct Mail Marketing

Direct Mails umfassen alle Formen der schriftlichen Direktansprache (Winkelmann 2004, S. 444). Sie stellen das dominierende und ursprüngliche Direktmarketing-Instrument dar. Die Erfolgsbausteine für Direct Mails zeigt Abbildung 90 (Winkelmann 2004, S. 445).

Abbildung 90: Die Erfolgsbausteine des Direct Mail Marketing

Der Erfolg von Direct Mails hängt zum einen von der Personalisierung und zum anderen von der Individualisierung ab. Die Personalisierung erfordert dabei die exakte adressmäßige Erfassung der Kunden und die Individualisierung das individuelle Eingehen auf das Kaufprofil bzw. die Bedürfnisstruktur des Kunden. Ziel ist eine bedürfnisgerechte Angebotserstellung (Winkelmann 2004, S. 445). In Bezug auf die Personalisierung und damit der Qualität der persönlichen Ansprache können sechs Graduierungen unterschieden werden: Die echte Individualansprache, die Pseudo-Individualansprache, das System Postwurf-Spezial, die Briefkastenwerbung oder Postwurfsendung mit der Tagespost, die klassischen Werbeträger mit Responsecharakter und Zeitungsbeilagen (Winkelmann 2004, S. 446).

Eine erfolgreiche Mailing-Kampagne sollte folgendermaßen geplant werden (Winkelmann 2004, S. 446):

(1) Fixierung der Zielsetzung der Kampagne,
(2) Eingrenzung der Zielgruppe,
(3) Anmietung oder Kauf des Adressmaterials,
(4) Adressenüberprüfung und Abgleich mit eigenen Datenbeständen,
(5) Datenanreicherung (Einkauf zusätzlicher Profildaten zur besseren Qualifizierung der Kundenbedürfnisse),
(6) Potenzialergänzung (Miete oder Kauf zusätzlicher Zielgruppenadressen),
(7) Festlegung von Umfang, Text und Layout des Mailing-Packages,
(8) Anfertigung und Druck des Mailing-Packages,
(9) Durchführung der Mailingaktion,
(10) Response-Erfassung und Auswertung der Rückläufe,
(11) Evtl. Folgemailing, Nachfassaktion,
(12) Follow-up bei den Personen, die geantwortet haben,
(13) Abschließende Erfolgskontrolle,
(14) Zukünftig: Adresspflege und Änderungsdienst.

Ein typisches Mailing-Package sollte dabei Folgendes enthalten: (Winkelmann 2004, S. 447)

- das Anschreiben,
- eine auf das Anschreiben abgestimmte Versandhülle (Briefumschlag),
- einen Prospekt, Katalog, Flyer mit ergänzenden Informationen,
- evtl. ein Preisausschreiben, eine Produktprobe, oder einen Hinweis auf ein Geschenk bei Rücksendung des Coupons,
- einen Reaktionsträger, z. B. Coupon, Bestellschein,
- einen frankierten oder mit dem Hinweis „Porto zahlt der Empfänger" versehenen Rückumschlag.

Tabelle 34 stellt eine Checkliste für erfolgreiche Mailings vor (in Anlehnung an Winkelmann 2004, S. 448).

Checkliste für erfolgreiche Mailings	⊗
Sind die Adressen ausreichend qualifiziert?	○
Sind alle Absender- und Kontaktdaten vollständig und korrekt?	○
Hebt sich der Umschlag von der normalen Post ab? Enthält er alle wichtigen Daten?	○
Wird der Empfänger namentlich und korrekt angeschrieben?	○
Wird der Empfänger in der Anrede persönlich angesprochen?	○
Wird das Thema konkret und lebendig vorgestellt?	○
Wird das Thema durch Bildmotive und ein attraktives Layout unterstützt?	○
Ist die Sprache auf die Zielgruppe abgestimmt?	○
Ist für den Kunden der angebotene Nutzen schnell und deutlich erkennbar?	○
Stehen Layout und Graphiken mit dem Kommunikationsauftritt bzw. mit der Corporate Identity in Einklang?	○
Ist der Unterschriftenteil persönlich gehalten und gut lesbar?	○

Gibt es ein aktivierendes Postskriptum?	○
Ist die Responseaktivierung stark genug? Ist eine eindeutige Handlungsaufforderung enthalten? Rückantwort-Coupon? Hotline? Preisausschreiben, etc.?	○

Tabelle 34: Checkliste für erfolgreiche Mailings

9.2.3 E-Mail Marketing

Das E-Mail Marketing stellt ein effektives, integriertes und anpassbares Marketinginstrument dar (Winkelmann 2004, S. 450). Der Erfolg einer E-Mail-Kampagne wird dadurch begründet, dass der Kunde immer durch seine Einwilligung sein ausdrückliches Interesse bekundet. Diese Form des Permission-Marketing verstärkt die Kundenbindung. Dabei versteht man unter Permission-Marketing, dass die Maßnahme nur nach Kundenerlaubnis erfolgt.

Gegenüber dem konventionellen Brief und dem Fax bietet eine E-Mail die folgenden Vorteile (Winkelmann 2004, S. 450):

- **Schnelligkeit**: Die Zusendung von E-Mails beansprucht nur Sekunden
- **Flexibilität**: E-Mail-Verteiler können schnell und flexibel gebildet werden
- **Anlagen**: Per Knopfdruck können Anlagen angefügt werden
- **Empfangskontrolle**: Der Empfang der E-Mail kann zeitnah kontrolliert werden
- **Messbarkeit**: Verfolgung weiterer Reaktionen des E-Mail-Empfängers
- **Kopierbarkeit**: Aufgrund der Digitalität können E-Mails ohne Qualitätsverlust beliebig oft reproduziert werden
- **Kostengünstigkeit**: E-Mails sind kostengünstig, da sie Geld für Papier, Druck und Versendung sparen
- **Multimedialität**: Im HTML-Format können E-Mails wie Briefe und mit Animationen formatiert und multimedial aufbereitet werden
- **Personalisierbarkeit**: Durch Interaktion mit der Kundendatenbank (Database, Data Warehouse) können E-Mails automatisch personalisiert und individualisiert werden
- Große **Rücklaufstärke** und hohe **Rücklaufgeschwindigkeit**

Tabelle 35 fasst einige Erfolgskriterien für ein erfolgreiches E-Mail Marketing zusammen (in Anlehnung an Winkelmann 2004, S. 451).

Checkliste für ein erfolgreiches E-Mail Marketing	⊗
Sind die Inhalte besonders relevant, interessant und nutzenbringend? Denn E-Mails und Newsletter können jederzeit abbestellt werden	○
Sind die enthaltenen Sätze kurz und prägnant formuliert? Denn E-Mails werden schneller gelesen.	○
Ist der Kundennutzen präzise erfasst? Denn die Betreffzeile von E-Mails ist oft der Türöffner.	○
Ist die Sprache locker und weniger formell als in klassischen Medien?	○
Sind ganze Kataloge als Attachment oder sonstige große Dateianhänge angehängt? Denn dies wird meist vom Kunden verpönt. Es ist besser, wenn Kunden selbst per Hyperlink die gewünschten Daten anfordern.	○

Tabelle 35: Empfehlungen für ein erfolgreiches E-Mail Marketing

9.2.4 Database Marketing

Direktkommunikation kann nur erfolgreich sein, wenn entsprechende Informationen über die Kunden in einer Datenbank gesammelt und bereitgehalten werden (Vergossen 2004, S. 306). Der systematische Aufbau sowie die permanente Pflege einer Kundendatenbank ist die Voraussetzung zur Realisierung der Direktkommunikation, denn „jede Direktansprache kann nur so gut sein, wie die Qualität der Adressen" (Winkelmann 2004, S. 443).

Database Marketing ist zu verstehen als ein auf den einzelnen Kunden ausgerichtetes Marketing auf der Basis kundenindividueller, in einer Datenbank gespeicherter Informationen (Winkelmann 2003, S. 288). Voraussetzung für das Database Marketing sind aktuelle und feingegliederte Kundendaten, nach denen automatisiert und nach vielen Kriterien gesucht werden kann (Winkelmann 2003, S. 289). Dies wird durch eine sogenannte Database, eine computergestützte Datenbank, ermöglicht. Der Vorteil einer Database ist, dass diese neben persönlichen, soziodemographischen und sozioökonomischen Daten auch kaufpsychologische Daten (Kaufhandlungen, Kaufmuster, Bestelldaten, Kauffrequenz, etc.) wie auch Neigungen, Produktassoziationen und Angaben zum Arbeitsverhalten der Zielgruppe (Kundenprofile) speichert, erfasst und selektiert. Mit Hilfe dieser Kundenprofile können die Kundentypen sowie deren Verhalten beschrieben (Preisbewusstsein, Servicebewusstsein, etc.) und kundenindividuelle Marketingstrategien erarbeitet werden (Winkelmann 2004, S. 443). Die Erfassung, Aufbereitung, Pflege und Analyse von relevanten Adressen und Adressmerkmalen in Datenbanken ermöglicht zudem eine genaue Zielgruppenselektion und einen aktiven bedürfnisgerechten Dialog mit dem Kunden. Die Database bildet daher die Grundlage für das CRM. Idealerweise kann daraus auch eine wirtschaftliche Bewertung der einzelnen Kunden erfolgen (Vergossen 2004, S. 306).

Eine Datenbank mit Kundeninformationen kann zum einen unternehmensintern geführt werden oder auch von externen Dienstleistern, sogenannten Adressverlagen, bezogen werden. Werden in einer zentralen Datenbank Kundendaten aus internen und externen Quellen gesammelt, bereinigt und geordnet abgelegt, so dass deren Inhalte für den Nutzer vergleichsweise schnell und einfach zugänglich sind, spricht man von Data Warehouse (Vergossen 2004, S. 306). In einem Data Warehouse werden die Daten mittels statistischer Methoden und Verfahren der künstlichen Intelligenz ausgewertet und analysiert, um qualifizierte Informationssysteme zur Kundenklassifizierung und -segmentierung aufzubauen.

Im Rahmen der Analyse von Datenbanken zur Selektion von Adressen für konkrete Maßnahmen der Direktkommunikation spielt das sogenannte Data Mining eine wichtige Rolle (Vergossen 2004, S. 307). Data Mining befasst sich in Data Warehouses mit dem Aufdecken von versteckten Beziehungen sowie dem Erkennen von unbekannten Mustern und Regeln, wodurch die Effizienz des Direktmarketing gesteigert wird.

Eine weitere Verfeinerung ist das Kundenprofiling, mit dem man potenzielle Kunden jeder Art genau und treffsicher analysieren kann (Wenzlau 2003).

10. Durchführung

Nach der Abnahme folgt die Phase der Aussendung bzw. Durchführung. In dieser Phase soll die Reaktionsauslösung und Anstoßung von Wirkungsprozessen bei den Rezipienten initiiert werden.

Abbildung 91: Input-Output-Beziehung der Durchführung

Die Phase der Aussendung bzw. des Einsatzes der Kommunikationsmittel beinhaltet die zeitliche und gebietsmäßige Streuung der Kommunikationsmittel und die optimale Platzierung der Kommunikationsmittel im Umfeld sowie in zeitlicher und räumlicher Hinsicht. Alle anderen Vorhaben (z. B. Direktkommunikation) sollen wie geplant durchgeführt werden können.

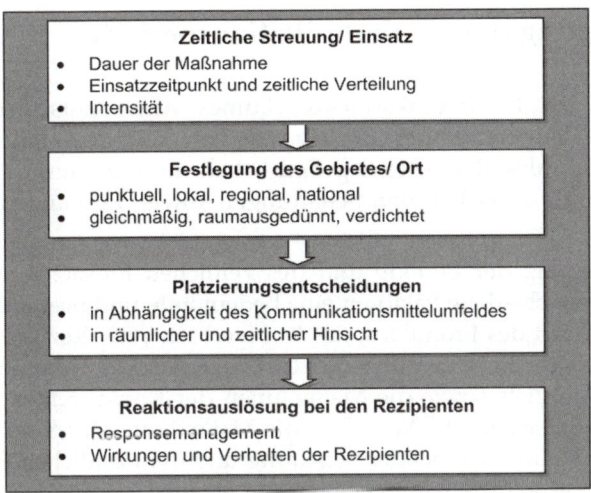

Abbildung 92: Ablaufschema der Durchführung

Im Anschluss an die Produktion der Kommunikationsmittel erfolgt die Realisierung der Einsatz- bzw. Mediaplanung im Rahmen der zeitlichen und regionalen Streuung. Durch die Mediaplanung soll das Kommunikationsziel möglichst schnell und nachhaltig (mit wenig Streuverlusten) erreicht werden.

Im Rahmen der Streuplanung geht man davon aus, dass die zur Erreichung der Zielgruppe am besten geeigneten Medien und Kommunikationsmittel bereits feststehen. Die Zielpersonen sollen nun im Rahmen der Streuplanung mit der richtigen Frequenz, zur richtigen Zeit bei minimalen Streuverlusten und zu geringsten Kosten erreicht werden (Kloss 2003, S. 217). Um eine optimale Wirkung zu erzielen ist es unumgänglich, genauestens zu planen, wann die Kommunikationsmittel geschaltet werden müssen. Da sich die Wirkung von Kommunikationsmaßnahmen nicht unmittelbar mit deren Aussendung einstellt, sondern meist mehr oder weniger stark verzögert ist, kommt der Planung des bestmöglichen Timings eine bedeutende Rolle zu.

Der Streuplan soll einen Überblick über die Nutzung aller Medien, den zeitlichen Einsatz sowie die zeitliche Verteilung der Einschaltungen darlegen und enthält Angaben zum Auftraggeber, zur Marke und zum Produkt, Angaben zu den geplanten Aktionen, den ausgewählten Kommunikationsmedien und den Kosten je Medium, der Summe der Kosten, Angaben zur Anzahl der Einschaltungen je Medium, dem Timing der Einschaltungen je Medium, den jeweils geschalteten Ausstattungen und Motiven, sowie Hinweise auf Sondervereinbarungen und Angaben zu den Kosten der Einschaltungen (einzeln und gesamt) (Pepels 2000, S.677; Pepels 1999, S. 692).

Neben der zeitlichen Verteilung muss zudem in einem nächsten Schritt die regionale Streuung sowie die Platzierung der Kommunikationsmittel festgelegt werden.

10.1 Festlegung der Kommunikationsperiode

Hinsichtlich des Kommunikationszeitraumes muss entschieden werden, über welche Zeitperiode der Einsatz erfolgen soll. Anschließend werden dann die Zeitpunkte der Belegung und Schaltung der Kommunikationsmittel, die Abstände zwischen den Schaltungen sowie die Länge der Schaltungen definiert.

Bei der Festlegung der Periode und des zeitlichen Einsatzes der Durchführung spielen verschiedene Faktoren eine bedeutende und beeinflussende Rolle. Dabei sind die Art des Produktes, das Kaufverhalten der Rezipienten (und der damit verbundene Entscheidungsprozess), die Art der Kommunikation, die Kommunikationsziele sowie die Maßnahmen der Konkurrenten Einfluss nehmend auf die Entscheidung. Vor allem die Maßnahmen der Konkurrenten und deren Zeitpunkte müssen bei der Schaltung und dem zeitlichen Einsatz beachtet werden, da Konkurrenzmaßnahmen die eigenen Kommunikationsaktivitäten erheblich in ihrer Wirkung mindern oder auch verstärken können, wenn der Einsatz zur gleichen Zeit erfolgt. Ob es dabei sinnvoller und effektiver für ein Unternehmen ist gegen, oder mit der Konkurrenz zu kommunizieren kann ebenso nicht verallgemeinert werden wie die Frage, ob die gleichen Medien belegt werden sollen. Obwohl sich die Wirkung einer (zeitlichen) Alleinstellung der Kommunikation grundsätzlich besser entfaltet, muss die Entscheidung bezüglich des Einsatzes und Zeitraumes dennoch von jedem Unternehmen nach Abwägung aller relevanten Faktoren selbst getroffen werden. Die Strategie des Medieneinsatzes der Konkurrenten sollte aber auf jeden Fall bei der eigenen Entscheidung berücksichtigt und einbezogen werden.

Innerhalb der definierten Kommunikationsperiode können mehrere Medien gleichzeitig in einer unterschiedlichen zeitlichen Abfolge genutzt werden (breite Schaltung), um größere Reichweiten zu erzielen (Pepels 1999, S. 676ff.). Die Durchführung kann dabei auf verschiedene Arten erfolgen. Die Medien können parallel („nebeneinanderherlaufend") oder ablösend (unmittelbarer Einsatz eines weiteren Mediums nach dem ersten) eingesetzt werden. Beim versetzten Einsatz laufen zwei oder mehrere Medien zeitlich nebeneinander, setzen jedoch zu unterschiedlichen Zeitpunkten ein. Beim sukzessiv einsetzenden Einsatz nimmt die Intensität der Wirkung ständig zu, weil nacheinander immer mehr Medien geschaltet werden, welche gleichzeitig aufhören. Beim sukzessiv auslaufenden Einsatz werden die Medien zur gleichen Zeit geschaltet, jedoch wird nach und nach immer ein Medium ausgeschaltet, wodurch die Intensität im Zeitverlauf abnimmt. Sobald sich die Medien im Einsatz fortlaufend ohne Unterbrechung abwechseln, liegt ein intermittierender Einsatz vor. Wenn Medien sich mit Unterbrechung abwechseln, spricht man von einem aussetzenden Einsatz. Ein konzentrierter Einsatz liegt vor, wenn Medien nur in einem limitierten Zeitabschnitt eingesetzt werden. Außerdem kann zwischen einem vorlaufenden und nachlaufenden Einsatz unterschieden werden, bei dem mehrere Medien ablösend oder versetzt zueinander laufen, wobei eines der Medien eine Vorlauf- oder Nachlauffunktion wahrnimmt. Die einzelnen Arten der Einsatzabfolge werden in Abbildung 93 grafisch dargestellt (Pepels 1999, S. 677).

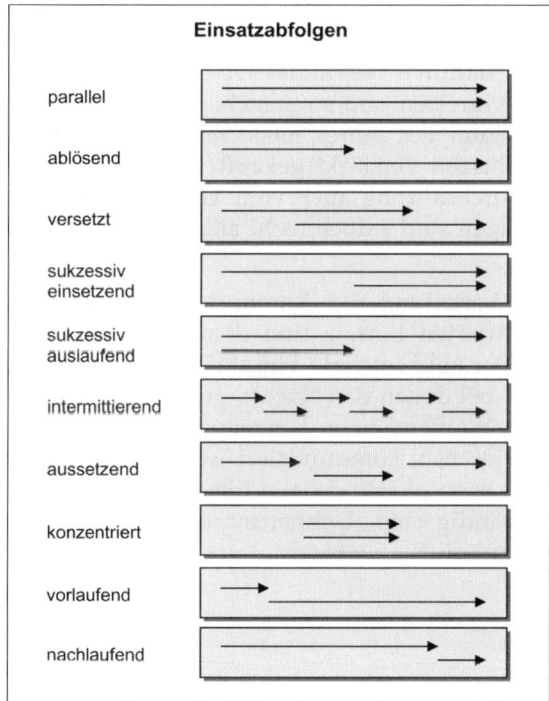

Abbildung 93: Mögliche Einsatzabfolgen

Welche dieser Einsatzabfolgen und Schaltungsvariationen beim Einsatz mehrerer Medien am effektivsten ist, sollte in Abhängigkeit der damit erzielbaren Reichweiten und Kontakte ermittelt werden. Auch muss dabei beachtet werden, dass ein durch eine solche Kombination erreichter Reichweitenzuwachs zu Lasten der Kontaktintensität gehen kann und umgekehrt.

10.2 Einsatzzeitpunkt und zeitliche Verteilung

Neben dem Zeitraum muss des Weiteren der Einsatzzeitpunkt, also der Einsatz nach Uhrzeit, Wochentag, Woche und Monat festgelegt werden (Pepels 1999, S. 680). Dabei kann der Einsatz nach verschiedenen Kriterien definiert werden. Nach dem Unternehmenserfolg kann zwischen einem prozyklischen und antizyklischen Einsatz unterschieden werden, nach den saisonalen Schwerpunkten der Produkte zwischen einem prosaisonalen und saisonalen Einsatz und in Relation zum Kaufverhalten zwischen der Vor- und Nachverkaufskommunikation. Dabei muss immer beachtet werden, dass Wirkungseffekte meist mit einer Verzögerung eintreten. Allgemeingültige Aussagen bezüglich des effektivsten Einsatzes der Kommunikation können dabei nicht gemacht werden, da mehrere Faktoren Einfluss ausüben. Jedoch kann bezüglich der zeitlichen Verteilung der Maßnahmen in Deutschland ein bestimmter Grundverlauf festgestellt werden, wobei in den Sommermonaten und zu Beginn des Jahres eher weniger geworben wird, während im Frühjahr und am Jahresende verstärkt Kommunikationsmaßnahmen geschaltet werden. Dies kann dadurch begründet werden, dass in den Sommermonaten viele Personen verreisen und so manche Medien nur beschränkt genutzt werden und zu Beginn des Jahres meist mehr gespart wird, während vor allem zur Weihnachtszeit verstärkt gekauft wird. Somit ist ersichtlich, dass die Planung der Durchführung auch vom Verhalten der Rezipienten abhängig ist. Diese Aussagen sind jedoch nicht allgemeingültig, da sie nur bedingt Gültigkeit besitzen.

Bei der zeitlichen Verteilung der Kommunikationsmaßnahmen kann zwischen dem konzentrierten Einsatz und dem gleichverteilten Einsatz unterschieden werden. Der konzentrierte Einsatz empfiehlt sich vor allem bei saisonalen Produkten, bei denen das Nachfragepotenzial zu bestimmten Zeiten besonders hoch ist. Während beim konzentrierten Einsatz in einer bestimmten Zeit besonders intensiv kommuniziert wird und in anderen Zeiten überhaupt nicht, erfolgt beim gleichmäßigen Einsatz eine kontinuierliche Impulsaussendung, um ständig eine „Erinnerungsstütze" zu geben und den Erinnerungswert kontinuierlich zu steigern.

10.3 Kommunikationsintensität

Neben dem Zeitraum und dem Einsatzpunkt muss außerdem entschieden werden, in welcher Intensität der Einsatz erfolgen soll. Dabei kann zwischen verschiedenen Alternativen unterschieden werden (vgl. Abbildung 94, Quelle: Pepels 1999, S. 682).

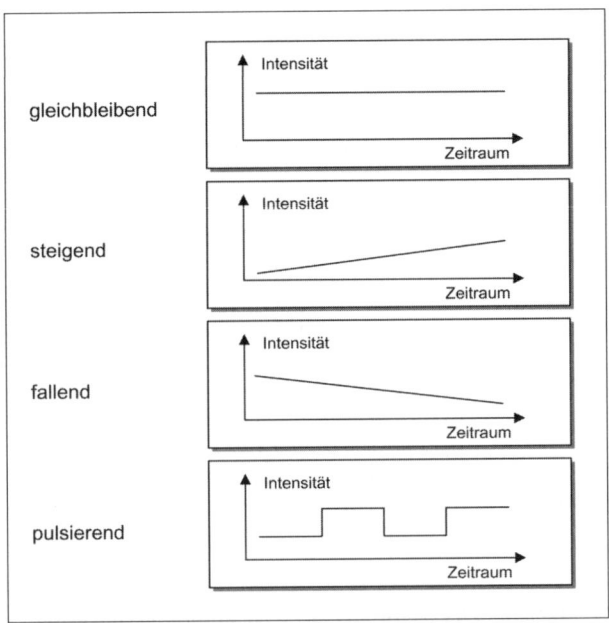

Abbildung 94: Die Kommunikationsintensität

Bei gleichbleibender Intensität erfolgt der Medieneinsatz in einem Gebiet während der gesamten Periode mit einem konstanten Niveau (Pepels 1999, S. 682). Bei der Veränderung der Intensität steigt oder fällt das Aktivitätsniveau kontinuierlich. Dabei kann beim Frontloading ein hoher Druck zu Beginn der Kampagne festgestellt werden, der dann kontinuierlich reduziert wird (Hofsäss 2003, S. 197ff.), während beim Backloading der Druck zu Beginn niedrig gehalten und dann ständig gesteigert wird (v.a. bei Ankündigungen, Interesse wecken). Eine pulsierende Intensität liegt vor, wenn der Medieneinsatz in regelmäßig oder unregelmäßig wechselnden Intervallen auf regelmäßig und/oder unregelmäßig wechselndem Niveau, meist auf Basis eines kontinuierlichen Basisdrucks, stattfindet (Pepels 1999, S. 683).

Gedächtnispsychologische Erkenntnisse belegen, dass kontinuierliche Schaltungen zwar einen schnelleren Anstieg des Erinnerungswertes begünstigen, jedoch auch einen noch schnelleren Abstieg (rascher aber flüchtiger Erinnerungswert). Bei der pulsierenden Kommunikation hingegen (z. B. Schaltung jede 4. Woche) kann ein langsamerer kontinuierlicher Anstieg beobachtet werden, der in einem niedrigeren, jedoch stabileren Niveau resultiert. Welche Art der Intensität am besten geeignet ist, hängt von den Kommunikationszielen, der Art der Gestaltung (Bild/Text), dem Kommunikationsobjekt und den Kommunikationsbedingungen (Konfrontationssituation) sowie dem Involvement der Rezipienten ab.

Die Festlegung der Kommunikationsintensität ist immer von verschiedenen Faktoren abhängig, welche Abbildung 95 darstellt (Hartleben 2001, S. 142).

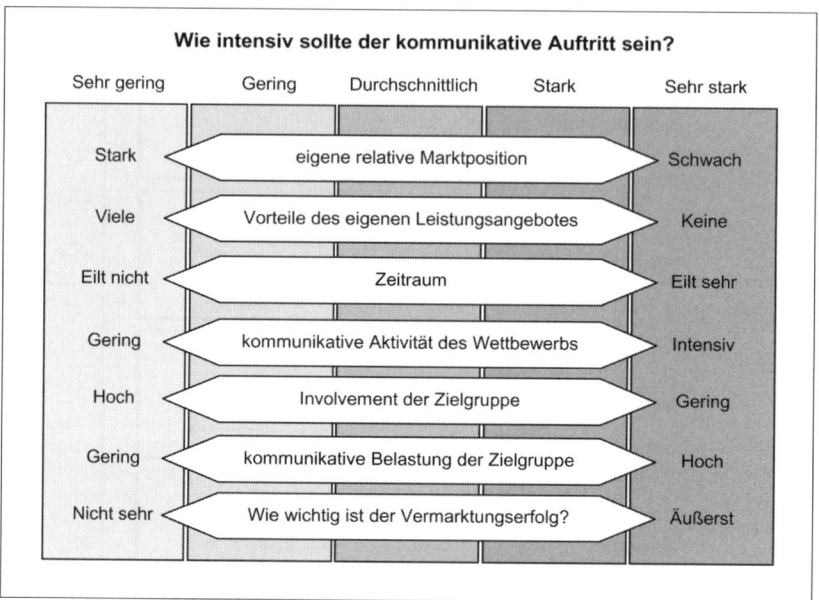

Abbildung 95: Festlegung der Kommunikationsintensität

10.4 Kommunikationseinsatz und Wirkungseffekte

Sowohl die Intensität als auch die zeitliche Verteilung der Schaltungen beeinflussen die Wirkungseffekte der Kommunikation. Aus diesem Grund müssen verschiedene Faktoren bezüglich der Wirkung beachtet werden.

Bei der Planung der Schaltung von Kommunikationsmaßnahmen sollte zum einen beachtet werden, dass die Wirkung bei den Rezipienten meist mit einer zeitlichen Verzögerung eintritt. Aus diesem Grund kommt der exakten Planung der Schaltung eine enorme Bedeutung zu, denn eine zu frühe oder zu späte Schaltung der Kommunikationsmittel kann die gesamte Kommunikation ineffektiv werden lassen. Daher muss die Zeitspanne der Wirkungsverzögerung einberechnet werden und Kommunikationsmaßnahmen eine gewisse Zeit vor dem gewünschten Wirkungseintritt geschaltet werden.

Zum anderen ist die Tatsache zu beachten, dass die einmal erzielte Kommunikationswirkung nur eine beschränkte Zeit wirksam ist und ständiger Auffrischungen durch die wiederholte Aussendung der Botschaft bedarf (Rogge

1996, S. 219). Sowohl das Vergessen (Wirkungsverfall) als auch das Lernen (Wirkungsaufbau) der Botschaft müssen bei der Festlegung des Zeitraumes und des Zeitpunktes der Kommunikation berücksichtigt werden. Wenn ein Unternehmen nach Erreichen des Wirkungsmaximums nicht mehr kommuniziert, setzt bei den Rezipienten das Vergessen ein. Zwar bleibt ein bestimmtes Niveau erhalten, auf dem später wieder aufgesetzt werden kann, wenn die Wirkung jedoch bestehen bleiben soll, muss kontinuierlich ein Impuls gesendet werden.

Bei Kombination der Lernkurve (Responsefunktion) mit der Vergessenskurve erhält man die Gesamtwirkungsfunktion im Zeitverlauf, welche je nach gleichverteiltem oder konzentriertem Einsatz der Kommunikation unterschiedlich ausfällt (vgl. Abbildung 96; Rogge 1996, S. 220).

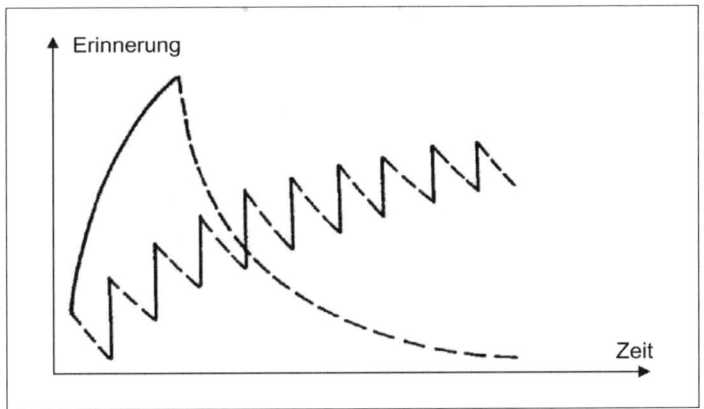

Abbildung 96: Erinnerungswirkung in Abhängigkeit der Zeit

Durch zahlreiche Experimente und Studien konnte nachgewiesen werden, dass „sich grundsätzlich bei gleichmäßiger Verteilung ein langfristig höheres Wirkungsniveau erreichen läßt als bei konzentriertem Einsatz" (Rogge 1996, S. 219). Der Erinnerungswert bei der konzentrierten Kommunikation erreicht zwar kurzfristig ein absolut höheres Niveau als dies bei der gleichmäßig verteilten Kommunikation erreichbar ist, aufgrund der folgenden „Untätigkeitsphase" folgt jedoch ein relativ rapider Wirkungsabfall. Bei der gleichmäßig verteilten Kommunikation hingegen wird aufgrund der ständig einwirkenden Impulse bereits Gelerntes gefestigt und ergänzt und bereits Vergessenes reaktiviert, wodurch die Menge des Gelernten erhöht und gefestigt wird und dadurch auch nicht so leicht wieder vergessen wird (Rogge 1996, S. 219).

Welche zeitliche Verteilung für die jeweilige Situation dabei am besten geeignet ist, kann nicht allgemeingültig formuliert werden, da verschiedene Faktoren Einfluss nehmen. So ist zum Beispiel im Rahmen einer Einführungskommunikation ein massierter Einsatz sinnvoll, während zur Förderung der Erinnerung eine gleichmäßige Verteilung bessere Wirkungsergebnisse mit sich bringt.

Bezüglich der Wirkungseffekte sollte außerdem der Tatsache Aufmerksamkeit geschenkt werden, dass mit der Anzahl der Kontakte die Zuwachsrate der Wirkung meist abnimmt. Die Wear-out-Hypothese von Grass/Wallace erweitert diese These insofern, dass mit einer bestimmten Anzahl an Kontakten weitere Bemühungen wirkungslos bleiben und die Kommunikationswirkung sogar gemindert wird (Nieschlag 2002, S. 1098). Dieser These steht die Abnutzungs-Hypothese nach Wimmer gegenüber, die besagt, dass beim Einsatz realitätsnaher Intervalle weder Abnutzungseffekte bei der Aufmerksamkeitswirkung noch bei der langfristigen Erinnerung eintreten (Nieschlag 2002, S. 1098). Jedoch sollte berücksichtigt werden, dass bei wiederholter Schaltung von Kommunikationsmitteln Abwechslung nötig ist, da bei wiederholter Darbietung der gleichen Botschaft die Wirkung nach anfänglicher Steigerung (Aufmerksamkeit, Lernen) wieder nachlässt, weil der Neuigkeitsgehalt fehlt und Abnutzungseffekte eintreten.

Abbildung 97 stellt die Abhängigkeit zwischen der Anzahl der Kontakte und der jeweiligen Kommunikationswirkung dar (Böcker 1996, S. 411). Dabei unterstellt Kurve a, dass die Rezipienten schon nach einem ersten Kontakt die maximale Kommunikationswirkung erreichen. Kurve b stellt eine proportionale Wirkungszunahme dar und Wirkungskurve c unterstellt, dass bei geringen Kontaktzahlen noch gewisse psychische Hemmnisse gegen eine Entfaltung der Wirkung vorherrschen und bei hohen Konztaktzahlen gewisse Sättigungserscheinungen auftreten.

Während Fall a und b eher relativ seltene Grenzfälle darstellen, weist Kurve c die größte empirische Relevanz auf.

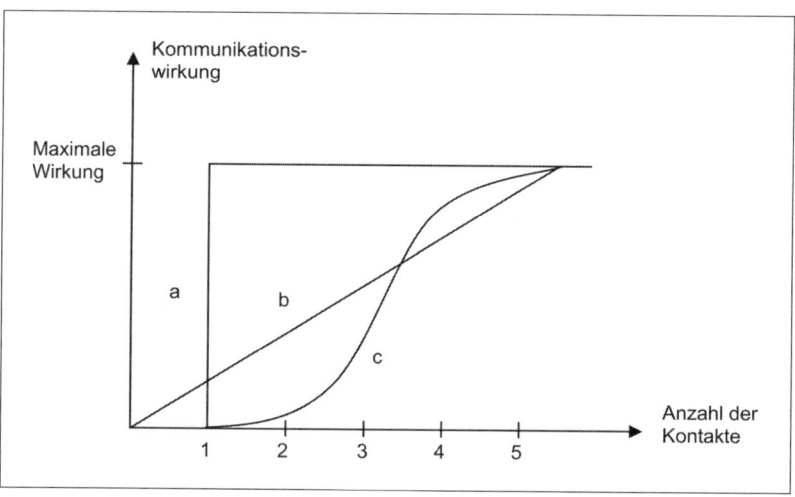

Abbildung 97: Der Wirkungszuwachs in Abhängigkeit der Kontakte

10.5 Festlegung des Kommunikationsgebietes

Neben der zeitlichen Streuung der Kommunikation muss in einem weiteren Schritt die räumliche Erstreckung, innerhalb derer die Kommunikation wirksam werden soll, festgelegt werden. Das Gebiet ergibt sich meist aus der Aufgabenstellung und wird gewöhnlich schon im Briefing bestimmt. Das Kommunikationsgebiet orientiert sich an den Distributionswegen und dem Marketingplan des Unternehmens und lässt sich meist aus der Marktbearbeitung des Unternehmens ableiten. Die Festlegung des Gebietes muss in Abhängigkeit von der Beschaffenheit des Produktes und der Zielgruppe erfolgen. Wenn das Unternehmen innerhalb der Nationalstaatsgrenzen operiert, kommen meist eine punktuelle (nur in einem begrenzten Gebiet), lokale, regionale oder nationale Kommunikation in Frage. Jedoch kann das Unternehmen auch weltweit tätig sein, wodurch sich die Gebietsgrenzen der Kommunikation auch mit ausdehnen. Das Gebiet kann also in einem ersten Schritt nach dem Markt definiert werden, auf welchem das Unternehmen tätig ist. Bei der Belegung muss beachtet werden, dass manche Instrumente bezüglich ihrer Einsatzbreite nur für die Bearbeitung eines bestimmten Gebietes geeignet sind.

Des Weiteren muss innerhalb des definierten Gebietes die Intensität der Kommunikation festgelegt werden. Dabei kann das Gebiet gleichmäßig, raumausgedünnt (Teilräume werden nicht abgedeckt) oder raumverdichtet (Ballungsgebiete werden mehrfach abgedeckt) von den einzelnen Medien abgedeckt werden (Pepels 1999, S. 672). Die Intensität der Raumabdeckung ist vom Budget, von den Kommunikationszielen und der unternehmensspezifischen Marktausschöpfung abhängig. Je nachdem, ob das Unternehmen eine selektive, spezialisierte, vollständige, differenzierte oder undifferenzierte Marktabdeckung betreibt, richtet sich auch die Intensität des Einsatzes innerhalb eines Gebietes nach diesen Strategien aus.

10.6 Platzierungsentscheidungen

Platzierungsentscheidungen von Kommunikationsmitteln können ebenso wie die zeitliche und regionale Streuung eine wesentliche Rolle hinsichtlich der zu erzielenden Wirkung einnehmen. Platzierungsentscheidungen befassen sich mit der optimalen Stellung des Mittels im Verhältnis zu seinem Umfeld und der Anordnung und Platzierung des Kommunikationsmittels in räumlicher (Zeitung/Zeitschrift) und zeitlicher (Fernsehen/Hörfunk) Hinsicht.

In Abhängigkeit der Platzierung können unterschiedliche Impulse und Wirkungen bei den Rezipienten beobachtet werden. Dabei wurden verschiedene Versuche bezüglich der Aufmerksamkeitswirkung und Gedächtniswirkung (vgl. Seyffert 1966, S.499ff. und Jacobi 1975, S.451ff.) durchgeführt und dadurch belegt, dass bei einer Anordnung von Rastern (2/4/9 Felder) und der damit verbundenen Aufmerksamkeitswirkung bei den Probanden meist eine Bevorzugung der oberen und rechten Felder festgestellt werden konnte. Obwohl Beweise und allgemeingültige Aussagen über die Günstigkeit der Platzierung nicht möglich sind, da Wirkungseffekte u.a. auch von den Nutzungsgewohnheiten der Zielgruppe (z.B. wird von vorne nach hinten oder von hinten nach vorne gelesen; individuelles nicht vorhersagbares Verhalten) und der Umwelt des Kommunikationsmittels abhängig sind (Rogge 1996, S. 284), können dennoch Hinweise bezüglich einer effektiven und zielführenden Platzierung abgeleitet werden.

Dabei kann angenommen werden, dass bezüglich der Reihenfolge eine Platzierung des Kommunikationsmittels zu Beginn (Umschlagseite, erste Seiten, Beginn des Werbeblocks) am wirkungsvollsten ist, da mit längerer Betrachtung und Einwirkung die Wirkungseffekte nachlassen. Dieser Effekt wird als Primacy-Effekt bezeichnet und besagt, dass zuerst wahrgenommene Informationen mehr Aufmerksamkeit erhalten als später wahrgenommene (Kloss 2003; S. 182). Eine Generalisierung ist jedoch nicht möglich, da eine kontinuierliche Einwirkung des Kommunikationsmittels nicht immer gegeben ist (man legt oft die Zeitung zur Seite und liest später weiter).

Des Weiteren haben Platzierungsentscheidungen im jeweiligen Medium Einfluss auf die resultierende Kommunikationswirkung. Hinsichtlich der am besten geeigneten und wirkungsvollsten Platzierung der Mittel muss bei den Medien Fernsehen und Hörfunk zum Beispiel entschieden werden, an welchen Stellen innerhalb welcher Werbeblöcke und in welchen redaktionellen Programmumfeldern der Spot zu platzieren ist. Bei der Platzierung eines Spots innerhalb von Werbeblöcken kann zwischen vier Entscheidungskonstellationen ausgewählt werden. Der Spot kann entweder einmal in einem Werbeblock geschaltet werden oder mehrmalig in einem Werbeblock. Außerdem ist eine einmalige Schaltung des Spots in mehreren Werbeblöcken sowie die mehrmalige Schaltung eines Werbespots in mehreren Werbeblöcken möglich.

Bei der Anzeigenwerbung in Tageszeitungen und Zeitschriften muss im Rahmen der Platzierung entschieden werden, auf welchen Seiten (Umschlagseite, erste Seiten, in der Mitte oder hintere Seiten) bzw. an welchen Stellen der Seiten (oben, unten, rechts, links, Doppelseite) und in welchen Beitrags- und Werbeumfeldern (Anzeigenteil, Rubrik, Redaktionsteil) das Kommunikationsmittel platziert werden soll. Auch bei diesen Entscheidungen können keine allgemein gültigen Aussagen bezüglich der mit der Platzierung verbundenen Wirkungseffekte gemacht werden. Es wurde jedoch beobachtet, dass Umschlagseiten eher und intensiver betrachtet werden als Seiten im Heftinneren und der Blick eher auf Anzeigen der rechten und vorderen Seiten wandert.

Im Rahmen der Außenwerbung muss entschieden werden, welche Anschlagstellen in welcher Anzahl an welchen Orten wie belegt werden müssen, um die besten Wirkungseffekte erzielen zu können.

10.7 Aussendung und Schaltung der Kommunikationsmittel

Nachdem alle Entscheidungen bezüglich der Streuung und Platzierung getroffen wurden, werden die Kommunikationsmittel in einem nächsten
Schritt ausgesendet und geschaltet.

Aufgrund der Durchführung wird den Zielpersonen die Möglichkeit gegeben, mit dem Kommunikationsmittel in Kontakt zu kommen und die Botschaft wahrzunehmen. Als Folge der Schaltung der Botschaft werden bei
den Rezipienten Wirkungsprozesse ausgelöst, welche die Wahrnehmung,
Verarbeitung, Speicherung und anschließende Reaktions- und Handlungs-
auslösung beinhalten.

In dieser Phase kommt neben der prozessorientierten Integration auch der
zeitlichen Integration eine besondere Bedeutung zu.

11. Erfolgskontrolle

Im Anschluss an die Phase der Durchführung folgt die Erfolgskontrolle. Ausgangspunkt der Erfolgskontrolle stellt die Reaktionsauslösung bei den Kommunikationsempfängern dar. Die Kontrolle des Kommunikationserfolges resultiert in der Erfolgssicherung.

Abbildung 98: Input-Output-Beziehung der Erfolgskontrolle

Die Prozessphase der Erfolgskontrolle beinhaltet die Ermittlung der Kommunikationswirkung, die Ermittlung des Kommunikationserfolgs und die Kontrolle der Kommunikationsleistung.

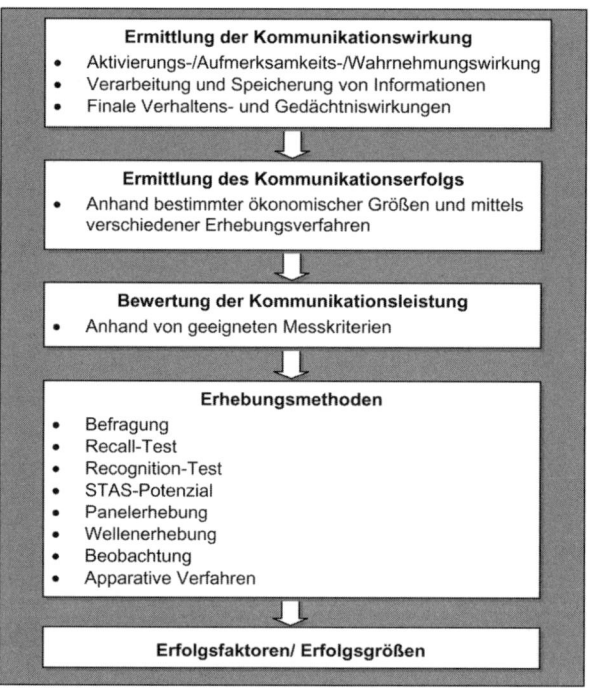

Abbildung 99: Ablaufschema der Erfolgskontrolle

11.1 Ziele der Erfolgskontrolle

Die Erfolgskontrolle im Rahmen des Kommunikationsprozesses verfolgt das Ziel, die Zielerreichung und Kommunikationswirkung zu kontrollieren, Schwachstellen und Verbesserungsmöglichkeiten aufzudecken und somit den Erfolg zu sichern. Dabei spiegelt sich der Kommunikationserfolg im Grad der Erreichung kommunikativer Zielsetzungen bei den anvisierten Zielgruppen wider, welcher ausschließlich, beziehungsweise überwiegend auf den Einsatz von Kommunikationsaktivitäten zurückzuführen ist (Bruhn 1997, S. 5). Die Erfolgskontrolle beinhaltet somit die Kontrolle der Erreichung der definierten Kommunikationsziele und erfolgt meist mit Hilfe eines Soll-Ist-Vergleichs der Zielgrößen. Dabei werden die zu Beginn des Kommunikationsprozesses definierten Ziele mit deren Zielerreichung verglichen und somit zum einen die einzelnen kommunikationspolitischen Maßnahmen auf Schwachstellen überprüft und zum anderen der gesamte Prozess bewertet. Die Erfolgskontrolle überprüft zudem, ob die Ressourcen zweckmäßig und zielgerichtet eingesetzt wurden und ob die gewünschte Kommunikationswirkung eingetreten ist. Falls dabei im Prozess oder bei den einzelnen Maßnahmen Schwachstellen oder Fehler aufgedeckt werden, können daraus Verbesserungen und Maßnahmen für zukünftige Kommunikationsprozesse abgeleitet werden.

Die Erfolgskontrolle bezieht sich naturgemäß auf die resultierenden Zielgrößen im Markt. Damit man nicht erst am Ende, sozusagen aus der Retrospektive, des Kommunikationsprozesses analysieren kann, ob die jeweiligen Maßnahmen erfolgreich waren, ohne dabei noch Gestaltungsmöglichkeiten zu haben, versteht sich die Controllingfunktion in der Integrierten Marketing-Kommunikation als permanente Aufgabe. Dabei wird jeweils innerhalb der einzelnen Prozessphasen geprüft, ob die jeweiligen Erfolgsparameter erfüllt bzw. gegeben sind, bevor die nächste Phase freigegeben wird (Monitoring). Neben dem Monitoring stellen der Pretest und der Posttest weitere Ebenen der Erfolgskontrolle dar (vgl. Abbildung 100; Quelle: Hartleben 2001, S. 1999).

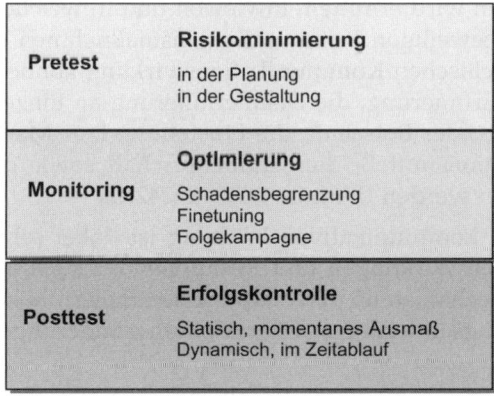

Abbildung 100: Die Phasen der Erfolgskontrolle

Pretests werden während des gesamten Prozesses, vor allem in den Phasen der Planung und Gestaltung durchgeführt, um Fehler möglichst frühzeitig zu erkennen, das Risiko von Beginn an einzudämmen und Möglichkeiten der Verbesserung einzuräumen. Das Monitoring zielt auf die Optimierung des Erfolges und beinhaltet die ständige Überwachung und Kontrolle sämtlicher Aktivitäten während jeder Prozessphase. Die nächste Prozessphase darf somit erst angetreten werden, wenn die vorhergehende erfolgreich abgeschlossen wurde. Der Posttest wird am Ende des Kommunikationsprozesses durchgeführt und kontrolliert den gesamthaften Erfolg des ganzen Prozesses.

Bei der Ermittlung des Kommunikationserfolges und der Bewertung der Erreichung der Kommunikationsziele werden meist der ökonomische Kommunikationserfolg und die kommunikative Wirkung zur Bewertung herangezogen.

Allgemein betreffen folgende Ebenen den Kommunikationserfolg (Hofsäss 2003, S. 234ff.).

Kommunikative Wirkung: Welche Wirkungen wurden bei den Rezipienten durch die Kommunikation ausgelöst? (Kennziffern: Markenbekanntheit, Erinnerung, Steigerung der Kaufbereitschaft, Imageverbesserung, etc.)

Kommunikationserfolg: Welche ökonomischen Größen wurden durch die Kommunikationsmaßnahmen verbessert? (Kennziffern: Share of Market, Marktanteil, Bestellungen, zusätzliche Deckungsbeiträge, Aufträge, etc.)

Unternehmenserfolg: Trägt der Kommunikationserfolg auch zum Unternehmenserfolg bei? (Kennziffer: z.B. Benchmarking)

Bewertung der **Medialeistung** anhand von Reichweiten, Kontaktzahlen, GRP's

11.2 Ermittlung der kommunikativen Wirkung

Die kommunikative Wirkung ist definiert als jede Art von Reaktion einer Person, mit der diese Person auf einen kommunikativen Reiz antwortet (Bruhn 1997, S. 360). Im Rahmen der Kontrolle der Wirkung von Kommunikationsmaßnahmen wird ermittelt, inwieweit und in welchem Maße die Zielpersonen auf die jeweiligen Kommunikationsmaßnahmen reagieren. Als Indikatoren der psychischen Kommunikationswirkung können die Bekanntheit (Awareness), die Erinnerung, die Detailerinnerung an Einzelheiten des Kommunikationsmittels/der Botschaft, die Einstellung (zur Marke, zum Produkt, zum Kommunikationsmittel), die Kaufbereitschaft sowie die Positionierung der Marke gesehen werden (Hofsäss 2003, S. 242ff.).

Die Kontrolle der kommunikativen Wirkung ist dabei sehr aufwändig und kompliziert, da sich Wirkungen und Reaktionen oft auch im nicht beobachtbaren Reaktionsmechanismus der Zielpersonen äußern können und Reaktionen wie Einstellungsänderungen oder Meinungsänderungen nur schwer zu ermitteln sind.

Die Wirkung von Kommunikationsmaßnahmen kann auf mehreren Stufen beobachtet werden (vgl. Kapitel B.2.3). Dabei kann die Wirkung je nach Art des zugrunde gelegten Modells (z. B. AIDA) in verschiedene Wirkungsstufen untergliedert werden.

Meist wird die kommunikative Wirkung in die Stufen Wahrnehmung, Verarbeitung/Speicherung und finale Verhaltensreaktion unterteilt (vgl. Abbildung 101).

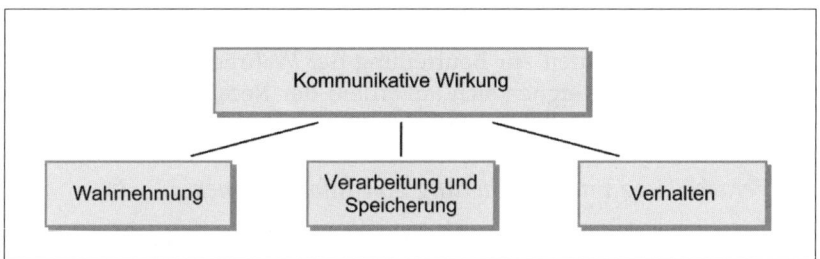

Abbildung 101: Die Wirkungsstufen der Kommunikation

11.2.1 Kontakt

Die Kontakte des Kommunikationsempfängers mit dem Medium, dem Kommunikationsmittel und der Botschaft bilden die Voraussetzung für alle folgenden Wirkungsstufen. Wenn kein Kontakt zwischen Kommunikationsmedium/-mittel und dem Rezipienten erfolgt ist, kann die Kommunikationsbotschaft vom Empfänger folglich auch nicht wahrgenommen werden und somit keine Wirkung erfolgen.

Die Anzahl der Trägerkontakte (Reichweiten oder Kontaktsummen) sowie die Anzahl der Kommunikationsmittelkontakte (Reichweiten oder Kontaktsummen) geben dabei Aufschluss darüber, wie viele Personen mit dem Kommunikationsmedium/-mittel in Kontakt gekommen sind. Die Ermittlung des Kontaktes zwischen Empfänger und Botschaft kann mit Hilfe der Beobachtung oder Blickaufzeichnung erfolgen.

11.2.2 Aktivierungs-/Wahrnehmungswirkung

Sobald ein Kontakt zwischen Botschaft und Empfänger stattgefunden hat, tritt als erste Kommunikationswirkung die Aktivierung der Person auf. Die Aktivierungswirkung bildet dabei die Voraussetzung für die Auslösung weiterer Wirkungsprozesse. Die physische Erregung kann zum Beispiel über psychogalvanische Hautwiderstandsmessungen, Pupillenreaktionsmessungen, Hirnstrommessungen oder Blutdruckmessungen gemessen werden.

Die Wahrnehmung des Kommunikationsmittels und der darin enthaltenen Botschaft schließt sich an die Aktivierung an. Die Wahrnehmung ist für den Kommunikationserfolg eine notwendige, jedoch nicht hinreichende Voraussetzung, da die Wahrnehmung alleine noch keine Handlung auslöst. Die Kommunikation kann jedoch nur dann erfolgreich verlaufen, wenn die Kommunikationsbotschaft von der Zielperson auch wahrgenommen wurde.

Ein Beurteilungskriterium für die Wahrnehmung von Botschaftsinhalten ist der Recognitionwert. Beim Recognition-Test wird die Wiedererkennung der Botschaft gemessen und somit ermittelt, ob ein Kontakt mit dem Kommunikationsmittel stattgefunden hat und die Botschaft wahrgenommen wurde (Anzeige gesehen und eventuell sogar intensiv betrachtet). Dabei werden Probanden zum Beispiel unter Vorlage einer Zeitschrift gefragt, welche Anzeigen sie gesehen haben und welche sie wiedererkennen (Bruhn 2002, S. 228).

Als weitere Messverfahren zur Beurteilung der Wahrnehmungswirkung und Informationsaufnahme eignen sich außerdem der Recall-Test, die Befragung, die Beobachtung und die Blickaufzeichnung.

11.2.3 Verarbeitung und Speicherung von Informationen

An die Wahrnehmung des Kommunikationsmittels und der dadurch übermittelten Botschaft schließt sich als nächste Wirkungsstufe die Verarbeitung der Information und die Speicherung dieser an. Die Verarbeitungswirkung von Informationen und Reizen kann über den Recall-Test ermittelt werden, welcher die Erinnerung an eine Botschaft oder an Elemente dieser misst. Dabei wird zugrunde gelegt, dass Kommunikation nur dann wirken kann, wenn die Information Eingang ins Gedächtnis gefunden hat. Die inhaltliche Auseinandersetzung mit der Botschaft stellt daher die Voraussetzung für eine Gedächtniswirkung dar.

Beim Recall-Test (Erinnerungstest) werden die Probanden z. B. zur Erhebung der Markenbekanntheit einen Tag nach ihrem Kontakt mit einem Medium gefragt, an welche Marken sie sich noch erinnern können (Bruhn 2002, S. 218). Dabei können sowohl die Marken- und Produkterinnerung, als auch die Erinnerung an spezifische Inhalte gemessen werden. Zu beachten ist, dass beim Recall-Test ausschließlich der Lernvorgang gemessen wird und keine Angaben über die Intensität, Art und Richtung der Erinnerung gemacht werden können (Pepels 2000, S. 716).

Des Weiteren kann die Verarbeitungswirkung mit Hilfe apparativer Messverfahren und Verfahren der psychologischen Marktforschung (Exploration, Interviews, Skalierungsverfahren etc.) gemessen werden.

11.2.4 Finale Verhaltens- und Gedächtniswirkungen

Verhaltenswirkungen spiegeln sich als finale Wirkungen vor allem in der Veränderung des Kaufverhaltens, der Veränderung des Informationsverhaltens und der Veränderung des Verwendungsverhaltens wider. Neben den Verhaltensreaktionen zählen auch dauerhafte Gedächtnisreaktionen zu den finalen Wirkungen der Kommunikation. Als dauerhafte Reaktionen können dabei die Veränderung der Bekanntheit des Kommunikationsobjektes, die Veränderung der Kenntnisse und Einstellungen und die Veränderung der Präferenzen gegenüber dem Objekt angeführt werden.

Die Messung des aktiven/passiven Bekanntheitsgrades eines Produktes/einer Marke wird meist mittels Befragung durchgeführt. Zum Beispiel kann bei der Messung des aktiven Bekanntheitsgrades die Frage gestellt werden: „Wenn Sie an die Automobilbranche denken, welche Marken fallen Ihnen dabei ein?" (Nieschlag 2002, S. 1112). Bei der Messung des passiven Bekanntheitsgrades wird den Probanden dagegen zum Beispiel eine Liste mit verschiedenen Marken vorgelegt und die Frage gestellt: „Welche der hier aufgeführten Automobilmarken kennen Sie?" (Nieschlag 2002, S. 1112). Der Bekanntheitsgrad bildet die Voraussetzung für die Einstellungsänderung und ist somit ein bedeutender Faktor für den Kommunikationserfolg.

Bezüglich der Messung von Kenntnissen können Ereignis-, Namens-, Kommunikations- und Eigenschaftskenntnisse unterschieden werden. Die empirische Ermittlung von Kenntnissen (Steffenhagen 1996, S. 79ff.) erfolgt meist mittels Befragung.

Um Einstellungen empirisch zu messen, kann ebenfalls die Befragung angewendet werden (Steffenhagen 1996, S. 109). Dabei werden in der Praxis meist Ratingskalen zur Messung der emotionalen und kognitiven Disposition verwendet, das Likert-Verfahren (zur Messung der emotionalen Disposition), Satzergänzungstests sowie Ratingskalen-Batterien. Zur Erhebung von Einstellungen und Messung der kognitiven und emotionalen Disposition von Einstellungen können außerdem Verrechnungsmodelle (Multiattributivmodell, kognitive Einstellungsmodelle) sowie das Fishbein-Modell angewendet werden. Präferenzen werden ebenfalls meist durch Befragung der Probanden erhoben und gemessen.

Verhaltenswirkungen wie die Veränderung des Kaufverhaltens, die Veränderung des Informationsverhaltens oder die Veränderung des Verwendungsverhaltens können durch Verfahren der psychologischen Marktforschung, durch eine Kaufbereitschaftsmessung, durch Minimarkttestverfahren oder Labortestverfahren sowie Panelerhebungen, Verkaufstests und Direktbefragungen erfolgen.

Die Markenbekanntheit als Wirkungsgröße wird meist durch die Ermittlung der Stellung der Marke im Kontext der Konkurrenzmarken nach dem sogenannten Consideration-Set-Modell analysiert (vgl. Abbildung 102; Quelle: Vergossen 2004, S. 124). Dabei bilden alle zu einem bestimmten Zeitpunkt in einer Produktkategorie verfügbaren Marken das sogenannte „Available Set of Brands", welches untergliedert werden kann in das „Unawareness Set" (dem Rezipienten unbekannte Marken) und das „Awareness Set" (dem Rezipienten bekannte Marken). Innerhalb des Awareness Set unterscheidet der Kunde zwischen Marken, die ihm nicht vertraut oder nicht wichtig sind („Foggy Set") und Marken, welche in seinem Bewertungsprozess näher betrachtet werden („Processed Set"). Im Processed Set bilden abgelehnte Marken das „Reject Set", vorläufig zurückgestellte Marken das „Hold Set" und Marken, die in die engere Wahl kommen, das „Accept Set". Je besser die Markenbekanntheit ausgeprägt ist, desto erfolgreicher war die Kommunikation (Vergossen 2004, S. 123f.).

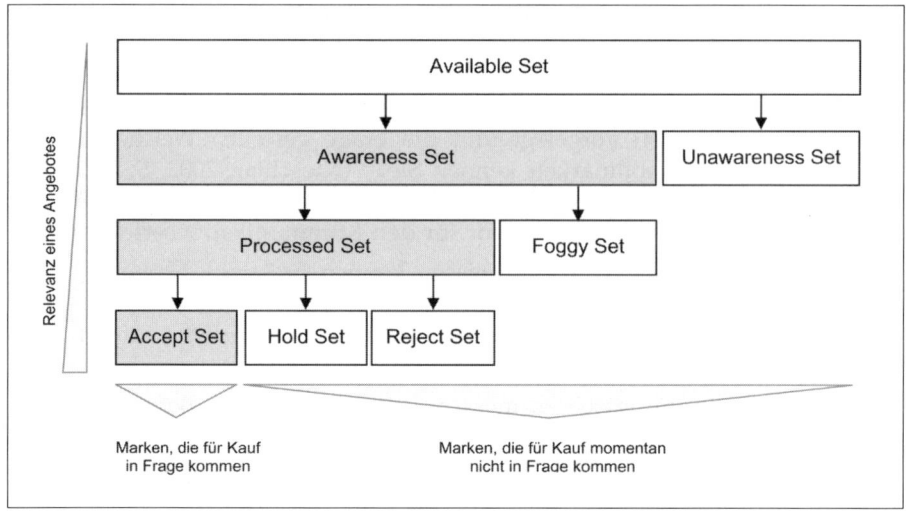

Abbildung 102: Erfolgsstufen der Markenbekanntheit

Neben der Markenbekanntheit stellen die Markenpräferenz, die Markensympathie und die Markenassoziation eine bedeutende Erfolgsgröße der Kommunikation dar. Diese Größen werden meist in Interviews erhoben.

11.2.5 Fristigkeit der Wirkungen

Die kommunikative Wirkung kann neben den bereits erwähnten Wirkungsstufen außerdem bezüglich der zeitlichen Wirkung untergliedert werden. Die kommunikative Wirkung kann dabei in Form einer momentanen Wirkung, einer dauerhaften Gedächtniswirkung und einer finalen Verhaltenswirkung auftreten.

Bei der momentanen Wirkung kommunikationspolitischer Maßnahmen besteht ein unmittelbarer zeitlicher Zusammenhang zwischen dem Kontakt und der Reaktion des Kunden. Momentane Reaktionen spiegeln sich zum Beispiel in Spontanhandlungen oder Impulshandlungen, der Aktivierung und Aufmerksamkeit sowie in der kognitiv-emotionalen Auseinandersetzung mit dem Kommunikationsmittel wider (Steffenhagen 1996, S. 43ff.). Es besteht dabei immer ein Bezug zum beobachtbaren und nicht-beobachtbaren Verhalten. Die Messung von momentanen Kommunikationswirkungen stellt eine indirekte Art der Erfolgsmessung dar.

Da momentane Wirkungen die Voraussetzung für das Entstehen dauerhafter Gedächtniswirkungen bilden, ist deren Ermittlung von großer Bedeutung.

Dauerhafte Gedächtniswirkungen dagegen sind ausschließlich auf das innere, nicht-beobachtbare Verhalten von Personen bezogen, sind aber auch nach längerer Zeit immer noch im Langzeitgedächtnis vorhanden (z. B. Kenntnisse/ Einstellungen). Dauerhafte Gedächtniswirkungen beeinflussen finale Verhaltensreaktionen.

Finale Verhaltenswirkungen sind ausschließlich im beobachtbaren Verhalten geäußerte Reaktionen. Da des Öfteren ein zeitlicher Abstand zwischen Reaktion und Aktivität gegeben ist, stellt sich diese Art der Kommunikationswirkung oft erst nach Ablauf einer längeren Zeitspanne ein. Die direkte Zuordnung ist dadurch sehr schwierig.

11.3 Ermittlung der ökonomischen Wirkung

Der ökonomische Kommunikationserfolg stellt neben der kommunikativen Wirkung eine weitere Messgröße zur Beurteilung des Kommunikationserfolgs dar.

Der ökonomische Kommunikationserfolg wird anhand einer Vielzahl an ökonomischen Größen gemessen, wie zum Beispiel an der Anzahl der seit Schaltung der Kommunikationsmaßnahme eingegangenen Bestellungen, am realisierten Umsatz, am Zusatzgewinn durch die Kommunikationsaktivitäten, an der Anzahl an Vertragsabschlüssen oder an der Anzahl der Responseaktionen auf Kommunikationsmaßnahmen.

Ökonomische Erfolgsgrößen sind zwar leichter zu messen und zu ermitteln wie die kommunikative Wirkung, meist können ökonomische Größen aber nicht direkt einer bestimmten Kommunikationsmaßnahme zugeordnet werden, sondern stellen das Ergebnis eines Zusammenspiels einer Vielzahl an Faktoren dar (Preis, Verfügbarkeit, Maßnahmen der Konkurrenz, etc.). Somit ist die Anwendung ökonomischer Erfolgsgrößen zur Beurteilung des Kommunikationserfolges mit Zurechnungs- und Identifikationsproblemen verbunden.

Die Ermittlung des Kommunikationserfolgs kann anhand mehrerer Erhebungsmethoden erfolgen, von denen einige nachfolgend kurz angeführt sind (Pepels 1999, S. 135ff.).

Bei der Bestellung unter Bezugnahme auf Werbung (BuBaW) wird anhand ausgefüllter Bestellcoupons (z.B. aus Zeitschriften) ermittelt, wie groß der Anteil an Bestellungen, welcher auf kommunikative Aktivitäten zurückzuführen sind, ausfällt. Somit kann bei dieser Methode der direkte Zusammenhang zwischen der Maßnahme und dem ökonomischen Erfolg sichergestellt werden. Ein weiteres Beurteilungskriterium des Kommunikationserfolges stellt die Elastizität dar. Bei der Ermittlung der Elastizität wird die relative Umsatzänderung in Abhängigkeit zu Variationen der Kommunikationsausgaben gesetzt und somit eine Größe zur Erfolgsmessung gewonnen.

Ähnlich verhält sich das Netapps-Modell (Net Ad Produced Purchases, entwickelt von Starch), welches den Aufwand in Relation zum Ertrag setzt und somit die Zahl der nur durch Einsatz der Kommunikation hervorgerufenen Käufe ermittelt, welche eine ökonomische Erfolgskontrollgröße darstellen. Besonders oft wird der Kommunikationserfolg auch über handelsplatzbezogene Erhebungen (Erhebung von Scanningdaten/Handelsdaten), über Handelspanels oder Gebietsverkaufstests (Erhebung von Probier-, Erst-, Wiederholungskäufen, Kaufintensität und Kauffrequenz; Nielsen-/GfK-Daten) ermittelt (vgl. Pepels 2000, S. 712).

11.4 Bewertung der Kommunikationsleistung

Neben der Kontrolle und Bewertung der kommunikativen Wirkung und des ökonomischen Kommunikationserfolgs ist es im Rahmen der Erfolgskontrolle der Kommunikation notwendig und sinnvoll, die Kommunikationsleistung zu bewerten. Dabei wird die Leistung der Kommunikationsmedien und Kommunikationsmittel erhoben und bezüglich der Zielerreichung kontrolliert. Die Leistung der Medien kann anhand von quantitativen und qualitativen Reichweitenanalysen, Kontaktzahlen, GRPs, Auflagen, Streuung und Zielgruppenaffinität bewertet werden. Hilfreiche Daten zur Kontrolle und Ermittlung der Leistung der Medien können von Marktforschungsinstituten bezogen werden und somit Rückschlüsse auf das Mediennutzungsverhalten (z. B. Media-Analyse, Gfk-Fernsehforschung) und Kontakthäufigkeiten mit den Medien gezogen werden. Die Medialeistung hat auf den Erfolg der gesamten Kommunikation erheblichen Einfluss und muss daher bei der Erfolgskontrolle berücksichtigt werden.

Im Rahmen der Kommunikationsmedienanalyse wird die Größe der Nutzerschaft eines Mediums (Reichweite) sowie die Zusammensetzung der Nutzerschaft der Medien (Struktur) ermittelt und dadurch Aufschluss gewonnen, ob die Kommunikation die gewünschte Zielgruppe in der Qualität und Quantität erreicht hat und somit erfolgreich verlaufen ist. Die Anzahl der Personen, die innerhalb der Zielgruppe erreicht werden (Reichweiten- und Kontaktkumulation), stellt außerdem eine weitere Messgröße dar. Zudem stellt die Beurteilung der Kontakte der Zielpersonen mit dem Medium im Vergleich zu anderen Medien (Kontaktqualität und intermediale Vergleichbarkeit) eine weitere Erfolgsgröße dar (Hofsäss 2003, S. 88).

Neben der Leistung der Medien muss im Rahmen der Erfolgskontrolle außerdem die Leistung der Kommunikationsmittel analysiert werden, wobei wie auch im Pretest vorrangig die Gestaltungsqualität und Vermittlungsfähigkeit mittels Befragung erhoben wird.

11.5 Anforderungen an Erfolgsgrößen

Erfolgsgrößen werden aus den Kommunikationszielen (vgl. Kapitel C.2) abgeleitet. Der Erfolg basiert auf dem Realisierungsgrad der angestrebten Wirkungsgrößen. Um die definierten Ziele auf den einzelnen Wirkungsstufen zu erreichen, sind Maßnahmen auf strategischer und operativer Ebene zu ergreifen. Diese Maßnahmen sind regelmäßig mit Kosten verbunden. Diese Kosten sind als Investitionen zu begreifen und müssen einen bestimmten Erfolgsbeitrag leisten. Die einzelnen Wirkungen treten in der Regel nicht sofort ein, da Kommunikationsprozesse erst nach einer bestimmten Zeit wirken und Kaufentscheidungsprozesse durchlaufen werden müssen. Erfolgreich, im betriebswirtschaftlichen Sinne, sind diese Investitionen in die Marketing-Kommunikation dann, wenn die Erlöse die Kosten übersteigen.

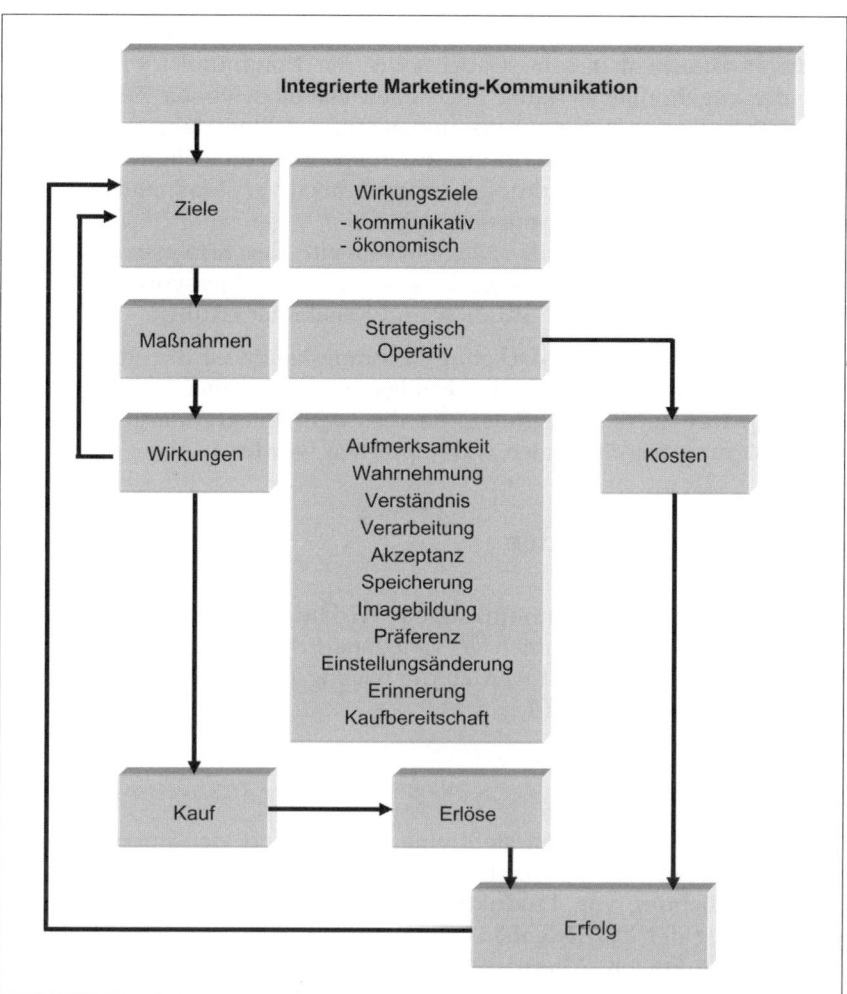

Abbildung 103: Die Ableitung von Erfolgsgrößen der Integrierten Marketing-Kommunikation

In Analogie zur Formulierung von Zielgrößen muss auch im Rahmen der Erfolgskontrolle überdacht werden, welche Anforderungen an Kontrollgrößen gestellt werden müssen, um eine gute Evaluierung zu sichern. Da sich die Erfolgskontrolle auf Kommunikationsinhalte bzw. Kommunikationsziele beziehen soll, können folgende zielkonsistente Anforderungskriterien an Erfolgsgrößen gestellt werden (Bruhn 2003, S. 393).

• Kommunikationsbedingte **Reagibilität**: Erfolgsgrößen müssen auf Kommunikationsmaßnahmen sensibel reagieren.

- Hohe **Prädikatorleistung**: Erfolgsgrößen sollten bzgl. kommunikationsbedingter Aktivitäten stark verhaltenssteuernd reagieren.
- **Kommunikationsbedingt**: Die Erfolgsgrößen müssen auf den Einsatz kommunikativer Aktivitäten bezogen sein und ausschließlich aus diesen Aktivitäten resultieren.
- **Zurechenbarkeit**: Jede Erfolgsgröße muss genau einer kommunikativen Aktivität zurechenbar sein. Dabei sollte die Kommunikationsmaßnahme und die zugehörige Wirkung auch nach einem gewissen Zeitraum noch nachweisbar sein. Wirkungszusammenhänge sollten dabei vom Einfluss anderer Instrumente und Wirkungsinterdependenzen isoliert sein.
- **Messbarkeit**: Die Auswirkungen kommunikativer Maßnahmen müssen quantitativ und qualitativ messbar sein.
- **Operationalisierung**: Für die Messinstrumente der Erfolgskontrolle sollte eine konkrete Skalierung vorgegeben sein und der Messvorgang sollte die Gütekriterien Objektivität, Validität und Reliabilität erfüllen.

Aus Sicht der Integrierten Marketing-Kommunikation ist die ausschließliche und isolierte Zurechenbarkeit des Erfolgs zu genau einer kommunikativen Aktivität jedoch nicht zu erfüllen, da dies dem Integrationsgedanken und der Realisierung von Synergien widersprechen würde.

11.6 Erhebungsmethoden

Zur Beurteilung der kommunikativen Wirkung und des ökonomischen Kommunikationserfolgs können verschiedene Erhebungsmethoden herangezogen werden. Nachfolgend werden die wichtigsten Erhebungsmethoden erläutert (Pepels 1999, S. 169ff.).

11.6.1 Befragung

Die Befragung von Personen stellt eine gängige und zielführende Methode zur Erhebung der kommunikativen Wirkung dar, welche in der Praxis vor allem zur Erhebung von Produktkenntnissen, Ansichten, Präferenzen oder der Ermittlung der Zufriedenheit gerne und oft eingesetzt wird. Dabei können dichotome Fragen, Alternativfragen, Likert-Skalen, das semantische Differenzial, Gewichtungsskalen, Ratingskalen, Wortassoziationstests, Satzergänzungstests, Storyergänzungstests, die Thurstone-Skalierung, die Indexbildung, die multiattributive Skalierung oder die mehrdimensionale Skalierung im Rahmen einer Befragung angewendet werden (zur Vertiefung vgl. Kotler/ Bliemel 2001, S. 209ff.).

11.6.2 Beobachtung

Die Beobachtung von Zielpersonen stellt eine weitere Methode zur Ermittlung der kommunikativen Wirkung dar. Dabei spielt vor allem die getarnte Verhaltensbeobachtung eine Rolle, bei der eine Versuchsperson zu einem Interview gebeten wird, zuvor jedoch in einem Wartezimmer warten muss. Dort liegen Zeitschriften aus, welche die zu testenden Anzeigen enthalten. Mittels einer Kamera wird das Verhalten der Testperson beobachtet. Somit kann aufgezeichnet werden, ob die Person die Zeitschrift gelesen hat und welche Anzeigen sie wie lange betrachtet hat. In einer anschließenden Befragung der Person kann dann die Erinnerung an diese Anzeigen erhoben und gemessen werden. Der Vorteil der getarnten Beobachtung besteht darin, dass sich die Testperson der Beobachtung nicht bewusst ist und sich somit im Gegensatz zum Studiotest völlig natürlich verhält und reagiert.

11.6.3 Recall-Test

Der Recall-Test stellt eine weitere Erhebungsmethode dar und misst die Erinnerung eines Rezipienten an Kommunikationsmittel und Botschaften. Dabei werden den Probanden verschiedene Anzeigen (Originale oder Testfolder) für einen bestimmten Zeitraum zur Ansicht überlassen. Die darauf folgende Erinnerungsmessung kann entweder ungestützt (unaided recall) oder gestützt (aided recall) erfolgen.

Bei der Erhebung der freien/ungestützten Erinnerung (unaided recall) wird den Probanden bei der Erinnerungsabfrage lediglich ein Produktbereich vorgegeben, dem anschließend erinnerte Marken zugeordnet werden sollen. Da den Probanden keine weiteren Angaben gemacht werden, kann dadurch die ungestützte Erinnerung der Personen an Marken/Produkte gemessen werden.

Bei der gestützten Erinnerung (aided recall) werden der Versuchsperson dagegen Erinnerungshilfen unterschiedlicher Art (z.B. Angaben bezüglich der Botschaftsabsender, der Produktart oder Marke) vorgegeben. Aufgabe des Probanden ist es, diejenigen Kommunikationsinhalte wiederzugeben, an die er sich im Zusammenhang mit den Vorgaben erinnern kann (Copy Recall, Visual Recall, Benefit Recall, Main Claim Recall). „Erinnern bedeutet dabei, daß genügend Einzelheiten beschrieben werden können, um Verwechslungen der Anzeige zu anderen ausschließen zu können" (Pepels 1999, S. 169). Eine Botschaft wird dabei umso besser und wirksamer beurteilt, je mehr Personen sich daran erinnern können.

Der Messung der Erinnerung kommt im Rahmen der Erfolgskontrolle eine besondere Bedeutung zu, weil dadurch Rückschlüsse auf die Stellung eines Produktes im Relevant Set of Brands der jeweiligen Person gezogen werden können. Das Relevant Set of Brands beinhaltet diejenigen Marken, welche im Gedächtnis gespeichert und sofort abrufbar sind. Diese Marken werden bei der Kaufentscheidung besonders gut erinnert (Hofsäss 2003, S. 181).

Bei der Messung der Erinnerungswirkung können in Abhängigkeit der Zeit der Befragung verschiedene Arten von Messungen vorgenommen werden.

- Day After Recall (DAR): Bei diesem Recall-Test werden die Probanden erst am nächsten Tag bezüglich ihrer Erinnerung befragt. Diese Methode weist meist niedrigere Erinnerungswerte auf, da die Erhebung erst nach 24 Stunden erfolgt. Außerdem können sich Verzerrungen aufgrund des wechselnden Umfeldes ergeben.

- Same Day Recall (SDR): Bei diesem Recall-Test erfolgt die Erinnerungsmessung noch am gleichen Tag.
- CEDAR-Test (Controlled Exposure Day After Recall): Personen werden im
Studio zum Schein interviewt oder bewusst einer Wartesituation ausgesetzt. Währenddessen wird zufällig nebenbei ein Werbespot ausgestrahlt,
welcher vom Probanden unbewusst wahrgenommen wird. Einen Tag später werden die Probanden bezüglich der Erinnerung befragt. Der Vorteil
des CEDAR-Tests besteht darin, dass sich die Testpersonen über den eigentlichen Test nicht bewusst sind und somit die Ergebnisse die Realität
besser widerspiegeln.

Die Erinnerungswirkung kann im Rahmen des Recall-Tests sowohl bei Printmedien als auch bei Fernsehspots oder Hörfunkspots und Medien der Außenwerbung durchgeführt werden.

Die Erinnerungswirkung an Außenwerbung kann dabei mit Hilfe des G-Wer-
tes gemessen werden. „Der G-Wert gibt für eine Werbefläche an, wie viele
Passanten sich pro durchschnittlicher Stunde im Tagesintervall von 7:00 Uhr
bis 19:00 Uhr in einem Wiedererkennungstest an ein durchschnittlich aufmerksamkeitsstarkes Plakatmotiv erinnern können" (Koschnick 1995, S. 722)
und ermittelt dadurch den standortspezifischen Erinnerungskontakt (Hofsäss 2003, S. 135). Der G-Wert ist somit die Summe von Erinnerungsleistung
und Passagefrequenz.

Bei der Messung des Recall-Wertes muss beachtet werden, dass die Erinnerung neben den Gestaltungsfaktoren auch von dem bereits im Gedächtnis
Gespeicherten und Gelernten begünstigt wird und somit einen verzerrenden
Einfluss auf den Test haben kann. So kann die Kommunikation bereits be-
kannter Marken zum Beispiel besser erinnert werden und weist daher auch
bessere Recall-Werte auf.

11.6.4 Recognition-Test

Der Recognition-Test stellt ein Erhebungsverfahren dar, welches die Wiedererkennung bestimmter Kommunikationsmittel und Botschaften ermittelt. Im
Gegensatz zum Recall-Test ist dabei nicht die Erinnerung an bestimmte Produkte, Marken oder Bilder von Interesse, sondern lediglich die passive Wiedererkennung von Ereignissen der Vergangenheit. Beim Recognition-Test werden
den Testpersonen bekannte Kommunikationsmittel (z. B. Zeitschriften) vorgelegt,
welche dann zusammen mit einem Moderator nach und nach durchgegangen
werden. Die Testperson gibt dabei an, welche Kommunikationsmittel/Bot-
schaften schon einmal gesehen wurden und somit wiedererkannt werden.

Dabei kann der Proband zwischen folgenden drei Antwortkategorien wählen (Nieschlag 2002, S. 1111):

- „Noted" (Anzeige gesehen): Der Proband stimmt zu, die Anzeige bereits
einmal gesehen zu haben (Beachtungswert).
- „Seen/associatd" (Anzeige global betrachtet): Der Proband behauptet, die
Anzeige gesehen und Teile davon gelesen zu haben und sich an den Namen des beworbenen Objektes zu erinnern.

– „Read most" (Anzeige gelesen): Der Proband bestätigt, mehr als die Hälfte des Textes gelesen zu haben."

Ein Problem beim Recognition-Test stellt die Verzerrung durch falsche Angaben der Probanden dar. Des Öfteren geben Probanden an, eine Anzeige gesehen zu haben und wiederzuerkennen, obwohl dies nicht der Realität entspricht. Dieses Problem kann umgangen werden, indem sogenannte „Testfolder" eingesetzt werden. Speziell angefertigte Folder ähneln dabei real existierenden Zeitschriften (Redaktionsseiten und real existierende Anzeigen), enthalten aber zusätzlich einige „künstliche" Anzeigen. Diese Testfolder werden dann mit den Personen durchgegangen. Sobald eine Person eine „künstliche" Anzeige wiedererkennt, kann die Verifikation aller weiteren Aussagen angezweifelt werden. Diese Art wird auch kontrollierter Recognition-Test genannt.

11.6.5 STAS-Potenzial

Im Rahmen der Fernsehwerbung kann der Erfolg über das sogenannte STAS-Potenzial (Short Term Advertising Strength) erhoben werden. Dabei wird die Differenz gebildet zwischen den Käufen einer bestimmten Marke durch Haushalte, die in den letzten sieben Tagen vor dem Kauf keiner Kommunikation für die betreffende Marke ausgesetzt waren, und den Haushalten, die in den letzten sieben Tagen vor dem Kaufakt einer Kommunikation für die betreffende Marke ausgesetzt waren. Der Unterschied zwischen den beiden Werten ist das STAS-Potenzial, welches möglichst über dem Ausgangswert 100 liegen sollte (Pepels 1996, S. 146).

11.6.6 Panelerhebungen

Bei Panelerhebungen wird ein gleich bleibender Kreis von Untersuchungseinheiten (Personen, Haushalte, Handelsgeschäfte, Unternehmen) in regelmäßigen zeitlichen Abständen bezüglich der gleichen Objekte befragt. Die Verbraucherpanels der GfK oder Nielsen erheben dabei von den Untersuchungseinheiten sowohl quantitative Bedarfe als auch qualitative Einstellungen. Die Genauigkeit der Erhebung hängt unter anderem von den Personen und deren Angaben ab. Mit Hilfe von Paneldaten kann der Erfolg einer Kommunikationsmaßnahme insofern ermittelt werden, da die Zahl der Käufer vor und nach einer Aktion miteinander verglichen werden kann.

Probleme bei dieser Erhebungsmethode stellen die Panelsterblichkeit (das Ausscheiden von Teilnehmern), die Panelroutine (unvollständige und oberflächliche Ausführung durch die Teilnehmer) und der Paneleffekt (Veränderung des Kaufverhaltens) dar.

11.6.7 Wellenerhebungen

Bei dieser Erhebungsmethode werden wechselnde Personen der Zielgruppe in regelmäßigen Abständen zur Erinnerung in Tracking-Studien befragt, wodurch eine kontinuierliche Erfassung der Marktentwicklung möglich wird. Dabei erfolgen die Erhebung der spontanen Erinnerung, die Erhebung inhaltlicher Kenntnisse der Kommunikation, die medienspezifische Erinnerung, die zutreffende Markenzuordnung und die Erhebung des Markenimages (Pepels 1999, S. 172).

Ein bekanntes Verfahren stellt der GfK-Werbemonitor dar, welcher eine Befragung zur Bewertung der Leistungsfähigkeit einzelner Kampagnen, Aussagen zur Medienstrategie und allgemeingültige Aussagen zur kreativen Kampagnengestaltung beinhaltet (Pepels 1999, S. 172). Weitere Verfahren stellen der Finanzmarkt-Datenservice (Messung von Marktausschöpfung/Marktanteilen), der IVE-Werbemonitor, der Werbewirkungskompass, Sat.1 Ad trend, Niko-Werbeindex und viele weitere dar.

11.6.8 Testmärkte

Zur Messung der Kommunikationswirkung des Einsatzes verschiedener Kommunikationsinstrumente können Gebietsverkaufstests, Storetests oder Mikro-Markttests durchgeführt werden. „Gebietstests stellen umfassende Feldexperimente dar, in denen die Wirkung von kommunikativen Aktivitäten auf realen, abgegrenzten Verkaufsgebieten analysiert werden, meist mit dem Ziel, die Wirkung eines nationalen Einsatzes der Kommunikationsmaßnahmen zu prognostizieren" (Vergossen 2004, S. 125). Dazu werden Kommunikationsinstrumente auf realen, regional abgegrenzten Gebieten eingesetzt und die Ergebnisse mit den Werten eines gleichartig strukturierten Kontrollmarktes verglichen. Die anhand von Interviews erhobenen Werte geben z. B. Hinweise auf Umsatzveränderungen, die ausschließlich auf den Einsatz der Instrumente zurückzuführen sind.

Storetests sind kontrollierte Markttests und werden meist zur Ermittlung der Absatz- und Umsatzentwicklung eingesetzt. Dabei werden bestimmte Produkte nur in einigen ausgewählten Geschäften verkauft (z. B. 5–15 Geschäfte) und zudem verschiedene Kommunikationsinstrumente eingesetzt. Anschließend wird der Umsatz in Abhängigkeit des Einsatzes der verschiedenen Instrumente unter diesen kontrollierten Bedingungen ermittelt und mit dem üblichen Umsatz verglichen. Die im Rahmen von Storetests gewonnenen quantitativen Daten können durch Verbraucherbefragungen am POS um qualitative Aussagen ergänzt werden (Vergossen 2004, S. 126). Der Vorteil von Stortests gegenüber Labortests sind die realen Bedingungen, in denen die Tests durchgeführt und die Ergebnisse beobachtet werden.

Mikro-Markttests stellen eine sehr umfangreiche Testmethode zur Überprüfung des Einsatzes verschiedener Kommunikationsinstrumente dar. Marktforschungsinstitute bieten dabei auf einem Testgebiet den konzentrierten Einsatz von Fernseh- und Printwerbung sowie konsumentengerichtete Verkaufsförderungsaktivitäten an und die notwendigen Messdaten werden aus Scannerkassen des Handels und aus Haushaltspanels erhoben. Somit können mit Mikro-Markttests sowohl die Auswirkungen unterschiedlicher Mediaspendings auf den Absatz eines neuen Produktes als auch der Erfolgsbeitrag der Fernsehwerbung bei Produktlaunches untersucht werden (Vergossen 2004, S. 127).

11.6.9 Apparative Verfahren

Auch apparative Verfahren werden zur Ermittlung und Kontrolle der kommunikativen Wirkung eingesetzt. Bei der Verwendung apparativer Verfahren wird die physiologische Reaktion (z.B. Hautwiderstand, Blutdruck, Herzschlagrhythmus, Pupillenweite und Transpiration) von Personen aufgrund der Aussetzung unterschiedlicher Reize gemessen (Kotler/Bliemel 2001, S. 973). Somit können Rückschlüsse bezüglich der Aufmerksamkeit, Aktivierung, Intensität des Interesses und der Gefühlsregung des Betrachters gewonnen werden.

Ein Beispiel ist dabei die Blickaufzeichnung durch sogenannte „Lesebrillen", mit Hilfe derer die Pupillenbewegungen einer Person sowie das Blickfeld aufgezeichnet werden und dadurch Aufschluss gewonnen wird, welche Elemente einer Anzeige zuerst betrachtet werden und welche besonders lange betrachtet werden.

Ein weiteres oft eingesetztes apparatives Verfahren stellt das Tachistoskop-Verfahren dar, bei dem der Testperson für ein sehr kurzes Zeitintervall (Millisekunde bis zu mehreren Sekunden) ein Motiv/eine Anzeige gezeigt wird und die Wahrnehmung bzw. Verarbeitung gemessen wird. Je schneller dabei die Anzeige/das Motiv erkannt wird, desto prägnanter ist die Anzeige und umso größer die Wirkung.

Die Erhebung der kommunikativen Wirkung kann dabei im Rahmen der Eigenbeurteilung, der Begutachtung durch Sachverständige (Expertise), der Befragung Einzelner oder der Befragung von Gruppen, durch die Befragung aufs Geratewohl oder durch gezielte Auswahlbefragungen (Quotenverfahren) erfolgen. In der Praxis werden oft mehrere Erhebungsmethoden kombiniert und der Erfolg anhand mehrerer Indikatoren gemessen, da kein Instrument die Kommunikationswirkung und den Erfolg insgesamt messen kann, sondern jede Methode nur ganz bestimmte Dimensionen der Wirkung (Nieschlag 2002, S. 1115f.).

11.7 Erfolgsrelevante Wirkungsstufen der Marketing-Kommunikation

Eine zusammenfassende Darstellung erfolgsrelevanter Messkriterien auf den einzelnen Wirkungsstufen stellt Tabelle 36 dar (Rogge 1996, S. 326f.).

Die Messkriterien Kontakte, Wiedererkennung (Recognition) und Erinnerung (Recall) stellen Erfolgskriterien der kognitiven Ebene (bewerten, erinnern) dar, die Größen Einstellung, Assoziationen und Vergleiche können der affektiven Ebene (fühlen) zugeordnet werden und auf der konativen Ebene (handeln) sollten die Kaufabsicht, der effektive Kauf, Kaufempfehlungen und der Wiederholungskauf im Rahmen der Erfolgskontrolle betrachtet werden.

Wirkungsstufe	Messkriterium
Sinneswirkung/ Berührung	• Kontakte mit dem Medium • Seitenkontakte • Anzahl der mit der Kommunikation sinnlich in Berührung Gekommenen (Lesen/Hören): Perzeptionszahl • Erinnerte Berührungen: Recognition, Recall
Aufmerksamkeits- wirkung	• Anzahl der Personen, welche die rationalen und emotionalen Reize aufgenommen haben (Apperzeptionszahl)
Gedächtniswirkung/ Erinnerungswirkung	• Menge und Art des Erinnerten: Wiedererkennung (Recognition) oder Reproduktion (Recall) • Anzahl der Erinnerer (Rekordationszahl)
Vorstellungswirkung	• Image • Einstellung
Gefühlswirkung	• „körperliche" Reaktionen (Hautwiderstand, Pulsfrequenz, Blut-druck, …)
Informationswirkung	• Bekanntheitsgrad • Anzahl der Informierten nach Art und Menge der Informationen
Überzeugungswirkung	• Image • Einstellung • Überzeugtenzahl
Verhaltenswirkung	• Kaufabsicht (Probierkauf, Erstkauf, Wiederholungskauf) • Kaufintensität und Kauffrequenz • Verwendungsabsicht • Konsumdemonstration • Weitergabe von Informationen und Tipps (Propagationszahl)
Umsatzwirkung	• Umsatz
Gewinnwirkung	• Gesamtgewinn • Gewinn aus Zusatzerlös und Zusatzgewinn (Grenzgewinn)

Tabelle 36: Mögliche Messkriterien auf den einzelnen Wirkungsstufen

11.8 Probleme bei der Erfolgskontrolle

Ein Problem bei der Ermittlung und Kontrolle des Kommunikationserfolges und der Kommunikationswirkung stellt die meist fehlende exakte Ursache-Wirkungs-Beziehung und die damit verbundene mangelnde Zurechenbarkeit des Erfolges dar. Da kommunikative Wirkungen und der Kommunikationserfolg in der Regel nicht nur durch eine kommunikative Maßnahme, sondern durch das Zusammenspiel mehrerer Faktoren hervorgerufen werden, wird die Messung und Zuordnung der Wirkung und des Erfolgs zur Ursache erschwert oder unmöglich. So können externe Faktoren wie zum Beispiel die Kommunikation der Konkurrenz oder konjunkturelle Einflüsse den Erfolg der Kampagne beeinflussen und somit zu Verzerrungen führen (Spill-Over-Effekt). Maßnahmen der Wettbewerber können eine exakte Definition und Abgrenzung des Erfolges eigener Kommunikationsmaßnahmen insofern erschweren oder sogar unmöglich machen, da das Scheitern eines Konkurrenzproduktes zum Beispiel dazu beitragen kann, dass der Erfolg des eigenen Produktes unterstützt wird und umgekehrt.

Zudem besteht das Problem der zeitlichen Abgrenzung der Kommunikationswirkung. Die Wirkung einer Maßnahme kann oft erst viel später nach

dem Einsatz einer kommunikativen Maßnahme eintreten oder über mehrere
Zeitperioden verteilt wirken, so dass nicht genau ermittelt werden kann, welcher Maßnahme welche Wirkung zuzuordnen ist, wann die Einstellung bezüglich eines Produktes wirklich verändert wurde, oder welche Kampagne
schließlich zur finalen Verhaltensreaktion geführt hat (Carry-Over-Effekt). So
können länger zurückliegende Kontakte (frühere Kampagnen des eigenen
Unternehmens) zur Einstellungsänderung beigetragen haben, welche sich
aber erst zum Zeitpunkt der aktuellen Kampagne einstellt. Eine Zuordnung
der Wirkung zur aktuellen Kampagne wäre aber nicht verursachungsgerecht
und würde das Wirkungsergebnis verfälschen (Meyer/Davidson 2001, S. 616).
Auch können sich Wirkungseffekte, welche durch die aktuelle Kampagne
hervorgerufen wurden, erst zu einem späteren Zeitpunkt äußern, wodurch
die Kontrolle der Wirkung zum aktuellen Zeitpunkt nur bedingt möglich ist.
Abbildung 104 stellt Möglichkeiten an Wirkungskurven und deren Verzögerung anhand des Carry-Over-Effekts graphisch dar (Böcker 1996, S. 419).

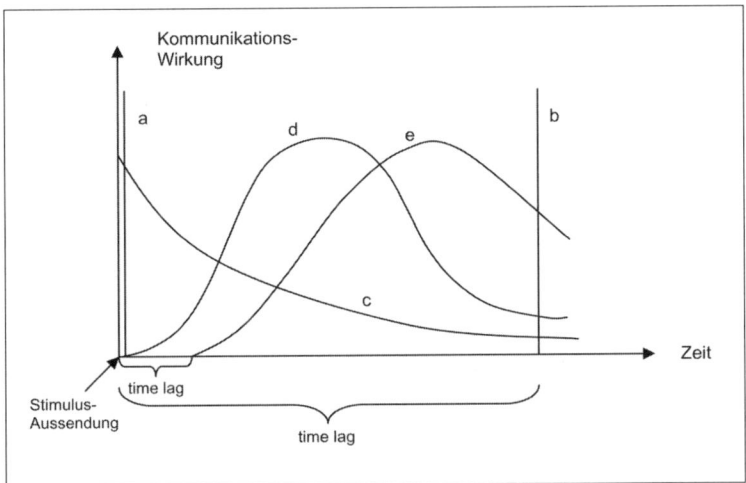

Abbildung 104: Die Verzögerungskurven des Carry-Over-Effekts

Während bei Fall (a) die maximale Wirkung unmittelbar nach Aussendung
des Kommunikationsmittels eintritt, setzt die Kommunikationswirkung im
Fall (b) unverteilt erst zu einem späteren Zeitpunkt ein, welcher dem Zeitpunkt der Stimulusaussendung deutlich nachgelagert ist. Die dabei verstrei-
chende Zeitspanne wird als time lag bezeichnet. Beim Fall (c) setzt die Wirkung zwar unmittelbar nach der Stimulusaussendung ein, die Wirkung ist
jedoch über mehrere Zeitperioden verzögert. In den Fällen d und e liegt
ebenfalls eine verteilte Kommunikationswirkung vor, wobei sich die Fälle d
und e vom Fall c dadurch unterscheiden, dass die maximale Wirkung erst zu
einem späteren Zeitpunkt erreicht wird. Die Fälle b bis e sind dabei Beispiele
für mögliche Carry-Over-Effekte, d. h. Ausstrahlungseffekte im Zeitverlauf.

Ein weiteres Problem stellt die Abgrenzung des Kommunikationserfolges innerhalb des Kommunikationsmix dar. Der Kommunikationserfolg wird meist

durch das Zusammenspiel mehrerer Kommunikationsinstrumente hervorgerufen, wodurch die direkte Zurechenbarkeit und Abgrenzung des Erfolges auf ein Instrument mit vertretbarem Aufwand unmöglich wird. Außerdem können Wirkungseffekte und der Kommunikationserfolg auch durch die Mund-zu-Mund-Propaganda oder den Erfahrungsaustausch zwischen Personen begünstigt worden sein (oder umgekehrt) (vgl. Kapitel B.3). Dieser Einfluss muss auch berücksichtigt werden.

Ein ähnliches Problem besteht darin, dass der Produkt-/Markenerfolg oft nicht nur durch die Marketing-Kommunikation und deren Maßnahmen hervorgerufen wird, sondern auch durch andere Parameter (z. B. Preismanagement). So kann zum Beispiel der Erfolg einer Kampagne nicht nur auf die Kommunikation zurückzuführen sein, sondern auch durch eine hervorragende Produktqualität, gute Erhältlichkeit des Produktes oder durch den Preis begünstigt worden sein. Die exakte Zurechenbarkeit des Erfolges und der Wirkung zu einem bestimmten Parameter innerhalb des Performance und Relationship Managements ist somit nur bedingt möglich.

Ein weiteres Problem der Erfolgsmessung der Kommunikation besteht darin, dass die Messung der Wirkung und des Erfolgs meist mittels Erhebungen unter nur einmaligem Kommunikationsmittelkontakt/einkanaliger Medienansprache erfolgt. Dadurch wird der Erfolg verfälscht wiedergegeben und kann Verzerrungen beinhalten. Außerdem sind die zur Erfolgskontrolle herangezogenen Fallzahlen im Allgemeinen zu gering, um verlässlich zu sein, wodurch sich zudem Verzerrungen ergeben. Dieses Problem wird weiter dadurch verschärft, dass die Struktur der Probandengruppe oft nicht repräsentativ für die Zusammensetzung der Grundgesamtheit ist, wodurch die Ergebnisse nur bedingt valide sind (Pepels 1996, S. 192).

Künstliche Laborsituationen führen außerdem dazu, dass Probanden ein anderes Verhalten zeigen als in natürlichen Situationen und es somit zu veränderten und nicht wirklichkeitsgetreuen Reaktionen bei den Probanden kommen kann. Personen können zum Beispiel aufgrund der ungewohnten und prüfenden Situation kritischer, involvierter oder überlegter als normal reagieren. Somit wird nicht das ursprüngliche Verhalten ermittelt, sondern das Verhalten in einer Laborsituation.

Bei der Erfolgskontrolle ökonomischer Größen wie Umsatz, Marktanteil oder Gewinn müssen zudem bestehende Interdependenzen mit anderen Faktoren (Konjunktur) beachtet werden, welche die Erfolgsmessung der Kommunikation erschweren und Vergleiche nur bedingt ermöglichen.

11.9 Erfolgsfaktoren und Erfolgsgrößen

Kennzeichen der prozessorientierten Marketing-Kommunikation ist, dass der Kommunikationsmanagementprozess zielorientiert gesteuert werden kann und man nicht auf vergangenheitsorientierte Abweichungsanalysen beschränkt ist. Der Kommunikationsmanager wird somit nicht vor vollendete Tatsachen gestellt. Vielmehr hat er mit der integrativen Prozessorganisation ein wirksames Management-Tool zur Steuerung, welches Schritt für Schritt den besten Weg aufzeigt.

Für die einzelnen Phasen des Communication Cycle gibt es zentrale Erfolgsfaktoren (vgl. Tabelle 37), die zur Orientierung bei der Prozessplanung, -kontrolle und -steuerung dienen.

Neben prozessbezogenen Erfolgsfaktoren können weiter verfeinerte Kennzahlen und Messgrößen herangezogen werden. Wirkungsbezogene, interpersonale Zielgrößen wurden bereits unter Punkt C 2.1 (kommunikative Wirkungsziele) in Tabelle 16 vorgestellt. Kriterien zur Auswahl von Mediagattungen wurden in Punkt C 7.3 (Medienbewertung) vorgestellt. Die in Tabelle 25 aufgeführten Anforderungen sind dann auch für Controllingzwecke heranzuziehen. Ebenso sind die unter Punkt C 8.4.4 (Anforderungen) vorgestellten Beurteilungskriterien für die Kommunikationsmittel (Tabelle 32) zur Beurteilung der Erfolgsträchtigkeit heranzuziehen.

Prozessphase	Erfolgsfaktor	Bedeutung
Situationsanalyse	Relevanz	Analyse der relevanten externen und internen Einflussgrößen und Ableitung von Kommunikationshebeln.
Rahmenplanung	Stringenz	Stringente Ableitung des Zielsystems und der Maßnahmen aus der übergeordneten Strategie sowie Zielorientierung.
Konzeption	Konsequenz	Konsequente Abstimmung von Zielsegmenten mit Positionierung und stimmige Ansprache mittels Botschaft.
Budgetierung	Effizienz	Effiziente Allokation des Gesamtbudgets und der Verteilung innerhalb des Kommunikationsbudgets.
Auswahl Instrumente	Evidenz	Prüfung und Vorauswahl der Instrumente, die sich aufgrund ihrer Charakteristika überzeugend eignen.
Medienplanung	Transparenz	Transparente Darstellung von Einsatzmitteln und Zweckerfüllung und Abgleich mit angestrebten Wirkungszielen.
Medienselektion	Kongruenz	Auswahl und Kombination aufeinander abgestimmter Kommunikationselemente zur Zielerreichung.
Gestaltung	Akzeptanz	Gestaltung der Botschaft, dass sie akzeptiert wird und dadurch die angestrebte Verhaltenswirkung beschleunigt wird.
Umsetzung	Konsistenz	Widerspruchsfreie Umsetzung durch Prozessorientierung und Optimierung im Hinblick auf Wirkung und Kosten.
Durchführung	Konvergenz	Zielorientierte Durchführung durch Bündelung aller Teilprozesse und Realisierung von Synergien.
Erfolgskontrolle	Konstanz	Konstante Optimierung durch ständiges Monitoring der Erfolgsdeterminanten und Ursache-Wirkungs-Beziehungen.

Tabelle 37: Erfolgsfaktoren zur Prozessausrichtung

Messgrößen können aber auch auf die eingesetzten Instrumente bezogen werden. Tabelle 38 zeigt beispielhaft Messgrößen für ausgewählte Instrumente mit den entsprechenden Ausprägungsformen.

Kerngedanke der Integration in der Marketing-Kommunikation ist, dass neben der in Kapitel B.7.1 beschriebenen Integration der Erfolgsdeterminanten, auch die Integration der spezifischen Erfolgsmessgrößen in jeder Prozessphase stattfindet. Damit wird erstens die Zielorientierung in jeder Prozessphase verstärkt und zweitens die kontinuierliche Verbesserung über den gesamten Kommunikationsmanagementprozess wirksam unterstützt. Denn dieser Prozess wird nicht nur einmal durchlaufen, sondern ist im Regelfall ein permanenter Auftrag, der ständig durchlaufen wird.

Erfolgsgrößen der einzelnen Kommunikationsinstrumente		
Unternehmenskommunikation		
Instrument	**Ausprägungsform**	**Messgrößen (Beispiele)**
PR	z. B. Pressekonferenzen	• Reichweite • Imageänderung • Anzahl der Teilnehmer/Kontakte • Art und Umfang der Berichterstattung
	z. B. Veranstaltungen	• Anzahl der Besucher • Kosten der Veranstaltung • Durchschnittl. Gesprächszeit pro Besucher • Anzahl der generierten Kontakte • Einstellungsänderung
Sponsoring	z. B. Programmsponsoring	• Kosten des Sponsorings • Reichweiten des Sponsorings • Zielgruppenaffinität • Kontaktwahrscheinlichkeit • Imageaufbau/-änderung
	z. B. Sportsponsoring	• Kontakte • Kontaktchance • Kontaktwahrscheinlichkeit • Zielgruppenaffinität • Kosten des Sponsorings • Imageaufbau/-änderung
Event-Marketing	Event-Marketing	• Kosten des Events • Besucherzahl • Kontaktanzahl der Besucher • Kosten pro Kontakt • Kontaktqualität mit den Besuchern
Mediakommunikation		
Instrument	**Ausprägungsform**	**Messgrößen (Beispiele)**
Mediakommunikation	allgemein	• Kontakte pro Person • Kontaktwahrscheinlichkeit • Reichweiten • Streuung • Affinität • Kosten pro Erreichte
	z. B. Printmedien	• Auflage • Verbreitung • LpS-, LpN-, LpA-, LpWS-Wert • TKP • Seitenpreis
	z. B. Fernsehen	• Kontaktchance • Preis pro Spot

Mediakommunikation		
Instrument	**Ausprägungsform**	**Messgrößen (Beispiele)**
	z. B. Kino	• Besucherzahlen • Kosten pro Spot • Reichweiten pro Spot
	z. B. Außenwerbung	• Dauer des Kontakts • Kontaktqualität • Kosten pro Ganzstelle
Placement	Placement allgemein	• Kosten Placement • Kontaktwahrscheinlichkeit • Streuung • Affinität • Kommunikative Wirkungsziele

Direktkommunikation		
Instrument	**Ausprägungsform**	**Messgrößen (Beispiele)**
Direktmarketing	z. B. Direct Mailing	• Kosten pro Aussendung • Anzahl der Rückläufe • Rücklaufquote • Kosten der Rückantwort • Kosten pro Einheit Umsatz • Kosten pro Auftrag
	z. B. Telefonmarketing	• Kosten pro Anrufminute • Anzahl der Kontakte pro Stunde • Kosten pro Call • Aufträge pro Stunde/pro Kontakt • Kosten pro Auftrag/pro Kontakt
Verkaufsförderung	z. B. Gutscheine	• Anzahl an Gutscheineinlösungen • Anzahl zusätzlich generierter Käufe • Rücklaufquote
	z. B. Gewinnspiele	• Teilnehmer am Gewinnspiel • Kosten insgesamt • Zusätzlich generierte Käufe • Rücklaufquote
Messen und Ausstellungen	Messen und Ausstellungen	• Anzahl der Besucher insgesamt • Besucher pro Tag pro Netto-Standfläche • Durchschnittl. Gesprächszeit pro Besucher je Teammitglied • Gesamtkosten des Messestands inkl. laufende Kosten • Anzahl der generierten Messekontakte • Kosten pro verfolgungswürdiger Kontakt

Tabelle 38: Erfolgsgrößen der einzelnen Kommunikationsinstrumente

12. Wertschaffung durch Integration

Durch die Integrierte Marketing-Kommunikation und die damit verbundenen Kosten muss ein Gegenwert für das Unternehmen geschaffen werden. Nur wenn durch die Kommunikation ein Wert in Form des Unternehmens- und Kundenwertes geschaffen wurde, kann sie auch als erfolgreich bewertet werden.

Dabei ist stets der Wirkungszusammenhang mit dem Kaufentscheidungsprozess zu sehen. Die Kunden bzw. potenziellen Kunden müssen in diesem KEP konsequent begleitet werden, ohne dass die Kommunikation dabei als aufdringlich oder belästigend vom Kunden empfunden wird. Dies gilt auch für die Nachkaufphase.

Der Unternehmenswert äußert sich dabei in Erfolgsgrößen wie Umsatzsteigerung, Gewinnsteigerung, Imagesteigerung, Marktanteilssteigerung, Markenbekanntheit und anderen.

Neben diesen Erfolgsgrößen beinhaltet die Wertschaffung jedoch auch die Schaffung eines Kundenwertes, welcher in einem ersten Schritt über die Kundenzufriedenheit geschaffen wird. Die Zufriedenheit ist dabei das Ergebnis eines komplexen, psychischen Vergleichsprozesses, in dem der Kunde seine wahrgenommenen Erfahrungen nach dem Gebrauch eines Produktes oder einer Leistung, die sogenannte Ist-Leistung, mit den Erwartungen, Wünschen und individuellen Normen vor der Nutzung vergleicht (Winkelmann 2004, S. 342). Dieser Abgleich zwischen den Erwartungen und den Erfahrungen des Kunden bestimmt das Zufriedenheitsniveau.

Die Kundenzufriedenheit wird dabei durch das Performance Management (Leistungsangebot) und Relationship Management (Leistungsvermittlung) gleichermaßen geprägt, wobei die Kommunikation dabei eine besondere Rolle einnimmt, da sie das Interaktionsverhalten mit dem Kunden gestaltet und somit zur Schaffung von Zufriedenheit und damit zur Wertschaffung beiträgt. Obwohl sich aus der Kundenzufriedenheit noch keine besondere Art der Bindung ableiten lässt, bildet die Maximierung der Kundenzufriedenheit dennoch ein Oberziel aller Aktivitäten des Marketing und der Kommunikation.

Die Zufriedenheit eines Kunden ist weiter mit der Kundenbegeisterung verbunden, welche einen weiteren Wertschaffungsfaktor darstellt. „Begeisterte Kunden besitzen hohe Marken-/Herstellerloyalität und höchste Wiederkaufraten" (Hartleben 2001, S. 67) und teilen ihre Begeisterung aktiv anderen Personen mit. Begeisterte Kunden haben vor allem im Bereich der Mund-zu-Mund-Kommunikation eine hohe Einflusskraft bei Kaufentscheidungen potenzieller Kunden und können somit einen entscheidenden Wettbewerbsvorteil darstellen. Daher kommt der Erzeugung von Kundenbegeisterung im Rahmen der Kommunikation eine Zielpriorität zu.

Über die Kundenzufriedenheit und Kundenbegeisterung wird dann in einer nächsten Stufe der Wertschaffung Kundenloyalität geschaffen. Kundenloyalität stellt eine weiche Form der Kundenbindung dar, in der sich der Kunde freiwillig an eine Leistung und/oder ein Unternehmen bindet. Neben der Kundenloyalität ist die Kundenbindung an sich eine weitere Erfolgsgröße des Kommunikationsprozesses. Die Bindung eines Kunden an ein Unternehmen beinhaltet alle Maßnahmen, welche die Wahlmöglichkeiten eines Interessenten oder Kunden einengen, beim Wettbewerb zu kaufen.

Das Prinzip der Wertschaffung in Form der Kundenzufriedenheit, Kundenbegeisterung, Kundenloyalität und Kundenbindung zieht sich durch den gesamten Kommunikationsprozess hindurch und ist kennzeichnend für den Erfolg der Kommunikation. Kommunikation ohne Wertschaffung ist folglich erfolglos.

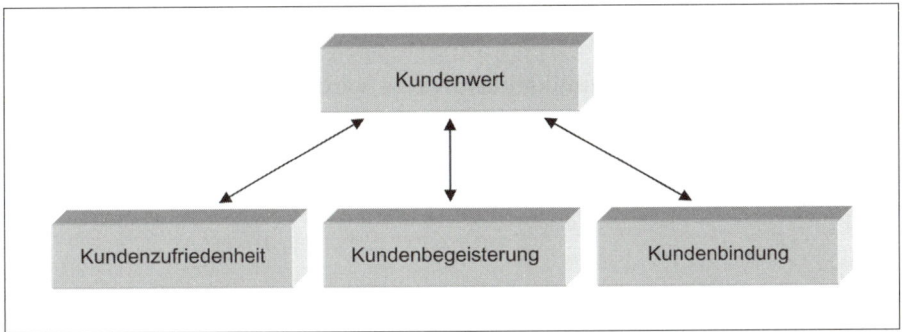

Abbildung 105: Wertschaffung im Kommunikationsprozess

Die Integration auf formeller, inhaltlicher und zeitlicher Ebene und die Integration durch Prozessorientierung tragen zur Schaffung von Werten im Kommunikationsprozess bei. Die Marketing-Kommunikation integriert die Kommunikationsstrategie in die übergeordnete Unternehmensstrategie. Außerdem werden die Markterfordernisse (Zielgruppen, Marktziele, Kaufverhalten, Präferenzen, Reaktionen, etc.) in die internen Prozesse integriert. Durch die Betrachtung des Gesamtsystems mit allen Einflussfaktoren und der Berücksichtigung und Integration dieser Elemente in den internen Prozessen wird die Wertschaffung erhöht.

Im Rahmen der Integrierten Marketing-Kommunikation werden zudem alle internen Prozesse in einen systematisch aufgebauten und in sich schlüssigen Prozess zusammengefasst. Diese Prozessorientierung der Kommunikation als eine Form der Integration ermöglicht durch die ständige Weiterverarbeitung des Inputs innerhalb jeder Prozessphase eine stufenweise Erhöhung der Wertschöpfung und somit die stufenweise Zielerreichung, die Erhöhung der Prozessqualität und Sicherung des Erfolgs. Die einzelnen Prozessphasen sind dabei voneinander abhängig und bauen aufeinander auf.

Durch die Integration der internen Abhängigkeiten innerhalb eines Prozesses und die Rückkoppelung der Prozessstufen miteinander wird die Fehlerwahrscheinlichkeit reduziert und die Prozessqualität und somit die Qualität und Zielführung der Marketing-Kommunikation erhöht und stufenweise (phasenweise) gesichert.

Die Wertschaffung und Sicherung des Erfolgs sowie die Zielerreichung wird durch die Integration des Controllings während und nach jeder Prozessphase sichergestellt. Aufgrund des Controllings in jeder Prozessstufe können Fehler sofort entdeckt und/oder vermieden werden und dadurch die Effizienz und Effektivität des gesamten Kommunikationsmanagementprozesses gesteigert werden.

Bei unserem Ansatz der Marketing-Kommunikation ist die Integration von abteilungs- und unternehmensübergreifendem Know-how möglich und Abhängigkeiten zwischen Markt, Produkt, Vertrieb und Kundendienst können berücksichtigt werden.

Die Marketing-Kommunikation erfüllt eine Aktivierungs- und Selektionsfunktion für das direkt anschließende Customer Relationship Salesmanagement.

Die Integration im Kommunikationsprozess wird in Abbildung 106 zusammenfassend dargestellt.

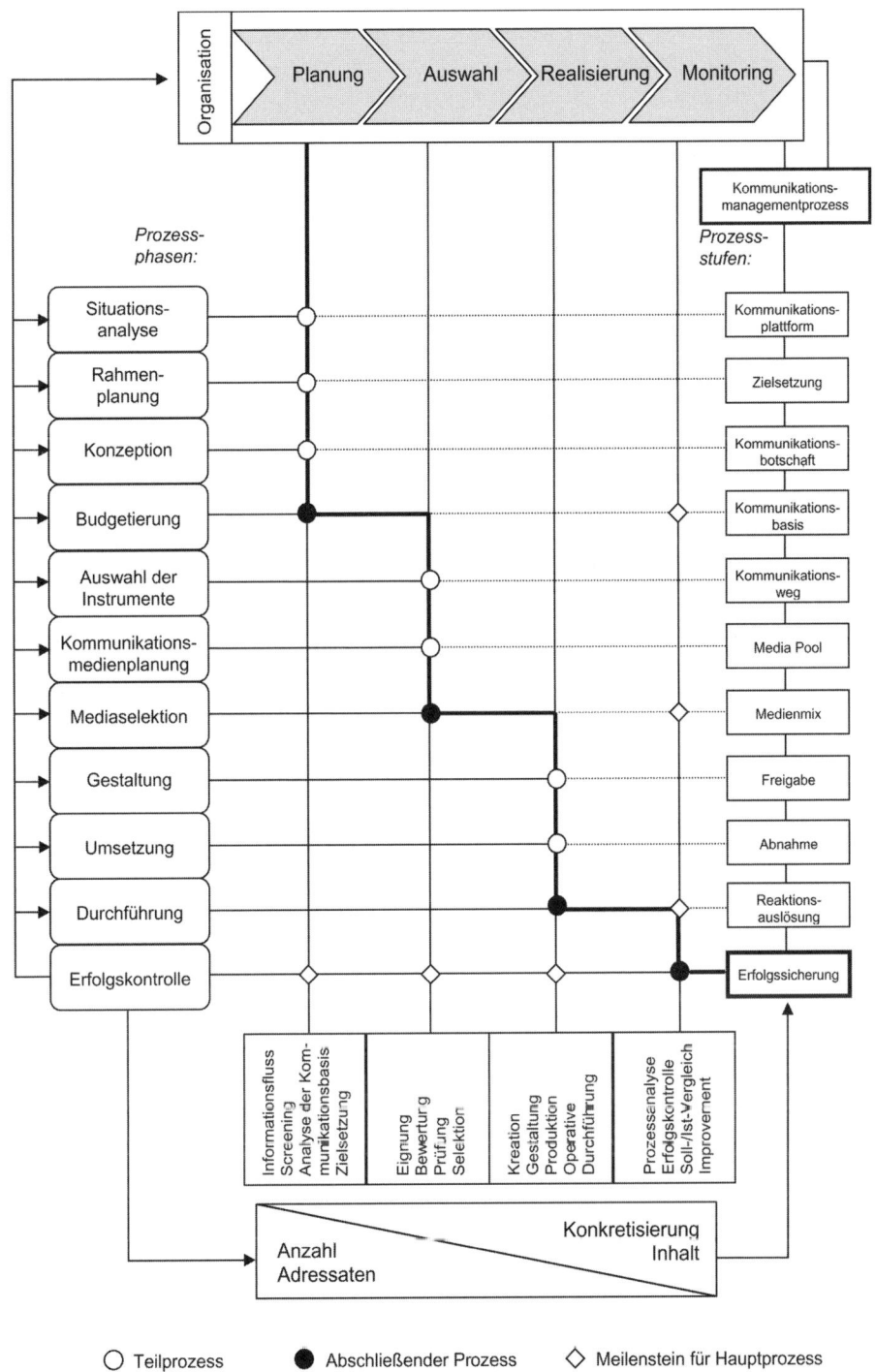

Abbildung 106: Matrix der Integration im Kommunikationsprozess

D. Zusammenfassung

Der Information Overload stellt eines der größten Probleme der heutigen Kommunikationswirtschaft dar. Da sich das Kommunikationsangebot innerhalb der letzten Generation vervierfacht hat, die menschliche Informationsverarbeitungskapazität jedoch konstant geblieben ist, ist eine adäquate Wahrnehmung der einflutenden Informationen nicht mehr möglich. Als Folge konnte in den letzten Jahren eine verstärkt selektive Mediennutzung, die Ausblendung aller nicht relevanten Informationen seitens der Rezipienten sowie ein gestiegenes Desinteresse gegenüber der klassischen Marketing-Kommunikation festgestellt werden.

Viele der zahlreichen „Spaßprogramme" im Rahmen der Marketing-Kommunikation von Unternehmen konnten nur die erste Stufe der Kommunikationswirkung, die der Aufmerksamkeit, erreichen und wurden daher auch zu Recht kritisiert. Diese kommunikativen Maßnahmen der Unternehmen waren zwar nie umsonst, aber meist vergeblich. Aufgrund der fehlenden konsequenten Zielorientierung und des fehlenden systematischen Controllings haben diese zu Auswüchsen geführt, denen sowohl die Zielgruppen, als auch die Unternehmensleitungen skeptisch gegenüber stehen.

Aus diesen Gründen ergibt sich für die wertorientierte Unternehmensführung die Notwendigkeit, die Kommunikationsmaßnahmen zu überdenken und zielführend zu planen. Da eine Abgrenzung vom Wettbewerb allein über das Produkt nicht mehr möglich ist und der Kommunikationswettbewerb immer intensiver geworden ist, kommt der Integrierten Marketing-Kommunikation eine immer größere Bedeutung zu.

Da die Kommunikation einen der kompliziertesten Vorgänge überhaupt darstellt und sich niemand der Kommunikation entziehen kann, müssen wertorientierte Unternehmen den eigenen Prozess der Marketing-Kommunikation durchleuchten und neu ausrichten, um die gewünschten Wirkungsziele auch in der Zukunft realisieren zu können und erfolgreich kommunizieren zu können.

In diesem Aufgabengebiet stehen weniger die betriebswirtschaftlichen Funktionen im Vordergrund. Vielmehr sind es psychologische, psychische und sozialpsychologische Phänomene, die es zu verstehen und zu analysieren gilt, um zieladäquate Maßnahmen ergreifen zu können.

Mit dem Modell der Integrierten Marketing-Kommunikation wird ein in sich schlüssiger Prozessansatz vorgestellt, der erstens alle wesentlichen internen und externen Funktionen einbezieht und zweitens in sich logisch und systematisch aufgebaut ist.

Im Rahmen der Prozessorientierung wird dabei innerhalb jeder Prozessstufe der Input weiterverarbeitet und somit in jeder Prozessphase ein Wertzuwachs geschaffen. Die Wertschöpfung resultiert dabei aus der Differenz zwischen Input und Output. Durch ein integriertes Controlling während jeder Prozessstufe wird die Zielerreichung anhand von definierten Erfolgskennziffern am Ende jeder Phase gemessen und somit die Zielerreichung und der Erfolg stufenweise sichergestellt.

Die Prozessorientierung in der Marketing-Kommunikation sichert nachhaltig den Erfolg der Maßnahmen und erhöht neben der Prozessqualität zudem die Effektivität und Effizienz.

Dabei müssen sich alle Prozesse und Schritte innerhalb des Kommunikationsmanagementprozesses stets an den Interessen und Bedürfnissen der Empfänger orientieren und zur Schaffung eines Kundennutzens und Kundenwertes beitragen.

Gemäß dieser Orientierung erfüllt die Marketing-Kommunikation im Sinne der Customer Relationship Communication die Aufgabe, das Potenzial zu aktivieren und für die weitere Betreuung durch das Customer Relationship Salesmanagement vorzuselektieren.

Glossar

Adopter

Individuum, welches eine Innovation angenommen hat. Dabei können Innovatoren, frühe Übernehmer, die frühe Mehrheit, die späte Mehrheit und Nachzügler unterschieden werden.

Adoption

Annahme einer Innovation aufgrund eines individuellen Entscheidungsprozesses.

Affinität

Die Zielgruppenaffinität stellt ein Maß zur Ermittlung der Streugenauigkeit (Zielgruppengenauigkeit) eines Mediums dar und gibt den prozentualen Anteil der Zielgruppe an der gesamten Nutzerschaft eines Mediums an.

Apperzeption

Tatsächliche Verarbeitung der Kommunikationsbotschaft durch den Rezipienten.

Awareness

Bekanntheit eines Produktes, einer Marke, eines Unternehmens bei der Zielperson. Bewusstsein um das Vorhandensein bzw. die Existenz eines Produktes/einer Marke.

Benefit

Sachlicher oder psychologischer Nutzen eines Produktes (Dienstleistung/ Angebot) für den Kunden. Der Benefit kann objektiv anhand der Produkteigenschaften (Grundnutzen) wahrgenommen werden oder subjektiv anhand des Zusatznutzens.

Body-Copy

Textteil im Kommunikationsmittel, in welchem der Reason Why zum in der Headline behaupteten Benefit dargestellt wird und detaillierte Erläuterungen gegeben werden.

Botschaft

Die Kommunikationsbotschaft beinhaltet die in Wort, Bild, Text und Zeichen umgewandelten und verschlüsselten Informationen (kommunikative Nachricht), welche an eine definierte Zielgruppe gerichtet sind und an diese kommuniziert werden sollen.

Briefing

Das Briefing beinhaltet alle relevanten Informationen bezüglich der Anforderungen an die Kreation und Gestaltung der Kommunikation, Informationen über das Unternehmen an sich, über den Markt, die Zielgruppe, bisherige Kommunikationsmaßnahmen, das zu kommunizierende Produkt sowie Informationen über Marketingziele und das zur Verfügung stehende Budget.

Bruttoreichweite

Summe aller Kontakte, die durch alle Schaltungen in allen belegten Medien erreicht werden (inklusive Überschneidungen und Mehrfachkontakte).

Budgetierung

Festlegung und Absteckung des Kostenrahmens, innerhalb dessen sich die Kommunikationsaufwendungen bewegen dürfen.

Buying-Center

Das Buying-Center stellt das Beschaffungsteam eines Unternehmens dar und umfasst alle am industriellen Kaufentscheidungsprozess/Beschaffungsprozess beteiligten Personen. Diese unterscheiden sich untereinander aufgrund ihrer Eigenschaften, ihrem Verhalten, ihrer Stellung und ihrem Einfluss. Sie verfolgen gemeinsame Ziele und tragen die aus den Entscheidungen resultierenden Risiken gemeinsam.

Carry-Over-Effekt

Zeitlicher Übertragungseffekt von Kommunikationsmaßnahmen auf Maßnahmen späterer Zeitperioden. Carry-Over-Effekte sind der Grund dafür, dass die Wirkung einer Maßnahme oft erst viel später nach dessen Einsatz aufkommt.

Copy-Strategie

Die Copy-Strategie stellt die schriftliche Fixierung der Kommunikationsstrategie in verdichteter Form dar, welche meist auf eine konkrete Kampagne bezogen ist. Die Copy-Strategie legt als kommunikative Basiskonzeption den mittel- bis langfristig definierten Rahmen der Ansprache bzw. des Auftritts fest und bildet die Grundlage für die konkrete Kommunikationsplanung. Dabei wird ein Orientierungsrahmen für die kreative Umsetzung und Gestaltung der Botschaft vorgegeben und ein Maßstab zur Beurteilung des Kommunikationserfolges gesetzt. Die Copy-Strategie beinhaltet die Elemente Kommunikationsziel, Zielgruppe, Positionierung, Customer Benefit, Reason Why und Tonality.

Corporate Behaviour (CB)

Einheitliches, in sich konsistentes Verhalten aller Unternehmensmitglieder (Interaktionspartner) nach innen und außen.

Corporate Communication(s) (CC)

Corporate Communication(s) beinhaltet das Kommunikationskonzept, welches die Koordination von Unternehmensidentität, Unternehmenskultur, Kommunikationsinstrumente und Erscheinungsbild anstrebt.

Corporate Design (CD)

Visuelles Erscheinungsbild eines Unternehmens. Das Corporate Design dient der symbolischen Identitätsvermittlung durch den systematischen Einsatz einheitlicher visueller Elemente im Unternehmensauftritt.

Corporate Identity (CI)

Unternehmensidentität, welche auf dem Corporate Behaviour beruht. Durch den Einsatz der Corporate Communications wird die Einheit und Übereinstimmung von Erscheinung, Worten und Taten eines Unternehmens mit seinem formulierten Selbstverständnis angestrebt und versucht, einen einheitlichen Auftritt des Unternehmens und seiner Teile gegenüber Dritten zu erreichen.

Diffusion

Die Diffusion bezeichnet die Ausbreitung, Durchsetzung und Akzeptanz bzw. Übernahme von ideellen oder materiellen Innovationen innerhalb eines sozialen Systems. Die Diffusion definiert das aggregierte Ergebnis individueller Entscheidungen zur Adoption.

Direktmarketing (Direktkommunikation)

Das Direktmarketing umfasst alle Kommunikationsmaßnahmen, die ein Unternehmen einsetzt, um mit einer direkten und individuellen Ansprache einen unmittelbaren Kontakt zum Kunden herzustellen und eine Grundlage für eine interaktive Beziehung zu schaffen.

Einfache Reichweite

Reichweite einer Schaltung in einem Medium.

Exposition

Konfrontation einer Zielperson mit einem Medium.

Eye Catcher

Bildelement, welches aufgrund seiner Gestaltung (Farbe, Form, Größe) die Aufmerksamkeit einer Person auf das Kommunikationsmittel lenkt.

Full-Service-Agentur

Die Full-Service-Agentur ermöglicht es einem Unternehmen, verschiedene Felder der Kommunikationsaufgaben nahezu völlig auszugliedern, indem sie alle Aufgaben von der Strategieentwicklung über die kreative Idee bis hin zur Umsetzung, Produktion, Durchführung und Abwicklung der Kampagne übernimmt.

Gap-Modell

Das Gap-Modell zeigt Kommunikationslücken und Probleme auf, welche innerhalb des Kommunikationsprozesses zwischen Sender und Empfänger entstehen können.

G-Wert

Der G-Wert ermittelt den standortspezifischen Erinnerungskontakt und gibt für eine Werbefläche an, wie viele Passanten sich pro durchschnittlicher Stunde im Tagesintervall von 7:00 bis 19:00 Uhr in einem Wiedererkennungstest an ein durchschnittlich aufmerksamkeitsstarkes Plakatmotiv erinnern können.

Hemisphären-Forschung

Gemäß der Hemisphären-Forschung lässt sich das menschliche Gehirn in zwei optisch identische, jedoch funktional verschiedene Bereiche (Hemisphären) teilen. Die Hemisphären-Forschung beschäftigt sich mit diesen unterschiedlichen Funktionsschwerpunkten der Gehirnhälften sowie den Vorgängen in den beiden Hemisphären und deren Zusammenarbeit.

Imagery

Innere Vorstellungs- bzw. Gedächtnisbilder (bildhaft und/oder sprachlich assoziative Verknüpfungen, die auf Anmutungen beruhen), welche in der bildverarbeitenden Gehirnhälfte entstehen und die Verarbeitung und Speicherung kognitiver Prozesse beeinflussen.

Integrierte Marketing-Kommunikation (IMK)

Die Integrierte Marketing-Kommunikation kennzeichnet die durchgängige Umsetzung eines Kommunikationskonzeptes sowie die Abstimmung der eingesetzten Kommunikationsaktivitäten und der Kommunikation im Zeitverlauf. Die IMK ist darauf ausgerichtet, aus den differenzierten Quellen der internen und externen Kommunikation von Unternehmen eine Einheit herzustellen, um ein für die Zielgruppen der Unternehmenskommunikation konsistentes Erscheinungsbild über das Unternehmen zu vermitteln, die Kommunikationseindrücke im Ganzen zu verstärken und Synergieeffekte zu realisieren. Als Formen der Integration können die inhaltliche, formale und zeitliche Integration sowie die Prozessorientierung angeführt werden.

Intermediavergleich

Beim Intermediavergleich werden die verschiedenen, zur Auswahl stehenden Mediagattungen bewertet und in Anbetracht der zu verfolgenden Kommunikationsziele mit Prioritäten versehen.

Involvement

Das Involvement drückt die persönliche Verbundenheit einer Person mit einem Thema aus und spiegelt den Grad des persönlichen Interesses und Engagements einer Person wider. Während beim Verhalten mit High-Involvement die besondere Wichtigkeit des Sachverhaltes ausgedrückt wird, ist das Low-Involvement durch eine nur geringe Beteiligung der Person gekennzeichnet.

Key Visual

Bildmotiv (Schlüsselbild), welches beim Rezipienten eine klare visuelle Vorstellung eines Produktes hervorruft und als zentraler Blickfang im Kommunikationsmittel fungiert.

Kommunikation

Kommunikation beinhaltet die Übermittlung von Botschaften zwischen Kommunikationssender und Empfänger. Mit Hilfe der Kommunikation sollen Informationen über ein Produkt/eine Marke/ein Unternehmen an die jeweilige Zielgruppe vermittelt werden, Bekanntheit und Image geschaffen und gefördert werden, die Adoption eines Angebotes gefördert und Meinungen, Einstellungen und Verhaltensweisen der Zielgruppenmitglieder, in einer vom Sender gewünschten Weise, gefestigt werden.

Kommunikationserfolg

Der Kommunikationserfolg spiegelt sich im Grad der Erreichung kommunikativer Ziele wider. Der Kommunikationserfolg ist dabei ausschließlich, beziehungsweise überwiegend, auf den Einsatz der Kommunikationsaktivitäten zurückzuführen.

Kommunikationsmedium/Kommunikationsträger

Kommunikationsträger sind die Übertragungsmedien, mit deren Hilfe die in Form von Kommunikationsmitteln verschlüsselte Botschaft an die Empfänger transportiert werden. Die einzelnen Medien unterscheiden sich anhand ihrer technologischen Voraussetzungen zur Botschaftsübermittlung (statuarische Medien, transitorische Medien) und der Art der Botschaftsübermittlung (Printmedien, elektronische Medien, Medien der Außenwerbung).

Kommunikationsmittel

Das Kommunikationsmittel stellt die bewusst gestaltete Konkretisierung der Kommunikationsbotschaft dar, welche über das Medium an die Zielgruppe transportiert wird.

Kommunikationsmodell

Versuch einer realitätsgetreuen Abbildung der Interaktion zwischen Kommunikationssender und Empfänger. Das Kommunikationsmodell stellt zudem die Beziehung aller am Kommunikationsprozess beteiligten Elemente dar.

Kommunikationsprozess

Der Kommunikationsprozess besteht aus inhaltlich zusammenhängenden Aktivitäten (Teilprozessen), welche zur Kommunikationswirkung notwendig sind und einen wesentlichen Beitrag zum Kommunikationserfolg leisten. Dabei bauen die Leistungen der vorhergehenden Prozessstufen aufeinander auf und erhöhen stufenweise die Zielerreichung.

Kommunikationsstrategie

Die Kommunikationsstrategie leitet sich aus der Unternehmensstrategie ab und bildet die Ausgangsbasis für den Kommunikationsmanagementprozess. Im Rahmen der Kommunikationsstrategie wird die mittel- bis langfristige Ausrichtung des kommunikativen Verhaltens eines Unternehmens sowie die Kommunikationsaktivitäten festgelegt und der Handlungsrahmen aller kommunikativen Maßnahmen und Aktivitäten abgesteckt.

Kommunikationsziel

Kommunikationsziele sind strategisch definierte Unternehmensziele, welche mit Kommunikationsmaßnahmen erreicht werden sollen. Sie geben die Handlungsrichtung der kommunikativen Maßnahmen vor, legen das verbindliche „Soll" der Kommunikation fest und bilden die Basis für die Planung und Gestaltung des gesamten Kommunikationsmanagementprozesses.

Kommunikative Wirkung

Die kommunikative Wirkung ist definiert als jede Art von Reaktion einer Person, mit der diese auf einen kommunikativen Reiz antwortet.

Kontakt

Berührung des Kommunikationsempfängers mit dem Kommunikationsträger/-mittel.

Kreative Plattform

Die kreative Plattform beinhaltet die Formulierung der Ausgangsbasis für die kreative Umsetzung und setzt sich aus den vier Elementen Creative Objective, Creative Strategy, Reason Why und dem Customer Benefit zusammen.

KTRW – Folge

Der Kommunikationsprozess kann in die vier Phasen Kodierung (Verschlüsselung), Transmission (Übermittlung), Rezeption (Aufnahme) und Wirkung untergliedert werden.

LpA-Wert

Der LpA-Wert (Leser pro Ausgabe) gibt die Anzahl an Personen an, welche die betreffende Ausgabe eines Titels in der Hand hatten, um darin zu blättern oder zu lesen. Dieser Wert kann mit der durchschnittlichen Hörerzahl pro Stunde Hörfunkprogramm bzw. Seherzahl während einer halben Stunde Fernsehprogramm verglichen werden.

LpN-Wert

Der LpN-Wert (Leser pro Nummer) gibt an, wie viele Personen eine durchschnittliche Ausgabe einer Zeitschrift/Zeitung gelesen oder durchgeblättert haben (auch nach der Erscheinungsperiode) und ist mit dem Wert gleichzusetzen, welcher die Hörer/Seher pro Tag (Fernsehen/Hörfunk) bzw. die Besucher pro Woche (Kino) angibt.

LpS-Wert

Beim LpS-Wert (Leser pro Seite) wird die Kommunikationsmittel-Kontaktchance ermittelt und somit die Wahrscheinlichkeit angegeben, in einer Ausgabe eines Titels eine durchschnittliche Seite aufzuschlagen, um darauf zu schauen oder zu lesen.

LpWS-Wert

Der Kommunikationsmittelkontakt wird durch den LpWS-Wert (Leser pro Werbung führende Seite) verdeutlicht, welcher die Wahrscheinlichkeit angibt, in einer Ausgabe eines Titels eine durchschnittliche Anzeigenseite aufzuschlagen, um sie zu lesen.

Marke

Zeichen, Begriff oder Symbol zur Kennzeichnung von Produkten und Dienstleistungen, das in erster Linie der Abgrenzung (Differenzierung) dient. Nach der wirkungsorientierten Definition ist eine Marke ein in der Psyche des Kunden verankertes, unverwechselbares Vorstellungsbild von einem Produkt oder einer Dienstleistung.

Markenidentität

Unter Markenidentität versteht man die Summe der Merkmale einer Marke, die diese vom Wettbewerb dauerhaft unterscheidet. Die Markenidentität ist das Selbstbild einer Marke aus Sicht der internen Anspruchsgruppen und steht in Wechselbeziehung zu dem Fremdbild der Markenidentität.

Markenimage

Das Image einer Marke ist das Vorstellungsbild, welches aufgrund von Gefühlen, Einstellungen, Haltungen und Erwartungen einer Person das Verhalten gegenüber der Marke prägt. Das Image ist somit die Folge eines Bewertungsprozesses auf der Grundlage gespeicherter Gedächtnisinhalte.

Markenwert

Der Markenwert kann mit dem Markeneisberg von icon dargestellt und ermittelt werden. Dabei setzt sich das Markenimage aus dem ganzheitlichen Markenbild und dem Markenguthaben zusammen.

Marktsegmentierung

Bei der Marktsegmentierung wird davon ausgegangen, dass jeder Gesamtmarkt in Segmente aufgeteilt werden kann, welche sich durch ihre Bedarfsvorstellungen, Nachfragecharakteristika, Verhaltensreaktionen und Kaufhandlungen unterscheiden und deshalb auch unterschiedlich auf bestimmte Kommunikationsmaßnahmen reagieren. Allgemein wird bei der Marktsegmentierung ein Markt in möglichst homogene Untergruppen von Abnehmern unterteilt.

Mediakommunikation

Transport und Verbreitung von Informationen über die Belegung von Medien mit Kommunikationsmitteln, um eine Realisierung unternehmensspezifischer Kommunikationsziele zu erreichen. Mit der Mediakommunikation ist
eine Art der unpersönlichen, meist mehrstufigen, indirekten Kommunikation verbunden, welche sich öffentlich und ausschließlich über technische
Verbreitungsmittel (Medien), mittels Wort-, Schrift-, Bild und/oder Tonzeichen an ein disperses Publikum richtet.

Mediamix

Optimale Kombination der Medien (inhaltliches und zeitliches Zusammenwirken von Medien), um dadurch die Erreichung der Kommunikationsziele
zu begünstigen.

Nettoreichweite

Die Nettoreichweite bezeichnet die Anzahl der Zielpersonen, die von einem
Medium oder einer Medienkombination mindestens 1x erreicht werden.

Performance Management

Das Performance Management gestaltet das Angebot in Form eines Produktes oder einer Dienstleistung derart, dass für den Kunden ein maximaler
Präferenzwert geschaffen wird. Es bildet die Basis für den späteren Erfolg
eines Produktes und ist zu Beginn des umfassenden Produktlebenszyklus
gefordert, mit speziellen Maßnahmen und Strategien den Leistungsumfang
mit Grund- und Zusatznutzen zu gestalten. Ziel des Performance Managements ist es, die Kundenbedürfnisse in Lösungen umzusetzen und die Leistung derart zu gestalten, dass der Präferenzwert als Ausmaß des erwarteten
Nutzens, möglichst hoch ist.

Perzeption

Subjektive Wahrnehmung eines Kommunikationsobjektes durch den Rezipienten.

Pitch

Pitches sind Wettbewerbspräsentationen. Mehrere Agenturen erhalten in diesem Fall ein einheitliches Briefing und entwickeln auf dieser Basis Lösungs-
vorschläge für die kommunikationspolitische Aufgabenstellung.

Placement

Das Placement verfolgt eine kommunikationswirksame Platzierung von Produkten in einem zum Objekt passenden Umfeld, vorzugsweise in Kino- und
Fernsehfilmen.

Pre Production Meeting (PPM)

Im Pre Production Meeting legen Agentur, Produktionsfirma und Auftraggeber die Anforderungen und Erwartungen an die Produktion und Organisation fest.

Pretest

Testverfahren, mit dem vor Schaltung eines gestalteten Kommunikationsmittels die Wirkung und Eignung des Mittels/der Botschaft geprüft/prognostiziert wird.

Primacy-Recency-Effekt

Erkenntnis aus der Gedächtnisforschung, die besagt, dass zuerst und zuletzt wahrgenommene Informationen von den Rezipienten am besten erinnert werden und die größten Wirkungseffekte erzielen.

Prozesselemente

Innerhalb eines Prozesses (Kommunikationsmanagementprozess) bilden der Input, die Prozessphase mit Unterprozessen und Aktivitäten und der Output die wesentlichen Prozesselemente.

Public Relations (PR)

Kommunikationsinstrument, mit dem ein Unternehmen das Ziel verfolgt, das Image des Unternehmens in der Öffentlichkeit zu stärken, die Identifikation mit dem Unternehmen und dessen Angebot zu fördern und den Prozess der Meinungsbildung gegenüber dem Unternehmen positiv zu beeinflussen.

Reason Why

Anspruchsbegründung für ein Leistungsangebot.

Recall-Test

Im Recall-Test wird die Fähigkeit einer Person gemessen, sich an in der Vergangenheit liegende Ereignisse aktiv zu erinnern. Dabei kann zwischen der ungestützten (unaided recall) und gestützten (aided recall) Erinnerungsmessung unterschieden werden.

Recognition-Test

Der Recognition-Test stellt ein Erhebungsverfahren dar, welches die Wiedererkennung bestimmter Kommunikationsmittel und Botschaften ermittelt. Im Gegensatz zum Recall-Test ist dabei nicht die Erinnerung an bestimmte Produkte, Marken oder Bilder von Interesse, sondern lediglich die passive Wiedererkennung von Ereignissen der Vergangenheit.

Reichweite

Die Reichweite ist ein Beurteilungskriterium der Leistungsfähigkeit eines Mediums und gibt an, wie viele Personen insgesamt bzw. innerhalb einer Bevölkerungsgruppe (Zielgruppe) durch eine Schaltung in einem Medium erreicht werden.

Relationship Management

Im Rahmen des Relationship Managements wird das Ziel verfolgt, die Bekanntheit, Verbreitung und Adoption eines Produktes zu fördern und die Beziehung zwischen einem Unternehmen und seiner Umwelt zu gestalten. Dabei soll mit Hilfe von Kommunikations-, Distributions- und Vertriebsstrategien im Anschluss an die Produkterstellung das Angebot möglichst schnell und überzeugend an potenzielle Kunden vermittelt werden und der Kunde vom Nutzen des Angebotes überzeugt werden.

Rezeption

Phase der Aufnahme und Verarbeitung der Botschaft.

Rezipient

Empfänger/Adressat der Kommunikationsbotschaft.

Slice of Life

Umsetzungstechnik zur Übermittlung von Botschaftsinhalten, in welcher ein Produkt in einer alltäglichen, glaubwürdigen Szene präsentiert wird.

Spill-Over-Effekt

Ausstrahlungseffekt anderer Marketingmaßnahmen auf einzelne Kommunikationsmaßnahmen, welcher die Kommunikationswirkung verzerren kann.

Sponsoring

Sponsoring umfasst die Planung, Organisation, Durchführung und Kontrolle sämtlicher Aktivitäten, die mit der Förderung einer Person oder Institution durch Zuwendung von Mitteln oder Erbringen von Dienstleitungen im sportlichen, kulturellen und sozialen Bereich zur Erreichung der eigenen Marketing- und Kommunikationsziele durch Gegenleistung der Gesponserten verbunden sind.

Streuverlust

Der Streuverlust beziffert die Anzahl an Personen (Kontakte), welche von einem Medium erreicht werden und nicht der definierten Zielgruppe angehören.

Stufenmodelle der Kommunikation

Modelle (z. B. AIDA), welche zugrunde legen, dass eine Person nach Einwirken eines Reizes zuerst verschiedene Stufen der Informationsverarbeitung und Wirkungsstufen der Kommunikation durchläuft, bevor die finale Verhaltensreaktion (z. B. Kauf) geäußert wird.

Supplement

Supplements sind zeitschriften- bzw. zeitungsähnliche Presseerzeugnisse, die in großen Auflagen ausschließlich als Beilage von Trägerobjekten vertrieben werden. Als Trägerobjekte dienen dabei Tages- und Wochenzeitungen sowie Publikums- oder Fachzeitschriften.

Tausenderpreis

Der Tausenderpreis ermöglicht den Vergleich der einzelnen Medien bezüglich deren Wirtschaftlichkeit (Effizienz) und beziffert den Betrag, der aufzuwenden ist, um 1000 Kontakte in der anvisierten Zielgruppe zu erzielen.

Teaser

Umsetzungstechnik zur Übermittlung von Botschaftsinhalten, bei der weder das Produkt noch der Hersteller identifizierbar ist und nur unzureichende Informationen vermittelt werden. Mit Hilfe von Teasern soll beim Kunden Interesse geweckt werden.

Tonality

Grundton der Ansprache und wesentliches Element der Copy-Strategie.

Typographie

Gestaltung von Texten durch Schriftart, Schriftgröße und Schriftanordnung.

Unique Communication Proposition (UCP)

Konstituierter, kommunikativer, einzigartiger Wettbewerbsvorteil, welcher sich im Gegensatz zur USP nicht aus dem Leistungsangebot selbst ableitet, sondern aus der Art und Weise der Angebotsprofilierung durch die Marketing-Kommunikation.

Unique Selling Proposition (USP)

Einzigartiges Verkaufsargument eines Angebotes, das sich aus der Leistung des Produktes ableitet.

Vampireffekt

Effekt, welcher sich einstellt, wenn Abbildungen so aufmerksamkeitsstark sind, dass sie das Produkt oder die Aussage überlagern.

Verkaufsförderung

Die Verkaufsförderung beinhaltet eine Vielzahl unterschiedlicher, meist kurzfristiger Anreize zur Stimulation schneller bzw. umfangreicherer Käufe bestimmter Produkte oder Dienstleistungen durch die Verbraucher oder den Handel.

Wear-Out-Effekt

Abnutzungseffekt, der eine Abnutzung der (Kommunikations-)Wirkung bei steigender Anzahl an wiederholten Kontakten unterstellt und besagt, dass mit einer bestimmten Anzahl an Kontakten weitere kommunikative Bemühungen wirkungslos bleiben.

Literaturverzeichnis

Arndt, J. (1967): Role of Product-Related Conversations in the Diffusion of a New Product, in: Journal of Marketing Research, Vol. IV, 291–295.
Bauer Media KG 2003; http://www.bauermedia.com/pdf/service/konjunktur_werbung_2003.pdf [05.05.2004].

Baumbach, A.; Hefermehl, W. (1995): Wettbewerbsrecht, 18. Aufl., München 1995.
Baumgart, C. (2001): Markenpolitik, Wiesbaden 2001.
Becker, J. (2002): Marketing-Konzeption: Grundlagen des strategischen und operativen Marketing-Managements, 7. Aufl., München 2002.
Becker, J. (2001): Einzel-, Familien- und Dachmarken als grundlegende Handlungsoptionen, in: Esch, F.-R. (Hrsg.): Moderne Markenführung. Grundlagen – Innovative Ansätze – Praktische Umsetzungen, 3. Aufl., Wiesbaden 2001.
Behrens, G. (1996): Werbung: Entscheidung – Erklärung – Gestaltung, München 1996.
Berndt, R. (1996): Marketing 1: Käuferverhalten, Marktforschung und Marketing-Prognosen, 3. Aufl., Berlin/Heidelberg/New York 1996.
Böcker, F. (1996): Marketing, 6. Aufl., Stuttgart 1996.
Brosius, H.-B.; Fahr A. (1996): Werbewirkung im Fernsehen, München 1996.
Bruhn, M. (1997): Kommunikationspolitik: Grundlagen der Unternehmenskommunikation, München 1997.
Bruhn, M. (2002): Marketing: Grundlagen für Studium und Praxis, 6. Aufl., Wiesbaden 2002.
Bruhn, M. (2003): Kommunikationspolitik – Systematischer Einsatz der Kommunikation für Unternehmen, 2.Aufl., München 2003.
Busch, R.; Dögl, R.; Unger, F. (1997): Integriertes Marketing: Strategie, Organisation, Instrumente, 2. Aufl., Wiesbaden 1997.

Damasio, A.: Der Spinoza Effekt – Wie Gefühle unser Leben bestimmen, 2003.
Dannenberg, M.; Wildschütz, F.; Merkel, S. (2003): Handbuch Werbeplanung: Medienübergreifende Werbung effizient planen, umsetzen und messen, Stuttgart 2003.

Esch, F.-R.; Kroeber-Riel, W. (2000): Strategie und Technik der Werbung, 5. Aufl., Stuttgart 2000.
Esch, F.-R. (2001): Markenpositionierung als Grundlage der Markenführung, in: Esch, F.-R. (Hrsg.): Moderne Markenführung. Grundlagen – Innovative Ansätze – Praktische Umsetzungen, 3. Aufl., Wiesbaden 2001.
Esch, F.-R. (2004): Strategie und Technik der Markenführung, 2. Aufl., München 2004.

Gaiser, B. (2001): Markenführung, in: Poth, 2001.

Häusel, H. G. (2004): Brain Script – Warum Kunden kaufen, Planegg/München 2004.
Hartleben, R. E. (2001): Werbekonzeption und Briefing: Ein praktischer Leitfaden zum Erstellen zielgruppenspezifischer Werbe- und Kommunikationskonzepte, Erlangen 2001.
Heidemann, H. (1969): Die Bedeutung des Firmen- und Produktimage für das Konsumentenverhalten, Inauguraldissertation, Wanne-Eickel 1969.
Heller, S. (1998): Handbuch der Unternehmenskommunikation, München1998.
Hofbauer, G. (1992): Der Event-History-Ansatz zur Analyse von Verweildauern bei Diffusions- und Kaufentscheidungsprozessen, Theorie und Forschung, Bd. 173, Wirtschaftswissenshaften, Bd. 13, Roderer, Regensburg 1992.
Hofbauer, G. (2003): Marktsegmentierung – Zielgruppenorientierte Marktbearbeitung, Studienskript zur Fernsehvorlesung Personal und Marketing in der Reihe IT-Kompakt, München/Deggendorf 2003.

Hofbauer, G. (2004): Erfolgsfaktoren bei der Einführung von Innovationen, Arbeitsberichte – Working Paper, Fachhochschule Ingolstadt, Heft Nr. 3, 2004.

Hofbauer, G. (2004): Performance Management, Marketing-online, Begleitlektüre zur e-Learning Plattform, Fachhochschule Ingolstadt 2004.

Hofbauer, G.; Bauer, C. (2004): Integriertes Beschaffungsmarketing – Der systematische Ansatz zur Steigerung der Wertschöpfung, München 2004.

Hofbauer, G.; Hellwig, C. (2005): Professionelles Vertriebsmanagement – Der prozessorientierte Ansatz aus Anbieter- und Beschaffungssicht, Erlangen 2005.

Hofsäss, M.; Engel, D. (2003): Praxishandbuch Mediaplanung – Forschung, Studien und Werbewirkung – Mediaagenturen und Planungsprozess – Mediagattungen und Werbeträger, Berlin 2003.

Homburg, Ch.; Schäfer, H.; Schneider, J. (2002): Sales Excellence: Vertriebsmanagement mit System, 2. Aufl., Wiesbaden 2002.

Hünerberg, R. (1994): Internationales Marketing, Landsberg/Lech 1994.

Icon Forschung & Consulting (1998):
http://www.icon-brand-navigation.com/deutsch/presse/pdf/Der_Markeneisberg.pdf
[02.08.2004].

Jacobi, H.: Die Planung der Werbestrategien, in: Behrens, K.C. (Hrsg.): Handbuch der Werbung, 2. Aufl., Wiesbaden 1975, S. 435ff.

Janich, N. (2001): Werbesprache, 2. Aufl., Tübingen 2001.

Kaas, K.P. (1973): Diffusion und Marketing – Das Konsumentenverhalten bei der Einführung neuer Produkte, Stuttgart 1973.

Kleinaltenkamp, M.; Plinke, W. (Hrsg.) (1999): Markt- und Produktmanagement – Die Instrumente des technischen Vertriebs, Berlin/Heidelberg/New York 1999.

Kloss, I. (2003): Werbung: Lehr-, Studien- und Nachschlagewerk, 3. Aufl., München/Wien/Oldenbourg 2003.

Kohlöffel, K. (2000): Strategisches Management: Alle Chancen nutzen – Neue Geschäfte erschließen, München 2000.

Koschnick, R. (1995): Standard-Lexikon für Mediaplanung und Mediaforschung in Deutschland, 2. Aufl., München/New Providence/London/Paris 1995.

Kotler, P.; Bliemel, F. (2001): Marketing-Management, 10. Aufl., Stuttgart 2001.

Kreutz, P. (2004): Szenenmarketing: http://www.mkt-trends.com/Trends/szenenmarketing.htm [12.12.2004].

Kroeber-Riel, W. (1992): Konsumentenverhalten, 5.Aufl. München 1992.

Kroeber-Riel, W. (1993): Bildkommunikation, München 1993.

Kroeber-Riel, W. (1994): Strategie und Technik der Werbung, 4. Aufl., Stuttgart 1994.

Kroeber-Riel, W.; Weinberg, P. (1999): Konsumentenverhalten, 7. Aufl., München 1999.

Lasogga, F. (1998) : Emotionale Anzeigen- und Direktwerbung im Investitionsgüterbereich – Eine exploratorische Studie zu den Einsatzmöglichkeiten von Erlebniswerten in der Investitionsgüterwerbung, Frankfurt am Main 1998.

Lasswell, H.D. (1967): The structure and function of communication in society, in: Berelson, B.; Janowitz, M. (Hrsg.), Reader in public opinion communication, 2. Aufl., New York/London 1967, S. 178–192.

Linxweiler, R. (1999): Marken-Design, Hrsg.: MTP e.V. Alumni, Wiesbaden 1999.

Linxweiler, R. (Hrsg.) (2004): Marken-Design – Marken entwickeln, Markenstrategien erfolgreich umsetzen, Wiesbaden 2004.

Lötters; Hack; Pflaum; Dohmen; Grimm; Waldeck; Huth; Heymans; Flögel; Kienscherf; Jaster (1993): Werbung – Grundlagen, Planung, Umsetzung, 5. Aufl., Landsberg/Lech 1993.

Meffert, H. (1986): Marketing – Grundlagen der Absatzpolitik, 7. Aufl., Wiesbaden 1986.

Meffert, H.; Burmann, C. (1996): Identitätsorientierte Markenführung, Arbeitspapier Nr. 100 der Wissenschaftlichen Gesellschaft für Marketing und Unternehmensführung, Hrsg.: Meffert, H.; Wagner, H.; Backhaus, K., Münster 1996.

Meffert, H. (2000): Marketing – Grundlagen marktorientierter Unternehmensführung, 9. Aufl., Wiesbaden 2000.
Meyer, A.; Davidson, J.H. (2001): Offensives Marketing, Freiburg/Berlin/München 2001.
Moser, K. (2002): Markt- und Werbepsychologie, Göttingen 2002.

Nalepka, W.J. (2000): Grundlagen der Werbung: Anzeigen, Direktwerbung, E-Mail, Flugblätter, Hörfunk-Spots, Kataloge, Plakate, Prospekte, www, 2. Aufl., Wien/Frankfurt 2000.
Nieschlag, R.; Dichtl, E.; Hörschgen, H. (2002): Marketing, 19. Aufl., Berlin 2002.

Parsons, T.; Shils, E.A. (1951): Toward a General Theory of Action, Cambridge 1951.
Pepels, W. (1996): Werbeeffizienzmessung, Stuttgart 1996.
Pepels, W. (1997): Einführung in die Kommunikationspolitik, 1. Aufl., Stuttgart 1997.
Pepels, W. (1999): Kommunikations-Management: Marketing-Kommunikation vom Briefing bis zur Realisation, 3. Aufl., Stuttgart 1999.
Pepels, W. (2000): Marketing: Lehr- und Handbuch, 3. Aufl., München/Wien/Oldenbourg 2000.
Pepels, W. (2002): Moderne Marketingpraxis: Eine Einführung in die anwendungsorientierte Absatzwirtschaft, Berlin 2002.
Poth, L.G.; Poth, G.S. (2003): Gabler Kompakt-Lexikon Marketing, 2. Aufl., Wiesbaden 2003.

Rogge, H.-J. (1996): Werbung, 4.Aufl., Ludwigshafen 1996.
Rogge, H.J. (2004): Werbung, 6. Aufl., Ludwigshafen 2004.
Rogers, E.M. (1995): Diffusion of Innovations, 4. Aufl., New York 1995.
Rosenstiel, L.v.; Kirsch, A. (1996): Psychologie der Werbung, Rosenheim 1996.

Schmalen, H. (1992): Kommunikationspolitik – Werbeplanung, 2. Aufl., Stuttgart 1992.
Seyffert, R. (1966): Werbelehre, 2 Bände, Stuttgart 1966.
Sinus Sociovision GmbH 2004: http://www.sinussociovision.de [01.03.2005].
Steffenhagen, H. (1984): Kommunikationswirkung – Kriterien und Zusammenhänge, Hamburg 1984.
Steffenhagen, H. (1996): Wirkungen der Werbung. Konzepte – Erklärungen – Befunde, Aachen 1996.

v.d. Oelsnitz, F. (1996): Marketing, 1996.
Vahs, D. (2001): Organisation: Einführung in die Organisationstheorie und -praxis, 3. Aufl., Stuttgart 2001.
Vergossen, H. (2004): Marketing-Kommunikation, Ludwigshafen 2004.

Weiber, R.; Pohl A. (1994): Leapfrogging bei der Adoption neuer Technologien – Theoretische Fundierung und empirische Prüfung, 2. Aufl., Trier 1994.
Weis, H.C. (2001): Marketing, 12. Aufl., Ludwigshafen 2001.
Wenzlau, A.; Hofer, U.; Siegert, M.; Wohlrab, S. (2003): Kundenprofiling – Die Methode zur Neukundenakquise, Erlangen, 2003.
Winkelmann, P. (2003): Vertriebskonzeption und Vertriebssteuerung, 2.Aufl., München 2003.
Winkelmann, P. (2004): Marketing und Vertrieb: Fundamente für die marktorientierte Unternehmensführung, 4. Aufl., Oldenbourg 2004.

Zentralverband der deutschen Werbewirtschaft (2003): Werbung in Deutschland 2003, Meckenheim 2003.

Stichwortverzeichnis

Von Prof. Dr. Günter Hofbauer und Dipl.-Betriebswirt (FH) Christian Bauer, Ingolstadt
2004. XIII, 219 Seiten. Gebunden € 25,–
ISBN 3-8006-3105-9

Die Beschaffung hat eine hohe Bedeutung im Wertschöpfungsprozess eines jeden Unternehmens. Das Beschaffungsmarketing hat dabei die Aufgabe der **sorgfältigen Gestaltung und professionellen Durchführung des Beschaffungsprozesses.**

Im Rahmen eines integrierten Ansatzes stellt das Buch Schritt für Schritt die wesentlichen Tätigkeiten und Problemfelder klar und übersichtlich strukturiert dar. In jedem Schritt werden dabei die Unterprozesse und Aufgabenstellungen beschrieben, sowie praktische Anwendungsmöglichkeiten skizziert.

Die Besonderheit der integrierten Vorgehensweise ist im systematischen Aufbau und der Berücksichtigung der Abhängigkeit der Teilprozesse untereinander, aber auch innerhalb des gesamten Unternehmens zu sehen. Diese Darstellung liefert darüber hinaus auch wichtige Anhaltspunkte für Vertriebsmitarbeiter, um Beschaffungsvorgänge beim Kunden zu verstehen und das eigene Anbieterverhalten darauf abzustimmen.

Das Buch wendet sich an Studierende des Marketing an Universitäten, Fachhochschulen und Akademien sowie an Praktiker im Einkauf und Vertrieb.

Bestellen Sie bei Ihrem Buchhändler oder bei:
Verlag Vahlen · München · Fax: 0 89/3 8189-402 · E-Mail: bestellung@vahlen.de

Preis inkl. MwSt. 135461

VERLAG
VAHLEN
MÜNCHEN